국제분쟁과 평화유지

임윤갑

1987년 육군사관학교를 졸업하고 보병장교로 임관한 이후 2016년 전역하였다. 연세대학교 행정대학원과 미국 Central Michigan University 대학원을 졸업하였다. 스웨덴 국제평화센터와 태국 평화활동센터에서 교환교수로 재직하였고, 1사단과 26사단에서 중대장과 대대장, 육군대학 전략학처 교관, 대통령실 국가위기상황센터 행정관 등 다수의 보직을 경험하였다. 주 유엔 인도 · 파키스탄 옵서버 임무단(UNMOGIP)에 파견되어 임무를 수행하였고 현재 국방대학교에 재직 중이다. 주요 저서와 역서로 '미완에서 통합으로(미국 남북전쟁사, 2015)', '핵무기에 관한 다섯가지 신화(2014)', '전쟁에 관한 대통령의 결정(2008)' 등이 있으며, '중국의 수단 분쟁 개입 평가와 전망', '미국의 국방재조직 추진과 한국군의 지휘구조 변화연구' 등 다수의 논문을 발표하였다.

국제분쟁과 평화유지

초판 인쇄 2021년 5월 5일
초판 발행 2021년 5월 10일

지은이 임윤갑
펴낸이 이찬규
펴낸곳 북코리아
등록번호 제03-01240호
주소 13209 경기도 성남시 중원구 사기막골로 45번길 14 우림2차 A동 1007호
전화 02-704-7840
팩스 02-704-7848
이메일 sunhaksa@korea.com
홈페이지 www.북코리아.kr
ISBN 978-89-6324-754-0 93390

값 25,000원

국제분쟁과 평화유지

임윤갑 저

북코리아

저자 서문

국제사회는 지난 70여 년간 유엔을 중심으로 인류 공동의 도전과 문제를 다루고 그 해결방안을 제시하기 위한 노력을 지속하여 왔다. 유엔이 그동안 이룩한 성과와 한계는 분명하지만, 국제사회의 평화와 안전을 위한 유엔 평화유지 활동은 가장 중요한 성과 중 하나였다. 1948년 이래 71개 임무단이 창설되어 활동하였고 현재 13개 임무단에 123개 회원국에서 파견된 9만여 명의 평화유지 요원이 활동하고 있다.

급변하는 세계 속에 대두되고 있는 새로운 도전은 복잡하고 중층적인 특성을 보이고 있으며 회원국은 유엔의 개혁을 포함한 혁신적인 대응을 요구하고 있다. 그러나 현재 유엔에 대한 비판적 문제 제기는 유엔이 필요 없다거나 유엔이 없었던 과거로 돌아가야 한다는 것은 아니다. 오히려 유엔이 새로운 지구적 도전 속에서 평화, 개발, 인권이라는 본연의 핵심과제를 실현하기 위해 올바른 방향으로 변화하고 있는지 묻고 있는 것이다. 구테흐스 유엔 사무총장이 유엔 창설 제75주년을 기념하는 기념사 말미에 '그간 유엔이 이룩한 성과는 괄목하지만, 지금 우리는 유엔이 창설된 1945년 당시로 돌아가야 한다'라고 호소한 것은 우리가 원하는 평화와 안전이 얼마나 절실한지를 역설적으로 말해주는 것이다.

30년이 훌쩍 넘는 기간 동안 필자는 전쟁과 평화를 연구하여왔다. 어찌 보면 양립할 수 없는 이 두 가지를 두고 현역 시절에는 전쟁에 그리고 전역 이후 교편을 잡기 시작하면서 평화를 연구한 것은 전쟁을 예방하는 것이 바로 평화로 이르지는 않는다는 결론 때문이었다. 이 책은 그러한 맥락에서 유엔 평화유지 활동에 직접 참여하였던 경험을 바탕으로 책의 앞부분에서는 전쟁을, 뒷부분에서는 유엔의 평화유지 활동을 다루었다. 전 유엔 사무총장 코피 아난이 '일상을 영위하는 사람들이 필요로 하는 것을 구체적으로 충족해주는 것이 평화이다.'라는 말은 평화가 바로 우리 곁에 있지만 그러한 평화를 이룩하는 것 또한 쉽지 않다는 의미일 것이다.

코로나바이러스와 함께 저물어 가는 2020년

국방대학교 논산 캠퍼스에서

임윤갑

목차

제1장 국제분쟁의 이해

6 · 25 전쟁 당시 참호 속의 유엔군

1. 전쟁과 역사, 그리고 국가

인간의 가장 파괴적인 행동으로 전쟁은 인류 역사와 더불어 국가와 국가, 국가 내, 그리고 여타의 정치적 단위 사이에서 지속적인 상호작용의 형태를 유지하며 발생해왔다. 전쟁은 사람을 살상하고 환경과 자원을 파괴하며 경제발전을 저해한다. 전쟁은 또한 정부를 확장하고 사회를 군사화할 뿐 아니라 문화를 재형성한다. 전쟁의 주체는 기본적으로 국가이고 전쟁의 특수한 형태인 내전에서조차 정권의 탈취를 도모하는 여러 집단이 서로 경쟁하면서 대치하게 된다. 따라서 전쟁이란 국가의, 국가에 의한, 국가를 위한 무력충돌을 특징으로 하는 폭력의 발현 형태라고 할 수 있다.

전쟁은 군사력과 부의 분배, 국제경제의 측면에서 국제체제의 변화를 가져오는 주요 메커니즘으로 국제정치의 진화와 국가의 행동에 심대한 영향을 미치게 된다. 전쟁은 또한 국가의 제도적 구조와 경제에도 매우 큰 영향을 미치며 많은 국가의 탄생과 소멸에 중대한 역할을 해왔다. 우리는 전쟁을 이해하지 않고는 4세기와 5세기 이전의 현대 민족국가의 발전을 이해할 수 없으며 전쟁 수행방식의 변화에 대한 이해가 전제되지 않고 그 이후의 국가에 대해서도 이해하지 못한다. 틸리(Charles Tilly)는 "전쟁은 국가를 만들었고 국가는 전쟁을 만들었다."[1]라고 주장했다.

제1차 세계대전과 제2차 세계대전을 생각하지 않고 20세기 후반 인류의 생활이 어떠하였는지를 상상하기는 쉽지 않다. 이처럼 양차 세계대전은 국제체제와 국내사회에 지대한 영향을 미쳤으며 냉전도 마찬가지이다. 전쟁은 약 반세기 동안 미국과 구 소련뿐만 아니라 서구 유럽과 제3세계 국가에서 국제적, 국내적 정치와 문화를 형성했다. 새로운 전쟁과 전쟁의 수행방식은 현대국가의 발전에 영향을 미치고 있다. 한편, 테러리스트 집단 또는 "불량국가"에 의한 핵무기 획득과 확산 가능성은 국제사회의 새로운 안보 위협으로 부상하고 있으며, 비국가적 요소가 개입된 내전 또는 분쟁의 확산은 개발도상 국가의 생활을 변화시켜왔다. 따라서 우리가 전쟁의 발발 가능성이 감소하기를 희망하고 그 심각성과 결과의 최소화를 원한다면 전쟁의 원인에 대한 보다 올바른 이해가 필요하다.

학자들은 사회적 현상으로서의 전쟁의 본성과 원인을 이해하기 위한 지적 에너지를 투사해왔다. 투키디데스(Thucydides)가 2,400여 년 전 아테네와 스파르타(기원전 431~404) 사이의 위대한 전쟁을 설명하기 위해 "펠로폰네소스 전쟁사"(History of the Peloponnesian War)를 저술한 이래 철학, 사학, 신학, 정치학, 사회학 등 광범위한 분야의 학자들은 전쟁의 원인은 무엇이고 인류는 어떻게 전쟁을 없앨 수 있을 것인가? 완전히 없앨 수 없다면 어떻게 통제할 수 있을 것인가? 에 대한 연구를 해왔다. 이들 학자의 노력은 이론의 확산을 끌어냈지만, 전쟁의 원인이나 다른 형태

---

1 Tilly, Charles, ed., *The Formation of National States in Western Europe: Studies in Political Development* (Princeton: Princeton University Press, 1975), p. 22.

의 사회적 폭력에 대한 궁극적인 견해의 일치는 만들어 내지 못했다.

학자들은 전쟁의 구체적인 원인뿐만 아니라 전쟁을 연구하는 방법에서도 의견의 일치를 보지 못했다. 국가에 따라 학자들 간의 의견이 다른 것은 놀라운 일이 아니며, 학문의 분야에 따라 의견도 다르다. 예를 들어 일반적으로 심리학자들은 심리적 요인을 강조하며 경제학자들은 경제적 요인을, 고고학자들은 문화적 요인을 강조하기 때문에 우리는 각각의 학문 분야에서조차 상당한 차이를 발견하게 된다. 학자들은 전쟁의 원인뿐만 아니라 그러한 원인을 규명하기 위한 가장 적합한 이론적 접근과 방법론에 대해서도 서로 다른 주장을 제기한다. 학자들 사이에서 가장 가깝게 접근한 견해의 일치는 오직 전쟁의 원인이 매우 복잡하다는 것뿐이며, 이에 대해서도 일부 학자들은 의견을 달리한다. 학문적 논쟁은 이어지고 있지만, 전쟁의 불행은 계속되고 있다.

전쟁의 원인에 대한 복잡한 질문은 다른 다양한 형태의 전쟁을 고려하게 되었을 때 더욱 어려워진다. 투키디데스 시대 이후 전쟁에 관한 대부분의 학술적 연구는 국가 간의 전쟁에 초점이 맞추어졌으며 수십 년 전까지만 해도 이러한 국가 간의 전쟁이 정치학에서 전쟁에 관한 연구를 지배해왔다. 하지만 이 시기에조차 실제적으로는 국가 간의 전쟁보다는 내전의 빈도가 높았으며 특히 지난 50여 년 동안 그러한 현상은 두드러지게 나타났다.[2] 만약 우리가 초점을 국가 간의 전쟁으로부터 내전과 식민지 전쟁, 종족 간 전쟁, 그리고 다른 형태의 전쟁으로 논의를 확장한다면 전쟁의 원인은 더욱 복잡해질 것이다. 군사력의 사용은

---

2 Jack S. Levy and William R. Thompson, *Causes of War* (New York, A John Wiley & Sons, Ltd., 2012).

일반적으로 집단의 이익을 추구하기 위한 전략이라는 관점에서 이러한 전쟁 수행방식이 공통적인 요소를 지니고 있지만, 여기에는 다른 점도 존재한다.

국가 간의 전쟁과 내전에 관한 학문적 연구에서 이러한 다른 형태의 전쟁에서 차이점은 더욱 명확해진다. 국가 간의 전쟁 이론은 근본적으로 내전 이론과는 다른 요인을 통해 강조된다. 하나의 예를 들면 국제체제에서 힘의 균형(Balance of Power)에 대한 강조는 국가 간의 전쟁 특히 양차 대전 같은 경우, 원인을 논함에 있어 매우 공통점을 보인다. 이는 내전 이론에서는 상대적으로 거의 찾아보기 힘들다. 이와 유사하게 내전 이론에서 매우 중요한 경제적, 사회적 복지의 수준에 대한 핵심적인 변수는 국가 간의 전쟁을 연구하는 학자들 사이에서는 주목하지 않는 요인이다.

전쟁의 원인에 관한 연구에서 다른 고려사항들도 물론 존재한다. 그 빈도가 점차 감소하고 있으나 국가 간의 전쟁은 여전히 국제사회에 큰 영향을 미치고 있다. 미국은 이미 새로운 세기의 출발점에서 2001년 아프가니스탄의 탈레반 정부를 상대로, 이어 2003년에는 이라크 정부와 두 번의 국가 간 전쟁을 수행한 바 있으며 이 두 전쟁은 미국이 깊숙이 개입된 국제화된 내전으로 발전했다. 이라크 전쟁은 막대한 인적 손실과 더불어 국제사회에서 미국의 지위가 심각하게 훼손되는 계기가 되었고 경제적 손실도 막대했다. 국제화된 내전으로 발전한 아프가니스탄에서 미국이 과연 승리할 수 있을 것인가에 논쟁이 2009년부터 제기되었다. 2008년 가을 러시아와 조지아(Georgia) 사이에서 전쟁은 국제사회에 러시아에 대한 경각심을 새롭게 불러일으켰고 서구세계에 충격을 던져주었다.

한편 일부 학자들은 국가 간 전쟁 가능성이 큰 '발화지점'에 대한 연구를 하였고 이 중 일부는 더욱 광범위한 분쟁으로 확대될 수 있을 것이라는 심각한 위험을 제기했다. 2006년 헤즈볼라(Hezbollah)가 개입된 레바논과 이스라엘 사이의 단기전, 2008년부터 2009년까지 하마스(Hamas)가 개입된 가자(Gaza) 지구 전투를 통해 팔레스타인과 이스라엘의 오랜 분쟁이 쉽게 종결될 수 있을 것이라는 가능성을 찾아볼 수 없게 되었고 이러한 분쟁으로 인하여 다른 아랍 국가와의 또 다른 전쟁의 가능성을 배제할 수 없게 되었다.

핵무기 확산 전망은 다른 발화지점의 가능성을 제기했다. 시리아가 핵무기 개발의 초기 단계에 있음을 이스라엘이 의심했을 때, 이스라엘은 2007년 9월을 기해 시리아의 핵 시설에 대한 제한적인 예방 공격을 했다.[3] 이란의 핵무기 개발계획이 수년 내에 핵무기를 운용할 정도로 발전하리라 판단한 다수 전문가의 견해와 더불어 아마디네자드(Ahmadinejad) 이란 대통령이 이스라엘 파멸을 공개적으로 언급하자 이스라엘은 예방 공격 위협으로 대응했다. 미국은 비군사적인 수단을 통해 이란의 핵무기 획득을 방지하고자 강력하게 희망했으나, 그런데도 군사적 선택방안을 테이블에서 내려놓지는 않았다.

또 하나의 분쟁 가능성은 인도와 파키스탄 간의 경쟁 관계이다. 이들 국가는 지난 60년 동안 세 차례(1948, 1965, 1971)에 걸쳐 주요 전쟁을 치

---

3 예방(Prevention)과 선제(Preemption)는 종종 혼란을 가져오기 쉽다. 예방전쟁이란 잠재적 위협(Potential Threat)을 제거하기 위해 실시되는 전쟁으로 긴박(imminent)하지 않을 경우에 실시될 수 있다. 반면 선제공격은 공격이 현실화되기 직전에 긴박한 침략 행위를 인지하였거나 전략적 이익을 달성하기 위해 실시된다. 대부분의 학자들은 예방전쟁을 침략과 동일하게 취급하기 때문에 정당화 될 수 없다고 주장한다.

른 바 있으며 이미 양측이 핵무기를 보유하고 있고 또 파키스탄 내부의 불안정한 상황으로 말미암아 전쟁의 위험성은 증폭되고 있다. 1999년에 양국은 카길(Kargil) 지역의 전투에서 전쟁의 문턱까지 이른바 있었고, 2008년 뭄바이(Mumbai) 테러리스트 공격으로 인해 또다시 긴장이 고조된 바 있었다. 이 폭탄 테러에서 파키스탄 사람이 공격을 이끈 것으로 알려져 있으며 인도는 파키스탄 보안군이 이들 테러리스트를 훈련하고 장비를 제공했다고 비난했다.

따라서 국가 간의 전쟁이 앞으로 다가올 수년 내에 가장 빈번한 형태의 전쟁 수행방식이 될 가능성은 작으나 인도주의적, 경제적 관점에서 가장 파괴적일 가능성은 여전히 크다. 발전된 핵무기 국가들이 포함된 전쟁은 역사적 차원에서 파국적 전쟁이 될 것이며 우리가 지금껏 알아 왔던 사회생활 전반을 근본적으로 뒤바꿔 놓게 될 것이다. 따라서 우리는 국가 간의 전쟁에 대해 주의를 기울여야 하며 규칙적으로 발전하고 있는 내전에 관한 관심의 여지도 남겨 놓아야 한다.

2. 전쟁의 정의

전쟁은 "정치적 조직 사이의 지속적이고 협조된 폭력"이라고 정의할 수 있다.[4] 이러한 정의는 제1차 세계대전 당시 강대국들 사이의 전쟁은 물론 18세기부터 19세기 초반에 이르기까지 유럽의 강대국들이 아시아와 아프리카 지역을 무대로 펼친 식민지 전쟁, 19세기 미국에서의 남북전쟁, 1990년대 콩고나 유고슬라비아에서 발생한 내전 등을 포함할 수 있다.[5] 또한 이라크 전쟁에서 미군에 대항한 조직화된 반란, 현대사회 이전의 부족 간의 전쟁 그리고 그 밖의 다양한 형태의 폭력행위들도 포함할 수 있다.

전쟁의 정의와 관련하여 명백한 사실은 전쟁이 폭력이라는 것이다. 폭력은 사람을 살상하고 군사 및 경제적 자원을 파괴하기 위한 무력의 사용이다. 독일의 군사이론가 클라우제비츠(Carl von Clausewitz)는 그의 "전쟁론"의 첫 번째 장에서 전쟁의 삼위일체의 첫 번째 요소로 "원시

---

4 전쟁의 정의에 관한 조사를 위해서는 Levy(1983b: 50-3), Vasquez(1993: 2장)을 참조. 내전(Civil War)에 관해서는 Sambanis(2004) 참조.

5 콩고와 유고슬라비아 전쟁은 각각 국제적 구성요소를 지녔고 "국제화된 내전"으로 불릴 수 있다. 국제화된 내전의 또 다른 예는 1917년 러시아 혁명이었으며 미국과 다른 강대국에 의해 외부적 개입이 있었다.

적 폭력"[6]을 제시하면서 끝을 맺었다. 이러한 폭력은 극단으로 발전할 수 있는 잠재력을 가지고 있다. 클라우제비츠는 1장의 앞부분에서 "전쟁은 폭력의 행위이며 그러한 폭력을 사용함에 있어 논리적 한계는 없다."라고 주장했다.

전쟁에서 폭력의 요소는 분쟁 형태에 따라 차별된다. 주권과 영토, 자원 그리고 기타 상징적 문제를 두고 벌이는 이익의 분쟁은 국제정치학에서 나타나는 공통의 현상이다. 행위자들 사이에서 자신에게 유리한 상황이 될 수 있도록 폭력을 통한 위협으로 적대적인 경쟁을 벌이는 관계 또한 공통적인 현상이다. 그러나 이익의 갈등, 경쟁, 분쟁, 그리고 폭력의 위협은 지속적인 폭력을 동반하지 않는 한 전쟁이 되지는 않는다. 미국과 구 소련의 "냉전"은 경쟁의 관계였으나 전쟁은 아니었다.[7] 실제로 냉전의 두드러진 현상 중의 하나는 국제체제에서 경쟁관계가 반드시 전쟁으로 발전되지는 않았다는 것이다. 이로 인해 다수의 학자들이 의견의 일치를 보지 못하면서 오랫동안 이러한 현상을 설명하기 위한 논쟁을 벌여 왔던 것이다.

또 하나의 예로 아랍과 이스라엘 간의 분쟁을 이해하기 위해서는 이스라엘이 건국한 1948년으로 돌아가야 한다. 하지만 이 분쟁은 전

---

6. 클라우제비츠의 삼위일체에서 다른 두 요소들은 "기회와 우연성(Chance and Probability)"(전쟁의 안개)과 정치의 우세이다. 후자에 대해서는 아래에서 다루게 될 것이며 전자에 대해서는 이 책에서 다음에 논하게 될 것이다. 클라우제비츠의 해석은 Paret(1976), Howard(1983), Aron(1985) 그리고 Strachan and Herberg-Rothe(2007) 참조. 클라우제비츠는 종종 2,000년 전 손자병법을 저술한 중국의 군사학자 손자에 비유된다(1963). 일부 학자들은 이들 두 학자를 가장 위대한 군사이론가로 여긴다.

7 미국과 구 소련은 각각 그들을 대신해 다른 국가들이 싸워줄 전투를 위해 이들의 군사력 건설을 지원하고 무장시켰다. 이는 일종의 대리전쟁(Proxy War)이었다. 그러나 두 강대국의 조직화된 군사력은 지속적인 전투에서도 서로 교전하는 일이 없었다.

쟁의 연속선상에서 취급하지 않으며 저강도 수준에서 국경을 두고 빈번하게 발생한 침략과 보복의 군사적 행동의 일환으로 일종의 분쟁 또는 경쟁의 관계로 보고 있다. 그러나 이들 사이의 분쟁의 역사 속에서도 일종의 잘 정의된 수개의 전쟁이 있었다. 1948년, 1956년, 1967년, 1973년과 1982년의 전쟁이 그 대표적 사례이며 2006년 레바논과의 전쟁과 2008~9년 가자에서의 분쟁도 이 범주에 포함될 수 있을 것이다. 문제는 이익과 경쟁관계의 분쟁이 매우 공통점을 나타내는 반면 전쟁은 그렇지 않다는 것이다. 여기서 중요한 문제는 일부 경쟁관계, 분쟁 또는 갈등이 왜 전쟁으로 발전되고 또 그렇게 되지 않는지를 설명하는 것이다.

전쟁의 정의에서 폭력이라는 용어를 수식하기 위한 "사이"라는 통상적 의미의 용어는 일반적으로 생각하는 것만큼 사소하지 않다. 이 용어는 사실 전쟁으로 취급되기 위해서는 폭력이 반드시 상호작용이 되어야 함을 의미한다. 즉, 전쟁이란 2개의 정치적 조직 사이에서 발생하는 것이다. 만약 최초의 폭력이 발생하고 나서 이에 대한 대응이 없다면 우리는 이를 전쟁으로 지칭할 수 없다. 1956년 헝가리 군은 구 소련의 침략에 강요된 저항을 할 수밖에 없었다. 결과적으로 학자들은 이러한 폭력적 투쟁을 러시아-헝가리 전쟁으로 불렀다.[8] 반면 체코슬로바키아 군은 1968년 구 소련의 침략에 강요된 저항을 하지 않았기 때문에 결과적으로 우리는 이를 구 소련의 침략 또는 개입이라고 부르고 있으며 전쟁이라고 부르지는 않는다. 1981년 이스라엘은 이라크 핵시설이 운용

---

8 J. David Singer and Melvin Small, *The Wages of War, 1816~1965: A Statistical Handbook* (New York: John Wiley and Sons, 1972), p. 210.

되기 이전에 시설을 파괴할 목적으로 원자로를 폭격했다. 이라크는 이란과 이미 전쟁을 실시 중에 있었기 때문에 이에 군사적으로 대응하지 않았다. 이러한 연유로 이스라엘의 행동을 "예방공격"이라고 칭하되 전쟁이라고 하지 않았다.

따라서 둘 또는 그 이상의 행위자가 공동으로 행동한 결과를 전쟁으로 간주한다. 이러한 개념의 대안적 사용에 있어 학자들은 때때로 전쟁을 그 결과가 아니라 전략으로 다루었다.[9] 즉, 전쟁을 전략으로 다루는 것은 군사적 행동이 상대방의 저항에 직면한다는 것을 가정하기 때문에, 국가나 정치적 조직이 왜 그러한 전략을 택하게 되는가를 규명함으로써 전쟁을 정의하게 되는 것이다. 따라서 저항이 없다면 대부분의 학자는 그 결과를 전쟁으로 지칭하지 않을 것이다.

이러한 논의는 전쟁에 참여하게 되는 행위자가 누구인가 하는 문제를 던져준다. 즉, 행위자는 개인이 아니라 조직이 된다. 개인은 실제적으로 전투에 참여하지만 집단 또는 적어도 지도부가 추구하고자 하는 목적을 달성하기 위해 정치적, 군사적 지휘부의 지시에 따라 대규모의 집단적 단위체를 위해 싸우게 된다. 개인적인 행동에 의해 국경선을 지키는 경계병을 살해하거나 다른 국가의 정치체제에 속해 있는 국민을 살해하기 위해 국경선을 개인적으로 침범했다면 이를 전쟁이라고 할 수 없다. 그러나 만약 그 개인이 정치체제의 공식적인 군사적 조직의 일부라면 그리고 그 군사적 조직이 다른 군사적 조직이나 조직화된 집단과 지속적인 폭력의 전투에 개입되었다면 우리는 이를 전쟁이라고 할 수 있다.

---

9 John A. Vasquez, *The War Puzzle* (Cambridge, Cambridge University Press, 1993).

역사가들에 의하면 1500년 이후 현대에 있어 대부분의 전쟁 역사에 관한 책들은 국가 간의 전쟁, 특히 강대국들 간의 전쟁에 초점을 맞추고 있다.[10] 이러한 전쟁은 프랑스 혁명과 나폴레옹 전쟁(1792~1815) 경험을 기술한 클라우제비츠가 우선적으로 주목했던 전쟁들이었다. 그는 당시 국제 체제를 이끌어 가던 주도 국가들의 군대가 싸운 주요 전투를 중요시 했다.[11] 하지만 국가 간 전쟁은 우리가 수 천 년 동안 목도한 다양한 범주의 지속적이고 협조된 폭력의 하나일 뿐이다.

다른 국가와 싸우는 국가 간의 전쟁과 더불어 국가는 국가의 통제로부터 벗어나려 하거나 분리하려는 세력을 통제하기 위해 내부적 도전세력과 싸울 수도 있다. 이러한 내부적 도전은 서로 간의 싸움 일 수도 있다. 국가는 또한 아프가니스탄에서 미국이 알카에다와 탈레반 반군들에 대해 전쟁을 치르고 있는 것이나, 이스라엘이 팔레스타인의 하마스(Hamas)와 같은 비국가요소와의 무력 분쟁이 보여주듯 외부적 환경에서 비국가적 실체와 싸울 수도 있다. 이처럼 전쟁은 여러 가지 요소들이 동시에 관련될 수도 있다. 이라크 전쟁은 미국과 사담 후세인 정부 사이에서 시작되었지만 외부 세력인 미국에 대항하는 내부 반란으로 발전했고 이어 이라크 장악을 위한 시아파와 수니파 사이의 내전으로 진화했으며 여기에 쿠르드 족이 이라크로부터 독립하기 위한 전쟁

---

10 강대국에 대한 세 가지의 다른 개념을 위해서는 Levy(1983b: 2장), Thompson(1988), Black(2008) 참조.

11 비록 클라우제비츠는 주로 대규모의 전쟁에 대해 기술했지만 나폴레옹 전쟁 기간 중 스페인에서 프랑스의 침략자를 물리치기 위한 게릴라전에도 관심을 보였다. 그는 소규모 또는 "비정규전"에 대해서도 여러 편의 책을 기술했다(Daase, 2007). 그러나 그러한 클라우제비츠의 노력은 번역과정에서 소홀히 취급되었다. 클라우제비츠의 현대적 적절성에 관한 유용한 분석은 Strachan and Herberg-Rothe(2007) 참조.

도 있었다. 결국 이라크 전쟁은 국가 및 비 국가요소에 의한 전쟁과 내전, 그리고 국제적 개입이 이루어진 전쟁이었다.

민족국가 또는 광범위한 범주 내에서 영토를 보유하고 있는 국가는 상대적으로 현대적 현상임을 염두에 두어야 한다. 초기 현대 유럽에 있어 국가가 등장하기 이전에 모든 생활은 왕과 귀족을 중심으로 이루어졌다. 즉, 민족국가의 등장 이전에는 도시국가(City-States)가, 그 이전에는 농업 공동체나 사냥을 위해 조직된 일종의 사회조직을 포함한 느슨한 형태의 사회조직의 형태가 골간을 이루었던 시대였다.[12] 이 각각의 시기는 집단 간의 폭력이 빈번하게 발생했으며 이러한 폭력은 이후의 조직화된 폭력과는 여러 면에서 달랐다. 그러나 이 시기에도 폭력은 하나의 공통점을 지녔는데 그것은 하나의 정치적 조직과 다른 조직사이에서 지속적이고 협력적인 무력의 사용이 행사되었다는 것이다.[13] 이러한 현상들은 우리가 전쟁으로 정의할 수 있는 충분한 조건이 되었다.

정치 지도자의 동기가 실질적으로 전쟁의 정의에 직접적으로 표현되지는 않지만 정치적 조직은 목적을 지향하고 그러한 목적을 달성하기 위한 전략으로 무력을 사용하며 따라서 무력은 목적을 수반한다. 무력을 통해 목적을 지향하는 전쟁의 본성은 “전쟁은 정치적 도구이며,

---

12 일각에서는 사냥과 약탈을 위한 일련의 무리를 정치적 조직으로 볼 수 있는가에 대한 의문을 제기한다. 그러나 일단 이들이 집단적 정체성을 가지게 되고 특정한 형태의 리더십 관계를 형성한다면 이러한 무리들도 초기 수준의 정치적 조직으로 볼 수 있다. 학자들이 ‘정치적’이라는 단어에 대해 논쟁을 해왔지만, 한 사회에서 자원의 권위적 할당을 위한 정치라는 관점에서는 정의에 부합한다(Easton, 1953). 이러한 정의에 따라 사냥을 위한 무리는 일종의 정치적 조직이라는 정의에 그르지 않다.

13 전쟁의 본성에 변화에 관해서는 Archer 외(2002), Gat(2006), Levy and Thompson(2010b) 참조.

다른 수단에 의한 정치의 연속이다. 따라서 정치적 목표를 지향하는 것이 전쟁의 목적이며 전쟁은 이를 달성하기 위한 수단이고 목적으로부터 독립되어 고려될 수 없다."라고 수차례 강조한 클라우제비츠에 의해 잘 설명되고 있다.[14]

전쟁의 정치적 본성에 관해 클라우제비츠의 관점을 가장 근본적으로 제기한 사례는 베트남 전쟁 말기에 당시 미국의 패배로 간주된 미 육군대령과 북베트남군 장교간의 다음과 같은 대화였다. 미군 대령이 "아시다시피 당신은 우리를 전장에서 한 번도 패배시킨 적이 없지 않습니까?"라고 말하자 북베트남 대령은 "그럴지도 모릅니다. 그러나 그 또한 적절하지는 않습니다."라고 답했다.[15]

전쟁에서 중요한 것은 외교적, 정치적 결과이며 이는 전장에서의 군사적 결과와 항상 일치하는 것은 아니다. 1973년 아랍-이스라엘 전쟁에서 미국은 이집트 군을 포위하여 격멸하려 한 이스라엘 군을 철수시켜 이집트 군이 가까스로 군사적 패배를 면했지만, 이집트는 전쟁 이전보다 전쟁 이후에 외교적으로 더욱 강력한 위상을 확보했다. 이집트는 1973년 전쟁에서 비록 군사적으로 패배했지만, 정치적으로는 승리했다.[16]

정치적 행위자들이 군사력을 사용하고자 할 때 그 목적은 통상 자

---

14 "어떠한 행위가 목적적이다"라고 하는 것은 반드시 이성적이라는 것을 암시하는 것은 아니다.

15 Harry, G. Summers, *On Strategy: Critical Analysis of the Vietnam War* (Dell, 1984).

16 군사적 결과는 때때로 모호하며 전쟁의 결과를 어떻게 해석해야 하는가에 대한 국내적 논쟁으로 이어지게 된다(Johnson and Tierney, 2006). 승리의 의미에 대해서는 Martel(2007) 참조.

신의 이익을 추구하기 위해 상대방의 행동을 강요하는 데 있다. 클라우제비츠가 전쟁론 첫 페이지에서 강조한 바와 같이 "전쟁은 우리의 의지를 적에게 강요하기 위해 무력을 사용하는 것이다." 전쟁은 근본적으로 강압적이며 다른 행위자의 행동을 강요하기 위한 것이다. 클라우제비츠가 전쟁론을 기술한 2천 년 전에 그리스의 사학자 폴리비우스(Polybius)는 이미 이를 인정한 바 있다. 그는 그의 저서 "역사"(Histories, BC 2세기)에서 "도발한 적을 섬멸하는 것이 전쟁의 목적이 아니라 그들이 취하고자 하는 길을 변경하는 것이 전쟁의 목적이다."라고 주장했다.

무력 사용의 목적은 적의 행동에 직접적으로 영향을 주는 것보다는 군사력이나 경제적 자원을 약화시키기 위한 경우도 있다.[17] 이는 일종의 도구로서의 전략이라고 볼 수 있으나, 적의 군사력이나 경제력을 약화시키는 것은 궁극적으로 미래의 전쟁수행능력을 약화시키는 것이 되기 때문에 이 또한 강압의 거래 수단이 될 수 있다. 국가 지도자가 적대세력에게 파국적 결과를 회피하는 대가로 일정한 양보를 요구하고자 할 경우, 전쟁은 적대세력의 결과에 대한 기대를 변화시키는 데 목적을 두게 된다.

정치 지도자들은 대부분의 경우, 그들의 목적을 달성하기 위해 군사력의 사용보다는 비용이 적게 들고 덜 위험한 외교와 경제적 압력 등 비 물리적 수단의 사용을 선호하기도 한다. 정치 지도자들은 그들의 요구를 강화시키기 위해 위협을 사용할 수도 있으나 적대세력이 그러한

---

17 일부에서는 적대세력의 군사력과 그 잠재능력을 약화시키기 위한 전투력 운용이라는 측면에서 "야만적 군사력(Brute Force)"이라는 용어를 사용한다(Schelling, 1966: 1장). 야만적 군사력은 결과적으로 나타나는 파괴라는 관점보다는 군사력의 즉각적인 목표라는 관점에서 사용된다.

위협에 순응하여 무력의 사용이 필요하지 않도록 요구에 굴복하기를 선호한다. 사실 군사력의 가장 효과적인 사용은 군사력이 직접적으로 사용되지 않으나 군사력의 위협만으로 적대세력의 행동을 변화시키기 위해 충분한 상황일 경우이다. 자신의 이익을 위해 해로운 행동을 취하려는 적대세력을 설복시키거나 억제하는 것이 그 대표적인 예이다. 만약 적대세력이 충분한 양보를 하지 않으려 한다면, 그리고 만약 정치 지도자들이 협상보다는 군사력의 사용을 통해 목적을 달성하고자 하거나 다른 수단이 가용하지 않을 경우에 군사력의 사용은 매우 매력적인 선택방안이 될 수 있다.

전쟁이 시작되면 외교가 중단된다는 논쟁이 있으나 외교와 군사력은 국가의 이익을 보호하고 추구하기 위한 두 가지 대안적 전략이다. 사실 이러한 관점은 매우 오해를 일으킬 만한 것이다. 군사력의 위협뿐 만 아니라 사용은 행위자의 협상 전략의 한 부분이다. 이것은 적대세력의 비용 대 효과 계산에 지대한 영향을 미치는 강압적 활동이며 적대세력의 행동을 변화시킬 수 있다. 위협의 목표는 적대세력이 전쟁을 지속하는 비용이 충분히 크다는 것을 확신시켜 주는 것이며 협상을 통해 문제를 해결하도록 하는 것이다. 예를 들어 1945년 일본에 대한 미국의 원자폭탄의 사용은 만약 일본이 항복하지 않는다면 추가적인 폭력을 사용할 것이라는 신호를 보내 일본이 전쟁을 조기에 종료하도록 강요하는 데 있었다. 미국의 지도자들은 장기간의 전쟁으로 인한 전사상자의 피해를 예방하기 위해 일본군을 격멸시킬 필요가 있었다. 따라서 외교와 군사는 별도로 분리시킬 수 있는 것이 아니다. 프러시아(Prussia)의 프레드릭 대제(Frederick the Great)가 주장한 "군사가 없는 외교는 악기가 없는 음악과 같다."라는 말이 널리 인용되고 있는 이유이다.

군사력의 강압적 본성에 관한 논쟁은 테러리스트를 포함한 모든 정치적 조직에 적용될 수 있다. 이스라엘에 대한 테러리즘은 항상 이스라엘의 지도자가 아랍의 영토를 점령하여 얻는 이익이 손해보다 더 크다는 것을 이스라엘 사회에 인식시킴으로써 이스라엘의 정책을 변화시키고자 하는 목적으로부터 기인했다. 미국의 군사시설과 해외 주둔 해군 함정, 그리고 뉴욕의 국제무역센터에 대한 공격을 실시하는 데 있어 알카에다는 사우디아라비아로부터 미국의 군사력을 철수시키고 친미 아랍 정권에 대한 지원의 철회를 포함한 다양한 정치적 목적을 가지고 있었다.[18]

전쟁에 관한 정의에서 "지속적"이라는 용어는 폭력의 강도와 영향 측면에서 제한적이고 조직화된 폭력과 전쟁을 구분하는 기준이 된다. 국경에서의 사소한 무력이 개입된 사건은 양측에 사상자를 발생시킬 수 있으나 그러한 사건이 폭력의 특정한 문턱을 넘어서 확대될 경우에 "전쟁"이라는 용어를 사용한다. 1962년 중국과 인도 사이의 국경 충돌은 점차 확대되어 지속적인 전투로 이어졌기 때문에 이를 "중국-인도 전쟁"이라고 칭한다. 중국과 구 소련이 1969년 3월 우수리(Ussuri)강을 두고 국경선에서 충돌했지만 6개월 후에 성공적인 위기관리를 통해 더 이상 충돌이 확대되지 않고 종결되었다. 따라서 일반적으로 이를 "국경 충돌"이라고 칭하며 전쟁으로 부르지는 않는다.[19] 국가는 수주 또는 수

---

18 9 · 11 항공기 납치범 중 일부는 변화되는 미국의 정책적 관점에서 어떠한 구체적인 정치적 목표도 없는 가운데 그들이 경멸한 생활양식을 파괴한다는 허무주의적 목표를 가졌는지도 모른다. "정치적 조직 사이의 폭력적 분쟁이 전쟁이다"라는 전쟁의 정의의 관점에서 보면 알카에다 지도부의 목표는 그들의 이익을 위해 모집된 개별적 인원들의 목표는 아니었다.

19 Sheldon Cohen, Ph.D., David A.J. Tyrrell, M.D., and Andrew P. Smith, Ph.D., *Psycho logical Stress and Susceptibility to the Common Cold* (Harvard University, 1991).

개월 동안 그들의 결의를 표출하기 위해 국경선에 병력을 집중시킬 수 있지만 이와 동시에 이러한 긴장을 완화시키기 위한 일종의 공식을 찾아내기도 한다. 1986~87년 인도와 파키스탄 간 "놋쇠 못 위기(Brass stacks Crisis)"는 좋은 사례이다. 만약 그러한 사건이 폭력의 지속적인 사용을 포함하지 않았다면 이를 전쟁이라고 하지는 않는다.

전쟁의 정의와 관련하여 일부 학자들은 "전쟁의 상관성(Correlates of War)"[20]에서 제시된 기준을 적용하기도 한다. 전쟁계획의 상관성은 모든 참여국가에서 적어도 1천 개의 전투와 관련된 사망자가 있어야 하며, 1년 이상 지속되는 전쟁에서 연 평균 1천 명의 전사자가 있어야 한다는 것이다. 그러한 기준은 지난 2세기 동안 전쟁을 분석하기 위한 전쟁계획의 상관성의 목적측면에서는 적절하다고 할 수 있다. 하지만 인구와 군대의 수가 상대적으로 소규모였고, 보다 더 소규모의 전투에서 총인구에 비해 군대의 규모가 상대적으로 대규모였던 그 이전의 시기에, 이러한 기준은 다소 적절성이 떨어진다고 할 수 있다. 따라서 전투가 전쟁으로 구분되기 위해서는 간헐적으로 발생하는 폭력이 아니라 지속적으로 발생되어야 한다. 여기서 지속적이라는 의미는 지속기간뿐만 아니라 강도까지도 포함한다. 여기에는 전쟁의 기간 동안 확실한 정도의 규칙적인 무력의 사용이 있어야만 한다.[21]

---

20 Singer and Small은 전쟁의 상관성에 관한 연구는 전쟁을 비국가 전쟁(Non-state war), 국가 내 전쟁(Intra-state war), 국가 간 전쟁(Inter-state war) 그리고 국가 외 전쟁(Extra-state war)로 전쟁을 분류하고 이를 기준으로 전투의 수, 사상자의 수, 지속기간 등을 분석하였다.

21 지속기간 그 자체는 적절한 기준이 아니다. 1977년 이집트와 리비아는 상호 간 4일 동안 포병사격을 실시했다. 반면 이집트와 이스라엘은 1967년 6일 동안 전투를 치렀다. 그러나 6일 전쟁으로 불리는 이집트와 이스라엘 간의 전투만이 전쟁으로 취급되고 있다.

3. 전쟁의 원인

전쟁의 원인에 대한 연구 조사는 다양한 원인들이 의미를 지니게 하기 위한 조직화된 기본구조를 필요로 한다. 대부분의 국제관계 이론가들이 전쟁과 외교정책 행태의 분석을 위해 유용하다고 판단한 하나의 기본구조는 "분석 수준"이론이다. 이러한 기본구조는 왈츠(Kenneth Waltz)가 저술한 "인간, 국가 그리고 전쟁(1959)"으로 돌아가 볼 수 있으며 여기서 그는 전쟁의 세 가지 모습을 담았다. 이러한 모습들은 각각 개인, 민족국가, 그리고 국제관계로 구분되며 궁극적으로 전쟁의 원인과 관계가 있다는 것이다. 싱거(J. David Singer)를 필두로 학자들은 이러한 모습들을 분석의 "수준"으로 참조하기 시작했다. 분석 수준의 기본구조는 전쟁의 이론이 아니라 전쟁의 원인에 대한 형식론이며 이를 보다 정확하고 일반적으로 보면 국가의 정책과 행동, 그리고 여타의 행위자에 영향을 미치는 서로 다른 원인적 요인의 분류를 위한 기본구조이다.[22]

---

22 다른 학파의 일부 학자들은 유사한 분석의 틀을 활용한다. Hinde(1993)는 그의 침략에 대한 연구와 "사회적 복잡성의 수준"에서 전쟁을 조직화했다. 역사학자 테일러(A. J. P. Taylor, 1961)는 자동차 사고에 견주어 흥미로운 유사점을 제시했다. 테일러는 우리가 개별적인 운전자와 자동차, 또는 도로와 여타의 환경적 조건의 관점에서 원인을 분류할 수 있다고 주장했다. 운전자는 잠에 빠져들 수도 있고 술에 취할 수도 있다. 자동차는 브레이크에 고장이 있거나 다른 곳에 결함을 가질 수 있다. 이와 마찬가지로 날씨가 나쁘거나 도로가 패

개인적 분석 수준은 국가의 정치지도자 또는 정치적 단위에 의해 이루어진 외교정책 결정을 설명하기 위한 목적이다. 이는 "인간의 본성"과 같은 모든 개인에 의해 공유되는 특성을 포함하며 침략을 지향하는 가정된 의도도 포함한다. 또한 개인적 수준은 믿음의 체계, 개성, 심리적 과정, 정치적 사회화, 역사로부터 얻게 된 교훈, 관리 스타일, 그리고 이와 유사한 변수 등을 포괄하는 개인에 따라 다른 요인들을 포함한다. 개인적 수준의 이론을 위한 가정은 특정한 개인이나 권력을 보유한 개인이 전쟁의 중요한 원인적 영향을 미친다는 것이다. 이는 만약 또 다른 개인이 권력을 가지게 된다면 그 결과는 달라질 것임을 암시한다. 예를 들면 제2차 세계대전은 히틀러(Adolf Hitler)에 초점이 맞추어져 있으며 만약 그가 권력을 장악하지 않았다면 전쟁은 피할 수 있었을 것이라는 해석이 지배적이다.

국가적 또는 민족 국가적 수준의 분석은 정부 및 사회 요인과 관련되어 있다. 정치적 요인은 정책결정과정의 본성을, 사회적 요인은 경제체제 구조의 본성, 경제적 · 비경제적 이익집단의 영향, 여론의 역할, 그리고 정치적 문화와 이데올로기를 포함한다. 예를 들면 국가적 수준에서 전쟁에 대한 민주주의적 구조와 정치적 문화, 민주주의에서 가지는 견해와 권위주의적 정권이 가지는 관점이 매우 달랐다는 중요한 증거가 제시되었다. 즉, 민주주의는 최소한 민주주의 국가와는 전쟁으로 가지 않는다는 것이다.[23] 사회적 수준에서 하나의 가정은 비록 많은 학

인 곳이 있을 수도 있다.

23 Michael W. Doyle, "Liberalism and World Politics," *The American Political Science Review*, 80 (4), 1986, pp. 1151-1169.

자들이 논쟁을 뒷받침해줄 수 있는 증거는 내놓지 않았지만, 일부 정치적 문화가 다른 문화에 비해 호전적이라는 결론이다. 전환 이론은 정치 지도자들이 국민을 하나의 "깃발 아래 모여들게 만드는 효과(Rally round the flag effect)"를 창출하여 내부의 정치적 지원을 얻어내기 위해서는 외부의 적대세력과 전쟁을 하는 것이라는 판단으로 전쟁을 결정한다는 것이다. 또한 정부의 관료들은 그들의 권력을 강화하고 정부 내에서 영향력을 확보하기 위한 전략의 일환으로 국방비를 증액하기도 하고 국내의 경제 단체가 자신들의 편협적인 이익을 추구하기 위해 보다 공격적인 외교정책을 주문하기도 한다는 것이다. 이러한 각각의 요인들은 민족국가의 분석 수준에 모두 포함된다.

국제관계 수준의 분석은 국제체제의 무정부적 구조,[24] 체제 내에서 주요 세력의 수, 이들 사이에서의 군사적, 경제적 권력의 배분, 동맹의 형태, 그리고 정치경제적 체제를 포함한 기타 권력의 배분과 밀접하게 관련된 요인들이 모두 포함된다.[25] 세력균형 이론을 포함한 대부분의 현실주의적 이론은 체제적 수준 이론으로 모든 국가에 공통적인 외부의 환경과 국제적 관례, 국제적 규범의 본성 또는 체제의 이데올로기

---

24 국제관계 학자들은 국제체제에서 합법적 권위가 부재한 상태를 무정부 상태로 본다. 반면 국가는 국내적 집단들 사이에서의 갈등을 해결할 합법적 권위를 지닌 정부와 국민을 가지며 국경 내에서 권력을 독점한다. 국제체제에서 국가 간 또는 다른 행위자들 사이에서 분쟁을 심판할 어떠한 합법적 권위는 없다. 만약 국가가 그들의 분쟁을 평화롭게 해결할 수 없을 경우(이들은 종종 해결을 선호하지만), 또 다른 외부세력이 군사력을 이용하여 그러한 갈등을 해결하려는 시도로부터 보호하기 위해 그들 자신의 군사력에 의존해야만 하거나 동맹국의 군사력에 의존해야만 한다. 이는 권력이 국제 정치학에서 중요하게 여겨지는 이유이기도 한다. 무정부 상태와 권력은 현실주의자들의 국제적 분쟁이론에서 핵심이다.

25 체제에서 권력의 분배와 밀접하게 관련되어 있다는 것은 체제의 극성(Polarity)을 말한다. 학자들은 단극(Unipolar), 양극(Bipolar), 다극(Multipolar) 체제로 구분한다. 각각의 체제는 서로 다른 전략적 역동성을 창출한다.

나 문화를 포함한다.[26]

왈츠가 제시한 세 가지 개념 또는 수준은 국제관계와 외교정책 연구에 있어 지대한 영향을 미쳐왔다. 많은 학자들이 왈츠의 분석 수준의 기본구조를 채택했지만 일부 학자들은 국가 또는 정부와 사회적 원인을 분리하여 개별적 수준으로 제시했다. 저비스(Robert Jervis)는 의사결정과 관료 정치, 국가와 국내정치, 그리고 국제적 환경으로 수준을 구분하여 왈츠의 기본구조에 변화를 주었다. 여타의 학자들은 왈츠의 이론을 단순화시켜 국가의 내부적요인과 외부적 요인의 2개의 수준으로 구분했다.[27]

앞서 제시한 분석 수준은 한편으로 도덕적 책임감을 평가하는 관점에서 중요한 의문을 지니고 있다. 만약 전쟁으로 이르는 중요한 원인 요소나 전쟁을 위한 국가의 결정이 국가이익에 대한 체제적 또는 이분법적 수준의 위협으로부터 발생한다면, 이로 인해 어떠한 이성적 국가나 개인이 그러한 상황에서 같은 방법으로 대응할 수밖에 없는 상황에 놓이게 된다면, 그러한 규범적 암시 속에서 그 국가나 지도자들에게 전쟁에 대한 도덕적 책임을 묻지 않을 수 없게 될 것이다. 결국 정치지도자들도 그들의 선택권의 여부와 관계없이 "나는 선택의 여지가 없었다."라고 말하는 것을 듣게 될 것이다. 따라서 다양한 요소 중에서 원인의 비중을 평가하는 것은 그 책임을 평가하는 첫 번째 중요한 단계가 될 것이며 인과관계의 서로 다른 평가는 책임을 가려내는 데 어려움을

---

26 예를 들면 일부 역사학자들은 사회의 다윈주의적 이념(Darwinist Ideology)의 역할을 제1차 세계대전으로 거슬러 올라가거나(Koch, 1984) 또는 "말하지 않은 가정"과 "1914년의 분위기"(Joll, 1984, 8장)로 돌아간다.

27 Singer(1961)와 Wolfers(1962, 1장) 참조.

가중 시킬 것이다.

예를 들면 제1차 세계대전 이후 승리한 연합국 측은 패배한 독일에 대해 베르사유 조약(Treaty of Versailles, 1919)에 "전쟁 범죄" 문구에 서명하도록 강요했다. 이는 이른바 승자의 정의가 되었지만 10년도 안되어 많은 역사가들은 전쟁의 중요한 요인이 특정한 정부나 국가가 아니라 힘의 정치체제와 비밀 동맹에 근거한 보다 체제적이었다는데 그들의 관점을 전환하기 시작했다. 1961년 발간된 피셔(Fritz Fischer)의 "제1차 세계대전에서 독일의 목표"라는 책은 출간되고 나서 6년 후 영어로 번역되었는데 이 책에서 피셔는 독일의 목표가 세계 권력을 능가하는 데 있었다고 주장했고 전쟁의 책임에 관한 여론도 역전되었다.[28] 일반적으로 정치학자들은 역사가들에 비해 "전쟁 범죄"나 도덕적 책임의 문제에는 크게 관심을 보이지 않으나, 그러한 어떠한 평가도 전쟁 원인의 경험적 분석에 기초한다는 것만은 분명하다.

많은 분석가들이 2003년 미국이 이라크를 침공하게 된 결정을 설명하는 다양한 주장에 대해 분석 수준을 위한 기본구조를 제시하는 것은 매우 유용할 것이다. 비록 일부학자들의 설명은 단일의 분석 수준에서 원인적 변수를 강조하지만 여타의 학자들은 수개의 다른 수준에서 복합된 변수로 설명한다. 학자들 중 일부는 미국의 개입이 부시 대통령의 세계관과 종교적 신념, 그리고 그의 아버지가 1990~91년 수행했던 걸프전쟁을 종결지으려는 결의, 또는 그의 믿음의 정확성에 대한 신념

---

28 Luigi Abertini는 그의 책 '*Origin of the War of 1914*'(1942)에서 1941년 영국의 전쟁 개입 가능성에 관한 가능성 등 매우 유사한 논쟁을 위한 강력한 사례를 만들었다. 제1차 세계대전에 관해 우리가 알고 있는 것과 모르고 있는 것에 대한 논의는 Williamson and May(2007) 참조.

과 그의 정치적 선호에 반하는 정보에 대한 무시로 인해 시작되었다고 주장했다. 이는 모두 개인적 수준의 원인적 요소이며 이러한 이론적 논쟁은 만약 부시 이외에 누가 대통령이 되었다면 미국의 군사행동의 가능성은 달랐을 것임을 암시하는 것이다.

미국의 정치체제와 사회의 본성이 미국의 전쟁개입을 결정한 요인이라고 주장하는 학자들도 있다. 이들은 민주주의와 해외에서 민주주의의 확산에 대한 미국의 헌신을 강조하고 9 · 11의 충격과 이라크에 대한 공세적인 정책을 추구하도록 환경을 창출한 미국의 정치적 문화와 여론, 전쟁으로 인한 정치적 반향을 염두에 둔 의회의 논쟁과 투표,[29] 그리고 석유산업과 이스라엘 로비 등 미국의 정책을 강조한다.[30] 한편 전쟁의 원인을 관료적, 조직적 수준의 의사결정에 초점을 두는 학자들도 있다. 이들은 정책결정 과정에서 의사결정 핵심 내부세력으로 일컬어지는 신보수주의자들과 체니 부통령, 럼스펠드 국방장관 그리고 정치적 중도의 파월 국무장관의 영향을 강조하고 이라크의 대량살상무기에 관해 크게 오도된 판단을 가져오게 한 정치화된 정보로 인한 정보처리 과정에서의 오류에 초점을 두기도 한다.[31]

미국의 개입에 관한 또 다른 일련의 해석은 국제적 수준은 물론 지역적 수준에서 체제적 수준의 위협과 기회, 그리고 미국과 관련된 국가

---

29 1991년 제1차 페르시아 만 전쟁에서 미국의 개입 승인에 반대표를 던진 일부 민주당원들은 1994년 의회선거에서 패배했다.

30 John Mearsheimer and Stephen Walt, *The Israel Lobby and U.S. Foreign Policy* (Havard University, 2007).

31 파월은 전쟁의 지혜에 관해 회의적이었다(DeYoung, 2006). 정보에 대해서는 Pfiffner and Phythian(2008) 참조. 다양한 해석을 위해서는 Mann(2004), Gordon and Trainor(2006), Ricks(2006), 그리고 Haass(2006) 참조.

이익에 대한 계산에 의해 제기되었다. 이들은 이라크가 당시 보유하고 있거나 발전시키고 있었던 대량살상무기를 미국이 인지하고 이를 파괴하는 것을 목적으로 했으며, 이는 부시 행정부가 전쟁을 결정하는 중요한 공공의 준거가 되었다는 것이다. 다른 체제적 수준의 분석은 9 · 11 테러리스트의 공격에 의한 충격으로 발생한 미국의 취약성에 대한 인식과 이러한 공격이 알 카에다 세력과 후세인이 연계되었다고 가정한 것으로 출발했다는 것이다. 따라서 이라크는 물론 중동 전체 지역에 민주주의를 확산시킨다는 목적이 목적 그 자체뿐만 아니라 미국에 동조하는 정권을 창출하여 미국의 안보를 보장하겠다는 수단으로 모두 사용되었다는 것이다. 이와 더불어 10여 년 전 구 소련의 붕괴와 냉전의 종식으로 인한 관대한 조건도 여기에 기여했다는 것이다.

분석 수준의 기본구조는 일반적으로 국가와 국제관계에 적용되며 인과관계의 출처에 관한 다음과 같은 유사한 의문이 제기될 경우에는 비 국가 행위자에게 적용될 수도 있다. 특정한 종족 집단이 그들의 환경에서 외부적 위협과 기회로 인하거나, 다양한 집단 내부의 분파들 사이에서 국내의 정치적 문제 때문이거나, 또는 개인적 지도자의 특정한 믿음이나 카리스마에 의하여 그들의 방식대로 행동할 수 있을 것인가? 이와 같은 맥락에서 테러리스트 집단의 행위가 그들 집단 전체의 이익을 위해 우선적으로 이루어질 것인가, 아니면 내부적인 분파들 간의 세력 경쟁이거나 특정 지도자에 대한 선호와 그의 믿음을 위한 투쟁이 될 것인가?

어느 분석 수준에서이든 인과적 변수가 개인적 믿음이나 국가의 행동, 이분법 또는 체제적 수준의 결과를 설명해 줄 수는 있지만 전쟁을 위한 특정한 형태와 관련된 설명에 잠재적으로 논리적 오류가 있음을 지적할 필요가 있고 특히 우려되는 것은 개인적 수준에서 설명에 관한 것이다. 분석가들은 제2차 세계대전과 같은 특정한 전쟁의 원인을 설명하기 위해 히틀러와 같은 인물의 개인적 믿음이나 개성으로 귀결하는 경향이 있지만 이는 전쟁의 설명을 위한 완전한 논리를 구성하지는 못한다.

앞서 전쟁을 국가나 반란 집단이든 아니면 테러리스트 집단이든 정치적 조직의 행동의 관점에서 정의했다. 전쟁은 개인적인 것이 아니라 일종의 구조화되었다. 이는 국가가 전쟁의 전략을 결정한다는 것을 의미하며 지도자의 취향, 믿음, 그리고 개성보다 더 많은 것을 알아야 할 필요가 있음을 의미한다. 한 국가 지도자의 취향이 다른 의사결정자들과 더불어 어떻게 국가의 외교정책 결정으로 전환이 되는지를 설명해야 할 의무가 있다. 전쟁이 개인이 아니라 국가에 의해 만들어졌기 때문에 전쟁의 개인적 수준의 분석은 보다 광범위한 외교정책 이론과 연계되어야 한다.

전쟁을 완전하게 설명하기 위해 굳이 독재가 추가적인 변수가 될 필요는 없어 보이지만 사실 정권의 독재적 구조는 설명의 일부가 될 수 있다. 중앙 집권적 정권의 본성은 전쟁이 직접적으로 정책으로 실행되기를 희망하는 지도자를 설명해 줄 수 있다.[32] 민주주의 정권, 특히 의원내각제를 포함하여 보다 분권화된 정권에서는 정치 지도자가 전쟁을 원하더라도 자국의 헌법과 의회에 의해 제어될 수 있다. 이와 반대로 드

---

32 사담 후세인의 믿음과 개성은 1990~91년 페르시아 만 전쟁의 기원을 설명함에 있어 매우 중요한 부분이다. 그러나 사담 후세인이 어떠한 중대한 내부적 제약사항에 없는 가운데 정책을 입안할 수 있었던 것은 고도로 중앙집권화 되었던 이라크 정권의 구조와 연계시켜 보아야 한다. 동일한 논쟁이 1930년대 히틀러의 독일에도 적용된다.

문 경우이기는 하지만 전쟁이 국가의 이익에 반한다고 생각하거나 또는 전쟁의 회피를 선호하는 지도자의 경우에는 외부세력에 대한 혐오 여론이나 강력한 국내의 집단들에 의해 전쟁의 결정을 강요당하기도 한다. 미국의 맥킨리(William McKinley) 대통령은 1898년 스페인과의 전쟁을 회피하고 싶었지만 국내의 압력으로 인하여 그가 "신뢰하지 않는 명분에 밀려 원하지 않는 전쟁"으로 나아갈 수밖에 없었다.

두 번째 논리적 문제는 전쟁이 정치적 조직 사이에서 폭력이 개입된다는 것이다. 전쟁의 이론은 양측이 처음 어떻게 전쟁의 문턱으로 이르게 되었고 기꺼이 전쟁을 하게 되었는지를 설명해주어야만 한다. 전쟁은 2개 이상 국가의 공동의 행위로부터 기인한 이분법적, 체제적 수준의 결과이기 때문에 전쟁의 원인을 이해하는 것은 두 적대세력간의 전략적 상호작용의 설명이 되어야 한다. 이러한 이유로 인하여 개인적, 사회적, 국가적 수준의 인과적 요인은 그 자체만으로 전쟁의 발발에 대한 완전한 설명을 제시할 수 없다. 즉, 이것만으로는 전쟁의 모든 것을 말해주지 못한다. 전쟁에 대한 완전한 설명을 위해서는 협상이론과 같이 이분법적, 체제적 수준의 원인적 변수들을 모두 포함해야 할 필요가 있다. 그렇다고 해서 이분법적, 체제적 수준의 변수들이 개인적, 또는 국내적 변수보다 더 중요한 비중을 차지함을 의미하는 것은 아니며 전자의 변수가 분석으로부터 논리적으로 배제될 수 없음을 뜻한다.

여기서 하나의 예가 앞의 논점에 대해 설명될 수 있다. 어느 특정한 전쟁의 중요한 원인이 특별히 공격적인 의도를 가진 국가나 정치 지도자에 있다는 가정을 해보자. 이러한 가정은 논리적으로 전쟁을 완전하게 설명하지 못한다. 예를 들면 나치(Nazi) 독일은 1930년대 상당히 공격적인 행동을 취했다. 국제조약을 위반하고 군사력을 재건했으며 라인란트(Rhineland)를 무장시키고 오스트리아를 병합하여 독일의 주데텐란트(Sudetenland) 지방으로 합병을 요구했다. 하지만 서구세력들이 전쟁의 위험으로 인해 독일에 맞서기 보다는 유화정책을 택했기 때문에 수년 동안 이와 같은 독일의 어떠한 조치도 전쟁으로 이르지는 않았다. 다수의 역사가들은 히틀러가 실제적으로 체코슬로바키아와의 전쟁을 원했지만 서구세력이 충분한 양보를 통해 정치적으로 전쟁이 불가능하도록 만들자 독일은 적어도 일시적으로는 그러한 목표를 포기할 수밖에 없었다. 물론 궁극적으로는 전쟁이 발생했지만 이는 서구세력이 히틀러에 의한 추가적인 공세적 행동으로 인하여 정책의 변화를 가져왔기 때문이었다. 제2차 세계대전에 대한 완전한 설명과 다른 그 어떠한 전쟁에 대한 설명을 위해서는 하나의 개인이나 국가의 행동에 분석을 국한해서는 안 된다.

이와 유사한 맥락으로 한 국가가 유화적 정책을 추구함으로써 평화적인 결과가 창출되었다는 것도 충분하지 않다. 폭넓은 양보의 전략은 때로는 평화적인 결과로 귀결되나, 이로 인해 위약한 이미지로 보여질 수도 있고 적대세력이 더 많은 양보를 요구하기 위한 희망으로 강압적으로 나올 수도 있다. 1930년대 영국과 프랑스의 히틀러에 대한 유화정책은 이러한 점을 잘 보여주었다. 영국과 프랑스는 각각 평화를 추구했지만 히틀러가 이들의 양보에 대해 보다 공세적 움직임으로 대응했고 더 많은 양보를 요구했기 때문에 그러한 평화는 찾아오지 않았다. 사실, 다소 문제가 내포된 가정이지만 일부학자들은 만약 양국이 보다 대립적인 정책을 취했다면 히틀러를 억제시킬 수 있을 것이라고 주장하면서 유화정책이 실제적으로 전쟁의 가능성을 높였다고 주장했다. 이와 더불어 보다 광범위한 이론적 논쟁은 전쟁의 이론이 한 국가가 상대방의 행동에 어떻게 대응하고 그러한 대응에 대해 어떠한 예측을 하게 되는지를 설명하기 위한 협상의 이론이나 전략적 상호작용 이론도 필요로 한다는 것이다.

앞서 시간에 따라 전쟁의 변화를 논한 것과 관련된 또 다른 개념적 문제는 전쟁이란 변화하는 것이며 일정하지 않다는 것이다. 전쟁은 누가 싸우는가, 어디서 싸우는가, 어느 정도의 강도에서 얼마나 자주 싸우는가 하는 관점에 따라 달라진다. 대부분의 국제관계 학자들이 설명하고자 하는 그러한 중요한 현상들은 시간과 공간에 따른 전쟁과 평화에서의 변화이다. 왜 전쟁은 다른 국가가 아니라 일부 국가에서 발생하는가, 어떤 때에는 일어나고 다른 때에는 일어나지 않는가, 어떤 조건에서 일어나는가, 어떤 정치지도자에 의해 일어나는가? 이는 브레머(Paul Bremer)가 질문을 던진 바와 같이 "누가 누구와 어디서, 언제, 그리고 왜 싸우는가?" 하는 것이다.

전쟁과 평화에서 변화하는 본성은 전쟁을 연구함에 있어 게을리해 왔지만 매우 중요한 암시를 지닌다. 전쟁이 일관된 것이라고 주장하는 어떠한 이론도 거부되어야 하며 적어도 전쟁에서의 변화를 설명하기 위한 추가적인 변수가 포함되어야만 한다. 일정한 "독립변수"는 변화하는 "종속변수"를 설명할 수 없다.

이러한 논리는 왈츠가 그의 "첫 번째 이미지" 또는 전쟁의 원인으로서 인간의 본성을 거부하는 개인적 수준에 관한 설명이다. 만약 인간의 본성이 모든 시대를 막론하고 일련의 공통적인 특성과 성향을 띠게 된다면 전쟁과 평화에서의 변화는 설명될 수 없다. 인간의 본성을 인식 능력, 개성, 감성적 조합, 위험을 감수하려는 경향 등 수많은 구체적인 요소로 "풀어 놓을 수" 있다. 이러한 요소들은 개인에 따라 달라지며 따라서 전쟁과 평화에서의 일부 주요한 변화를 설명할 수 있다. 설사 그것이 사실이고 경험적으로 보여주었다 하더라도 전쟁의 근원은 이러한 구체적인 변수이지 전체로서의 "인간의 본성"이 아닐 것이다.[33]

인간의 본성에 대한 집합적 개념은 어떤 의미로는 일종의 전쟁의 발생을 허용하는 전쟁을 위한 "관대한 조건"이 될 수도 있다. 그러나 이러한 조건도 충분한 설명을 제시하지 않는다. 인류의 역사에서 빈번한 전쟁의 반복에도 불구하고, 어느 누가 대부분의 시간에 어떤 곳에서 그 어느 누구와 싸우고 있음에도 불구하고, 사실 전쟁보다는 더 많은 평화가 있었다. 국제체제에서 양자관계를 생각해보면 대부분 이 관계 속에서도 평화를 유지해왔다.[34] 인간의 본성이 전쟁뿐 만 아니라 평화도 설명해 줄 수 있을 것인가? 제2차 세계대전 이후의 강대국들 간 장기간의 평화나 미국과 캐나다 사이의 지속적인 평화를 설명해 줄 수 있을 것인가? 전쟁과 평화를 설명해주는 인간의 본성에 관한 논쟁은 만약 각각의

---

33 인간의 본성의 개념은 어떤 측면에서는 지나치게 집약된 것이다. 즉, 남성과 여성을 분간할 수 없도록 취급하며 전쟁의 원인에 대해 성별이 미치는 어떠한 영향조차도 소홀하게 취급한다. "악마적 남성(Demonic Males)"(Wranghama and Peterson, 1996)이라고 명명된 책에서 제안한 바와 같이 아마도 남성은 진화적 과정을 통해 보다 폭력화되었다. 사냥을 위해 모여든 남성들의 특성이 그대로 남아있고 그러한 특성은 재생산되어 진화되었다. 사냥을 위해 모여든 남성의 기간들이 인류가 존재한 이래 99% 이상이기 때문에 이는 현대의 남성을 특징지었다. 설사 그러하더라도 지난 5,000년 동안의 시간과 공간을 통해 전쟁과 평화의 변수에 대해서는 설명해 주지 못할 것이나 아마도 다른 종(Species)들 사이에서 폭력을 향한 서로 다른 성향들은 설명될 수 있을 것이다(Wrangham, 2006). 성별과 전쟁의 관계는 (성별과 공격성 사이에서의 관계와 일치하는 것은 아니다) 예외적으로 복잡한 문제이다. 이는 진화론적 이론가들과 여성옹호론자들, 동물학자들의 흥미를 끌었고 다른 학파들의 학자들로부터도 흥미를 유발시켰다. 진화론적 관점에 대한 이해를 위해서는 Gat(2006: part I) 참조. 정치학에서의 연구결과를 위해서는 Elshtain(1987), Cohn(1987), Tickner(2001), Goldstein(2001) 그리고 Rosen(2005) 참조.

34 Bennett and Stam(2004: 204)는 국제체제에서 2개 국가 간 연도별 기준으로 국가 간 전쟁 빈도의 "기준선"을 1만 4천 당 1로 측정했다.

결과가 발생하는 조건을 설명할 수 없다면 만족스럽지 못하다.

과학적 이론의 주요한 특성은 이론이 거짓이라는 결론에 이르는 "시험 가능한" 일부 경험적 증거가 있어야만 한다는 것이다.[35] 시험이 가능하지 않은 이론은 설명적 또는 예측적인 힘을 가지지 못하며 실제로 발생하는 것과 발생할 수는 있으나 그렇지 않은 것 사이의 차이를 구분할 수 없다. 전쟁과 평화에 일정한 변화가 있다는 것을 설명해 주지 못한다는 것은 또 다른 암시를 내포하고 있다. 만약 하나의 요소가 전쟁과 평화의 시기를 포함하여 일정 기간 동안 지속이 된다면 이러한 요소를 전쟁을 설명하는 데 포함할 수 없다. 이 경우, 다른 요소들이 언제 어떻게 평화와 전쟁에 기여하는지를 포함해야 한다. 예를 들면 지난 20여 년 동안 경쟁적인 종족 간이나 종교집단 사이에서 폭력의 폭발은 "오래된 증오"로부터 기인했다는 관점이 유행했다. 이러한 요소가 종족 간 전쟁에 기여했을지는 모르나 역시 충분한 설명을 제공하지는 않는다. 즉, 일부 종족 사회 간 또는 그러한 "오래된 증오"를 가지고 있는 또 다른 집단에서는 왜 전쟁이 일어나지 않았는지에 대한 설명을 주지 못하며, 그러한 전쟁이 발발하게 된 시점과 참혹함도 설명해주지 못한다. 오래된 증오의 요소는 전쟁의 중요한 원인으로서 작용할 수 있으며 아마도 전쟁을 위한 필요조건일지도 모른다. 그러나 이는 충분조건이 아니며 전쟁이 이와 유사한 변수들에 의해서 발생했거나, 전쟁이 오히려

35 이론의 왜곡에 대해서는 Popper(1989), King, Keohane, and Verba(1994) 참조. 이론을 왜곡하거나 부당성을 증명하기 위한 증거는 원칙 안에서 존재해야 한다. 그러나 즉각적으로 사용 가능할 필요는 없다. 아인슈타인이 상대성 이론에 대해 발전시켰을 때, 과학자들은 증거를 수집(태양 주변에서 빛의 굴절)하기 위해 특정한 천문학상의 조건이(일식) 될 때까지 수 년 동안을 기다려야만 했다. 이로써 이론이 확인된 것이다.

원인을 촉발시켰는지는 설명해주지 못한다.[36]

1990년대의 보스니아(Bosnia) 전쟁을 돌아보면 세르비아 사람들(Serbs)과 크로아티아 사람들(Croats)은 오랫동안 경쟁의 관계였다. 그러나 20세기 이전 이들 사이에는 상대적으로 전쟁이 거의 없었다. 우리는 왜 그들이 이전에는 전쟁을 하지 않았는데 1990년대에 전쟁을 하게 되었는지를 설명하기 위한 추가적인 변수를 포함해야만 한다. 이란-이라크 전쟁(1980~88)은 또 다른 예이다. 일부 학자들은 이 전쟁을 페르시아 사람(Persians)과 아랍 사람(Arabs)들 사이의 오랜 기간 동안의 종족적 차이를 강조한다. 하지만 지난 2세기 동안 이들 사이의 무력 분쟁은 상대적으로 거의 없었다. 심지어 1975년에는 많은 현안 문제를 해결하기 위한 두 국가 사이에 조약도 있었다. 따라서 이란-이라크 전쟁의 충분한 해석은 그들 사이에서의 중요한 종족적 경쟁관계와 더불어 구체적인 요소가 무엇이었는지, 1975년 이후 전쟁을 촉발하게 된 이유는 무엇인지 설명되어야 한다.[37]

많은 중요한 전쟁이 오랜 기간의 평화 뒤에 발생했다는 사실 또한 어떻게 전쟁을 연구해야 하는지에 관한 방법론적 문제를 제기하고 있다. 개별적인 역사적 사건을 분석하는 학자나 수개의 역사적 사건을 비교하는 학자들에게 발생한 전쟁은 물론 발생하지 않은 전쟁을 검증하는 것은 중요하다. 하나의 예로 홈즈(Sherlock Holmes)가 제기한 바와 같이

---

36 필요조건과 충분조건, 그리고 다른 형태의 인과적 설명에 대해서는 Goertz and Levy(2007), Mahoney, Kimball, and Koivu(2009) 참조.

37 하나의 핵심적 요인은 이슬람 원리주의자들이 권력을 장악한 이란의 혁명이었으며 이들은 이라크 사담 후세인의 세속주의적 바스 정권(Baathist Regime)의 안전을 위협했다(Hiro, 1991).

짖지 않는 개는 짖는 개만큼 많은 정보를 누설할 수 있다. 핵심 변수에 대해 다른 가치를 가지고 각각의 사건을 바라보는 것은 어느 비교방법론에도 매우 중요하다. 만약 종족의 차이와 같은 가정된 인과적 요소가 매우 유사한 환경에서 발생한 두 개의 사건에 모두 제시되었다면, 그리고 만약 결과가 하나는 위기에서의 전쟁, 다른 하나는 평화였다면 대부분의 경우 그러한 요소는 전쟁의 주요 원인이 될 수 없다.[38]

---

38 "통제된 비교"의 방법론에 관해서는 George and Bennett (2005) 참조.

4. 전쟁의 시작과 종결

대부분의 전쟁은 예방의 실패, 개전, 확전, 교착, 타결 그리고 전후 정리와 같은 일정한 과정을 거친 이후 전쟁의 종결로 이르게 된다. 예방의 실패는 잘못된 정세판단, 잠재적 분쟁에 대한 대응전략의 결여나 혼란, 위기관리의 실패로부터 발생할 수 있다. 전쟁의 시작은 1907년 헤이그 평화회의가 "개전에 관한 조약"에서 최후통첩의 통보와 선전포고를 이행할 것을 규정했다. 그러나 강대국이 약소국의 내전에 점차 개입이 증가하던 제2차 세계대전 이후 전쟁은 조직화된 전력의 투입이나 계속적인 침략에 의해 사실상 시작되었다.

전쟁의 징후가 시작되면 어느 정도 규모와 어떠한 무기의 수준에서 전투를 지속할 것인가를 두고 상호간에 견제하는 한편, 조기종결과 결정적인 승리를 위해 상황에 따라 군사력 행사의 규모를 단계적으로 확대하는 전략을 취하게 된다. 하지만 이와 같은 확전이 불가능한 경우 교착상태에 빠지게 될 수도 있다. 외부세력의 개입으로 견제와 확전의 순환이 반복하더라도 그 단계에서 장기전은 인적, 재정적으로 많은 비용을 필요로 하며 쉽게 정지하지는 못하게 된다. 정복이나 완전한 파괴로 한 측이 소멸되어 끝나는 전쟁도 예전에는 적지 않았지만 제2차 세계대전 이후에는 일반적으로 한 측이 패전을 인정하거나 상호 휴전에 합의해서 중재나 조정을 통해 강화를 맺는 등의 형태로 전쟁은 종결되었다.

1982년 포클랜드 전쟁은 지리적으로나 시간적으로 일정한 틀 안에 있었다는 점에서 일련의 전쟁 과정의 대표적인 사례였다. 포클랜드는 아르헨티나 본토로부터 500 킬로미터 떨어진 남태평양의 도서이다. 아르헨티나는 1816년 독립당시 스페인으로부터 이 지역에 대한 관할권을 승계하였다며 사람들을 이주시켰다. 그런데 1833년 영국이 군사적으로 점령하여 식민지로 편입하였다. 제2차 세계대전 이후 이 섬의 주권 문제를 둘러싼 협상이 간헐적으로 이루어졌고 유엔은 1965년 "유엔안전보장이사회 결의안 2065호"에 따라 양국에 대해 협상을 조속히 진행할 것으로 권고했다. 그런데 이 문제가 전쟁으로 발전할 수 있다는 가능성에 대해 심각하게 생각하지 않았던 영국은 협상에 성의를 보이지 않았다. 한편 아르헨티나는 대륙붕과 배타적 경제수역을 둘러싼 일반적인 국제 해양법에 진전과 함께 이 섬에 대한 권리를 주장하게 되었다.

전쟁은 1982년 4월 2일 아르헨티나 군이 섬에 상륙하여 영국 총독을 포로로 하면서 시작되었다. 영국은 4월 5일 항공모함을 중심으로 한 기동부대를 파견하였고 포클랜드 해상 봉쇄라는 온건한 단계부터 시작했지만, 개전이 되자 구축함과 대함 미사일 등 추가적인 전투력을 파견하게 되었다. 당시 유엔 사무총장의 외교적 조정이 실패하자, 영국은 포클랜드에 상륙작전으로 섬을 점령하기 시작했고 6월 14일에 이르러 아르헨티나 군에 항복을 요구하였다. 여기서 견제와 확전의 과정이 동시에 이어졌다.

미국은 영국의 동맹국이기는 하지만 남미에서 반미 감정이 고조되는 것을 우려하여 방관하는 태도를 보였고, 구 소련도 서구 동맹과의 무력충돌을 경계하여 지원을 고려하지 않았다. 결국 국제적으로 이 문제를 당사국간 한정하고자 하는 암묵적인 양해가 성립되었다. 영국은 또한 전쟁 목적을 포클랜드섬 탈환에만 한정시키고 아르헨티나 본토에 대한 공격으로 확대하지는 않았다. 한편 아르헨티나가 해군을 출동시킨 배경에는 인플레이션 150%, 실업률 30%라는 경제적인 파탄 상황에서 난관에 봉착한 국가적 위기를 대외분쟁으로 타개하고자 하는 다분히 고전적인 전쟁구도가 있었다. 포클랜드 전쟁은 내부문제를 희석시키기 위해 무력으로 영토를 탈환하려 한 시대착오적인 아르헨티나 군사정부의 태도와 영국 정부의 세계정세의 흐름에 대한 분석의 착오, 그리고 1980년대 초 남미 경제의 전반적인 병리에 대한 선진국들의 대응 실패로 초래되었다. 영토 분쟁과 같은 전쟁 원인의 측면과 강자가 여유로운 무력의 행사를 통해 상대를 굴복시켜 전쟁이 종결되는 과정의 측면 모두 이 전쟁은 20세기 말 국제적으로 기이할 정도로 구시대적이고 단순한 형태의 전쟁이었다.[39]

포클랜드 전쟁과 같은 시기 발생한 이란-이라크 전쟁은 포클랜드 전쟁과는 대조적으로 전쟁의 과정이 복잡한 변형의 모습을 보여주었다. 이 전쟁은 현대 국제관계의 여러 모순을 표출시키면서 8년간의 장기전에서 100만 명의 희생자를 발생하고 결국 유엔 결의안 수락이라는 형태로 승리 없는 종전을 맞게 되었다. 양국 사이에는 근본적으로 페르시아 민족과 아랍 민족의 역사적인 반목, 시아파 중시의 이란과 수니파 중심의 이라크와의 이슬람 내 종교대립, 이란의 지도자 호메이니와 이

---

39 Peter J. Beck, Virginia Gamba, *The Falklands-Malvinas War,* Boston: Allen & Unwin, 1987.

라크의 대통령 후세인의 개인적 대립, 페르시아 만 지역에서 패권 경쟁, 양국 국경의 샤트 알 아랍(Shatt al-Arab) 수로의 영유권 문제, 이라크 북부에 있는 쿠르드족이 이란으로부터 무기 원조를 받으며 끊임없이 반란을 도모하는 소수민족 문제 등이 있었다. 이와 같은 복합적이고 만성적인 긴장을 배경으로 이라크는 이란의 군사력이 1979년 이슬람 혁명으로 미국을 배척하였기 때문에 약화되었다고 판단하고 1980년 9월 영유권 등 오랜 문제를 단숨에 해결하기 위해 혁명의 수출을 예방한다는 명목 아래 공격을 시작했다. 그러나 혁명 후의 혼란을 틈타 단기결전을 노렸던 이라크의 예상과는 달리 전쟁은 이란 혁명정권의 결속과 강화로 이어져 전쟁 상황은 이라크의 우세를 이란이 집요하게 물고 늘어지는 형태로 전개되었다. 1982년 중반 이라크 군은 이란 영토로부터 물러나 전황은 이란의 역공으로 발전되었지만, 양국은 결정적인 승리가 없는 장기전으로 빠져들게 되었다.

지상전에서 이란의 우세가 명확해지자, 이라크는 이란의 전쟁비용과 그 원천인 석유시설에 대한 공습으로 전환했다. 이란도 보복공격을 감행하면서 전쟁은 페르시아 만 전 지역을 무대로 한 유조선 전쟁으로 확전되었다. 1985년에 이르러 지대지 미사일에 의한 도시 공격도 격화되었고 이어 1986년 이라크 군이 이란 여객기를 격추시키는 등 국민들도 전쟁의 참화 속에 휘말리는 일진일퇴의 교착 상태로 빠져 들기 시작했다. 1987년 5월 이라크 공군기가 페르시아 만에 미 해군을 오폭했다. 같은 해 7월 유엔 안전보장이사회는 즉각적인 정전을 요구하는 결의안 제598호를 채택했다. 지상전에서 우위를 유지해왔던 이란군은 이미 붕괴되어 더 이상 전쟁이 확전될 가능성은 없었다. 결국 이라크가 유엔 결의안을 받아들이겠다고 발표한 이후 이란도 받아들임으로써 전쟁은 종결되었다. 전쟁은 예외 없이 불행하지만 특히 이란과 이라크의 전쟁은 장기소모전의 비참함을 노정시키며 전쟁의 과정에서 최악의 사례를 보여주었다.

무기와 공격대상의 변화, 그리고 전쟁에 개입하는 국가의 증가는 전쟁의 본질적인 확전의 과정이다. 그러나 잘못된 예측으로 인한 전략으로 인해 변화하는 전쟁은 의외로 많다. 장기전은 처음에 몇 주 정도면 종결될 것이라는 낙관 속에서 시작된다. 이란과 이라크 전쟁이 바로 그러한 전쟁이었다. 제1차 세계대전 당시 독일의 슐리펜 계획(Schlieffen Plan)은 6주 내로 전쟁을 종결시킨다는 시나리오였고, 1914년 8월 전쟁에 개입한 영국은 성탄절 이전에 전쟁이 종결될 수 있을 것이라고 생각했다. 일본이 진주만을 공격할 때 3개월이면 전쟁이 끝날 것으로 판단했다. 미국의 남북전쟁 당시 열악한 무기와 병참 체계로 인해 대규모 전쟁으로 이어질 것이라고 예견한 사람은 아무도 없었다. 베트남 전쟁에서 미국이 그러했던 것처럼 전쟁이 시작되면 개전 당시의 예상과 달리 독립적인 전쟁의 발전 과정 역학으로 인해 인간의 예측이 얼마나 어리석었는지를 입증하는 경우가 많다.

확전은 일반적으로 '파괴 수단의 단계적 고도화나 전투의 규모 확장'을 의미하지만, 전쟁의 과정에서 전쟁 목적 그 자체가 확전의 요인이 되는 경우도 있다. 프랑크 왕국의 카를로스 1세가 색슨(Saxon)인에 대한 정복을 개시한 색슨 전쟁이 대표적인 사례이다. 프랑크 왕국이 작센 지방을 정복하여 귀속시킨 이후 처음에는 게르만 이교도에 대한 분리정책을 취했지만 서서히 기독교 교화에 의한 농경생활 양식으로 전환하고자 하였고 토지병합과 강제적 개종으로 전쟁 목적을 확대했다. 6 · 25 전쟁도 미국은 북위 38도선 이북으로 침략자를 몰아내어 원래 상태를 회복한다는 전쟁 목적에 따라 참전했으나 같은 해 10월 맥아더 장군의 38선 돌파와 북상을 승인했다. 그러나 전쟁 목적의 확대는 중국의 개입으로 연결되었고 이를 중국 본토에 대한 폭격과 연안의 봉쇄 등으로 전쟁을 추가적으로 확전하고자 했던 맥아더는 결국 유엔군 사령관의 지위에서 해임되었고 확전의 과정은 다시 교착과 타결의 과정으로 전환되었다. 확전 전략이 냉전구조의 틀 속에서 극한의 상황으로 발전되었던 대표적 사례였다. 파괴수단의 고도화에 의한 확전은 제2차 세계대전 종결 직전에 미국의 일본 원폭 공격이 대표적 예라 할 수 있다.

확전에 대해 스모크(Richard Smoke)는 다섯 가지의 이유를 제시했다.[40] 첫째, 단숨에 승리를 거두겠다는 계산에 따른 확전 전략으로 상대의 확전을 유도하여 장기소모전의 출발점이 되는 경우가 많다. 둘째, 패배를 회피하기 위한 확전도 있다. 베트남 전쟁에서 미국의 라오스, 캄보디아 침공이 그 예이다. 셋째, 이미 발생한 희생자의 규모나 막대한 전쟁 비용으로 더 이상 타협을 통한 해결이나 제한적인 그간의 목적 달성으로만 전쟁에서 물러설 수 없게 되어 전면전의 승리를 노리고 확전되는 경우도 있다. 미국이 일본에 원자폭탄을 투하한 것은 이미 연합군의 승리로 마무리 되고 있는 상황에서 단순한 승리보다는 전후질서의 주도권을 확립하기 위한 목적도 있었다. 넷째, 전쟁 지도에 있어서 의사결정자의 개인적인 동기나 심리적 요인이 작용하는 경우도 있다. 대통령은 선거에서 승리하기 위해 확전할 수도 있고 독재국가의 경우 독재자가 자신의 지위를 확고하게 하기 위해 모험을 거는 경우이다. 다섯째,

---

40 Richard Smoke, *War: Controlling Escalation,* Cambridge: Harvard University Press, 1978, pp. 19-71.

전술적으로 승리를 눈앞에 둔 경우 이를 전략적으로 확대하기 위해 확전을 도모하는 경우도 있다.

확전이 전쟁수행의 본질과 관련된 역학이라는 측면에서 보면 확전의 과정에 정교하게 대응함으로써 전쟁을 통제하는 것도 가능해질 수 있다. 그러한 발상의 구체적인 구현은 1961년 케네디 정부의 국방장관이었던 맥나마라(Robert McNamara)의 '유연반응전략'이라고 할 수 있다. 1954년 덜레스(John Foster Dulles) 국무장관이 발표한 '대량보복전략'은 '우리가 선택한 수단과 장소에서 즉각적으로 보복할 수 있는 능력(핵 능력)'을 보유함으로써 단숨에 핵전력을 전면적으로 전개하는 극단적인 확전을 채택하는 전략이었다. 이에 대해 맥나마라는 군사적 충돌의 수준을 단계적으로 실행하여 봉쇄 또는 보급로의 차단, 특정한 정치적 목표에 대한 공격, 한정된 국지전쟁, 재래식 무기에 대한 국지전, 전술핵에 의한 제한 핵전쟁, 군사적 목표를 지향하는 핵전쟁 그리고 최종적으로 인구밀집지역도 대상이 되는 전면적인 핵전쟁과 같은 여러 단계에 대응하기 위한 군사능력의 정비를 주장했다. 다양한 선택방안을 전제로 한 이 전략은 필요에 따라 핵전쟁으로 확전할 수 있는 체제를 정비하는 한편, 봉쇄나 국지전 등 군사적 대립의 초기 단계에서도 압도적인 우세를 달성함으로써 상대의 확전을 방지하고 핵전쟁에 대한 확전을 최종적인 선택방안으로 삼는다는 것이다.

이러한 전략은 바로 다음해인 1962년 가을 쿠바의 미사일 위기에 분쟁의 해결과정에서 활용되었다. 1959년 카스트로(Fidel Castro)가 혁명정권을 수립한 쿠바는 1961년 미국과의 국교를 단절하고 사회주의 공화국임을 정식으로 선언했다. 1962년 10월 14일 미국은 항공사진을 통해 구 소련이 쿠바에 공격용 미사일 기지를 건설하고 있다는 것을 확인한다. 냉전 중에 발생한 이 중대한 국가안전보장의 위기에 대해 케네디 행정부는 기지공격과 상륙 침공이라는 확전을 채택하는 대신 해상봉쇄라는 온건한 선택방안을 시작으로 상대에게 확전을 회피할 수 있는 기회를 제공했다. 10월 22일 케네디는 그러한 의도를 구 소련이 오해하지 않도록 대국민 방송을 통해 미국의 상황분석과 판단을 설명하고 흐루시초프(N. S. Khrushchev) 서기장에게 서한을 보내 미사일의 철수를 요구했다. 다른 한편으로 언제든 핵전쟁으로 확전할 수 있는 가능성에 대비하여 대응태세를 갖추고 다음 단계에서 미국이 취할 선택방안을 분명하게 제시하지 않음으로써 구 소련 당국의 심리적 동요를 유발시켰다. 카리브 해역에서의 미국의 제공권과 제해권의 완전한 장악으로 봉쇄라인의 강경돌파는 불가능했다. 맥나마라의 전략이 요구하는 바와 같이 초기 단계에서도 미국의 우위는 압도적이었다. 10월 28일 흐루시초프는 쿠바에서 미사일을 철수하라는 명령을 내렸다. 유연반응전략의 승리였으나, 이 같은 승리가 가져다 준 과신은 베트남 전쟁에 대한 대담한 개입정책을 채택하는 계기를 마련하였고 패배를 향한 출발점이 되었다.

제2차 세계대전 이후 전쟁으로 인해 발생한 희생자는 전체 2천 백만 명이 넘었다. 전쟁은 대부분 개발도상국에서 발생하고 있지만, 대규모의 전쟁비용이 요구되는 전쟁수행과정에서 개발도상국만이 전쟁의 당사자였다면 이 정도 규모의 희생을 초래할 정도로 전쟁이 확전되지는 않았을 것이다. 헝가리 평화연구소의 켄데(Istvan Kende)는 전후 국지전의 연구에서 3개 분쟁 중 2개 분쟁에서 미국과 구 소련, 영국, 프랑스 등 강대국들이 직접적으로 개입하였고 군사원조, 무기제공, 정치공작 등을 통해 광범위하게 이루어지고 있다고 주장했다. 강대국의 개입은 제2차 세계대전 이후 전쟁의 확대의 가장 구조적이고 뚜렷한 요인이 되었다.

강대국이 약소국의 내전에 개입하는 현대전쟁 형태의 원형으로 이탈리아와 독일의 파시즘 세력의 개입으로 인민전선이 붕괴된 스페인 내전을 들 수 있다. 1936년 총선거에서 인민전선의 승리에 불만을 품은 군부의 반란을 계기로 스페인은 공화제를 유지하고자 하는 좌파의 인민전선과 프랑코 장군이 이끄는 국민전선 간의 대립으로 내전에 돌입하게 된다. 이러한 위기는 당시 유럽에서 격화되고 있었던 파시즘과 반파시즘의 대립구도로 휩쓸리게 되었다. 도시에서의 치열한 전투를 시작으로 스페인은 내전의 규모를 넘어서는 처참한 국지전으로 발전하게 되었고 이후 36년 동안 억압적인 권위주의 체제가 수립되었다. 강대국이 약소국의 내전을 확대하고 그 성공으로 자신감을 얻은 강대국들은 결국 제2차 세계대전으로 발전하게 되었다.

제2차 세계대전 이후 수많은 전쟁 가운데 약소국의 내전이 강대국의 개입으로 인해 대규모의 국지전으로 확대된 대표적인 예는 베트남 전쟁이다. 제2차 세계대전 중 베트남은 일본과 프랑스의 이중적인 지배에 있었으나 일본군이 패전으로 물러나자 제국주의 세력에 대한 무장 게릴라 저항을 지도해 온 '베트남 독립동맹(Viet Minh)'은 호치민을 수반으로 하는 베트남 민주공화국의 독립을 선언했다. 그러나 지배의 재건을 노린 프랑스는 남부의 상류계층과 결탁하여 괴뢰정권을 수립했으며 다음 해에는 독립과 통일국가의 달성을 둘러싼 대규모의 내전이 발발했다. 1950년 구 소련과 중국이 호치민 정권을 승인하고 영국과 미국이 남부 정권을 승인하면서 분단국가의 원형이 명백해졌다. 1949년 탄생한 중화인민공화국이 베트민에 무기를 공급하는 한편 프랑스의 인도차이나 복귀정책에 비판적이던 미국의 트루먼(harry S. Truman) 대통령도 한국전쟁이 시작되자 반공 정권의 지원에 나섰다. 이 시점에서 이미 거의 모든 세계의 강대국들이 약소국의 내전에 관여하게 되었다. 프랑스 군의 최후의 보루였던 디엔비엔푸(Dien Bien Phu) 요새의 함락을 계기로 1954년 '제네바 휴전협정'이 체결되고 그 결과 북위 17도선을 경계로 하는 남과 북의 베트남으로 분단되었다. 2년 후 통일국가를 위한 선거를 실시한다는 규정도 남부 베트남공화국의 고 딘 디엠(Ngo Dinh Diem) 정권의 거부로 사문화 되었다. 따라서 제1차 인도차이나 전쟁이 종결되었으나 내전의 구조는 한층 악화하여 사회주의체제를 굳히는 북부의 하노이 정부에 대항하여 남부의 사이공 정부는 국가 예산의 60%를 군비로 투자하면서 미국의 지원 아래 반공 탄압정치를 전개하였다. 디엠 일가의 전제 지배와 정치범의 대량학살로 인해 '남베트남해방민족전선'이 결성되자 내전으로 분단된 국가에서 또 다시 내전구조가 발생하게 되었다.

남베트남 정부군과 해방전선과 싸움으로 시작된 제2차 베트남 전쟁에 대해 케네디 행정부는 북베트남의 지원을 받는 해방전선의 우세를 우려하여 군사고문단과 특수전 부대를 파견하게 되었다. 1963년 케네디가 암살되고 존슨(Lyndon B. Johnson) 부통령이 대통령직을 승계하였다. 이러한 와중에 1964년 8월 2일과 4일, 베트남의 통킹 만(Gulf of Tonkin)에서 초계중이던 미 구축함 2척이 북베트남 해군의 공격을 받았다. 통킹 만 사건으로 불리는 이 사건을 계기로 미국은 북베트남에 대한 사실상 선전포고인 '통킹 만 결의'를 통과시켰고 북베트남에 대한 폭격 승인과 지상군의 본격적인 개입이 시작되었다. 강대국이 본격적으로 개입한 이 전쟁의 희생자는 민간인만 해도 제1차 세계대전의 총 희생자 수에 육박할 만큼의 규모였으며, 사용된 폭탄은 2.7배 규모에 달했다.

최강의 군사대국 미국에 맞서 해방전선은 밀림에 들어가 북부 베트남으로부터 보급로를 유지하며 게릴라 전술을 전개했다. 생산과 저장시설은 분산해서 동굴이나 지하에 은닉하였고 수만 킬로미터에 이르는 터널망이 보급과 생활기지가 되었다. 다리는 대나무로 만들어 낮에는 물속에 숨겨 장기적으로 저항을 위한 기술이 발전되었다. 맥나마라의 유연반응전략에는 특수전에 대한 대책도 포함되었지만 베트남 전쟁은 지금까지 미국이 승리해온 정규군과의 정면충돌과는 본질적으로 다른 전쟁이었다. '탐색과 격멸'이라는 단어가 말해주듯이 웨스트모어랜드(Willian. C. Westmoreland) 장군이 지휘하는 미군은 우선 적을 탐색하는 익숙하지 않은 임무부터 시작해야만 했다.

미군은 B-52 폭격기로 공습을 실시하고 특수전 부대를 헬리콥터로 투입하여 대 게릴라 작전을 전개했으나 초강대국의 군사장비와 기술을 비웃듯이 해방전선의 저항은 끊이지 않았다. 익숙한 자연에 몸을 숨기고 저항하는 게릴라를 격멸하기 위해 광범위한 지역에 살포된 미국의 고엽제는 지역 전체의 생태계를 파괴했다. 전쟁의 종결에 대한 징조는 1968년 구정공세(Tet Offensive)에서 나타나기 시작했다. 음력 정월을 의미하는 텟을 기해 해방전선은 교통 혼잡을 틈타 도시로 잠입하여 긴장이 느슨해진 미군기지와 대사관에 기습공격을 하는 한편, 전국 각지에서 일제히 공세를 시작했다. 미군의 맹렬한 반격으로 해방전선은 엄청난 피해를 입었지만 몸을 내던진 수도 공략은 저항 심리를 고양시켰고 미국에서는 반전여론이 확산되었다. 이를 계기로 미국은 협상에 의한 해결을 모색하였으며 파리에서 회담이 열렸다.

1969년 대통령에 당선된 닉슨(Richard Nixon)은 그해 '닉슨 독트린'을 발표하고 미군의 해외개입 취소와 베트남에서 단계적인 철수의사를 밝혔다. 남베트남 정부를 강화하여 이들이 전쟁에 나서도록하는 전쟁의 베트남화가 시작된 것이다. 그러나 1970년 쿠데타로 탄생한 캄보디아의 친미 론 놀(Lon Nol) 정권이 크메르 루주(Khmer Rouge) 세력과 내전이 진행되는 동안 이를 지원한다는 명분으로 캄보디아를 침공하였고, 1971년에는 라오스에서도 미군의 대규모 지상작전이 전개되는 등 전쟁국면은 오히려 수평적으로 확대되었다. 한편 국내에서 반전 운동이 격화되는 가운데 장기전에 대한 피로감이 증가하게 되었다. 1973년 11월 미의회는 대통령의 전쟁수행 권한을 제한하는 전쟁권한법(War Powers Act) 수정안을 통과시켜 의회의 동의 없이 해외 군사력 파견은 60일 이내로 제한하게 되었다.

이보다 앞서 1973년 1월 미국, 남베트남, 북베트남, 남베트남 임시정부(해방전선 세력)의 4자에 의한 '파리평화협정'이 체결되었고 3월에는 이를 국제적으로 보장하는 '베트남 국제회의 최종 의정서'가 영국, 프랑스, 구 소련, 중국에 의해 조인되었으며 미군은 철수했다. 이로써 북베트남과 미국 간의 전쟁은 종결되었다. 그러나 베트남 내전은 무력 통일을 목표로 지속되었고 1975년 봄 결국 사이공이 함락되었다. 이로써 30년 전쟁은 종결되었으나 강대국의 개입으로 인한 확전으로 수많은 사상자는 물론 국토는 황폐화 되었고 경제는 파탄 상태에 이르렀으며 무엇보다도 베트남 민족에 크나 큰 상처를 안겨주게 되었다.

15세기 중반부터 제2차 세계대전 이전까지 주요 전쟁이 평균 4~5년 동안 지속되었다. 평화는 지속 가능할 수 있지만 끝나지 않은 전쟁은 없다. 이는 모든 대립에 해결책이 있기 때문만이 아니라 전쟁이라는 극한적인 비생산활동의 비용에 대해 공동체가 인내할 수 있는 한계가 존재하기 때문이다. 손실의 한계를 규정하는 것은 객관적인 기준보다 사회의 사상이나 가치체계 또는 전쟁 목적의 중요성이나 파괴수단의 정당성을 둘러싼 주관적 인식에 의한 것이 많다. 예를 들면, 베트남 전쟁 말기 미국의 반전운동과 이를 둘러싼 여론은 미군 철수의 직접적인 원인이 되었다고 볼 수 없을지라도, 어느 정도의 희생과 손실이 현대 미국 사회가 감당할 수 있는 한계점인가를 밝힘으로써 넓은 의미에서 베트남 전쟁의 종결을 불가피하게 만들었다고 볼 수 있다.

전쟁의 종결 방법에는 크게 두 가지로 구분된다. 첫째, 어느 한 측의 당사자가 전멸하는 경우이며 둘째, 휴전이 전쟁의 지속보다 낫다는 것을 교전 당사자가 서로 알고 협상이나 강화에 이르는 경우이다. 첫 번째 사례로 카르타고(Carthage)의 파괴와 같은 물리적 존재로서 소멸한 경우이다. 19세기 유럽 세력의 아프리카 진출은 잇달아 정복이나 병합으로 국가적 존재인 공동체를 소멸시켰다. 한편 19세기 초부터 1980년까지 주요한 56개의 국가 간 전쟁 가운데 한 측이 정치적 존재로서 소멸하여 끝난 전쟁은 13%에 불과하며 한 측이 항복의 의지를 표명하여 끝난 전쟁이 20%, 협상이 타결되어 끝난 전쟁이 68%이다. 특히 20세기 전쟁은 거의 대부분 휴전협정이나 강화조약으로 종결되었다.[41]

강화로 종결되는 경우도 한 측이 조건부 내지 무조건 항복을 받아들여서 상대의 승리가 명백해지는 경우, 제3국이나 국제기구의 조정을 양 측이 받아들여 국제적 감시 아래 휴전이 성립되는 경우가 있다. 그러나 항복이나 휴전은 군사작전 활동의 중단을 달성한 것뿐으로, 전쟁상태를 종결하여 전후 새로운 관계로 이행하기 위한 절차로써 강화조약

---

41 Paul R. Pillar, *Negotiating Peace: War Termination as a Bargainning Process,* Princeton University Press, 1983, pp. 11-43.

을 체결하는 것이 일반적이다. 예를 들어 제2차 세계대전의 경우, 1945년 8월 14일 일본의 연합국에 대한 무조건 항복의 표명과 동시에 전투행위는 중지되었으나 일본이 주권을 회복하여 국제사회와 평화적 관계를 회복한 것은 1951년에 조인되고 다음 해 발표된 샌프란시스코 강화조약을 체결하고 나서이다. 강화조약의 체결이라고 하는 공식적인 절차를 거치지 않고 전쟁 종결의 의사를 명확하게 하여 외교관계의 정상화가 진행되는 경우도 있으나, 일반적으로 휴전 협정의 체결만으로는 전후 처리와 관련된 여러 문제에 대해 해결해야 할 부분이 많기 때문에 국교의 정상화는 완결되지 못한다. 베트남 전쟁의 경우도 1973년 파리 협정에서 베트남의 여러 당사자와 미국과의 군사적 대립은 종결되었지만, 전투 중 행방불명자에 대한 문제 등 전후 처리가 해결되는 데 상당한 기간이 소요되었다.

개전은 일방적으로 할 수 있지만 휴전에는 교전국 양측의 합의가 필요하며 교전국 간의 협상 통로가 혼란스러운 경우 휴전의 성립에 종종 제3국이나 국제기구의 조정이 큰 역할을 하게 된다. 넓은 의미의 국제 조정이란 제3자가 분쟁당사자 간의 의사소통이나 협상을 촉진하기 위해 구속을 동반하지 않는 지원을 실시하는 것으로 주선(Good Office) 또는 중재(Mediation)라고 불린다. 주선이란 제3국이 도의적 영향력을 행사하여 협상의 장소와 수단을 제공함으로써 교전국을 협상 테이블로 이끄는 것을 말한다. 이 경우 제3국은 협상 내용에는 직접 관여하지 않는 소극적 역할을 하지만 협상의 실마리가 잡히지 않아 장기전으로 발전하는 경우가 많기 때문에 교전국간의 전쟁에 대한 염증의 분위기를 잘 파악한 능란한 주선은 전쟁 종결을 위한 기본적인 움직임을 가능하게 한다. 베트남 평화협상에서 관련 국가는 형식, 서열, 절차의 세부사항까지 신경전을 벌이는 경향을 나타내었고 구정 공세 이후 시작된 평화협상에서도 최초의 걸림돌은 회의용 테이블의 형태였다. 미국과 남베트남 정부에 의한 북베트남과 해방전선의 대립구도를 감안하여 미국은 반타원형의 테이블을 서로 마주 향하게 배치할 것을 제안했다. 그러나 북베트남은 해방전선이 독립된 대등한 협상주체임을 명확하게 하기 위해 원형으로 배치할 것을 주장했다. 테이블 논쟁은 10주간 계속되었고 결국 일체의 국기나 문장, 명찰도 없는 커다란 완전 원형의 테이블에 4자가 모임으로써 전쟁 종결로 이어지는 기나긴 협상의 막이 오르게 되었다. 베르사유 궁전을 협상의 무대로 제공하고 요구한 형태의 테이블을 준비하는 것을 포함하여 협상 활동과 관련한 다양한 지원을 제공한 프랑스는 미국의 동맹으로서 또는 베트남과의 역사적 관계 때문에 암묵적으로 절묘한 입장에 놓여 있었다.

중재란 협상의 편의를 제공하는 것뿐만 아니라 당사국 간의 주장을 전달하거나 구체적인 제안을 제시함으로써 협상에 직접적으로 개입해 가는 조정활동을 말한다. 예를 들면, 러일전쟁에서 미국이 처음에는 극동의 세력 균형을 고려하여 일본을 지원하는 태도를 취했지만 러시아의 패색이 짙어지자 루스벨트 대통령은 같은 이유로 조기에 강화를 성립시키기 위해 일본 대표 고무라 주타로(小村壽太郞)와 러시아 대표 위테(Sergei Witte)를 미국의 포츠머스(Portsmouth)에 불러 이 조약의 타결에 적극적으로 관여했다.

분쟁해결을 목표로 제3자가 협력하는 형태는 매우 다양하다. 그러나 보다 엄밀하게 제3자가 중립의 입장에서 분쟁에 대해 사실관계를 심사(Inquiry)하고 화해조건과 절차를 마련하여 당사자들에게 받아들일 것을 권고하는 경우, 국제 조정(International Conciliation)이라고 한다. 이를 위해 전문가 집단으로 구성된 국제심사위원회나 국제중재위원회가 설립되기도 하며 유엔 안전보장이사회가 중재안을 제시하는 경우도 있다. 유엔은 국제분쟁에 대해 평화적 수단으로 중재 또는 해결의 책무를 완수하기 위해 국제평화와 안전에 관하여 주요한 책임을 지닌 안전보장이사회(제24조 1항)가 우선 분쟁이 평화유지를 위태롭게 할 우려가 있는지 여부를 심사한다(제34조). 상황에 따라 당사국이 선택할 수 있는 분쟁해결 방법에 대해 권고하고(제36조 1항)필요한 경우, 직접 중재의 기능을 맡는다(제37조, 38조). 유엔 사무총장도 평화에 위협이 되는 사태에 대해 안전보장이사회의 주의를 환기시켜(제99조) 분쟁해결에 대한 주선이나 중재를 하며 총회나 안전보장이사회로부터 위임 받아 당사국과의 직접협상을 이행(제98조)하는 등 유엔을 대표해서 중재활동을 전개하는 입장에 있다. 유엔의 분쟁처리체계는 제도로써 가장 발전되었다고 할 수 있지만, 실제 국제정치에서 상임이사국의 거부권 행사로 인해 파괴력이 큰 강대국이 개입하는 전쟁일수록 기능이 작동되지 않는 경우도 있다. 이러한 역설로 전후 최대의 베트남 전쟁에서도 유엔은 무력했다.

1979년 구 소련이 10만 명의 병력을 아프가니스탄에 투입하여 치열한 전투를 계속하던 와중에, 1987년 유엔의 중재에 따라 아프가니스탄 정부는 정전에 들어갔으며 1988년 5월부터 구 소련은 아프가니스탄 평화협정에 기초하여 유엔 감시 아래 철수를 개시하여 1989년 2월 철수를 완료했다. 이란-이라크 전쟁에서도 유엔 안전보장이사회는 1987년 7월 즉각 정전을 요구하는 결의안 제598호를 채택하고 케야르(Javier Perez de Cuellar) 유엔 사무총장도 적극적으로 양국을 방문하여 중재하였으며 이라크에 이어 1988년 7월 이란도 결의안 수용을 표명함으로써 1988년 8월 20일 100만 명의 희생과 수천억 달러의 전쟁비용을 쏟아

부은 전쟁은 끝이 났다.

중재에 의한 분쟁의 해결은 국제법상으로 비재판적 절차라고 불리며 기본적으로 해결에 대한 주도권을 분쟁 당사국에게 위임하는 구속력 없는 개입 방법이다. 이외에 재판에 의한 중재(Arbitration)나 사법적 해결(Judicial Settlement)의 결과를 제3자 기관이 당사국에게 강제하는 국제재판절차에 의한 방법도 있다. 재판에 의한 중재는 문제가 발생할 때마다 당사국의 합의에 기초하여 선임된 재판관이, 사법적 해결에는 국제사법재판소(International Court of Justice)처럼 미리 선임된 재판관으로 구성되는 상설재판소가 재판을 이행한다.

5. 변화하는 전쟁의 본성[42]

인류의 전쟁은 시간이 흘러감에 따라 변화해 왔다. 전쟁이 농경사회가 시작되었던 1만 년 전으로 거슬러 올라간다는 실질적 증거가 있으며 사냥을 위한 집단 간 전쟁의 증거도 있고 비록 전쟁에 관한 고고학적 증거이기는 하지만 지난 5천 년 동안이 보다 많은 증거가 있었다. 이때까지 장갑으로 완전하게 무장한 군대가 일정한 형태를 유지해서 전쟁을 수행했다는 증거도 있다. 이러한 군대는 점차로 규모 면에서 확대되었고 무기의 치명성도 증가되었다. 전쟁은 더욱 많은 사상자를 낳게 되었다. 만약 전쟁에는 포함될 수 없는 주요 전투들까지 연구한다면 기원전 5세기로부터 14세기까지 발생한 모든 전쟁에서 발생한 전사자의 수는 거의 두 배에 이르게 될 것이며, 14세기부터 19세기 초까지는 또 다시 두 배 이상이 될 것이고 19세기 초와 20세기 사이에는 10배에 이르게 될 것이다.[43]

전투로 인한 전사자의 관점에서 바라본 전쟁의 가혹함에 있어서

---

42 이 부분은 Levy and Thompson (2010b)에 기초함.

43 Jack S. Levy and William R. Thompson, *Causes of War* (Chichester, England; Malden, Mass: Wiley-Blackwell, 2010).

이러한 엄청난 증가추세는 지난 5세기 동안 강대국들 사이에서의 전쟁이라는 또 다른 추세와 상충하게 된다. 즉, 이 기간 중에 강대국 사이의 전쟁의 빈도는 정확한 정의에 따르면 16세기에는 22회로부터 19세기에는 5회로, 20세기에는 5~6회로 꾸준하게 감소되었다.[44]

지난 5세기 동안 이러한 상반된 추세는 아마도 인과적 차원과 관련되어 있는 듯하다. 즉, 강대국들 간의 전쟁에서 파괴성의 강도가 점증하자 강대국들은 전쟁으로부터 얻을 수 있는 것이 특별히 없다는 것을 인식하게 되었고 역설적으로 강대국들 간의 전쟁을 감소시키는 결과를 가져왔다. 이는 세계가 지난 반세기 동안 강대국들 간의 전쟁을 경험하지 않았다는 또 다른 양상을 설명해주기도 한다. 현대에 있어 이 기간은 지난 5세기 동안 강대국 들 간의 평화가 가장 오랫동안 지속되어 왔던 시기이기도 하다. 많은 학자들은 강대국들 사이 전쟁의 부재를 핵무기의 개발과 그 억제 효과로 거슬러 올라가지만[45] 다른 견해도 제기되었다.

지난 50년 동안 강대국 사이 전쟁의 부재는 "장기간의 평화"[46]의

---

44 전쟁으로부터 전투와 관련된 사망의 수가 실질적으로 증가한 것은 전쟁의 강도라고 할 수 있는 총 인구의 부분으로서 상대적인 수와 비교해볼 때 맞지 않다. 모든 국가 간의 전쟁 중에서 전쟁의 강도는 지난 5세기 동안 실제적으로 조금씩 감소했다(Levy, 1983: 3장). 30년 전쟁(1618~48)은 독일 인구의 15~20 퍼센트의 감소를 가져오는 결과를 낳았고 특히 독일의 연방국들에서 더욱 심했다(Parker, 1984). 이러한 측정치에 의하면 수년 동안 전쟁의 강도 면에서 보면 사냥을 위한 집단의 수치가 오히려 상당히 높았다(Keeley, 1996). 20세기에 강대국들 간의 전쟁으로 취급될 수 있는 정확한 자료와 문제의 논의를 위해서는 Levy(1983, 3장) 참조. 전쟁의 빈도와 전쟁의 참혹함의 정도가 반비례 되는 보다 보편적 경향이 나타난다는 것에 유의할 필요가 있다(Morgan and Levy, 1990).

45 Robert jervis, *Rational Deterrence: Theory and Evidence* (Cambridge University Press, 2011).

46 John Lewis Gaddis, *The Long Peace: Inquiries into the History of the Cold War* (New York: Oxford University Press, 1987).

시기로 지칭되었다. 그러나 제2차 세계대전 이래로 소규모 전쟁의 확산과 다른 많은 무력분쟁이 실제로 발생되었다. 따라서 이러한 주장은 어느 측면에서는 매우 오도된 것일 수도 있다.[47] 비록 지난 20년 동안 국가 간 전쟁의 빈도는 감소추세에 있었지만, 국가 간의 전쟁은 계속 발생했고 무엇보다도 1945년 이전과 동일한 기간에 같은 비율로 나타났다.

국가 간의 전쟁에서 주목할 만한 변화 중의 하나는 이러한 전쟁이 수행되었던 장소였다. 국제 전쟁에 관한 신뢰성이 높은 자료 기반이 없을지라도 대부분 국가 간의 전쟁이 유럽에서 불균형적으로 수행되었다는 것이다.[48] 국제체제는 유럽에 집중되었고 20세기가 시작되기까지 세

---

47 "장기간 강대국가의 평화"라는 용어가 보다 적절할 것으로 보이지만 사실 이는 안정적 평화라기보다는 미국과 구 소련 사이에서 냉전적 경쟁관계로 형성되었던 "차가운"평화였다(Boulding, 1978: Kacowicz 외, 2000) 또는 "따스한" 평화(Miller, 2007).

48 정보의 한계가 존재했던 과거를 우리가 돌아보면 전쟁의 식별이, 특히 유럽의 외부에서의 전쟁이, 더욱더 어려워지고 있다는 데 대해 우리는 어느 정도 제한을 두어야 할 필요가 있다. 결과적으로 라이트(Quincy Wright, *A Study of War*, 1942)의 데이터는 유럽의 편견을 반영한 것이며 소위 "국가"를 구성한 유럽 중심적 개념에서 출발한 국가 간의 전쟁이라는 사실로 인해 데이터의 왜곡이 보다 심화되었다고 볼 수 있다. 결과적으로 라이트는 비유럽 국가 간의 전쟁을 과소평가하고 비유럽 국가에 비해 유럽 국가의 비율을 과대평가 했다고 볼 수 있다. 하지만 국제적 전쟁에 관한 신뢰할 만한 자료가 부재한 상태에서 우리는 이러한 왜곡의 정도를 가늠할 수 없다(그러나 Zhang 등(2007: 19215) 참조하고 연결된 논문의 보충자료를 통해 보다 광범위한 데이터베이스를 참조). 하지만 우리는 그러한 편견이 현대적 체제(16세기 및 17세기)의 초기에 유럽에서 국가 간 전쟁의 부적절한 수가 우리의 기술에 영향을 미칠 만큼 크다고는 생각하지 않는다. 이러한 편견은 전쟁이 보다 신중해지고 궁극적으로 예측이 가능해져감에 따라 감소되었다. 따라서 조사의 실수로 인해 주요 전투에서 사상자가 증가되었다는 이전의 우리의 진술은 크게 영향을 받지 않았으며 현대체제에서 대부분의 강대국이 유럽에 위치하고 있었기 때문에 강대국 사이의 전쟁에 관한 우리의 기술도 크게 영향을 받지 않는다. 다른 지역 체제는 그들 사이에서 강대국이 존재했으나(Black, 2008) 유럽과는 달리 다른 지역은 1500년에서 1945년 사이에 다수의 강대국가 사이의 강렬한 전쟁의 소용돌이가 없었다.

계를 이끄는 강대국들은 모두 유럽에 위치했다. 그러한 강대국들은 서로 전쟁을 치렀고 상대적으로 약한 유럽의 국가들과 싸워 영토를 확장시키거나 전 세계를 대상으로 식민지 전쟁을 수행했다. 1945년 이후 우리는 국가 간 전쟁과 내전 모두 유럽으로부터 그 밖의 다른 곳으로 전이되는 전쟁에서의 전환을 관찰했다. 1990년대 유고슬라비아 전쟁은 1945년 이래 유럽에서 발생한 첫 번째 전쟁이었다.

또 다른 중대한 변화 추세는 내전의 엄청난 발생빈도의 증가와 분쟁의 형태였다.[49] 내부적 전쟁과 외부와의 전쟁 비율은 1945년 2 대 1로부터 1945년 이후에는 5 대 1에 이르는 증가가 있었다. 특히 1970년대부터 시작하여 내전이 급격하게 증가했고 이후 탈 식민지화 기간 동안 내전은 1990년대에 이르기까지 상대적으로 빈도가 증가했으며, 이후 내전의 빈도는 점차 감소하였다. 이러한 경향은 텔레비전이나 그 밖에서 비추어진 전쟁의 한결같은 이미지를 생각해보면 놀랄만한 것이었지만 축적된 관련 자료는 이를 여실히 반증해주고 있다. 내전과 다른 분쟁 형태에서의 이러한 감소 추세가 지속될지의 여부는 상당한 논의의 여지를 남겨두고 있다.

이러한 경향은 시간이 변함에 따라 유럽의 강대국가 간의 전쟁으로부터 내전과 반란으로, 그리고 다른 형태의 전쟁과 또는 초국가적 차원의 전쟁으로 전쟁의 성격에 변화가 있음을 보여주는 것이며, 이는 지난 5세기 동안 현대의 국제체제를 지배해왔던 전쟁들과 많은 점에서 다

---

49 국가 간의 전쟁과 내전의 전통적 구분은 완전한 적은 한 번도 없었지만 구분이 점차 어려워지고 있다. 예를 들면 1990년대 보스니아 전쟁은 유고슬라비아가 붕괴하는 과정에서의 내전이었고 세르비아와 보스니아 그리고 크로아티아 간의 국가 간 전쟁이었다(Woodward, 1995).

른 모습의 전쟁이다. 국가 간의 전쟁은 양측이 동등한 힘으로 유사한 무기를 사용하여 전쟁을 치른 일종의 "대칭적" 전쟁이었다. 이러한 전쟁에서 지배적인 행위자는 국경 내에서 합법적인 무력을 독점한 국가로 17세기 중반까지 유럽의 주도 국가들의 대부분을 특징지었다. 이는 클라우제비츠에 기초한 전쟁의 이미지로 국가의 이익을 추구하기 위해 국가의 군대가 수행한 군사적 분쟁이었으며 국가의 지도자에 의해 수행되었고 결정적인 전투에 의해 종결되었다.[50]

국가 간의 전쟁으로부터 내전으로의 점증하는 전환과 내전 그 자체의 성격의 변화와 더불어 전통적 "웨스트팔리아"(Westphalia) 모델의 전쟁이 현대의 시대에도 발생할 것인지에 대한 의문을 가지게 되었다.[51] 두 개의 대립하는 군대가 충돌하는 전통적 의미의 전쟁은 점차 사라져 가고 있다. 2008년 러시아와 조지아(Georgia)의 전쟁은 비교적 매우 비대칭적 분쟁이기는 했지만 최근에 있어 예외적인 경우였다.

내전 그 자체도 변화했다. 19세기 미국의 남북전쟁과는 달리 국가의 군대는 하나의 반란세력과 대치하는 것이 아니라 서로 다른 이익을 추구하는 다른 집단 들을 대표하는 반란군의 연합세력과 대치했다.[52] 내전에서 중심세력은 종족 또는 종교적 집단으로 "종족 전쟁" 또는 "정체성 전쟁"으로 지칭되고 있다. 하지만 이러한 대부분의 전쟁이 종족 또는 정체성 그 자체에 우선을 두는 것인지, 아니면 자신들의 안전, 경제적 자원, 정치적 권력 또는 개인적 이익에 따라 가면을 쓴 종족과 정

---

50 앞서 지적한 바와 같이, 클라우제비츠 또한 소규모 전쟁에 대해서도 기술했다.

51 1648년 웨스트팔리아 조약은 주권국가체제를 공식화했다. 이후 수 세기 동안은 종종 웨스트팔리아 시대로 언급된다.

52 Donald L. Horowitz, *Ethnic Groups in Conflict* (University of California Press, 1985).

체성인지에 대해서는 의구심이 제기되었다.[53] 자신의 편협한 개인적 이익의 보호와 추구를 목적으로 한 군벌은 이러한 분쟁에서 핵심적인 역할을 수행했다. 국제화된 범죄 네트워크 또한 내전과 반란을 경제적으로 지원함에 있어 중요한 역할을 수행해왔고 군대의 전통적인 기능이 점증적으로 외부로부터 조달되면서 전쟁은 여러 측면에서 점차 사유화되어가고 있다.

전략과 전술 또한 전쟁의 규범과 더불어 변화되었고 전쟁은 점차 "비대칭적"으로 되어가고 있다. 반란 집단은 조직과 군사기술 면에서 국가에 우위에 있기도 하며 게릴라전과 반란, 테러리즘을 통한 전략을 채택하기도 했다. 전술은 점차 민간인에 대한 직접적인 타격을 포함하였고 학살과 종족 청소가 일상적으로 발생하고 있다. 이러한 현상은 "전쟁이 점차 야만스럽게 되어가고 있다"는 담론으로 이어지고 있다. 대부분의 이러한 행동은 국가가 국민들을 보호할 수 없다는 것을 보여줌으로써 사람들의 정치적 충성심을 변화시키기 위한 목적을 지향한다. 현대의 내란은 결정적 전투로 해결되는 경우는 거의 없으며 대신 장기화된 투쟁으로 이어진다.

이는 "새로운 전쟁"의 모습이며 웨스트팔리아 시대의 "오래된 전쟁"과 대조를 이룬다. 하지만 이러한 새로운 전쟁이 정말로 새로운 것인지, 아니면 새로운 전쟁의 요소가 역사적으로 과거의 기간 동안에도

---

53 이러한 요인들은 반드시 독립적인 것은 아니다. 레이틴(Laitin, 2007)과 다른 학자들은 국가의 문화적 동질성이 공공재 생산과 경제적 성장에 기여했다고 주장했다. 지도자들은 전쟁에 국민들을 동원하기 위해서나 그들의 정치권력을 강화하기 위해서 정체성의 형성을 통해 영향을 미치려는 시도를 했다.

발견되는지에 대한 일련의 주요 논쟁이 제기되고 있다.[54] 그러한 논쟁은 전쟁의 변화된 원인보다는 전쟁이 어떻게 수행되는 것인가에 초점을 맞춘 것이다.

1648년 웨스트팔리아 조약이 서명되고 1815년 빈 회의(Vienna Congress of 1815) 이후 국가 간 전쟁과 분쟁의 전체 수는 감소되어 왔고 21세기에 들어와서 그러한 전쟁은 거의 발생하지 않았다. 전 세계적으로 인구의 증가에도 불구하고 아주 예외적으로 사용되었던 대량살상무기를 제외하고 전쟁에서 치명성도 감소되었다.

국제체제에서 국가 간 또는 국제 전쟁은 다수의 측면에서 다양한 결과를 수반하는 다차원적인 사건이다. 21세기 국가 간 전쟁이 감소된 원인에 대해 학자들마다 다양한 의견을 제시했다. 우선 1945년 이후 주요 강대국이 없었다는 주장이다. 제2차 세계대전 이후 국제사회에서 강대국은 미국과 구 소련으로 압축되었고 냉전시대 유럽의 동맹국을 통해 대리전쟁에 개입해왔다. 이 기간 중 주요 전쟁도 발생하지 않았다. 구성주의 현실학파에 따르면 분쟁의 촉발요인이 줄어들수록 여기에 해당하는 행위자가 줄어들기 때문에 오해의 기회도 줄어들며 오발의 가능성도 줄어든다는 것이다. 이러한 담론은 구 소련의 몰락 이후에 더욱 강화되는 계기가 되었다. 미국은 냉전의 종식과 더불어 단일의 패권국가로 등장하게 되었다. 따라서 미국은 국제체제에서 전체적으로 국제질서를 유지할 책임이 부여되었다. 만약 국가 간 전쟁이 양극체제에서

54 예를 들어 전쟁의 사유화는 완전히 새로운 것은 아니다. 16세기와 17세기 "전쟁의 용병"에 관한 논의를 위해서는 Howard(1976: 2장)를 참조. "전쟁수행방식의 무모화"에 대해서는 21세기 양차대전(Hull, 2005)과 선사시대 전쟁(Gat, 2006)에서 전쟁포로 및 민간인에 대한 적절한 취급 등의 관점에서 전쟁 규범의 체계적인 위반을 분명하게 발견할 수 있다.

사소하게 발생하게 된다면, 단극체제에서는 전쟁이 발생하지 않을 것이라는 추론도 가능하다. 이러한 관점은 21세기에 접어들면서 수차례의 국가 간 전쟁이 발생하여 논쟁의 여지를 남겨 놓았다. 하지만 미국은 중국의 부상과 함께 점차 패권 국가로서의 입지를 상실하고 있다.

국가 간 전쟁의 감소한 두 번째 이유는 지리와 핵억제 때문이라는 주장이다. 핵 및 대량살상무기의 등장과 더불어 국제사회는 대량살상무기의 위력이 얼마나 치명적인지를 목격하였다. 만약 히로시마와 나가사키의 교훈이 충분하지 않았다면, 이후 오히려 수백만 명의 생명을 잃을 수도 있었음을 의미한다. 핵무기는 재래식 전쟁과는 달리 전체 인구의 생명을 수분 이내에 앗아갈 수 있다. 군비경쟁에 나선 미국과 구소련은 유일한 핵 보유국가 이었다. 그러나 시간이 지나면서 다른 국가들도 핵 보유국가가 되면서 상황은 변화되었다. 각국은 이제 분쟁에 개입하게 될 경우 대량 확증파괴의 위험을 모두 인식하게 되었다. 따라서 핵무기는 국제적 재앙을 불러올 수 있는 파괴의 공포로 인한 억제의 효과를 가져왔다.

셋째, 전쟁과 관련한 국제화, 개발 그리고 비용이다. 전쟁의 규모가 크면 클수록 전쟁에 소요되는 비용은 더욱 커지게 되고 국가 경제에 점차적으로 영향을 미치게 된다. 국제 무역으로 얻게 될 수 있는 이익과 이와 반대로 분쟁으로 인해 발생하는 기회비용과 전략적 실수로 인해 발생할 수 있는 폐해로 인해 각국은 전쟁보다는 경제에 더욱 관심과 주의를 기울이게 되었다. 국제화의 과정은 국가가 상호 의존하게 되는 결과를 가져왔다. 이는 어느 한 국가가 흔들리게 되면 다른 국가에도 연속적으로 영향을 미칠 수 있음을 의미한다. 따라서 이와 같은 도미노 효과는 국가가 서로 정치적 분쟁에 휘말리는 것을 억제하게 되고, 양 국가 사이에서 교역은 이들 사이의 분쟁의 기회를 감소시킨다. 제2차 세계대전 이후 유럽의 경제는 재앙에 가까웠고 정복 전쟁은 막대한 전쟁 비용을 감당할 수 없게 되었다. 전후 미국은 마셜 계획(Marshall Plan)을 통해 서유럽을, 구 소련은 동유럽의 재건을 지원했다. 영국의 전략문제 연구소(IISS)에 따르면, 1945년 이후 제3세계에서 150여 차례의 무력 분쟁으로 2,800여만 명이 사망하였다. 유니세프는 제1차 세계대전에서 민간인의 사상자 수는 5%였으나, 제2차 세계대전에서는 50%로 증가하였다는 통계를 제시하였다. 20세기 말, 전쟁에서의 민간인 사상자는 80%에 이르렀고 그중 대부분은 여성과 어린이였다. 한편 경제적 발전은 삶의 수준과 사회적 평등을 향상시키게 되었고 사람들은 보다 평화로운 삶과 활동을 추구하게 되었다. 사람들은 전쟁의 불합리한 논리보다 이를 회피하기를 희망하였다.

넷째, 국제기구, 규범, 그리고 사회의 발전이다. 제2차 세계대전의 결과로 국제사회는 규범과 조직을 기초로 중재, 법정과 재판소, 국제적 · 지역적 조직, 평화유지 그리고 개입에 관련한 법과 책임이 점차 발전하게 되었다. 이와 같은 발전은 분쟁이 폭력으로 발전하기 이전에 상호간 오해를 감소시키고 분쟁의 평화적 해결을 촉진했다. 예를 들면 평화유지는 분쟁의 재발가능성을 80% 가량 감소시켰으며 장기적인 내전을 종식시키는 기능을 수행했다. 정복전쟁은 정당성을 상실했다. 티벳의 복잡한 역사, 카슈미르 영토를 둘러싼 분쟁, 팔레스타인, 서부사하라 그리고 사이프러스 등 1945년 이후 영토분쟁이 발생한 지역에서 점령국가는 피 점령지에 대한 완전한 주권을 행사하지 못하였다. 유엔은 지도상에서 한 번도 피 점령지를 포기한 적이 없다. 이라크가 쿠웨이트를 침공했을 당시 역사상 가장 대규모의 동맹이 형성되었고 동맹군은 승리했다.

다섯째, 냉전의 종식이다. 1990년 미국의 정치학자 미어샤이머(John Mearsheimer)는 “우리는 머지않아 냉전을 그리워할 것이다”라고 예견했다. 그러한 그의 예견은 얼마 지나지 않아 아프리카와 발칸 지역에서 종족적 증오를 동반한 폭력이 발생했기 때문에 부분적으로 옳았다. 다수의 학자들은 국가 간 분쟁이 없었던 냉전시대 이후 폭력적 분쟁과 혼란이 반복 될 것으로 보았다. 하지만 경험적 증거는 이러한 비관적인 생각이 틀렸음을 입증해 주었다. 국가 간 분쟁은 심지어 화약고와 같은 중동 지역에서도 냉전 이후에 감소되었고 내전은 신문의 1면도 장식하지 못했다. 국가 간 전쟁의 감소 추세에 따라 이러한 추세는 장기화 될 것으로 보였다. 웁살라 분쟁자료(Uppsala Data Conflict Project)에 따르면 1815년 빈 회의로부터 제2차 세계대전이 종결될 때까지 진행 중인 내전의 수는 없거나 연 평균 9차례였다. 제2차 세계대전 이후 새로운 국가의 탄생으로 전체 국가의 수는 3배로 증가했으나 국가 간 분쟁은 7% 감소했다는 사실은 환영할 일이다.

여섯째, 탈식민지화의 과정이다. 탈식민지화 과정은 분쟁의 여러 형태가 감소되는 데 기여했다. 국가 이외의 분쟁은 1980년에 이르러 끝나게 된 고통스럽고 유혈로 가득했던 탈 식민지화 과정으로 설명될 수 있다. 1989년 이후 내전의 수가 점차적으로 감소한 것은 다수의 원인이 있으나, 그중 20%는 다수의 지역에서 이념적으로 그리고 경제적으로 가열되었던 동서갈등의 종결로부터 기인했다. 탈식민지화 과정은 또한 통제되지 않은 광대한 영토를 남겨 놓게 되었다. 1990년 이후 독립국가(나미비아), 분열(에티오피아, 유고슬라비아, 구 소련, 체코슬로바키아, 인도네시아, 세르비아, 수단), 또는 통일(독일, 예멘)을 통해 국가의 문제가 해결되기도 했다. 내전은 물론 분쟁의 수도 감소하였고 국가의 수와 국가 간 전쟁의 수 사이에서의 관계는 반대로 나타났다.

일곱째, 민주주의의 확산과 인류의 도덕과 문화의 변화이다. 민주주의 국가와 민주주의 국가 사이에 전쟁은 발생하지 않는다는 것은 오랜 주장이다. 따라서 만약 모든 국가가 민주주의 국가라고 한다면, 국가 간 전쟁은 종결될 것이다. '현대성(Modernity)'과 '자유주의의 평화(Liberal Peace)'의 출현은 꿈을 현실화하는 과정을 촉진했다. 프리덤 하우스(Freedom House)의 통계에 따르면 지구상의 국가 중 절반이상인 91개 국가가 민주주의를 표방하며 독재국가의 수는 1990년 이후 절반으로 축소되었다. 1960년부터 1990년 사이 쿠데타의 수도 감소되어 연 평균 6차례 발생했던 쿠데타가 오늘날 절반으로 줄었다. 그러한 쿠데타를 통해 정권을 장악한 국가의 수도 지난 20년 동안 절반으로 줄었고, 쿠데타로 정권을 장악한 이후 5년 이내 선거를 통해 새로운 정부가 들어선 경우도 1990년대 20%였으나 최근에는 60%로 증가되었다. 그럼에도 불구하고 민주주의로의 전환은 폭력적이었으나 이후 평화로 이어졌다. 사실 파키스탄이나 유고슬라비아 그리고 레바논과 같은 국가들이 당시 상황에 비추어 보면 성숙한 민주주의로 발전하기는 어려웠다.

국제적 차원의 행위자들은 소요되는 비용보다 얻는 것이 클 경우 전쟁에 뛰어든다. 이러한 준거에서 전쟁은 침략전쟁과 방위전쟁으로 구분된다. 침략전쟁은 얻게 될 이익에 의해 촉발되지만 방위전쟁은 순전히 방어를 위한 행동이다. 전쟁은 민주주의 국가와 같이 권력의 구조가 시장경제와 더불어 국민에 의해 배분되어 있는 경우 좀처럼 발생하지 않는다. 대중의 선택은 전쟁으로 인한 고도의 위험을 감수하는 것보다는 보다 안전한 거래 기반을 선호한다. 인류의 문화는 오랫동안 평화를 갈구했다. 인구가 증가함에 따라 젊은 세대는 전쟁의 적대행위를 기피하고자 하는 현대적 문화를 만들었다. 전쟁의 피로감은 스포츠를 통한 경쟁, 예술, 영화 국제적 교류 등 평화적 영역으로 대체되었다.

여덟째, 전쟁 이후의 평화구축(Peace Building)이다. 볼(Nicole Ball)은 '평화협정은 적대행위를 종식시키고 전쟁 이후의 개혁으로 나아가는 첫 무대로 인도하는 기본 틀이다'라고 규정했다. 전쟁을 야기한 깊은 분열이 자동적으로 치유되는 조건을 만들어 주지는 않는다. 전쟁으로 인해 발생한 사회적 상처를 치료하면서 전쟁으로 이끌었던 분열을 성공적으로 끝내는 것은 협력을 통해서 가능하다. 국가 재건을 위해서는 국민과 국가의 적극적인 상호작용과 공감대를 필요로 한다. 유엔은 아시아의 캄보디아, 남미의 엘살바도르, 아프리카의 나미비아, 앙골라, 모잠비크에서 개입을 통한 중요한 역할을 수행했고 비록 유엔이 직접적으로 개입하지는 않았으나 데이튼 평화협정(Dayton Agreement) 이후 유럽의 보스니아에서도 그러하였다. 1988년 나미비아 협정(Namibia Accords) 이행을 지원하기 위한 유엔의 개입은 실험의 시작이었다. 이후 유엔의 개입은 예기치 않은 국제적 노력으로 확장되었고 다수의 악명 높은 장기적 내전을 종식시키기 위해 전쟁 당사자들 사이에서 평화협정을 체결하고 이를 강화하기 위한 적극적인 노력을 기울였다. 1996년 클랩햄(What Christopher Clapham)은 이에 대해 분쟁의 광범위한 범주에서 유엔이 '상당히 표준화된 갈등 해결 메커니즘'을 마련하였다고 기술하였다.

분쟁의 해결 이후 평화구축은 공공연한 폭력으로 재발하지 않도록 하는 부정적인 과업과 국가의 회복과 내전의 원인을 근본적으로 제거하기 위한 노력을 지원하는 긍정적인 과업으로 구분될 수 있다. 이와 같은 분명히 구분이 되지만 서로 상관관계를 가지는 두 가지 과업은 1997

년 전 유엔 사무총장 코피 아난(Kofi Annan)의 '분쟁 이후 평화구축'에 관련한 정의에서 나타난다. 아난 사무총장은 이를 평화를 더욱 공고히 하고 무력 분쟁의 재발을 방지하기 위한 동시적이고 통합적인 활동이라고 했다. 평화구축은 분쟁의 재발 위험성을 감소시키고, 화해와 국가의 재건을 위해 가장 유리한 조건을 창출하기 위한 특정한 정치적 목적을 지향하는 데 집중할 경우 이미 진행되어 왔던 인도주의 지원 및 개발활동과 구분된다. 지미 카터(Jimmy Carter) 전 미국 대통령은 분쟁해결 과정에 적극적으로 개입했다. 전 구 소련 외무장관 세바르드나제(Edvard Shevardnadze)는 구 소련에서 종족적 갈등을 해결하기 위한 조직을 설립하였다. 분쟁의 평화적인 해결 방법을 모색하기 위한 국제사회와 학계의 노력도 가속화 하였다.

6. 현대 분쟁의 본질과 특성

현대 분쟁은 당사자가 추구하는 목표, 전쟁의 수행방법, 그리고 전쟁을 수행하기 위한 비용 문제의 측면에서 이전의 국가 간 분쟁과 다르다. 분쟁을 연구해온 학자들은 냉전의 종식과 더불어 국제화의 확산과 새로운 협력의 패턴 그리고 국가 및 비국가 행위자로 인해 국제체제가 심각한 변화를 겪고 있다고 분석하였다. 이러한 변화는 이전의 분쟁의 형태와는 질적으로 다른, 특히 아프리카와 동유럽에서, 새로운 분쟁을 촉발했다. 이 같은 새로운 형태의 분쟁은 실패한 국가, 특정 인종의 압력, 난민의 이동, 경제적 쇠퇴, 국가 차원의 범죄, 합법적 무력 사용 독점의 실패, 인권 위반, 그리고 준 군사집단과 사적 군사집단 등으로 특징된다. 새로운 전쟁에서 종족이나 종교와 같은 사회적 요인은 이념과 같은 정치적 요인보다 더욱 중시된다. 현대 분쟁의 희생자는 여성과 어린이와 같은 민간인이다. 대량학살과 인종청소는 새로운 전쟁의 특징이 되었다. 분쟁에서의 민간인의 사상자 비율 증가와 더불어 국내 실향민의 수도 급증하였다. 더욱이 군인과 사적 무장 집단의 전투원, 군벌, 범죄자 집단의 구별이 모호해졌다는 공통적인 특징을 보여주고 있다.

구 소련의 와해와 냉전의 종결은 국제체제에서 단일의 국제분쟁이 장기화되는 시대가 종결되었음 의미하였고 대신 내전, 종족 간 폭력, 분리 독립을 둘러싼 분쟁, 내부 권력투쟁 그리고 자연환경을 두고 벌이는 분쟁이 이를 대치하였다. 이러한 현상은 국가 구조, 경제 그리고 전체 사회가 분열되고 붕괴되었음을 반영한다. 오늘날 아프리카에서 분쟁은 용병의 회귀와 민병대라는 이름으로 아주 싼값을 받고 민간인을 표적으로 약탈을 일삼는 중세시대를 떠올리게 한다. 현대의 분쟁은 전쟁으로부터 이익을 추구하는 군벌, 마약 판매상, 용병 그리고 민병대 사이에서 투쟁하는 신 중세시대의 분쟁이 되어가고 있다. 이들에게는 이러한 투쟁이 유일한 삶의 수단이다. 현대 분쟁의 해결은 종족 간 증오와 종교적 갈등 그리고 민족주의를 내세운 민족주의가 혼합된 보스니아의 경우와 같이 점점 융통성이 전혀 없는 상황으로 발전되고 있다. 자유주의적 국제주의 가치에 기초한 분쟁의 해결은 서구화의 영향으로 그러한 가치가 일종의 부산물과 같은 존재인 다른 세계에서는 종종 실패를 맛보게 되었다. 분쟁의 형태가 새로워질수록, 서로의 사상적 교류의 발전을 통한 이해를 더욱 필요로 한다. 1970년대 난민의 증가 수는 지금도 여전히 널리 퍼져있고 또한 가속화하는 분쟁의 변화하는 패턴의 또 다른 지표이다.

국제전, 내전 그리고 내전과 국제전의 혼합전으로 전쟁을 구분하였던 무어(Elsewhere Moore)는 제2차 세계대전 이후 내전과 내전 및 국제전의 혼합전이 국제체제에서 폭력의 주요 형태인 전통적인 전쟁의 모습을 어떻게 대치하였는지 주목하였다. 요약하면, 1990년대 현대전쟁의 모습의 대다수가 1970년대로부터 유래하였다는 것이다. 그런데도 이 기간 동안 인도와 파키스탄, 이스라엘과 인접 아랍국가들, 중국과 베트남, 이란과 이라크는 과거 클라우제비츠 시대의 전쟁이 계속되었고, '내전과 국제전의 혼합전'은 대부분 냉전시대의 지정학에 따라 구조화되었으며, 강대국의 수준에서 2개 주요 동맹은 핵무기의 교착상태에서도 클라우제비츠 시대의 전쟁의 가능성을 맹렬하게 준비했다. 다시 국제관계를 지배한 것은 클라우제비츠 시대의 전쟁이어서 새롭게 등장하고 있었던 새로운 형태의 전쟁의 재 개념화의 모습은 거의 찾아볼 수 없었다.

1973년 이탈리아의 학자 바카(Roberto Vacca)는 인류는 다시 기근, 핵전쟁, 그리고 문명의 붕괴 시대로 빠져들게 될 것이라고 주장했다. 그러나 1970년대 그러했던 것처럼 설득력을 잃었고 대신 종교가 내전에서 강력한 역할을 하고 있다. 종교로 인한 내전의 비율은 1940년과 1960년 사이 25%였으나, 21세기에 접어들면서 43%로 증가하였다. 이는 전통적인 영토 분쟁의 종말로 인한 효과일지도 모르나, 국제적 차원에서 전쟁의 빈도수는 감소하지 않았다. 1990년대의 10년 동안 서구 국가나 아랍 또는 회교도 국가도 모두 오사마 빈 라덴(Osama bin Laden)이 원했던 문명의 충돌의 함정에 빠져들지는 않았다. 사도우스키(Yahya Sadowski) 교수는 냉전 이후의 위기와 전쟁에 대한 설명에서 '대부분의 국제사회의 분쟁은 수천 년 동안 이어져 온 역사적 산물이 아니라, 새로운 것이며 이는 시작과 함께 그 원인을 찾을 수 있다'라며 환원주의자의 대대로 내려져 오는 증오(Ancestral Hatreds)로 인한 분쟁의 원인을 부정하였다. 결국, 정복전쟁이 감소추세이기 때문에 미래의 전쟁의 원인은 불분명할 것으로 보인다.

웨스트팔리아 조약과 제2차 세계대전까지의 전쟁의 절반은 거의 영토를 두고 벌인 전쟁이었다. 1991년 미국 주도의 전쟁은 쿠웨이트의 침공을 격퇴하기 위한 전쟁이었고 영토를 장악하기 위한 전쟁은 아니었다. 2003년 이라크 전쟁 또한 영토를 장악하기 위한 전쟁이 아니었다. 역사가 라이트(Quincy Wright)와 같은 정치학자가 지적한 바와 같이 전쟁의 원인에 대한 경제적 준거는 항상 과장되어 왔다. 우리는 일본이 천연자원과 원유의 부족으로 전쟁을 결심했던 1941년과 같은 세상에 살고 있지 않다. 자유무역의 시대에서 많은 천연자원은 대체할 수 있는 상품이 되었다. 남중국해(South China Sea)나 동중국해(East China Sea) 그리고 지중해에서와 같은 해양 자원을 두고 벌이는 충돌이나 분쟁은 있을 수 있으나, 이는 민족주의적 열망으로 인해 전쟁으로 발전할 가능성이 크다. 내전에서는 원유, 다이아몬드, 광물 등이 내전의 중요한 원인이 될 수 있다. 이러한 내전에서 냉전시대 초강대국이 지역 행위자에 대한 재정적 지원을 중지한 경우 더욱 그러하다.

새로운 전쟁으로 명명된 종족적 분쟁 또는 문명의 충돌은 사실상 소수의 무장 세력이나 범죄자 등 일련의 무리들에 의한 기회주의적 약탈행위였다. 즉, 내전을 촉발한 것은 자원이 부족한 것이 아니라 풍부하여 그러한 것이었다. 천연 자원의 수출이 적어도 전체 GDP의 1/3을 초과할 경우에 그 위험성은 훨씬 높았다. 아프리카와 아시아에서 인구의 급증에 따른 경작이 가능한 농토를 두고 벌이는 전투는 어떨까? 인구밀도가 높은 상황에서도 경작할 수 있는 농경지 부족과 집단적 폭력의 경향과 상관관계는 미약했다. 다이아몬드(Jerald Diamond)와 같은 신 멜더스(Neo-Malthusian) 주의자들은 르완다의 비극이 그러한 부족현상 때문으로 보았다. 그러나 당시 르완다에는 기근이 없었다. 그리고 1994년 당시 땅을 소유한 후투(Hutu)족은 대량학살 당시 대부분이 적극적으로 가담한 세력으로 가난과는 무관하였다. 하지만, 여기에는 청년들이 다수가 있었다. 이들은 15세에서 24세 젊은이들로 전체 인구의 38%를 차지하였다. 부족한 땅이 큰 역할을 하였으나 일부 지역에서는 폭력의 강도를 설명해줄만한 요인이 되지는 못하였다. 결국 평화는 분쟁의 부재가 아니라 분쟁에 대응하는 창의적 대안의 존재였다.

최근 예멘 그리고 우크라이나 등지에서 발생하고 있는 폭력의 급증뿐 만 아니라 전 세계적인 차원의 분쟁은 냉전의 종식 이후에 발생하였고 국가 간의 분쟁은 거의 없었다. 대부분의 분쟁은 반란이나 내전이었다. 국가 간 전쟁이 수십 년 동안 감소추세인 것은 분명하며 내전으로 인한 폭력적 분쟁은 더욱 모호해 지는 경향이 있다. 폭력으로 인해 직접적으로 연평균 10만여 명에 이르는 사망자 수를 발생시키는 고강도(High Intensity) 분쟁은 냉전 종식 이후 매우 드물게 발생하고 있다. 이와 마찬가지로 중강도 및 저강도 내전(1,000명으로부터 10만 명, 그리고 100명 이하)은 냉전 말기 동안 정점을 이루었다. 양극화 이후 급격한 감소 이후 수년 동안 다소 증가하였지만 이전의 냉전시대에 이르지는 못하였다.

이러한 경향에 대한 명확한 설명은 없으나 다음과 같은 가정은 내전의 증가에 관한 실마리를 제공할 수 있다. 첫째, 국가의 역량에 관한 것으로 새로 독립한 국가는 분쟁이 발생할 가능성이 높으나 대규모 정예화 보안군을 보유한 국가일수록 분쟁의 가능성은 낮다. 거버넌스가 미약한 국가일수록 분쟁의 가능성이 높다. 둘째, 인구의 분포로 인구가 많을수록, 남성의 비율(특히 젊은이)이 높을수록 분쟁 발생가능성이 크다. 셋째, 억압이다. 정부가 자신들의 국민을 억압할수록 보다 강렬한 분쟁을 경험할 수 있고 분쟁과 억압의 관계는 U자 형태를 뒤집어 놓은 것과 같이 억압이 온건할수록 분쟁의 가능성은 높다.

넷째, 민주주의, 민주화 그리고 정치적 포용성으로 민주주의는 국가적 차원의 억압이나 대량학살과 같은 정부의 일방적 폭력의 가능성이 낮다. 하지만, 개방된 사회와 여론의 대응으로 인해 민주주의는 특히 테러리즘에 취약하고 테러리스트의 공격으로 높은 수준의 고통을 받을 수 있다. 완전한 민주주의 국가는 내전의 가능성은 적으나 자유스럽지 못한 민주주의나 독재와 같은 부분적인 민주주의는 분쟁의 시점에서 높은 수준의 내전을 경험한다. 완전한 민주주의 국가는 내전의 가능성은 적으나 민주화 과정에 있거나 독재의 과정에 있는 중대한 변화를 경험하고 있는 정권은 분쟁의 가능성이 높다. 민주주의는 내전기간에 폭력을 무분별하게 사용하지 않기 때문에 분쟁은 통상적으로 민주주의 정책을 펼치는 국가에서 강렬하지 않다. 독재는 어떠한 경우에서보다 분쟁이 장기화되고 강렬한 전투가 발생할 수 있다. 고도로 발전된 국가일수록 분쟁의 효과를 억제할 수 있는 상호작용이 존재한다.

다섯째, 경제적 요인이다. 경제적 불만, 특히 경제적 불평등은 폭력으로 이어질 수 있다. 개인의 소득이 낮거나 개인의 소득이 감소할 경우 폭력에 가담할 가능성은 높아진다. 수입의 급격한 감소는 폭력적 분쟁을 예방하거나 종결시킬 수 있는 역량을 약화시킨다. 여섯째, 천연자원이다. 풍부한 천연자원이 1차 상품일 경우 경제적 불평등은 증가하며 고도의 폭력적 분쟁으로 발전하는 데 기여한다. 손쉽게 개발할 수 있고 고수익을 창출하며 손쉽게 이동시킬 수 있고 사용할 수 있는 다이아몬드나 불법적인 마약은 분쟁을 위한 자금 활용성을 증가시킨다. 주요 원자재의 의존도는 국가를 경제적으로 취약하게 만든다. 식수, 농경지 그리고 산림 등과 같은 다시 만들 수 없는 자원의 결핍은 폭력적 분쟁으로 이끄는 중요한 요소이다. 일곱째, 이전 분쟁의 유산이다. 사회적 증오심과 의구심은 투쟁의 과정을 더욱 가속화하며 분쟁 이후의 기간 중에 새로운 분쟁의 위험성을 제기한다. 내전은 분쟁으로 회귀할 수 있는 조직적 물리적 유산을 더욱 많이 남겨 놓을 수 있다.

여섯째, 기술이다. 전통적인 소화기 및 경량 무기의 확산은 내전의 가능성을 높였고 장기화와 치명성 그리고 대규모의 범죄적 폭력으로 촉발시키는 요인이 되었다. 새로운 정보통신기술 특히 인터넷은 비국가요소의 무장을 촉진하였고 내전의 가능성이 더욱 높아지게 하였다. 생물학 기술 및 잠재적인 사이버전 역량과 같은 파괴적 기술의 확산은 비국가적 요소를 그 어느 때보다 위험한 존재로 만들었다. 정밀기술의 확산과 자동화 및 로봇기술은 국가가 지원하는 비국가요소를 더욱 위협적으로 만들게 되었다. 마지막으로 국제적 규범(International Norms)이다. 주권의 규범과 국경선의 불가침성은 국제적 수준에서 분쟁을 감소시켜왔다. 그러나 미약한 정부의 통치능력을 지닌 경솔한 국가가 내전을 촉발시키는 요인이 되고 있다. 국제사회는 국제평화활동, 민주주의의 증진, 예방 외교, 그리고 허약한 국가의 '복원력'을 강화시키기 위한 의도의 발전지원 등 다양한 활동을 통해 내전을 감소시키기 위한 노력을 기울이고 있다. 문명과 인도주의의 규범은 점차적으로 폭력의 확산을 감소시켜왔다.

일반적으로 내전은 하나의 국가 내에서 정치적 권력의 배분, 경제적 자원 또는 정체성과 연관된 권리에 관한 폭력적 분쟁으로 정의된다. 이러한 내전은 다음과 같은 네 가지의 유형으로 분류된다. ① 대량학살, 인종청소 숙청 그리고 국가에 의한 초법적 살인을 포함한 국가의 의한 일방적 폭력, ② 내전, 독립전쟁, 반란 그리고 일부 폭동을 포함한 국가와 비국가의 폭력, ③ 국가가 주요 요소가 아닌 종족 또는 사회공동체 간 폭력과 같은 조직화된 사회적 폭력으로 일부 테러리즘의 형태, 일부 폭동 그리고 조직화된 폭력적 범죄, ④ 학살, 대중 봉기, 폭동 그리고 일상적으로 발생하는 폭력적 범죄 등과 같은 간헐적인 사회적 폭력이다.

제2장 현대 분쟁의 교과서, 아프리카 분쟁

아프리카 수단의 자전거를 타는 소년

1. 아프리카 분쟁의 기원

현재의 북아프리카 지역에 거주했던 아프리(Afri)족으로부터 명칭이 유래한 아프리카 대륙은 지구상에서 아시아 다음으로 가장 면적이 넓고 인구가 많다. 19세기말 유럽 제국의 식민지 경쟁이 시작되어 에티오피아와 라이베리아를 제외하고 거의 모든 국가가 식민지화 되었다. 이집트와 수단은 식민지화는 피했지만 1882년 영국에 의해 점령된 이후 이들의 지배를 받았다. 1884년 벨기에 국왕 레오폴드(Leopold) 2세가 주최한 베를린 회의(Berlin Conference)에서 유럽 제국은 식민지 경쟁을 중단하고 정치적 분할에 합의함으로써 아프리카의 미래를 다시 한 번 바꾸어 놓았다. 베를린 회의를 통해 획정된 분할선은 원주민의 인종과 문화를 무시한 채 열강의 이익에 따라 설정되어 오늘날까지 이어져 온 정치적 불안정과 분쟁의 요인이 되었다.

18세기 증기기관의 실용화를 시작으로 한 유럽의 산업혁명은 역사를 바꾸어 놓은 전환점이 되었다. 산업혁명의 근원은 16세기 중엽부터 18세기 초 사이에 이루어진 과학혁명에 있으며 과학혁명 중에서도 유럽의 탐험 및 지배와 관계가 깊다. 코페르니쿠스(Nicolaus Copernicus)로부터 시작하여 케플러(Johannes Kepler), 갈릴레오(Galileo Galilei) 등을 거쳐 뉴턴(Isaac Newton)에서 완성되는 천문학과 우주구조 분야, 데카르트(Rene

Decartes), 호이겐스(Christian Heugens)를 거쳐 역시 뉴턴에서 완성되는 고전 역학 분야는 산업혁명을 이끈 견인차였다. 산업혁명의 발상지이자 발전의 견인차는 역시 영국이었다. 영국이 이와 같이 산업혁명을 주도하게 된 배경은 과학혁명 이외에도 정치적 다원화에 있었다. 영국은 1688년 명예혁명을 통해 왕권을 최대한 제약하고 의회를 포함하는 엘리트층의 권리를 확대함으로써 새로운 정치제도를 만들었고 이를 통해 자유경쟁 시장경제 체제를 근간으로 하는 경제제도를 완성하였다.

산업혁명이 유럽 강대국들의 아프리카 분할에 중요한 의미를 가지는 이유는 산업혁명의 성공 여부에 따라 유럽세력의 판도가 변화되었기 때문이었다. 스페인과 포르투갈은 서아프리카 해안과 남아프리카 해안을 거쳐 인도에 이르렀고 아메리카 대륙을 발견하면서 식민지 정복의 선구자가 되었지만, 산업혁명을 거치면서 식민지 경쟁에서 탈락하였다. 1588년 세계 최강의 스페인 무적함대가 예상을 뒤엎고 영국 해군에 의해 패배한 것은 그 신호탄이 되었다. 스페인과 포르투갈은 국가의 지도자나 국민 모두가 피정복국에서 약탈한 금은보화로 챙긴 돈이면 무엇이든 필요한 것을 얻을 수 있다고 믿었기 때문에 혁신에 대한 의지가 결여되었다. 아프리카 쟁탈전은 결국 산업혁명에서 승리하여 세계 최강국가로 부상한 영국과 프랑스 그리고 독일이 앞서 나아가게 되었다.

제국주의와 식민주의라는 용어는 동일한 의미로 해석될 정도로 제국주의와 식민지 쟁탈은 서로 밀접한 관계가 있다. 제국주의는 19세기 중반 프랑스 나폴레옹 3세의 팽창주의적 야심에 대한 독설적인 표현으로 사용되었으며, 1870년 영국 디즈레일리(Benjamin Disraeli)의 식민주의적 해외 팽창정책을 경멸적으로 표현하는 데 사용됨으로써 사실상 식민주의와 동의어가 되었다. 아프리카 대륙의 제국주의적 식민정책은 15세기 후반 대항해 시대의 개막과 함께 스페인과 포르투갈이 앞장서 서아프리카 해안으로 진입함으로써 시작되었다. 이때부터 1860년대까지 유럽인들은 앙골라, 모잠비크, 가나, 알제리, 세네갈 등 주로 해안선 일대에 탐험가와 선교사를 보내 장악하기 시작했으나 그 면적은 대륙 전체 면적의 10% 정도에 불과하였다.

1870년대에 접어들면서 유럽의 국가들이 본격적으로 아프리카 식민지 쟁탈전을 벌인 가장 전형적인 대답은 산업국가의 시장 확대 욕구라는 경제적 동기로부터 찾을 수 있다. 당시 영국, 프랑스, 독일, 미국, 일본 등 산업 선진 국가들은 과잉으로 발생한 공산품 판매시장과 공산품 제조에 필요한 원료 공급지로 해외 식민지의 필요성이 대두되었다. 이와 달리 슘페터(Joseph Schumpeter)는 제국주의를 '국가가 무력팽창을 무제한적으로 시도하려는 욕망'이라고 지적하면서 경제적 동기보다는 인간, 특히 지배자의 비합리적이며 전쟁과 정복을 지향하는 본능적 성향으로부터 기인한다고 주장하였다. 홉스봄(Eric Hobsbawm)은 '식민지 획득은 그 자체의 가치와 상관없이 국가의 상징이 되었다'라며 식민지에 대한 경제적, 전략적 이해가 그리 크지 않았던 독일조차 영국이나 프랑스가 자신들보다 더 많은 식민지를 보유하였다는 것에 분노하였음을 설명하였다. 케네디(Paul Kennedy)도 국가 이익에 대한 냉정한 계산보다는 강력한 지도자로서의 인상을 각인시키기 위한 의욕으로부터 식민지 쟁탈이 시작되었다고 주장하였다.

아프리카에 대한 식민지 쟁탈을 매우 다른 시각으로 접근하는 견해도 있다. 1870년 이탈리아의 통일과 1871년 독일의 통일로 1648년 웨스트팔리아 조약 이후 유럽 중앙부에 위치한 힘의 공백 공간이 사라지게 되고 각국은 국경을 맞대고 대치하게 되었으며, 이러한 과정에서 유럽의 정치적 투쟁이 주변부로 확장되었기 때문이라는 주장이다. 즉, 독일 수상 비스마르크(Otto Eduard Leopold von Bismark)는 알자스-로렌 합병을 계기로 프랑스와의 긴장관계가 유지되자 이를 전환시키기 위해 프랑스의 식민지 쟁탈을 지원하였고 식민지 경쟁에서 영국과 프랑스가 대립하도록 유도하였다는 것이다. 그렇다면 왜 아프리카일까? 당시 아시아의 경우 거의 모든 국가들이 오랜 세월 동안 독립 국가를 유지해왔기 때문에 식민지화를 위해서는 강력한 물리적 저항에 부딪힐 것으로 예상하였다. 따라서 부족 단위로 나뉘어져 중앙집권 국가를 형성하지 못한 '어디에도 속하지 않은 땅(Terra Nullius)'을 선점할 수 있었기 때문이었다. 1900년 기준으로 영국은 50개 국가, 프랑스는 33개 국가, 독일은 13개 아프리카 국가를 식민지화하였고 스페인, 포르투갈, 덴마크, 네덜란드, 오스트리아, 이탈리아 등도 대열에 합류하였다. 1914년 제1차 세계대전이 시작될 당시 영국은 아프리카 전체 인구의 30%, 프랑스 15%, 포르투갈 11%, 벨기에 7% 그리고 이탈리아가 1%를 통치하였고 1919년 제1차 세계대전이 끝나자, 독일의 식민지는 각각 영국, 프랑스 그리고 벨기에로 넘어가게 되었다.

제2차 세계대전이 막을 내리자 아프리카에 대한 유럽 국가의 영향력이 약화되기 시작하였고 1951년 리비아가 이탈리아로부터 독립하면서 본격적인 독립 투쟁이 시작되었다. 하지만 독립 이후 아프리카 대륙의 국가들은 종족, 종교, 그리고 자원으로 인한 분쟁과 쿠데타와 독재의 역사로 점철되는 비극이 계속되었고 이로 인해 종족간 적대감, 필수사회기반시설의 파괴, 정치적 자유에 대한 억압, 그리고 복지와 발전의 기회상실로 대륙은 다시 황폐화 되었다. 국제사회가 냉전 이후 20년 동안 무력 분쟁과 정치적 폭력이 감소했다는 사실은 중대한 진전이었지만, 지난 수년 동안 그러한 변화가 아프리카 대륙을 중심으로 다시 역행하고 있음이 목격되었다.

2. 대륙의 대국, 수단 분쟁

아프리카 북동부에 있는 수단은 북으로 이집트, 남으로 남수단, 동으로 에리트레아 그리고 서로는 차드와 국경을 접하고 있다. 수단의 인구는 4,300만 명이며 면적은 188만km^{2}이고 아프리카에서 세 번째로 영토가 큰 국가이다. 2011년 7월 9일 남수단이 분리 독립하기 이전에 수단은 아프리카 대륙에서 영토가 가장 큰 국가였다.

수단이라는 이름은 흑인들의 땅(The Land of Blacks)이라는 아랍어로부터 유래하였다. 기원전 8천 년 경 신석기 시대 사람들이 이곳에 정착 생활을 시작했다. 사람들은 나일강에서 어업과 사냥을 하며 가축을 키웠다. 기원전 5천 년 경 건조한 사하라로부터 이주한 사람들과 더불어 이들은 나일 계곡을 따라 농사를 짓기 시작하였다. 사하라로부터 이주한 사람들과 원주민들은 문화적, 유전적으로 융합되었고 사회적 체계를 만들었으며 기원전 1700년 쿠쉬 왕국(Kingdom of Kush)을 건설하였다. 인류학적, 고고학적 연구에 따르면 이집트 왕조 이전의 시대에 누비아(Nubia)[1]

1 누비아는 이집트 남부 아스완(Aswan)과 수단 중부 하르툼(Khartoum) 사이에 위치한 지역으로 고대 아프리카 초기의 문명 발상지이며 쿠쉬 왕국의 수도였던 케르마(Kerma)에서 형성된 문화는 기원전 2500년부터 새 이집트 왕국에 의해 지배될 때까지 계속되었다.

와 나가다 이집트 상부(Nagadan Upper Egypt)[56]는 인종적 · 문화적으로 매우 유사하였고 기원전 3300년부터 파라오 제도가 발전하게 되었다.

쿠쉬 왕국은 고대 누비아에 세워진 국가로 청 나일강과 백 나일

2 고대 이집트는 이집트 상부(Upper Egypt)와 이집트 하부(Lower Egypt)로 구분되었다. 이집트 하부는 북으로 나일강의 수 개의 지류가 펼쳐져 삼각주를 이루는 지역을 말하며, 이집트 상부는 남으로 아스완(Aswan)에 이르는 지역을 말한다. 상부와 하부라는 용어는 동아프리카의 고지대로부터 북쪽 지중해로 강이 흐르기 때문에 유래되었다.

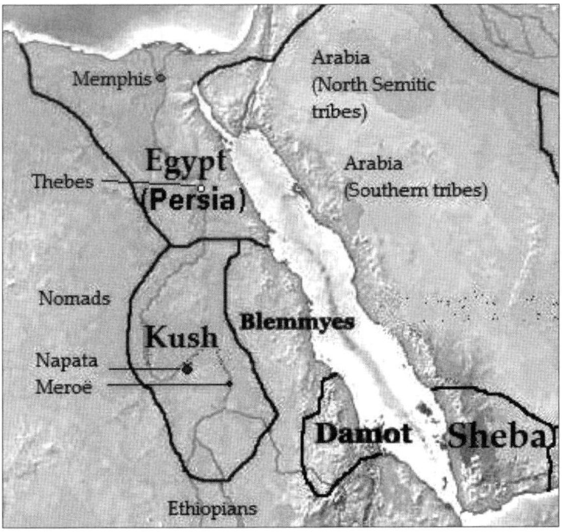

강 그리고 아트바라(Atbarah)강과 나일강의 합류 지점의 중심에 자리 잡았다. 쿠쉬 왕국은 이집트의 신왕국이 분열되고 붕괴한 이후 나파타(Napata)를 중심으로 세워졌다. 기원전 8세기, 쿠쉬인이었던 카쉬타(Kashta) 왕이 이집트를 침략하였다. 이집트를 정복한 카쉬타 왕은 이집트 왕국의 제25대 파라오가 되었고 아시리아인(Assyrians)들에 의해 패배하여 축출될 때까지 이집트를 통치하였다. 쿠쉬 왕국은 최고의 전성기에 남 코르도판(South Kordofan)으로부터 시나이(Sinai)에 이르는 거대한 제국을 건설하였다. 피예(Piye) 왕은 근동에 이르는 지역까지 영역을 확장하려 하였으나, 아시리아의 왕 사라곤(Saragon) 2세에 좌절되었다.

쿠쉬 왕국은 아시리아의 분노로부터 이스라엘을 구원하는 것으로 성경에 등장한다. 아시리아는 이스라엘을 포위했지만, 전염병으로 인해 실패하였다. 쿠시 왕국의 타하르카(Taharqa) 왕과 아시리아의 세나케리브(Sennacherib) 왕 사이에서 벌어진 전쟁은 서양사에서 결정적인 사건이었다. 당시 근동지역에 발판을 마련하려던 쿠쉬 왕국의 시도는 아시리아에 의해 좌절되었다. 한편 아시리아 세나케리브 왕의 후계자 에살하돈(Esarhaddon)은 레반트(Levant) 지역을 통제하기 위해 이집트를 침략하였다. 이집트 침략의 성공으로 에살하돈은 타하르카 왕을 이집트 하부(Lower Egypt)로부터 추방하였다. 타하르카 왕은 이집트 상부 지역으로 다시 도망하였고 이곳에서 2년 후 사망하였다. 이집트 하부는 아시리아의 식민지가 되었다.

이집트 하부에 살던 사람들은 아시리아의 통치에 대한 반란을 시도했지만, 실패로 돌아갔고 마침내 쿠쉬 왕국의 타하르카 왕을 계승한 탄타마니(Tantamani)는 새로 부임한 아시리아의 이집트 총독 네초(Necho)에게 마지막 반격을 시도하였다. 탄타마니는 나일 삼각주 일대의 도시들을 포위하는 과정에서 네초 총독을 살해하고 멤피스(Memphis)를 가까스로 탈환하였다. 그런데 에살하돈이 이들을 몰아내기 위한 준비를 하던 중 사망하였고, 그를 승계한 아슈르바니팔(Ashurbanipal) 왕은 이집트에 대규모 군대를 보내 다시 이집트를 장악하고 멤피스 인근에서 탄타마니왕을 찾아 괴멸시켰다. 탄타마니왕은 테베스(Thebes)로 쫓겨났다. 아시리아가 이집트 상부 지역을 다시 장악하고 떠난 직후 국력이 약화하였지만, 쿠쉬 왕국은 아시리아의 지배 아래 있던 이집트의 프삼티크(Psamtik) 1세에게 굴복하였다. 이로써 쿠쉬 왕국의 재기를 위한 희망은 끝이 났다.

5세기로 접어들면서 블레미예스(Blemmyes)가 이집트 상부 및 누비아 지역에 세워졌으나 450년 노바티아(Nobatia)로부터 공격을 받아 나일 계곡에서 쫓겨나 짧은 역사를 마무리하였다. 6세기로 넘어가자 현재의 수단 지역에는 3개의 왕국이 등장하였다. 북에는 파초라스(Pachoras)를

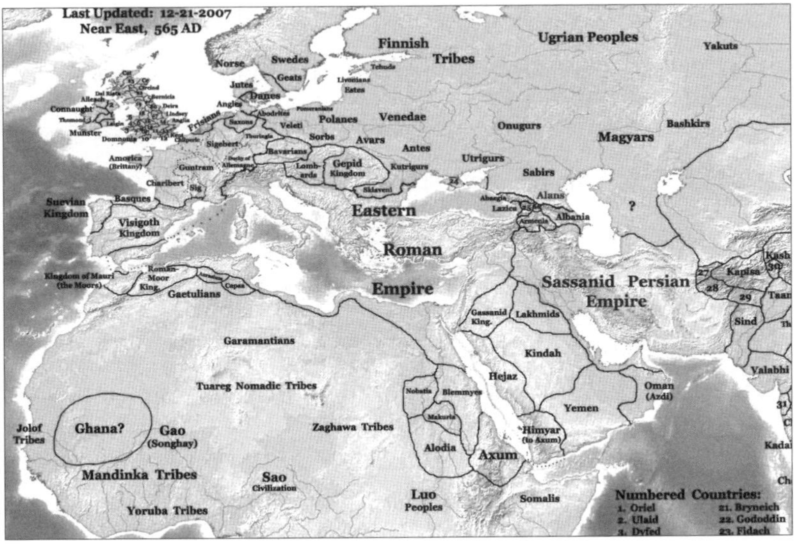

수도로 하는 노바티아, 중앙에는 동골라(Dongola)를 수도로 하는 마쿠리아(Makuria) 그리고 남으로 알로디아(Alodia)가 현재 수단의 수도인 하르툼 외곽에 해당하는 소바(soba)를 중심으로 세워졌다. 540년경, 비잔틴 제국의 유스티니아누스(Justinian) 1세의 황후 테오도라(Theodora)가 보낸 선교사가 노바티아에 도착해 기독교를 설파하기 시작하면서 이 지역의 사람들은 기독교로 개종하였다. 노바티아는 7세기 마쿠리아로 합병되었다.

639년부터 641년 사이 아라비아반도의 라쉬둔(Rashidun)[3] 칼리프가

3 라쉬둔 칼리프는 예언자 모하마드가 사망하고 난 이후 4명의 칼리프 중 첫 번째 칼리프였다. 칼리프들은 수니파 회교도에게 모두 '올바르게 인도된'이라는 의미의 라쉬둔으로 알려져 있다. 시아파 회교도는 수니파를 합법적이라고 인정하지 않기 때문에 3대 칼리프까지 인정하지 않는다. 라쉬둔 칼리프는 25년의 통치를 하는 동안 엄청난 군사적 팽창을 주도하였다. 절정기에 군사력은 10만 명에 이르렀으며, 650년대까지 아라비아 반도는 물론 레반트, 코카서스 지역 북아프리카의 튀니지 그리고 이란 평원의 일부와 남아시아 일부를 점령하여

비잔틴 제국의 지배 아래 있던 이집트를 점령하였다. 652년 마쿠리아를 침략하였으나 격퇴되었고 마쿠리아는 이슬람의 확장기에 유일하게 아랍인을 패배시킨 사람들이 되었다. 이후 마쿠리아 왕과 아랍인들은 불가침 조약을 체결하였고 마쿠리아의 독립을 인정하였다. 아랍인들이 마쿠리아 정복에 실패하자, 나일강 동쪽에 정착하기 시작하였고 이곳에서 항구도시를 건설하였다.

8세기부터 11세기에 기독교 왕국이었던 마쿠리아의 정치적 힘과 문화적 발전은 정점을 이루었다. 960년 마쿠리아는 당시 쇠퇴의 길을 걷고 있던 우마야드(Umayyad) 왕조의 지배 하에 있었던 이집트를 침략하였고 이집트를 북쪽으로 몰아내었다. 마쿠리아 왕국은 알로디아 왕국과 밀접한 관계를 유지하였다. 중세 마쿠리아의 문화는 '아프리카-비잔틴(Afro-Byzantine)'으로 묘사되었고 점차 아랍의 문화에 영향을 받기 시작하였다. 마쿠리아와 알로디아 왕국은 비잔틴 제국의 영향으로 강력한 중앙집권적 성격을 띠었고 여성들도 높은 사회적 지위가 보장되었다.

11세기부터 마쿠리아 왕국의 수도 동골라(Dongola)와 알로디아의 수도소바(Soba)는 쇠퇴하기 시작하였다. 14세기에 이르러 베두인(Bedouin) 종족이 부타나(Butana), 게지라(Gezira), 코르도판(Kordofan) 그리고 다르푸르(Darfur) 등 수단의 대부분 지역에 급속하게 유입되어 퍼지기 시작했다. 1365년 내분이 발생하였고 마쿠리아 왕실은 누비아 하부 지역으로 이동하였으며, 동골라는 파괴되어 아랍인의 손에 남겨지게 되었다. 이후 마쿠리아 왕국은 아주 작은 규모의 왕국으로 남게 되었고 마침내 1484년 멸망하였다. 남쪽에 알로디아 왕국도 아랍인 종족을 이끈 지

복속시켰다.

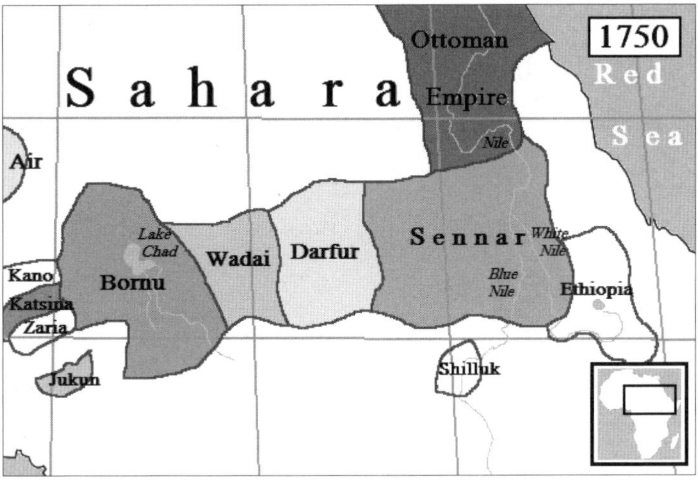

도자 압둘라 자마(Abdallah Jamma)에게 복속되거나 남쪽으로부터 유입된 현재의 수단인 종족 중 하나인 푼지(Funj)족의 손에 넘어가게 되었다.

1504년 푼지족은 센나르(Sennar)에 왕국을 세웠다. 이슬람은 이곳에 정착한 성자에 의해 포교가 시작되었다. 하지만 센나르 왕국은 18세기까지 비이슬람 문화를 유지하였다. 수단의 이슬람 사람들은 기독교 전통으로부터 나온 다양한 의식을 오랫동안 보존하였다. 그러나 오래지 않은 1526년 센나르 왕국은 오토만(Ottoman) 제국과 전쟁에 돌입하였다. 결국, 센나르 왕국은 1583년 나일강을 따라 남쪽으로 물러나게 되었다. 이후에도 오토만 제국은 계속해서 공격하였고 세 번째 나일강 기류인 한닉(Hannik)을 연결하여 양 국가 사이에 국경선이 생기게 되었다. 17세기 센나르 왕국은 영역을 확장하였으나 점차 쇠퇴하기 시작하였다. 1762년 에티오피아와의 국경선에 살고 있던 하마지(Hamaj)족이 푼지 왕국을 다스리게 되었다. 하마지족의 통치 기간에 센나르 왕국은 아랍화가 진행되었다. 19세기에 이르러 나일강과 지금의 수단 전역에서 아랍어가 가장 널리 쓰이게 되었다.

나일강의 서쪽에 다르푸르에는 15세기 다주(Daju) 왕국이 있었으나 이를 대치하여 툰주르(Tunjur) 왕국이 세워졌다. 툰주르 왕국은 한때 와다이(Wadai)까지 세력을 확장하였다. 툰주르 사람들은 아마도 아랍화된 베르베르(Berber)인들로 추정되며 통치자들은 대부분 이슬람교도였다. 툰주르 왕국은 17세기 제벨 마라(Jebel Marra) 산의 북쪽에 있던 케이라(Keira) 왕국에 의해 권력을 빼앗겼다. 케이라 왕국은 처음에 아주 작은 왕국이었지만 18세기 서쪽과 북쪽으로 영역을 확장하였고 1785년에는 코르토판을 점령하였으며 1821년 오토만 제국의 침략으로 멸망하였다.

1821년 오토만 제국의 이집트 총독 알리(Muhammad Ali)는 수단 북부를 정복하였다. 비록 알리가 오토만 제국의 총독의 신분이었지만 실제로는 그 자신이 독립적으로 이집트를 통치하였다. 그는 수단의 복속을 모색하던 중 셋째 아들 이스마일(Ismail)을 수단으로 보내 코르도판의 다르푸르 왕국을 제외하고 큰 저항이 없이 정복하였다. 이후 수단은 이스마엘과 그의 아들에 의해 통치받게 되었다. 알리를 총독으로 이집트가 통치하는 동안 수단의 사회기반시설은 상당히 발전하게 되었다. 특히 수단 북부 지역에서는 관개시설이 발전하였고 목화가 재배되기 시작하였다.

1879년 이스마엘의 아들 튜피크(Tewfik) 총독의 부패와 실정은 우라비 반란(Urabi Revolt)[4]으로 귀결되었다. 튜피크는 자신의 생명이 위협받게

---

4 우라비 반란은 우라비 혁명이라고도 불리며 1879년부터 1882년 사이 이집트에서 발생한 민족주의자의 봉기였다. 당시 이집트의 아흐메드 우라비(Ahmed 'Urabi) 대령이 반란을 주

되자, 1882년 당시 이집트를 점령한 영국에 도움을 요청하였다. 수단은 여전히 총독의 부패와 폭정에 남아있게 되었다. 총독의 통치 기간에 과도한 세금에 대한 저항이 급속하게 퍼져 나갔다. 관개수로와 농지에 대한 세금은 지나치게 높아서 농부들은 자신의 농장과 가축을 버렸다. 1879년 유럽의 국가들은 아프리카의 노예 거래를 반대하는 계획을 추진하였다. 이러한 와중에 북부수단의 경제는 악화하였고 이로 인해 마흐디 운동을 촉진하게 되었다.

마흐디 운동 또는 마흐디 전쟁(Mahdist War)은 1881년 6월 29일 수단의 이슬람교 지도자인 무함마드 아마드(Muhammad Ahmad ibn Abd Allah)가 자신이 이슬람교의 구세주인 마흐디(Mahdi, '인도하는 자'라는 의미)임을 선언하면서 시작되었다. 그는 수단에 대한 가혹한 통치에 대해 반기를 들고 마흐디국을 세우면서 무장 봉기를 일으켰다. 무함마드 아마드가 이끄는 마흐디군은 1885년 1월 26일에 수단 하르툼을 정복하였다. 마흐디군은 당시 이집트를 점령하고 있던 북쪽의 영국뿐만 아니라 동쪽의 에티오피아, 남쪽의 벨기에령 콩고 등 모든 국경에서 침공을 시도했으나 실패했다. 1885년 6월 22일 아마디가 사망하고 나서 후계자들 사이에서 권력 투쟁이 발생하였고 수단 서부지역에서 활동하던 무하마드(Abdallahi ibn Muhammad)가 반대파를 물리치고 마흐디로 등극하였다. 이후 무하마드는 칼리파(Khalifa, '계승자'라는 의미)의 직위에 올랐다. 무하마드는 에티오피아 지역으로 영토확장에 나섰다. 에티오피아 동부에서 승리에

도하였고 부패한 튜피크 총독을 몰아내는 한편 영국과 프랑스의 영향력을 종식하고자 하였다. 프랑스의 무력사용 거부 의사와 영국의 글래드스톤(Gladstone) 수상의 유화적인 해결 주장에도 불구하고 영국은 이집트를 무력으로 침략하였고 제2차 세계대전까지 이집트를 통치하였다.

이어 무하마드는 이집트를 침략하였으나 영국에 의해 패배하였다. 수단이 위약해지자, 영국은 키치너 경(Lord Kitchener)의 지휘 아래 영국과 이집트 연합군을 수단으로 파견하였고 1899년 수단을 영국-이집트의 공동 통치 아래 두었다.

영국과 이집트는 영국의 승인 아래 이집트에 의해 임명된 총독이 수단을 다스리도록 합의하였다. 실제로 수단은 영국의 식민지로 효과적으로 통제되었다. 하지만 영국은 이러한 과정을 역행하려는 어떠한 시도에도 민감하였고 수단과 이집트가 하나의 국가로 통일하고자 하는 노력을 무력화하였다. 영국의 수단에 대한 계속된 식민 통치는 수단의 민족주의적 반발을 불러왔고 이집트의 민족주의자들은 이집트와 수단을 영국으로부터 하나의 국가로 독립하고자 하였다.

1896년 벨기에는 수단 남부 라도 지역(Lado Enclave)이 벨기에의 식민지 콩고(Congo)의 일부라고 주장하며 소유권을 요구하였다. 1909년 벨기에 국왕 레오폴드가 사망한 이후 양국 간 합의에 따라 영국으로 양도되었다. 한편 프랑스는 바르 엘 가잘(Bahr el Ghazal), 상 나일 서부(Western Upper Nile) 그리고 파쇼다(Fashoda)에 이르기까지 수 개의 지역을 요구하였다. 프랑스는 아프리카 서부지역에 위 지역들을 합병하고자 하였다. 이 지역에서 이른바 '파쇼다 사건'[5]이 발생하였고 1899년 프랑스는 영국에 넘겨주기로 합의하였다.

1898년 영국과 이집트는 현재의 수단 전 지역을 통치하였고 수단

---

5 파쇼다 사건은 1898년 아프리카 동부지역에서 영국과 프랑스가 식민지 쟁탈전을 벌인 가운데 정점에 이르는 사건이었다. 프랑스 원정대는 백 나일강에 있는 파쇼다를 장악함으로써 상 나일강 일대를 장악하고 궁극적으로 수단을 손에 넣으려 하였다. 영국이 이집트에 대한 현상 유지를 인정하는 대가로 프랑스의 모로코를 지배하기로 합의하였다.

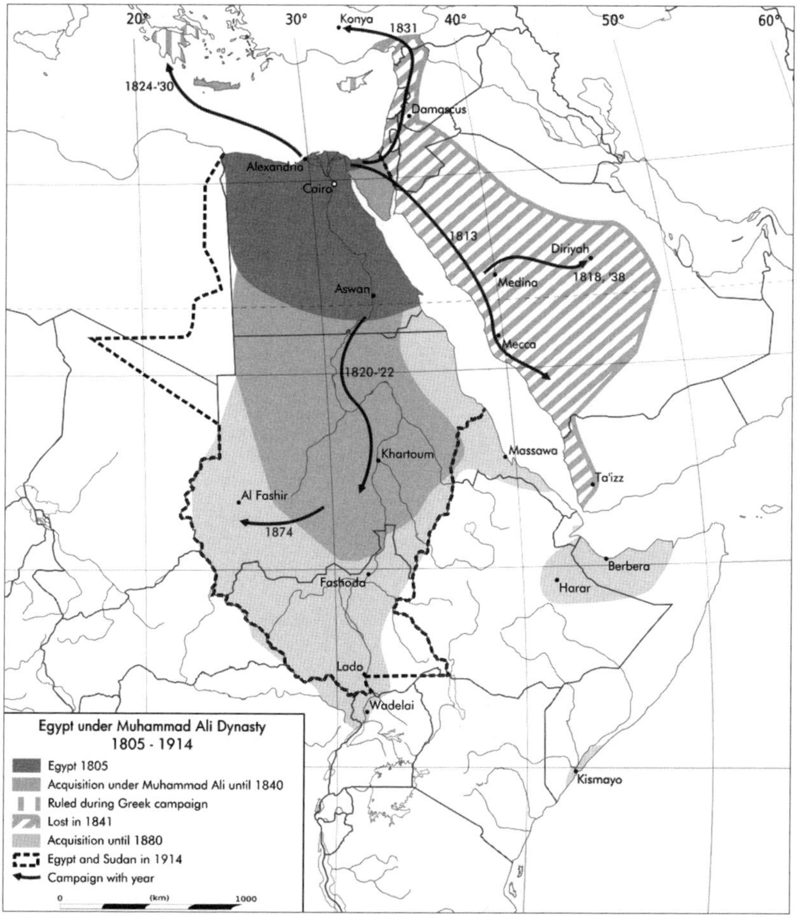

은 영국의 정책에 의해 여전히 북과 남으로 구분되었다. 북부에서는 아랍어와 영어가 공용어로 사용되었고, 남부에서는 영어와 딩카(Dinka)어, 누에르(Nuer)어 등이 공식적인 언어로 사용되었다. 영국은 남부지역에서 기독교 선교단원들이 활동하도록 이슬람의 확장을 억제하였다. 영국은 남부수단의 총독을 하르툼이 아닌 아프리카 동부 식민지 회의에 참석시키는 등 남부수단을 동아프리카 식민지로 복속하고자 하였다.

영국은 경제 및 사회기반시설의 발전을 북부에 집중하였다. 남부는 영국이 도착하기 이전과 크게 변화된 것이 없었다.

1914년 오토만 제국의 공식적인 통치가 종결되자, 영국은 수단을 완전히 정복하기 위해 윈게이트(Reginald Wingate)를 새로운 총독으로 파견하였다. 1914년 12월 영국의 보호령이었던 이집트의 초대 왕 카멜(Hussein Kamel)이 이집트-수단의 왕이 되었고 그의 동생은 후아드(Fuad) 1세가 되었다. 이들은 계속해서 하나의 국가가 되기를 열망하였지만 1924년부터 독립을 성취한 1956년까지 영국은 수단을 기본적으로 2개의 영토로 간주하였다. 카이로에 주재하던 영국의 총독은 하르툼에 영구적으로 2개의 대대를 배치하고 이를 수단방위군(Sudan Defence Force)으로 명칭을 부여하였다. 부대는 이전에 이집트군이 주둔한 곳에 배치하였다. 그런데 이집트의 민족주의 정당으로 의회에서 다수당이 된 와프트(Wafd) 당은 이 계획을 거부하였지만, 얼마 지나지 않아 와프트 당은 와해하였다. 1929년 미국에서 시작된 대공황(Great Depression)은 유럽에도 영향을 미치기 시작하였고 하르툼으로부터 목화와 고무 등 거의 모든 물품을 수입해야 하는 영국은 수출과 수입 사이에서 균형을 맞추어야만 하였다.

1943년 영국은 북부의 6개 주에 대한 통치 목적으로 북부 수단 고문회의(North Sudan Advisory Council)를 설립하는 한편 북부 수단의 자치정부 출범을 준비하였다. 북부수단의 6개 주는 하르툼(Khartoum), 코르도판(Kordofan), 다르푸르(Darfur), 동부(Eastern), 북부(Northern) 그리고 청나일(Blue Nile) 이었다. 이어 1946년 영국은 이전의 정책과는 반대로 북부와 남부수단을 하나의 정부 아래 통치하기로 하였고, 1947년 주바(Juba)회의에서 공식적으로 남부수단에 통보하였다. 1948년 영국에 의해 지명된 13명의 대표자가 남부수단을 대표하여 수단 국회에 입성하였다. 하지만 남부수단 사람들은 새로운 정부로부터 남부가 배제되었다며 영국이 배신하였다고 생각하였다. 국회의 공식 언어는 아랍어였으며 남부수단의 관료와 정치인은 영어를 쓰도록 훈련되었다. 1953년 영국에 의해 800자리의 정부 직위가 마련되었고 남부수단 사람들은 오직 4개의 직위만 받게 되었다. 남부수단의 정치적 구조도 북부와 같이 발전되지 못하여 현대 수단의 국가 건설에 대한 다양한 회의에서 제대로 대표하지 못하였다. 결과적으로 남부수단은 수단을 하나의 합법적인 국가로 생각하지 않았다.

1952년 이집트 혁명[6]은 마침내 수단의 독립을 이끄는 전초가 되었다. 1953년 혁명을 이끌었던 나귀브(Mohammed Naguib)와 나세르(Gamal Abdel Nasser)는 쿠데타로 이집트의 왕정을 폐지하였고, 영국의 지배를 종결하는 것은 수단에 대한 주권을 포기하는 것뿐이라고 판단하였다. 나세르는 가난에 찌든 수단을 독립 이후에도 통치하기 어려울 것으로 생각하였다. 영국은 이와 반대로 수단의 독립을 위해 이집트에 압력을 가할 것으로 보이는 마흐디 후계자 라흐만(Abd al-Rahman al-Mahdi)에게 정치적, 재정적 지원을 계속하였다. 그런데 라흐만은 정치적 무능력으로 북부와 중부의 수단 사람들의 지지를 얻는 데 실패하였다. 영국과 이집트는 수단 전체가 불안정한 상황에 빠져들 것으로 느꼈고 북부와 남부 모두에게 독립 또는 영국의 철수에 대해 자유로운 투표를 하도록 허락하였다.

---

6 이집트 혁명은 1952년 7월 23일 나귀브와 나세르가 이끄는 자유장교단 운동(Free Officers Movement)에 의해 시작되었다. 혁명은 이집트 왕 파룩(Farouk)을 축출하는 것이었다.

수단의 독립을 위한 전환기는 1954년 처음 국회의 구성으로부터 시작되었다. 그런데 고위직에 북부 출신이 차지하는 비율이 급격하게 늘어났고 사람들 사이에서는 북부가 남부를 지배하고 식민지로 만들 것이라는 우려가 퍼지게 되었다. 이와 더불어 1940년대 후반부터 시작된 경제 계획이 단계적으로 축소되자 남부의 경제 상황은 더욱 악화하였다. 남부 사람들은 북부를 견제하기 위해서는 이집트와 통합하는 것 외에는 다른 방법이 없다고 생각하였다. 긴장이 고조되는 가운데 1955년 8월 18일 남부수단의 토릿(Torit)에서 군사반란이 발생하였다. 당시 남부수단의 남쪽 에콰토리아(Equatoria)에 있는 군단사령부는 영국군으로부터 수단으로 인계되었고 대부분의 고위직은 북부 출신이 장악하였다. 이때 지역의 직물공장에서 노동자 시위가 발생하였고 시위대에 총격을 가하는 사건이 발생하자 남부 출신의 병사를 중심으로 반란이 발생한 것이다. 토릿 반란은 수단의 독립을 앞당기는 결과가 되었다. 영국은 수단을 통제할 수 있는 능력과 의지가 미약하였고 국회가 헌법을 마련하기 이전이라도 가능한 한 조기에 독립시키고자 하였다. 1955년 12월 15일, 아자리(Ismail al-Azhari) 수상은 앞으로 4일 이내에 수단의 일방적인 독립 선언이 있을 것이라고 발표하였고, 12월 19일 마침내 수단 국회는 만장일치로 수단의 독립을 선언하였다.

(1) 1차 수단 내전: 1955~1972

1956년까지 영국은 이집트와 더불어 남부수단과 북부수단을 분리하여 통치하였다. 하지만 남과 북 두 지역은 영국의 새로운 중동 전략에 따라 하나의 행정 지역으로 통합되었다. 이와 같은 영국의 전략은 규모가 큰 북부 수단에 의한 정치적 영향력을 우려한 남부 수단의 지도부와 논의 없이 취해진 것이었다. 남부수단은 주로 기독교도가 거주하였고 전통적인 아프리카 종교(누에르교, 딩카교)를 믿는 사람들이었으며 문화적으로도 자신들이 사하라 사막 이남에 속한다고 믿었다. 반면 북부수단은 이슬람교도들이 대부분 거주하였고 쿠쉬 왕국의 문화를 어어 받았다고 생각하였다.

영국과 이집트가 수단을 독립시키도록 합의한 1953년 2월 이후, 북부수단과 남부수단의 긴장은 고조되기 시작하였다. 1956년 1월 1일 예정된 독립의 날이 다가오자, 북부 지도자들은 남부에 상당한 자치를 부여하는 연방제 방안을 철회할 듯 보였다. 1955년 8월 18일 남부수단의 토릿(Torit)에서 발생한 군사반란은 쉽게 제압되었지만 정부에 반기를 든 일반인들과 학생들을 중심으로 분리주의 운동이 점차 발전하게 되었다. 이들은 아양야 게릴라군(Anyanya Guerrilla Army)을 만들었다. 아양야 게릴라군은 에콰토리아로부터 시작되어 1963년부터 1969년까지 상나일과 바르 알 가잘 지역으로 확대하였다. 하지만, 분리주의 운동은 종족 간 내부적 분열로 무산되었다. 1955년 이후 수단군의 4개 보병여단 중 1개 여단이 에콰토리아에 주둔하였고 필요할 때마다 증원되었다.

수단 정부는 그들 자신의 당파 싸움과 불안정으로 인해 반란세력의 약점을 활용할 수 없었다. 아자리 수상이 이끄는 첫 독립 정부는 다양한 보수 연합세력에 의해 얼마 지나지 않아 자리에서 물러나게 되었고 보수세력도 1958년 아부드(Ibrahim Abboud) 참모총장에 의한 쿠데타로 와해하였다. 군사정부가 들어선 이후 아부드가 민간정부로 이양한다는 약속을 어기자 국민의 불만은 다시 고조되기 시작하였다. 1964년 10월

20일 저녁 하르툼 대학에서 '남부수단의 문제'라는 제목으로 세미나가 개최되었다. 이때 수단 보안군이 습격하였고 전국적인 시위로 확산되었다. 아부드 장군은 1964년 10월 대규모의 불복종 시위로 인해 임시정부를 구성하기로 양보하였다. 이 사건은 수단의 '10월 혁명' 또는 '1964년 10월 혁명'으로 널리 알려지게 되었다. 이때 시위대 중에 후에 수단 역사에서 가장 영향력 있는 정치인으로 평가되는 이슬람주의자 알투라비(Hassan al-Turabi)가 처음으로 학생 운동 주도자로 모습을 나타냈다. 1966년부터 1969년 사이 일련의 이슬람 주도의 행정부는 다양한 종족의 갈등과 경제적 문제를 해결할 수 없다는 것이 입증되었다. 1969년 5월 25일 니메이리(Gaafar Nimeiry) 대령에 의한 2차 쿠데타가 발생한 이후 수상에 오른 니메이리는 정당을 불법으로 간주하였다. 1971년 수단군 내부의 마르크스주의자와 마르크스주의자가 아닌 군인들 사이에서 갈등으로 인해 다시 쿠데타가 발생하였고 수단 공산당에 의한 정부가 잠시 들어섰으나 곧바로 비공산주의 당파에 의해 니메이리가 다시 수상으로 복귀하였다.

1964년부터 남부수단은 자덴(Aggrey Jaden)이 해방운동(Liberation Movement)의 의장으로 남부수단의 독립을 이끌었으나 1969년 내부의 정치적 갈등으로 자리를 떠났다. 같은 해 마옌(Gordon Muortat Mayen)이 만장일치로 새로운 의장으로 선출되었고 이때 남부수단은 나일 공화국(Nile Republic)으로 명칭을 변경하고 하르툼의 수단 정부에 대한 투쟁을 선포하였다. 하지만, 자덴이 이끌던 군대가 딩카족 출신의 지도자를 받아들일 수 없다며 아냐냐 게릴라군과 대항하였다. 1971년 장교 출신이었던 라구(Joseph Lagu)가 이스라엘의 지원으로 마옌에 대한 쿠데타에 성공하였다. 이후 라구는 모든 게릴라 세력을 규합하여 남부수단 해방운동(SSLM, Southern Sudan Liberation Movement)을 발족시켰다. 이는 남부수단이 수단에서 분리되어 독립 국가를 건설하고자 하는 목적으로 만들어진 첫 번째 통합된 조직이었다. 이 조직은 또한 처음으로 남부수단 전체를 대표하여 요구사항을 제시하고 협상하는 첫 번째 조직이 되었다. 세계교회 협의회(World Council of Churches)와 전 아프리카교회 회의(All Africa Conference of Churches)가 중재에 나서 1972년 분쟁을 종식하기 위한 아디스아바바 합의를 이루게 되었다. 남부수단은 무력 분쟁을 종결하는 대가로 다양한 세력들과 더불어 하나의 남부 행정지역 구성 승인을 요구하였다. 하지만 이 합의는 해방운동의 지도자 자덴과 마옌을 배반한 것이라는 비난에 직면하게 되었다. 마옌이 아디스아바바 합의에 반대하여 아프리카 국가전선(African National Front)을 구성하면서 합의의 파기가 예견되었다. 1975년 북부수단으로부터 독립을 목표로 가랑(John Garang)이 이끄는 아냐냐 애국전선(Anyanya Patriotic Front)이 구성되면서 내전의 먹구름이 다시 몰려올 듯하였다.

5명 중 1명에 해당하는 50만 명의 무장 전투원이 17년 동안의 내전에 사망하였고 수많은 사람이 내전을 피해 자신의 고향을 떠났다. 아디스아바바 합의는 잠정적으로 유예되었다. 1970년대 중반 북부수단에 의한 합의 위반이 빈번하게 발생하면서 상황이 불안정하게 되었고 1983년 군대의 반란을 이끌게 되었으며 이로 인해 2차 수단 내전이 촉발되었다. 2차 수단 내전은 22년 동안 계속되었다.

(2) 2차 수단 내전: 1983~2005

수단 내전은 종종 영향력을 확장하려는 중앙정부와 이에 저항하며 소외 문제를 제기하는 주변부 사람들 사이의 마찰로 특징되어 진다. 수 세기에 걸쳐 나일강을 연하여 건설된 왕국과 거대한 권력은 내륙의 수단 사람들과 투쟁해 왔다. 18세기 이래로, 중앙정부는 발전되지 못한 내륙과 남부의 수단 사람들을 규제하고 활용하려 하였다. 일부 학자는 수단 내전을 이슬람교도의 중앙정부가 비이슬람교도인 남부사람들에게 샤리아(Sharia) 율법의 적용을 추구하려는 과정에서 폭력에 이르게 된 종족 · 종교적(Ethno-religious) 성격으로 규정하기도 하며 중앙정부의 착취 거버넌스가 원인이 되었다고 분석하기도 한다.

영국이 수단을 북과 남으로 분리하여 식민지로 통치할 당시, 남부수단은 케냐, 탄자니아, 우간다 등 다른 동아프리카의 식민지와 매우 유사하였다. 반면 북부수단은 아랍어를 구사하는 이집트와 비슷하였다. 북부 아랍인들은 아프리카의 전통에 따라 남부에서 권력의 지위를 가지지 못하였다. 남과 북 사이에서 무역은 지장을 받았다. 하지만, 1946년 영국이 두 지역을 하나로 통합하도록 압력을 가하였다. 아랍어는 남부수단의 행정을 위한 공식용어가 되었고 그곳에서 북부수단 사람들은 지위를 차지하였다. 영어 교육을 받은 남부수단의 엘리트들은 정부의 주요직위에서 소외되는 이러한 변화에 분개하였다. 식민지로부터 해방된 후 대부분의 권력은 하르툼을 기반으로 하는 북부 엘리트들에게 주어졌다. 남부의 불만은 쌓여갔다. 영국은 수단을 독립시키는 방향으로 움직였으나, 남부지도자들에게 충분한 권력을 부여하지 못하였다. 남부수단의 지도자들은 1950년대 전환기 동안 협상에 초대받지 못하였다. 1953년 식민지 해방 이후, 수단화 위원회(Sudanization Committee)의 800명 자리에 단지 6명의 남부수단의 대표만 포함되었다.

2차 수단내전은 또한 부분적으로는 자연자원으로부터 기인하였다. 북부와 남부 사이에 중요한 유전지대가 있었고 나이지리아의 유전 수입이 서구 이권세력에 의해 사유화된 것처럼 외부세력의 커다란 이권으로 떠올랐다. 북부수단은 유전지대가 농업의 발전에는 부적합한 사하라 사막의 끝단에 있었기 때문에 이러한 자원을 통제하고자 하였다. 원유수입은 수단 수출의 70%를 차지하였고 국가의 발전에 이바지하게 되었으며 남부와는 달리 국제 원조에 의존하지 않아도 되었다. 나일강이 주는 여러 가지 혜택과 수단 남부지역의 많은 강수량으로 비옥한 땅도 보유하게 되었다.

남부에서는 종족 간 분쟁으로 인해 상당한 수의 사람들이 목숨을 잃었다. 대부분의 분쟁은 누에르족과 딩카족 사이에서 발생하였지만 다른 종족 집단도 개입되었다. 이와 같은 종족 간 분쟁은 독립 이후에도 계속되었다. 예를 들면 2012년 1월, 3천 명의 무를레(Murle)족이 누에르족에 의해 학살되었다.

아디스아바바 합의는 헌법과 관련이 되었다. 합의에 대한 위반으로 2차 내전이 촉발되었다. 첫 번째 위반은 니메이리 대통령이 북과 남의 경계선에 걸쳐 있는 유전의 통제를 시도한 것이었다. 1978년 벤티우(Bentiu)에서 유전이 발견되었고 이어 1979년 코르도판 남부와 상 청나일, 1980년 유니티(Unity) 유전, 1982년 헤글리그(Heglig) 유전이 잇달아 발견되었다. 원유에 대한 접근은 이를 발견한 측에 상당한 경제적 이익을 의미하였다. 북부의 이슬람 원리주의자들은 비이슬람교도가 다수인 남부수단에 자치를 부여한 아디스아바바 합의에 만족하지 못하였다.

원리주의자들의 권력은 계속해서 성장하였고 니메이리 대통령은 수단을 이슬람 국가로 선포하고 남부수단의 자치를 종결시켰다.

1983년 남부수단의 자치를 다시 가져오기 위해 중앙정부에 대항하는 반란 단체로 수단인민해방군(SPLA, The Sudan People's Liberation Army)이 창설되었다. 인민해방군은 남부 수단에 기지를 두었지만, 조직의 정체성을 모든 억압받는 수단 국민을 위한 운동으로 표방하였다. 가랑(John Garang)이 조직을 이끈 초기 인민해방군은 중앙정부의 정책이 국가 와해의 길로 가고 있다고 비판하면서 수단의 통일을 추구하였다. 1985년 9월 중앙정부는 국가비상사태를 마감하며 비상 법정을 해체하였으나 새로 제정된 법은 여전히 비상 법정에 관련된 많은 조항을 담고 있었다. 니메이리 대통령이 비이슬람교도의 권리를 존중한다는 공약 발표에도 불구하고 남부 사람들과 비이슬람교도들은 깊은 의구심을 가졌다.

1985년 4월 6일 아드다하브(Abdul Rahman Suwar ad-Dahhab) 장군이 이끄는 일련의 고위 장교단에 의해 쿠데타가 발생하였다. 새로운 정부의 첫 번째 조치는 1983년의 헌법 중지였다. 즉, 이슬람 국가가 되고자 하는 의도를 포함한 선언을 폐기하였고 니메이리의 수단 사회주의연합(Sudan Socialist Union)을 해산하였다. 그러나 이슬람 샤리아법을 규정한 '9월 법'은 유지하였다. 아드다하브는 15명으로 구성된 과도군사위원회 의장이 되었다. 정당, 각종 단체, 그리고 전문가 조직과의 비공식적인 회의를 통해 군사위원회는 임시내각 수상으로 다팔라(Al-Jazuli Daf'allah)를 임명하였다. 선거는 1986년 4월 실시되었고 과도군사위원회는 약속한 대로 권력을 민간정부로 이양하였다. 움마(Umma) 당의 알마흐디(Sadiq al-Mahdi)가 수상이 되었다. 움마 당은 민주연맹당(Democratic Unionist Party), 알투라비(Hassan al-Turabi)가 이끄는 국가이슬람전선(National Islamic Front) 그리고 다수의 남부지역 정당의 연립정당이었다. 이 연립은 알마흐디와 그의 움마 당이 중심적 역할을 계속하며 이후 수차례 와해와 재결합을 반복하였다.

1986년 5월 알마흐디 연립정부는 가랑(John Garang) 대령이 이끄는 수단인민해방군과 평화협상을 시작하였다. 같은 해 수단인민해방군과 다수의 수단 정당이 에티오피아에서 회동하여 '코카 댐(Koka Dam)'[7] 선언에 합의하였다. 코카 댐 선언은 이슬람 샤리아법을 폐지하고 헌법회의를 개최하는 내용을 포함하였다. 1988년 3월 수단인민해방군과 민주연맹당은 이집트 및 리비아와 맺은 군사동맹을 폐지하고 샤리아법을 동결하며 국가비상사태의 종결과 휴전을 맺는 평화계획에 합의하였다. 하지만 이 시기에 2차 수단 내전은 격화하였고 경제 상황은 더욱 악화하였다. 폭동이 잇달아 발생하였으며 물가는 폭등하였다. 1988년 11월 마흐디 수상이 민주연맹당이 가져온 평화계획을 거부하였고 이어 수단인민해방전선이 합의를 파기하였으며 민주연맹당의 연립정부는 와해하였다. 새로운 정부는 움마 당과 원리주의자인 국가이슬람전선 만으로 구성되었다. 1989년 2월 수단군은 알마흐디 수상이 평화의 길을 추구할 것인지 아니면 물러날 것인지에 대한 최후통첩을 보냈다. 결국 알마흐디 수상은 평화계획을 승인하였고 헌법회의가 잠정적으로 1989년 9월 개최될 예정이었다.

하지만 1989년 6월 30일 알바시르(Omar Hassan al-Bashir) 대령이 이끄는 장교단은 국가이슬람전선의 선동과 지원으로 알마흐디 수상을 축출

---

7 코카 댐은 에티오피아의 수도 아디스아바바 인근에 있는 댐으로 겔리아(Gellia) 호수라고도 불린다. 아와시(Awash)강을 연하여 건설되었다.

하고 15명의 장교로 구성된 국가구제를 위한 혁명군 사령부회의(RCC, Revolutionary Command Council for National Salvation)를 발족하였다. 군사정부를 출범시킨 알바시르 대령은 대통령이 되었고 국가수반, 수상, 그리고 군 최고사령관을 겸직하였다.

군사정부는 정당, 노동조합, 그리고 비종교적 기관을 모두 폐지하였다. 군과 경찰 그리고 행정관료 약 7만 8천 명이 새로운 정부의 출범과 더불어 숙청되었다.

1991년 3월 신체 절단이나 투석과 같은 가혹한 형벌을 전국적 차원에서 금지하는 새로운 형법에 제정되었다. 비록 남부의 주들은 공식적으로 이슬람의 금지조항과 형벌로부터 제외되었지만, 이 새로운 법은 향후 남부에서도 이슬람 샤리아법이 적용될 수도 있다는 가능성이 제기되었다. 1993년 정부는 남부의 이슬람교도 법관을 북부로 전속시켜 대부분 비이슬람교도 판사로 대치하였다. 이와 더불어 공공질서를 유지하기 위한 경찰을 도입하여 샤리아법을 적용토록 하였다. 결과적으로 북부에 거주하는 남부수단 사람들과 비이슬람교도에게 체포와 샤리아법에 따른 처벌이 적용되었다.

수단인민해방군은 에콰토리아, 바르 알 가잘, 상 나일 지방의 대부분을 통제하게 되었고 다르푸르의 남부, 코르도판 그리고 청 나일 지방에서 작전을 수행하였다. 정부는 주바(Juba), 와우(Wau) 그리고 말라칼(Malakal)과 같은 주요한 남부의 도시를 통제하였다. 5월에 비공식적으로 합의하였던 휴전은 1989년 10월 파기되었다. 1992년 7월 정부는 남부수단에 대한 공세를 실시하여 토릿에 본부를 둔 수단인민해방군을 포획하였다. 정부의 정규군과 악명 높은 민병대(후에 인민방위군으로 개칭, PDF, People's Defense Forces)는 남부의 도시와 누바 산맥(Nuba Mountains)의 마을을 습격하였다. 수단 정부는 자신들의 정규군 전력을 보존하기 위해 남부 수단과 북과 남의 경계 지역에서 오랫동안 대리세력(Proxy)을 활용해왔다. 민병대는 지역에서 모집되었고 정부와 은밀한 관계를 유지하였다. 하르툼과 연계된 민병대 세력들이 만들어졌고 국가이슬람전선의 '분할과 통제' 전략에 따라 무장되었다.

남부수단에서 반란세력과 친정부 민병대의 전국적인 활동 및 점증하는 무법의 상황은 공동체 사회를 군사화시키는 결과를 가져오게 되었다. 종족 간 폭력은 확산하였고 이들 모든 세력은 권력의 기지와 상대편 모병의 중심지를 파괴하기 위해 민간인을 목표로 공격하였다. 대부분의 남부 사람이 의지할 수 있는 것은 가족 또는 종족적 연대를 가진 사람들이 구성한 자경대뿐이었다. 이와 같은 방식으로 누에르 백군(Nuer White Army)과 딩카 팃웽(Dinka Titweng, 딩카 족 가축경계단)과 같은 민병대가 존재하게 되었다. 비록 이들은 원래 민간사회 공동체를 방위하려는 의도로 편성되었지만, 이들은 종종 민간인이나 다른 종족을 표적으로 하는 잔혹한 갱단이 되기도 하였다. 정부와 반군 집단은 적을 와해시키기 위해 이러한 긴장 상태와 자경단을 활용하였다.

수단정부군은 정부에 반대하는 모든 사람을 잔혹하게 억압하였다. 정부에 충성하지 않거나 반란세력에 대한 동조가 의심되는 사람들은 체포되어 투옥되었다. 사람들은 감옥에서 모진 고문과 때로는 사형까지 당하였다. 수많은 사람이 소위 '백악관'이라고 불렸던 주바의 기아다(Giada) 감옥에서 목숨을 잃었다. 이와 동시에 수단인민해방군은 모든 내부적, 외부적 반대세력을 무자비하게 파괴하였다. 가랑은 그의 권위주의적인 지도력으로 악명이 높았고 의견을 달리하는 수단인민해방군 지휘관을 가차 없이 고문하거나 처형하였다. 시간이 지남에 따라 그의 통치를 경계하는 수단인민해방군의 수가 증가하기 시작했고 그에 대한 음모를 꾸미기 시작하였다.

1991년 8월 가랑(John Garang)의 지도력으로 인해 반란세력 내부의 의견 불일치가 커지자 마차르(Riek Machar)와 아콜(lam Akol)이 가랑에 대한 쿠데타를 시도하였다. 쿠데타는 실패하였고 이들은 수단인민해방군에서 분리하여 수단인민해방군-나시르(SPLA-Nasir)라는 독자적인 분파를 만들었다. 1991년 11월 15일 마차르의 수단인민해방전선-나시르는 누에르 백군과 더불어 보르 학살(Bor Massacre)[8]을 자행하였다. 보르 학살에서 딩카족 민간인 약 2천 명이 살해되었다. 1992년 9월 바니(William Nyuon Bany)는 두 번째 분파를 만들었고 1993년 2월 볼(Kerubino Kwanyin Bol)은 세 번째 분파를 만들었다. 1993년 4월 5일 위 3개의 분파는 케냐 나이로비에서 기자회견을 열고 3개 분파가 다시 합쳐 수단인민해방군이 되었다고 발표하였다.

1990년부터 1991년까지 수단 정부는 걸프전에서 이라크의 후세인(Saddam Hussein)을 지원하였다. 이로 인해 수단에 대한 미국의 태도가 변화되었다. 당시 클린턴(Bill Clinton) 미국 대통령은 수단에 대한 미국의 투자를 금지하였고 수단의 침략을 격퇴하기 위해 인접 국가에 자금을 지원하였다. 미국은 수단을 고립시키려 하였고 불량국가(Rogue State)라고 칭하기 시작하였다. 1993년 이후 에리트레아, 에티오피아, 우간다 그리고 케냐의 지도자들은 정부 간 발전기구(IGAD, Intergovernmental Authority on

8 보르(Bor)는 현재 남수단 중부 에콰토리아 지방의 도시로 종글레이(Jonglei) 주의 주도이다. 남수단의 수도인 주바에서 북쪽으로 약 190km 정도 거리에 있다. 당시 마차르는 이 사건을 '선전'이라고 묘사하였지만 2012년 보르 학살에 참여하였음을 인정하며 공식적으로 사과하였다.

Development)[9]의 주선으로 수단의 평화계획을 추진하였다. 1994년 채택된 원칙은 지역과 국가 간 관계, 권력 배분, 부의 분배, 그리고 남부수단의 자치 등 포괄적인 평화정착을 위해 필요로 하는 필수 요소를 식별하였다. 수단 정부는 수단인민해방군과 주요 전투에서 패할 때까지 원칙에 서명하지 않았다.

1995년 북부수단의 반대파는 남부수단의 정당들과 연합하여 이른바 국가민주동맹(National Democratic Alliance)이라는 정부에 반대하는 정당을 설립하였다. 이로써 내전의 북부 전선이 형성되었고 이제 단순히 북부수단과 남부수단의 분쟁이 아니라 중심과 주변의 관계로 발전하게 되었다. 수단인민해방군과 민주동맹당 그리고 움마 당은 국가민주동맹을 구성하는 핵심 세력이었고 군소 규모의 정당과 북부의 종족 집단이 추가로 참여하였다. 1995년 에리트레아, 에티오피아 그리고 우간다는 수단인민해방군에 대한 군사적 지원을 확대하였다. 이들은 수단에 현역 병력을 파견하였다. 1998년 에리트레아와 에티오피아의 국경 분쟁이 시작되자 군사적 개입은 약화하였다. 우간다도 콩고민주공화국의 분쟁으로 주의를 전환하게 되면서 이들의 지원도 축소되었다.

1990년대 수단은 위로부터의 이슬람화가 진행되었다. 알투라비(Hasan al-Turabi)가 이끈 국가이슬람전선(National Islamic Front)은 아랍과 이슬람 문화의 영광에 초점을 맞추고 교육을 개혁하였으며 쿠란(Quran)을 암송하도록 하였고 학생들의 교복은 전투복으로 대치되었다. 종교시설

9 IGAD는 1996년 아프리카 뿔, 나일 계곡 그리고 대호수 지역의 동아프리카 8개 국가로 발족하였다. IGAD는 회원국 발전과 환경의 통제를 주목적으로 하며 본부는 지부티에 있다. 수단도 포함되어 있다.

에서 여성들은 얼굴을 가리도록 하였고 특히 정부시설과 대학에서는 복장이 더욱 강조되었다. 인권단체는 '유령의 집'으로 알려진 고문실의 확산을 주장하였다. 남부의 비이슬람교도에 대한 분쟁은 성전(Jihad)으로 불렸다. 알투라비는 오사마 빈 라덴을 포함한 알카에다 분자에게 은신처를 제공하기도 하였다.

1997년까지, 마차르가 주도하는 정부 진영의 7개 무장 집단이 국가이슬람전선(National Islamic Front)과 하르툼 평화협정(Khartoum Peace Agreement)에 서명하였고, 협정에 따라 상징적인 남부수단방위군(SSDF, South Sudan Defence Forces)이 창설되었다. 정부는 반란 당파들과 누바 산맥(Nuba Mountains) 협정과 파쇼다(Fashoda) 협정에도 서명하였다. 하르툼 협정은 정부와 주요 반란세력들 사이에서 군사적 분쟁을 종결시키는 내용이 포함되었다. 협정 이후 대부분 지도자는 정부의 빈 자리를 채우거나 수단인민해방군에 대응하기 위한 정부의 군사적 개입을 협력하기 위해 하르툼으로 이동하였다. 하르툼 협정, 누바 산맥 협정 그리고 파쇼다 협정은 모두 자결권에 의한 남부의 자치를 요구하는 IGAD 협정의 조건과 맥락을 같이하였다. 1997년 남부수단 분리주의자들은 이른바 선더볼트 작전(Operation Thunderbolt)의 성공으로 정부가 통제하고 있던 중부지역과 서부 에콰토리아를 대부분 장악하게 되었다. 이때 수단인민해방군도 눈에 띄는 발전을 이룩하게 되었다.

IGAD에 의해 주도된 평화과정이 교착상태에 빠지게 되자, 1999년 이집트와 리비아가 이집트-리비아 계획(Egyptian/Libyan Joint Initiative on the Sudan)을 주도하였다. 이집트-리비아 계획의 주요 목적은 남부의 반대세력은 물론 북부에서 정부에 반대하는 세력을 협상의 테이블로 데려오고자 하였다. 이집트-리비아는 과도정부의 수립, 권력 배분, 헌법의 개정 그리고 새로운 선거 등에 관한 계획을 내놓았다. 하지만 남부수단은 종교와 국가의 관계문제가 소홀하게 다루어졌고 자치권에 대한 언급이 없다며 이 같은 합동계획을 반대하였고, 이로 인해 수단인민해방군으로부터 지원을 받지 못하였다. 그러나 국가민주동맹 지도부는 이를 수용하였다. 일각에서는 리비아와 이집트의 계획이 어느 정도까지 평화를 가져올 것인지에 대한 의구심을 가졌고, 한편으로 이집트가 수단의 통일 과정에서 얻게 될 이익을 먼저 고려한 상황에서 북부수단에 유리한 조건을 포함한 것이라고 비난하였다.

2001년까지 이집트-리비아 계획은 당파 사이에서 어떠한 합의도 이루어 낼 수 없었다. 2001년 9월 미국의 전 상원의원 댄포드(John Danforth)가 수단 평화를 위한 대통령 특사로 임명되었다. 그의 역할은 내전을 종결시키기 위한 방향을 모색하는 과정에서 미국이 유용한 촉매 역할을 할 수 있는지, 분쟁과 관련되어 발생하는 수단 사람들의 고통을 덜어줄 수 있는 인도주의 지원을 확대할 수 있는지 모색해 보는 것이었다.

2003년~2004년 초 남부지역에서 산발적인 군사적 충돌은 계속되었지만, 정부와 반란세력 사이에서 평화회담이 실질적인 진척을 이루었다. 2005년 1월 9일 포괄적인 평화협정(Comprehensive Peace Agreement)이 서명되었고 협정의 내용은 다음과 같다.

① 남부수단은 6년 동안 자치를 시행하고 독립을 위한 국민투표를 한다.
② 남부수단의 독립을 위한 투표에서 그 결과가 분리에 반대한다면, 분쟁의 양 당사국은 6년 후 군대를 3만 9천 명으로 통합한다.

③ 원유수입은 6년 동안의 자치 기간 정부와 수단인민해방군 사이에서 균등하게 배분한다.

④ 정부의 직위는 변동 비율을 적용하여 분할한다(중앙 행정부: 70 대 30, 기타 지역 55 대 45).

⑤ 북부에 적용하고 있는 이슬람 샤리아법이 남부에 적용되는 조건은 선출된 국회에서 결정한다.

수단인민해방군에 따르면 2차 내전으로 남부지역에서만 200만 명의 사람이 목숨을 잃었다.

한편 2차 수단 내전이 진행되는 중에 수단의 서부지역에서 또 다른 내전이 발생하였다. 1989년 알바시르 장군과 알투라비(Hassan al-Turabi)가 이끄는 국가이슬람전선에 의해 수단 정부가 무너지게 되고 알바시르가 대통령으로 취임하고 난 이후, 다르푸르 지역의 비 아랍종족들은 점차 소외되기 시작하였다. 2002년 변호사였던 알누르(Abdul Wahid al-Nur)를 중심으로 다르푸르 해방전선(Darfur Liberation Front)이 창설되었고 후에 억압받는 모든 수단 사람을 대표한다며 수단해방운동/군(SLM/A, Sudan Liberation Movement/Army)으로 개칭되었다. 2003년 초 수단해방운동/군과 정의와 평등운동(JEM, Justice and Equality Movement)이 수단의 서부지역 다르푸르에서 반란 활동을 시작으로 다르푸르 내전이 시작되었다. 반란세력들은 중앙정부가 다르푸르의 발전에 관한 관심을 기울이지 않았다고 주장하였다. 하지만 실제로 이들이 추구하는 바가 단순히 수단 내에서 다르푸르 지역의 입장을 개선하고자 하는 것인지, 아니면 수단에서 분리를 원하는지 지향하는 목표가 불분명하였다.

정부 측이나 반란세력 측 모두 분쟁에서의 적대행위를 서로 비난하였으나 대부분은 정부와 연계한 아랍 민병대 잔자위드(Janjaweed)로 쏟아졌다. 반란세력들은 다르푸르에서 이들 민병대에 의한 인종청소가 자행되고 있다고 주장하였다. 내전으로 인해 수만 명의 주민이 고향을 떠났고 이들 중 대부분은 차드(Chad)에서 난민이 되었다. 2004년 차드는 은디자마네(N'Djamena)에서 중재를 마련하였고, 4월 8일 수단 정부와 수단해방운동 및 정의와 평등운동 사이에서 휴전이 성사되었다. 하지만 휴전에도 불구하고 분쟁이 계속되었고 아프리카 연합(African Union)은 휴전을 감시하기 위해 휴전위원회를 발족시켰다. 2004년 8월 아프리카 연합은 휴전 감시를 위해 150명의 르완다군을 파견하였고 이어 나이지리아군 150명이 추가로 파견되었다. 2004년 9월 유엔 안전보장이사회는 결의안 제1564호를 채택하였다. 결의안은 잔자위드 민병대가 다르푸르에 있는 마을을 공격한 것과 헬리콥터 공격을 한 행위에 대해 깊은 우려를 나타내었다. 2005년 아프리카 연합의 임무단은 7천 명으로 확대되었다.

2006년 8월 31일 유엔 안전보장이사회는 결의안 제1706호를 채택하고 다르푸르 지역에 1만 7,300명을 파견하였다. 하지만 다음 달 유엔 수단임무단(UNMIS)[10]은 수단 정부가 유엔에 의한 평화활동을 계속 반대하면서 평화유지 활동 요원을 파견할 수 없었다. 따라서 유엔은 이에 대한 대안으로 아프리카 연합 수단 임무단(AMIS, Africa Union Mission in Sudan)에 잠정적으로 권한을 위임하였다. 수단 정부와 유엔 사이에 오랜 기간

10 유엔 수단임무단(United Nations Mission in the Sudan)은 수단 정부와 수단인민해방운동 사이에서 체결된 2005년 포괄적 평화협정(Comprehensive Peace Agreement) 이행을 위해 설치되었다. 임무단은 2011년 7월 9일 종료되었고 8월 31일까지 모든 병력과 장비를 철수하였다.

의 협상과 국제사회의 압력으로 마침내 수단 정부는 다르푸르에 평화유지 요원 파견을 허용하였다.

2010년 2월 수단 정부와 정의와 평등운동(JEM)은 다르푸르 지역에서 분쟁을 종식하기 위한 휴전 협정에 서명하였다. 이어 2011년 1월 남부 수단의 독립을 위한 국민투표가 시행되었다. 남부 수단은 압도적으로 독립에 찬성하였고 주바를 수도로 하는 남수단 공화국이 탄생하게 되었고 마야르디트(Kiir Mayardit)가 초대 대통령이 되었다. 수단의 알바시르 대통령은 투표 결과를 받아들였으나, 북과 남 사이에서 분쟁 지역인 아비예이(Abyei)에서 다시 폭력이 발생하게 되었다. 그러나 수단 독립 직전 양측은 모든 병력의 철수에 합의하였고 에티오피아 평화유지 요원이 전개한 가운데 아비예이를 비무장 지역으로 조성하기로 합의하였다. 2011년 7월 9일 남수단은 독립 국가가 되었다.

2018년 12월 19일 정부가 외화의 부족과 70%의 인플레이션이 발생한 가운데 물가를 3배로 올리자 대규모 반정부 시위가 발생하였다. 30년 동안 권력을 장악해 왔던 알바시르 대통령은 약속과 달리 선거에 나설 것이라고 발표하자, 반대파들이 연합하였다. 정부는 8백 여 명의 반대파 인사를 체포하였다. 시위는 알바시르 대통령이 체포되어 국가비상사태가 선포된 2019년 4월 11일까지 계속되었다. 2019년 8월 과도군사위원회(Transitional Military Council)가 설치되었다. 수단 민군합동 주권위원회(Joint Military-Civilian Sovereinty Council of Sudan)가 발족하여 전 아프리카 유엔 경제위원회에서 일한바 있는 61세의 경제학자 함독(Abdalla Hamdok)이 임시 수상으로 취임하였다.

3. 수단 분쟁, 정체성의 부재와 소외

독립 이후 수단은 만성적인 정치적 불안정과 무력 분쟁을 겪어왔다. 이는 역사적으로 폭력적 변화에 의한 권력 투쟁으로 특징되는 정치의 악순환으로 정당에 의한 억압적 통치, 군사정권 그리고 문민 통치로 복원을 위한 민중의 투쟁으로 이어지는 일종의 공식이 되어왔다. 균등한 권력에 대한 중심부와 주변부의 투쟁과 종교적, 문화적 차별로 인한 부의 공유, 나아가 종족을 중심으로 한 사회공동체 간 분쟁이 수단 내전을 더욱 어렵게 만들었다.

수단의 첫 번째 분쟁 원인은 권력과 거버넌스 그리고 정치적 소외로부터 비롯되었다. 중앙집권화된 권위주의적 거버넌스 체계는 상호작용하거나 강화하는 2개의 하위 체계로 구성된다. 첫째는 중앙집권화된 세습적 종교 분파의 정당이며 둘째는 수직적, 수평적으로 고도로 중앙집권화된 국가권력으로 행정부가 입법부와 사법부를 지배하게 되는 체계이다. 이러한 체계에서 지방은 완전하게 배제된다. 분파적 종교 정당은 민주주의 구조가 부족하고 지도부 내에 여성과 청년, 그리고 소외계층의 대표가 배제된다. 예를 들면 선거에 나선 후보는 지역의 간부들 사이에서 당에 의해 선정되며 전통적으로 종교적, 부족적 권력의 기지인 주변 지역에 파견된다. 이곳에서는 세습적인 관계와 충성심이 뿌리

깊게 자리하고 있다. 정부 구조와 권력의 편중은 이미 수단이 경험한 바 있는 연방정부, 지방정부, 지역정부 모두에서 나타났다. 연방정부와 지방정부 체계는 1당의 통치 아래 권위주의적인 군사정권과 강력한 보안 조직에 따라 만들어졌기 때문에, 표면적인 지방의 자치는 효력이 없었다.

이와 같은 체계의 하위 체계도 합당한 재정지원의 부족과 연방정부 지도부의 과도한 개입으로 인해 주지사 및 지방의 관료들이 실질적인 의사결정자의 역할을 할 수 없었다. 국가의 수반이 이끄는 내각도 여당과 결탁하였다. 이와 같은 하향식 거버넌스 체계에서 정부의 단위가 낮아질수록 그들의 권한이 무시될 수 있거나 철회될 수 있고 심지어 연방정부에 의해 사라질 수도 있다. 수차례에 걸쳐 남부수단을 연방주의에 근거해 국정을 운영하겠다는 북부 통치 엘리트들의 약속은 한 번도 지켜지지 않았다.

한편 부와 경제적 소외의 측면에서 수단은 고도로 중앙집권화된 권위주의적 거버넌스 시스템과 불균형적 발전의 패턴을 식민지주의로부터 물려받았다. 이러한 구조적 요소는 후에 현대 수단 국가의 발전을 형성하였고 지역의 경제적, 사회적 그리고 문화적 소외를 가져오게 하는 요인이 되었다. 이러한 구조의 작동 원칙은 착취적인 중심부와 주변부의 관계로 국가의 결속을 위협하는 분쟁을 선동하는 도시에 기울어진 경제 정책으로 표현되었다. 전통적인 농업은 빈곤 속에서 살아가는 70%의 대다수 수단 사람들의 생활체계를 지원한다. 전통적으로 수입이 없는 농업은 외화를 벌어들이는 효과를 나타낸다. 따라서 여기서 남게 된 재정은 현대적인 분야에 투자될 수 있다. 한편 용수시설을 갖춘 대규모의 농장에는 200만 명의 저렴한 임금의 계절 근로자가 활용되었다. 하지만 농산물을 생산하는 사람들에게는 불공정한 내부적 거래조건으로 인해 왜곡된 가격이 결정되어 고통을 받게 되었다. 예를 들면, 다르푸르의 목부들은 가축을 판매하는 가격의 20% 정도만 받을 수 있었다. 국가발전을 위한 재원은 지방에 오로지 3%만 할당되었고 이마저도 전통적인 농업에 종사하는 사람들에게는 돌아가지 않았다.

1970년 토지법은 오랫동안 땅을 사용해왔던 관습적인 권리를 폐지하였고 이로 인해 수많은 소규모 농부와 목부들이 배제되었으며 반대로 도시의 대규모 투자자가 운영하는 기계화 농업은 오히려 유리한 상황이 되었다. 기계화 농장은 땅의 임대를 통해 이익을 취하였으나 함부로 땅을 사용하게 되어 환경을 해치는 결과를 초래하기도 하였다. 농업발전 계획과 공공 서비스는 하르툼-코스티(Kosti)-가다레프(Gadaref) 삼각지대로 집중되었다. 중심부에서 기업가들이 소유한 산업체는 하르툼과 인접 도시지역에 산재하였다. 공공재 제공과 관련한 지역적 불평등, 부정의(Injustice) 그리고 불균형은 놀라울 정도였다. 국제노동기구(ILO)에 따르면 의사 대 환자의 비율은 하르툼에서 1 : 1,367명이었지만 다르푸르에서는 1 : 4만 9,600명이었고 남부에서는 1 : 4만 2,739명이었다. 하르툼 주에서 학생의 수는 인구 대비 8.8%이었고 하르툼 대학의 약학대학 입학률은 전체 인구의 60%에 해당하는 남부, 코르도판, 다르푸르 지역보다 5배에 달하였다.

하르툼 도시 노동력의 70%는 주로 주변 지역인 다르푸르, 누바 산맥 그리고 남부로부터 유입되었다. 이들 대부분은 고용의 여부와 상관없이 전쟁이나 가뭄으로 인해 도시의 중심 인근의 빈곤 지대에서 흩어졌다. 이들은 계속해서 임시변통으로 거주하던 주거지로부터 추방되어 도시의 중심부로부터 멀리 떨어진 곳으로 쫓겨났다. 추방은 표면적으로 안전을 빌미로 하였지만 실제로는 토지에 관한 숙고로부터 기인한 것이었다. 이주자들은 땅과 삶의 체계를 박탈당한 채 도시의 중심부로부터 추방되었고 땅은 다시 현대적인 대규모 농장으로 흡수되었다. 2005년 8월 지도자 가랑이 사망한 이후 수단의 주요 도시에서는 불안정으로 인한 봉기가 일어나기 시작하였고 봉기는 결국, 박탈과 소외 그리고 차별로부터 기인한 것이었다.

1989년 6월 권력을 장악한 이슬람 정부는 불공정한 발전과 이슬람교도를 위한 경제 정책 등 과거의 패턴을 반복하였다. 이에 따라 부는 지리적으로 중심부에 집중되었고 특히 정권을 장악한 일부 소수에 의한 과도한 부의 집중을 불러왔다. 이로 인해 사회적, 경제적 불균형은 확대되었고 불만은 고조되었다. 10년 동안 상위 10%의 수입은 65%에서 75%로 상승하였고 반면 하위 40%는 9%에서 4%로 하락하였다.

1999년 주요 원유 매장지의 발견과 활용은 정권의 군사화를 가속하고 전쟁에도 극적인 변화를 가져왔다. 대부분의 원유 매장지가 남부에 있었기 때문에 정부는 이러한 매장지를 보호하기 위해 대규모 군사 동원을 하였다. 누에르 민병대는 민간인에 대한 무차별적인 공격을 자행하였다. 역설적으로, 수단에서 원유가 발견되자 국가의회당(National Congress Party, 국가이슬람전선의 후신)은 석유산업의 성공적인 발전과 경제발전을 위해 그들의 이념을 온건한 방향으로 전환하였으며 당내에서도 경제와 관련된 인사의 권력이 강화되는 계기가 되었다. 비록 이슬람주의자의 목소리는 여전하였지만, 원유 개발은 정부의 가장 우선순위가 되었고 국가의 결속력을 강화하고 원유 매장지를 유지하는 것은 중요한 목표가 되었다. 국가이슬람전선이 내세운 종교적 원리주의는 점차 침식되기 시작하였다.

원유 생산은 1일 30만 배럴(Barrel)에서 2005년 말에는 50만 배럴로 늘어났다. 이는 미화 30억 달러에 해당하는 수입이었다. 당시 정부는 평화협정에 따라 독립을 약속한 과도기 6년 동안 모든 노력을 기울여 최대한의 이익을 확보하려 하였다. 원유의 활용은 수단의 문제, 특히 내전 및 독립과 관련하여 수많은 외부세력의 개입을 초래하였고 정부의 정치적, 경제적 행동에도 많은 영향을 미치게 되었다.

종교적, 문화적 요소는 수단의 복잡한 분쟁체계에서 중요한 요인이었다. 1920년대 민족주의 운동이 바로 시작되었을 때는 명백하게 아랍주의자를 아우르는 것(pan-Arabist)으로 영국의 식민지주의에 대항하여 이집트와의 연합을 선호하였다. 민족주의 운동의 전위 조직은 1938년 설립된 졸업생 평의회(Graduates' Congress)[11]이었다. 구성원들은 배타적으로 중부와 북부 출신의 북부 민족주의자들로 구성되었고 아랍-이슬람을 주창하였다. 역설적으로 국가로부터 종교의 분리원칙은 영국에 의해 도입되었고 북부 수단의 사회에서 폭넓게 받아들여졌다. 졸업생 평의회의 아랍-이슬람 주창은 이슬람과 아랍주의가 국가의 결속을 위한 기초로 수용된 이래로 북부의 정치적 환경을 지배하였다.

아랍-이슬람 방향으로의 공유된 가치와 관계없이, 움마 당(Umma Oarty)과 민주연합당(Democratic Unionists Party, 국가이슬람전선의 후신)은 범국가적 발전을 위한 문제나 거버넌스 그리고 국가의 결속과 관련된 문제보다는 분파의 노선에 따라 권력 투쟁에 나섰다. 아부드(Aboud) 군사 정권(1958-1964)은 민족주의 운동의 연장선에서 아랍-이슬람을 주장하였고

11 졸업생 평의회는 1918년 5월 고든 칼리지(Gordon College)의 학장 심슨(Simpson)이 주도하여 옴두르만(Omdurman)에서 클럽으로 열었으며 후에 민족주의 운동을 이끌었다.

남부에서 교육기관을 중심으로 이슬람화와 아랍 정책을 추진하였다. 1940년대 후반 무슬림 형제단(Muslim Brotherhood)의 등장은 수단 정치에서 이슬람의 색채를 더욱 강화하는 계기가 되었다. 이들은 초기 무시할 정도로 미미한 세력이었지만, 후에 정치의 지형을 바꾸어 놓게 되었다. 1960년대와 1970년대 경제적 · 사회적 변화는 이들이 수단에서 이슬람의 전통을 구축하여 정치적 변화를 새롭게 형성하는 중심 역할에 떠오르게 하였고, 궁극적으로 마흐디 혁명 이전의 상태로 회귀하게 되는 결과가 되었다. 무슬림 형제단은 후에 이슬람 헌장 전선으로 개명하였고, 국가이슬람전선은 여전히 이슬람 헌법과 이슬람 국가를 주장하였다.

1964년 폭동 이후 헌법위원회가 구성된 다음 동부의 소외된 지역과 누바 산맥 그리고 다르푸르 등지에서 일련의 반정부 조직이 편성되었고 이들은 이슬람 헌법에 반대하며 구성된 알리에르(Abel Alier)가 이끄는 조직에 참여하였다. 이들은 헌법위원회를 아랍-이슬람 문화의 우산 아래서 하르툼이 패권을 강화하기 위한 책략으로 생각하였다.

1969년 5월 니메이리에 의한 쿠데타는 이슬람 헌법과 이슬람 국가를 향한 신속한 방향 전환에 대한 그의 역 대응이었다. 하지만 1983년 9월 니메이리는 1969년 그의 사회주의적 성향으로부터 다시 이슬람을 지향하는 방향으로 전환하였고 남부의 지방정부를 해체를 시작으로 이슬람 샤리아법을 도입하였다. 2차 수단 내전은 두 번의 전환점을 가져온 니메이리의 정책으로 1983년 1월 반란이 촉발하게 되었고 내전을 격화하는 요인이 되었다. 1989년 6월 국가이슬람전선은 그들의 이슬람화 계획을 실천하기 위해 군사 쿠데다로 권력을 장악하였다. 이슬람주의자들은 남부의 전쟁을 성전(Jihad)으로 전환하였고 전례 없는 극악성을 드러내었다. 그렇게 수단에서 내전은 악순환하였다.

제3장 문명의 중심에서 분쟁의 중심으로, 중동

급조 차량에서 사격하는 예멘 후티 반군 세력

1. 분쟁의 활화산

흔히 문명의 요람으로 불리는 중동의 역사는 인류의 최초 정착으로부터 시작하여 이슬람 제국 이전과 이후 그리고 오늘날 중동의 민족국가(Nation-state) 등장으로 이어져 왔다. 기원전 5천 년경 이른바 문명이라고 불리는 복잡한 체계를 발전시킨 최초의 사람들은 수메르인(Sumerian)이었다. 이집트 문명은 기원전 3150년 전 첫 번째 파라오 아래 상이집트와 하이집트의 정치적 통일과 더불어 시작되었다. 메소포타미아는 수 개의 강력한 제국의 본거지로 아시리아 제국(기원전 1365~1076) 그리고 신 아시리아 제국(기원전 911~609)이 거의 모든 중동 지역을 통치하였다. 기원전 7세기 초부터 이란의 메디안[1] 사람들(Iranian Medes)과 이어 아케메네스 제국(Achaemenid Empire)이 뒤를 이었고 다른 이란 국가들과 제국이 이 지역을 지배하였다. 기원전 1세기, 로마공화국이 전체 지중해 동부지역을 흡수하였다. 이때 근동(Near East)지역 대부분을 포함하였다. 비잔틴 제국(Byzantine Empire)으로도 알려진 동로마제국은 발칸으로부터

---

1 메디아는 현재의 이란 북서부에 있었던 고대 국가와 고대 이란인을 부르는 이름이다. 대체로 오늘날 케르만샤 일부와 아제르바이잔, 하메단, 테헤란, 쿠르디스탄 지방에 해당한다. 메디아라는 이름은 고대 그리스인들이 이 지역이 메디아 또는 메데아(Μηδία)로 알려졌기 때문에 붙여졌다

유프라테스강 유역까지 통치하였고 점차 기독교에 관한 독단적인 교리를 분명히 하였다. 이로 인해 콘스탄티노플에서 제정된 교리에 의해 지배를 받는 사람들과 중동의 많은 부분에서 기독교를 믿고 있던 사람들 사이에서 종교적 틈새가 점차 발생하게 되었다. 3세기부터 7세기에 이르기까지 비잔틴 제국과 사산조 페르시아 제국(Sasanian Empire)은 중동 전 지역을 지배하게 되었다. 7세기부터 이슬람이라는 새로운 세력이 등장하게 되었다. 아랍의 우월적 지배는 11세기 중반 셀주크(Seljuq Dynasty) 왕조의 등장으로 갑자기 끝이 나게 되었다. 주로 튀르크인들로 구성된 몽골 제국의 군대는 물결과 같이 전 지역을 휩쓸게 되었다. 15세기 초반에 아나톨리아(Anatolia) 서부지역에서 오토만(Ottoman) 제국이 새로운 세력으로 등장하게 되었다. 이들은 튀르크어족에 속하였으며 이슬람을 신봉하였다. 이들은 기독교를 신봉하던 비잔틴 제국의 콘스탄티노플을 장악하였고 자신을 이슬람교 제국 군주를 이르는 술탄(Sultan)으로 칭하였다. 중동의 대부분 지역은 오토만 제국과 이란의 사파비 왕조(Safavid Dynasty) 왕조 사이에서 16세기부터 수 세기에 걸쳐 격전장이 되었다.

1700년에 접어들면서 오토만 제국은 헝가리 제국(Kingdom of Hungary)에 의해 축출되었고 전선을 따라 형성된 힘의 균형은 서구세계에 결정적으로 유리하게 전개되기 시작하였다. 대영제국은 또한 페르시아만 일대를 효과적으로 통제하기 시작하였고 프랑스도 레바논과 시리아에 영향력을 확대하였다. 1912년 이탈리아 왕국은 리비아와 오토만 제국의 심장부에 가까운 해안의 도데카니사 제도(Dodecanese islands)[2]를 장악

2 에게해에 있는 12개의 큰 섬과 150개의 작은 섬으로 이루어진 그리스의 군도이다. 터키 남서부 해안과 가까우며, 사모스섬의 남쪽, 크리티 섬의 북동쪽에 있다. 비잔틴 제국 시대의 교

하였다. 19세기 후반과 20세기 초, 중동의 통치자들은 유럽의 세력들과 효과적으로 경쟁하기 위해 국가의 현대화를 서둘렀다. 중동의 역사에서 전환점은 1908년 처음으로 페르시아에서 이어 1938년 사우디아라비아에서 석유가 발견되면서 찾아왔다. 중동의 다른 국가들과 리비아, 알제리에서도 석유가 연달아 발견되었다. 중동의 석유에 대한 서구세계의 의존도 증가와 영국의 영향력이 쇠퇴하자 미국이 이 지역에서 자신의 이익을 추가하기 시작하였다.

1920년대와 1930년대 그리고 1940년대, 시리아와 이집트는 독립을 위해 움직이기 시작하였다. 제2차 세계대전 기간 그리고 이후 영국과 프랑스 그리고 구 소련은 중동 지역을 떠났다. 1947년 유엔의 팔레스타인 분할 계획으로 팔레스타인에서 아랍과 이스라엘의 분쟁은 정점에 이르렀다. 후에 냉전의 긴장이 계속되는 가운데, 아랍어를 구사하는 남아시아 국가[3]들과 북아프리카 국가들은 범 아랍주의(Pan-Arabism)의 부상을 목격하였다. 중동 지역에 대한 직접적인 통제로부터 유럽세력의 퇴장과 이스라엘의 건국 그리고 원유산업의 점증하는 중요성은 현대 중동 지역을 만들어 내었다. 대부분의 중동 국가에서 시장경제의 성장은 정치적 제한사항과 부패 그리고 편파주의, 지나친 무기구입 비용과 원유에 대한 수입 의존도로 인해 방해되었다. 지역에서 가장 경제적으로 부유한 국가는 카타르, 쿠웨이트, 바레인 그리고 UAE와 같은 원유 매장량이 풍부한 걸프 국가였다.

회와 중세 성 수십 곳이 자리 잡고 있다.

3 남아시아 국가는 인도, 파키스탄, 방글라데시, 스리랑카, 네팔, 아프가니스탄 등을 이르는 국가이다.

1967년 6일 전쟁으로 인한 결과와 1973년 석유수출국기구(OPEC)에 의한 원유 수출 금지조치로 시작된 1970년대의 에너지 위기가 복합적인 요인으로 작용하여 욤 키푸르 전쟁(Yom Kippur War)에서 미국은 이스라엘을 지원하였다. 사우디아라비아가 주도한 살라피즘/와하비즘[4]의 대중화와 이란 혁명은 이슬람의 부활을 선도하였다. 1991년 구 소련의 붕괴는 냉전으로부터 테러와의 전쟁으로 초점을 다시 맞추게 되는 계기가 되었다. 2010년 초부터 시작된 이른바 아랍의 봄으로 알려진 혁명의 물결은 대규모 시위와 반란, 그리고 중동 지역과 마그레브(Maghreb) 지역의 국가에서 혁명을 불러왔다.

---

4 와하비즘은 사우디아라비아가 내세우는 사상으로 이슬람교 율법을 근본주의적으로 지키자는 사상이다. 반과학, 반진보주의, 반페미니즘, 반성소수자 성격이 강하며 현재 이슬람 세계에 만연하고 있다. 히잡을 여성의 의무라고 하며 턱수염을 반드시 길러야 한다고 주장하고 있다. 율법을 철저히 지키기 때문에 술, 돼지고기, 음악을 반드시 멀리하라고 하는 편이다. 살라피즘은 이집트에서 20세기 후반에 생겨난 사상으로 반서구적인 사상을 의미한다. 와하비즘은 겉으로 반서구주의, 테러리즘을 조장하지 않지만, 살라피스트들은 반서구주의와 테러리즘을 조장하며 이들에 속하는 집단은 이슬람 해방당, 다에쉬, 알카에다, 보코하람, 탈레반이 있다.

2. 고대 왕국의 쇠락, 예멘

예멘은 아라비아반도의 남쪽에 있는 서아시아 국가이다. 예멘은 아라비아반도의 두 번째로 큰 주권국가이며 북으로는 사우디아라비아, 서로는 홍해 남으로는 아덴만과 경계를 이루고 있다. 중동에서 가장 큰 섬인 소코트라(Socotra) 섬을 비롯하여 예멘의 영토에는 200개의 섬이 있다. 아랍연맹의 회원국이며 비동맹국가이고 이슬람 협력기구(Organization of Islamic Cooperation)에도 속한다. 예멘은 헌법상으로 사나(Sana'a)가 수도이나 2015년 2월 후티(Houthi) 반군이 이를 장악하였다.

고대 예멘에 거주하였던 사람들은 사바인(Sabaean)이었다. 당시 사바 왕국은 무역 국가로 천 년 동안 번영을 누렸고 오늘날의 에티오피아와 에리트레아까지 포함하였다. 서기 275년 히미아리트 왕국(Himyarite Kingdom)의 지배를 받았고 4세기 기독교가 유입되었다. 7세기 이슬람이 급격하게 퍼지게 되었고 예멘의 군대는 초기 이슬람 정복에 있어 중요한 역할을 하였다. 9세기부터 16세기에 이르는 동안 수많은 왕조가 있었고 라술리드 왕조(Rasulid Dynasty)는 가장 강력하고 번영한 왕조였다. 예멘은 20세기 오토만 제국과 영국의 지배로 인해 분할되었다. 제1차 세계대전 이후 자이디 무타와킬라드(Zaydi Mutawakkilite) 왕국이 북예멘에 세워졌고 1962년 예멘 아랍 공화국이 되었다. 남예멘은 1967년 독립할 때까지 영국의 보호령으로 아덴 보호령(Aden Protectorate)으로 불렸다. 독립 이후 남예멘의 사회주의 국가가 되었다. 1990년 통일되어 예멘 공화국(Republic of Yemen)이 되었다. 살레(Ali Abdullah Saleh)는 새로운 공화국의 대통령이 되었고 2012년 사임하였다. 그의 통치 기간은 부정축제 정치(Kleptocracy)로 불렸다.

2011년 이후 예멘은 국가적 위기에 직면한 상태이다. 빈곤과 부패 그리고 헌법의 개정을 통해 대통령의 임기 제한을 철폐하려는 살레 대통령의 계획에 국민은 봉기하였다. 살레 대통령이 물러나고 그의 부통령이었던 하디(Abdrabbuh Mansur Hadi)가 대통령직을 승계하였다. 그는 2012년 22월 선거에서 단일후보로 나서서 공식적인 대통령이 되었다. 이러한 전환기 동안 중앙정부가 완전하게 부재하였고 국내적으로 수차례 충돌이 발생하였다. 알카에다 반란은 물론 안사르 알라(Ansar Allah) 민병대의 후티 반군, 알 이슬라(al-Islah) 세력 등이 극렬한 활동을 전개하였다. 2014년 9월 후티 반군은 추방된 살레 전 대통령의 도움으로 수도 사나를 장악하였고 스스로 국가의 정부라고 주장하였다. 살레 전 대통령은 2017년 12월 사나에서 저격수에 의해 사망하였다. 살레의 사망으로 새로운 국면의 내전이 시작되었다. 하디 정부를 복원시킬 목적으로 사우디아라비아가 주도하는 군사적 개입이 시작되었다. 2016년 1월 이래 56만 명의 민간인과 무장 세력 전투원들이 무력충돌로 인해 사망하였다. 분쟁은 약 1,700만 명에 이르는 사람들을 기근의 위험으로 빠지게 하였다. 지하수의 고갈로 인해 안전한 식수가 절대적으로 부족하게 되었고 급수 기반시설의 파괴는 현대 역사상 가장 최악의 대규모의 콜레라를 초래하였다. 콜레라로 인해 99만 5천여 명이 사망하였다.

얌(Yamn) 또는 염(Yumn)으로부터 유래한 예멘의 어원에 대한 추론은 다양하다. 주로 비옥한 땅으로 인해 축복 또는 남쪽이라는 의미로 해석되기도 하고 단순히 남쪽에 있는 땅이라고 해석되기도 한다. 로마인들은 아라비아 사막에 대비하여 '비옥한 아라비아'라고 불렀다.

동서 문명의 사이에서 긴 해안선을 가지고 있는 예멘은 아라비아반도 서쪽의 무역 중심지였다. 기원전 5천 년 예멘 북부의 산악지대에 대규모의 사람들이 정착하였다. 사바 왕국은 기원전 11세기부터 존재하였다. 아라비아 남부에서 사바(Saba), 하드라모우트(Hadramout), 카타반(Qataban) 그리고 마인(Ma'in) 등 4개의 주요 왕국 또는 부족의 연맹이 있었고 이중 사바는 성경에 나오는 시바(Sheba) 왕국으로 추정되며 뚜렷하게 발전한 왕국이었다. 사바의 통치자들은 통일을 이룩한 자, 성직자왕, 또는 아라비아 남부 연맹의 총수라는 의미의 무카리브(Mukarrib)라는 명칭을 사용하였다. 무카리브의 역할은 왕국 아래 다양한 종족을 두고 이들을 다스리는 것이었다. 기원전 700년부터 680년까지 아우산 왕국(Kingdom of Awsan)이 아덴과 그 주변 지역을 지배하였고 아라비아 남부 사바와 우열을 다투게 되었다. 사바 왕국의 카리빌 와타르(Karib'il Watar) 1세는 아우산 왕국을 정복하고 아라비아 남부 전 지역으로 영향력을 확장하였다. 사바 왕국은 아라비아반도 전체를 통일하고자 하였으나, 아라비아반도의 식수 부족으로 인해 좌절되었고 대신 무역로를 따라 식민지를 설치하였다. 수 세기 동안 사바 왕국은 아프리카의 뿔과 아라비아반도, 인도양과 홍해를 구분하는 바브엘만데브(Bab-el-Mandeb) 해협을 통제하였다. 이 해협은 외부로 나가는 중요한 무역 통로였다.

기원전 25년 로마가 비옥한 아라비아로 원정을 시작하기 이전까지 사바 왕국은 아라비아 남부를 장악하고 있었다. 로마왕국의 이집트 총독 갈루스(Aelius Gallus)는 사바를 장악하기 위한 원정에 나섰다. 로마

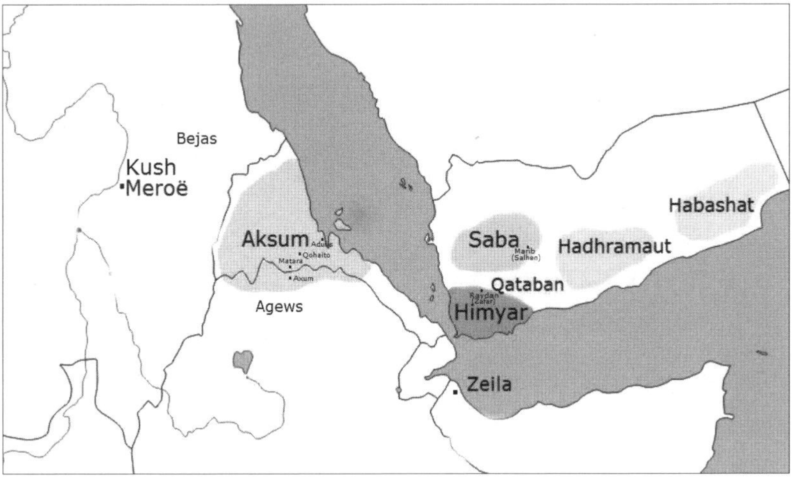

는 예멘에 대한 공허하고도 모순된 지리적 지식을 가지고 있었다. 로마의 1만 명의 군대는 사바의 마리브(Marib)에서 패배하였다. 로마가 마리브에 도달하는 데 6개월이 소요되었고 이집트로 돌아가는 데 60일이 소요되었다. 로마의 원정 이후 함단(Hamdan) 부족과 힘야르(Himyar) 부족 사이에서 사바 왕위를 계승하기 위한 투쟁이 벌어졌다. 힘야르는 악숨(Aksum) 왕국과 동맹을 맺고 사바를 공격하였다. 힘야르는 100년 함단으로부터 사바를 합병하였다. 275년 함야르의 왕 야리쉬(Shammar Yahri'sh)는 오늘날 예멘 지역을 통일하였다.

서기 354년 로마 황제 콘스탄티누스(Constantius) 2세는 힘야르에 사절단을 보내 기독교로 개종하고자 시도하였다. 하지만 이 지역에 거주하고 있던 유대인들의 저항으로 좌절되었다. 445년 힘야르의 강력한 군주로 50년을 통치하였던 아부 카리바(Abu Kariba)가 사망하자 힘야르는 종파에 따라 분할되기 시작하였고 악숨 왕국의 개입을 초래하였다. 521년 힘야르 유대인 군벌 출신인 유세프(Yousef Asa Yathar)가 왕위에 올랐다.

악숨 왕국과 비잔틴 제국의 지원 아래 예멘의 기독교도들이 유대인들을 박해하며 마을을 불태우자, 유세프는 잔인하게 복수하였다. 이어 바브 엘만데브 해협에 전진기지를 설치하여 악숨의 영향력을 차단하고자 하였다. 유세프는 자신의 왕국에서 기독교도는 5열이라고 생각하였다.

비잔틴 제국은 동방의 기독교의 보호자로서 모든 신뢰가 상실되기 전에 행동해야만 하였다. 유스티니아누스(Justin) 1세는 악숨 왕국의 칼레브(Kaleb) 왕에게 편지를 보내 혐오스러운 유대인을 공격하도록 압박하였다. 527년 비잔틴, 악숨 그리고 아랍 기독교도들의 3자 동맹은 유세프를 성공적으로 물리쳤다. 이제 기독교도인 왕이 힘야르를 통치하게 되었다. 한편 유스티니아누스 1세는 아라비아반도 전체에 자신의 영향력을 확장하기 위해 페르시아를 공격하기로 하였다. 유스티니아누스 1세는 당시 아라비아 중부 및 북부지역의 킨다(Kinda)와 가산(Ghansan)족 족장에게 자신의 이름으로 왕위를 부여하였다. 로마 제국과 비잔틴 제국은 초기부터 홍해의 해안을 따라 발전한 세력들과 가까운 관계를 유지하고자 하는 정책을 펼쳤다. 결과적으로 악숨 왕국에는 영향을 미치게 되었으나, 힘야르 왕국에는 그다지 효과를 보지 못하였다. 사산조 페르시아가 아덴을 합병한 것은 570년이었다. 당시 아덴과 사나를 제외하고 현재의 예멘은 상당한 자치를 누렸다. 630년 이슬람 세력이 이곳에 진출할 때까지 고대 아라비아 남부의 문명은 독립과 복속을 거듭하면서 지속하였다.

이슬람 창시자 모하마드는 그의 조카 알리를 사나로 보냈다. 당시 예멘은 아라비아반도에서 가장 발전한 지역이었다. 함단 왕국이 처음으로 이슬람을 받아들였다. 모하마드는 오늘날의 저명한 항구도시 타이즈(Taiz)에 수제자를 보냈다. 모하마드는 이곳을 통치하던 많은 족장에게 자신의 편지를 전달하도록 하였다. 630년부터 이슬람교가 본격적으로 받아들여졌다. 힘야르를 포함한 여러 부족이 이슬람을 받아들였고 이중 아브할라(Abhala ibn Ka'ab Al-Ansi)라는 이름을 가진 족장이 스스로 라흐만(Rahman)의 예언자라 칭하고 라쉬둔(Rashidun) 왕조를 열게 되었다.

라쉬둔 왕조 기간에 예멘은 안정을 이루었다. 예멘의 부족들은 이집트, 이라크, 페르시아 레반트(Levant), 아나톨리아, 북아프리카, 시실리(Sicily) 그리고 안달루시아(Andalusia) 등에 이슬람을 확장하는 데 결정적 역할을 하였다. 시리아에 정착한 예멘인은 움마야드(Umayyad) 통치를 견고하게 하였다. 예멘의 후예들이 북아프리카와 안달루시아에서 왕국을 세우게 되었다. 움마야드 왕조는 전체 예멘을 효과적으로 통제하지는 못하였다. 745년 이슬람 지도자 압둘라(Abdullah ibn Yahya Al-Kindi)는 오만(Oman)에서 이슬람 교리를 재해석하여 교리를 강화하려는 이바디 운동(Ibāḍī Movement)을 펼쳤다. 그는 진실의 추구자라는 의미를 지닌 탈리브 알하크(Talib al-Haqq)라는 별명으로 유명해지게 되었고 이바디 국가를 건국하였고 746년 사망하였다. 압둘라가 사망하고 난 이후 818년 무하마드(Muhammad ibn Abdullah ibn Ziyad)가 티하마에 지야디드 왕조를 열었다. 지야디드 왕조는 현재의 사우디아라비아로부터 아덴까지 세력을 확장하였다. 이들은 압바시드 왕조를 인정하였지만, 독립적인 통치를 하였다.

1047년 예멘 북부에 술레이히드 왕조(Sulayhid Dynasty)가 들어섰고 1138년 종파에 따라 5개의 작은 왕조로 분열되었다. 이집트에서 아이유브(Ayyubid) 왕조는 파티마(Fatimid) 왕조를 무너뜨렸다. 왕위에 오른 후 얼마 되지 않은 1174년 살라딘(Saladin) 왕은 그의 동생 투란 샤(Turan Shah)에게 예멘을 정복하도록 명령하였다. 투란 샤는 자비드 시를 정복하고 아덴으로 진격하였다. 1175년 사나의 함단 왕은 저항하였으나 1189년 함락되었다. 아이유브 왕조는 예멘의 남부와 중부를 안정적으로 통치하였지만, 북부지역을 장악하는 데 실패하였다. 1228년 아이유브의 왕 유슈프(Mas'ud Yusuf)는 예멘 저항세력과의 전투에서 패배하고 메카로 떠났다.

1229년 아이유브 왕조에 의해 임명된 부총독 출신의 우마르(Umar ibn Rasul)가 라술리드(Rasulid Dynasty) 왕조를 건국하였다. 우마르는 처음 자비드로부터 출발하여 이후 내륙으로 이동하였고 전략적 요충지인 사나 중심부로 진출하였다. 1249년 우마르는 그의 조카에 의해 암살되었고 우마르의 아들 유세프(Yousef)는 아버지를 암살한 일당을 공격하여 제거하였다. 이후 수차례의 공격과 방어가 이어졌고 북부 고지대를 장악하였다. 그는 승리자라는 의미의 알무자파르(al-Muzaffar)라는 호칭을 얻게 되었다. 1258년 몽골 제국이 바그다드를 함락시키고 난 이후, 알무자파르는 왕으로 임명되었다. 그는 아덴과 가까운 타이즈를 수도로 정하고 47년 동안 통치하였다.

라술리드 왕조는 인도 및 극동과 무역을 통한 연결을 강화하였다. 특히 아덴을 통해 홍해에서 무역으로 부를 축적하였다. 라술리드 왕은 샤피(Shafi'i) 교리를 강화하기 위해 이슬람 학원인 마드라사(Madrasa)를 곳곳에 세웠다. 라술리드 왕조는 이슬람 힘야르 왕국 이전과 같은 예멘인이 원류가 된 위대한 국가로 여겨졌다. 이들은 튀르크인들의 후예였으며 그들의 통치를 정당화하기 위해 예멘인의 원류임을 강조하였다. 라술리드 왕조는 혼란스럽기 그지없는 다수의 예멘 부족들을 결속시키는 계기를 마련하였다. 그러나 이들은 자신을 제후국 정도로 생각하고 있었던 이집트 왕과 원만한 관계를 만들지 못하였다. 한편으로 왕위 계승을 두고 가족간의 분쟁이 벌어지게 되었고 만성적인 부족의 반란으로 인해 라술리드 왕조는 수 개의 조그만 왕조로 다시 분열되었다. 라술리드 왕조의 약화를 바누 타헤르(Banu Taher) 부족이 1454년 새로운 왕조를 건국하였다.

타히리드(Tahirid) 왕조는 지방의 소수 부족에 기반하여 세력이 미약하였다. 이집트 왕은 이를 복속시키려 하였으나 1513년 포르투갈의 알부케르케(Afonso de Albuquerque)가 소코트라(Socotra) 섬을 점령하였다. 포르투갈의 등장은 인도양에서 무역에 위협이 되었다. 이집트 왕은 후세인(Hussein Al-Kurdi)에게 군대를 보내 침략자를 물리치도록 하였다. 이집트 왕은 1515년 자신이 직접 타히리데의 아미르(Amir bin Abdulwahab) 왕을 만나 포르투갈과의 지하드에 필요한 자금지원을 요구하였다. 하지만 식량과 식수의 부족으로 포르투갈과 맞서는 대신 예멘의 해안에 정박하여 자신들이 필요로 하는 것을 얻기 위해 이 지역의 사람들을 괴롭혔다. 결국, 이집트는 타히리드 왕조를 복속시키기로 하였다. 1517년 이집트 군대는 아덴을 제외하고 거의 모든 지역을 점령하였다. 타히리드 왕조의 북부 지역 부족들은 험한 지형을 이용하여 극렬하게 방어에 나섰고 오토만 제국은 당분간 이들에 대한 점령을 미루었다.

오토만 제국은 예멘에 대한 두 가지 매우 근본적인 관심사가 있었다. 하나는 이슬람의 신성한 도시인 메카와 메디나였고 다른 하나는 인도와의 무역 통로였다. 당시 대부분 직물과 향신료가 예멘의 무역 통로를 따라 거래되었다. 16세기 초, 인도양과 홍해에 포르투갈의 등장은 이집트의 무역에 위협이 되었다. 오토만 제국의 이집트 총독 하딤(Hadim Suleiman Parsha)은 90척의 배를 이끌고 예멘을 정복하도록 명령받았다. 당시 예멘은 끊임없는 혼란과 무정부 상태에 있었고 이를 두고 하딤은 다음과 같이 묘사하였다. "예멘은 군주가 없는 땅으로 쉽게 장악할 것으로 보인다. 만약 예멘을 정복하게 되면 인도 땅을 손에 넣을 수 있게 될 것이고 매년 엄청난 금과 보석을 콘스탄티노플로 보낼 수 있게 될 것이다."

이집트 총독 하딤이 정복을 계획하고 있을 당시, 예멘의 북부지역은 알무타와킬(al-Mutawajkkil Yahay Sharaf)이 사나를 포함하여 통치하고 있었고 남부에서는 타히리드 왕조의 마지막 왕 아미르(Amir ibd Dauod)가 아덴을 장악하고 있었다. 1538년 하딤은 아덴을 공격하여 정복하였고 자비드 시는 예멘을 통치하기 위한 행정 중심지가 되었다. 하지만 오토만 제국의 총독은 북부 고지대에 대해서는 강력한 통제를 하지 않았다. 총독의 관심은 자비드, 모카 그리고 아덴 등 남부 해안지역이었다. 1539년부터 1547년 사이 이집트로부터 예멘에 보내진 장병은 8만 명이었으나 이 중에서 7천 명만 살아남았다. 1547년 오토만 제국은 알무타와킬(al-Mutawakkil Yahya Sharaf ad-Din)이 북부 고지대를 독립적으로 통치하고 있던 당시 자비드(Zabid)[5]에 또다시 원정군을 보냈다. 공격과 퇴각을 거듭한 끝에 오토만 제국은 1552년 예멘을 자신들의 통치 아래 두게 되었다. 이들은 성벽을 구축하고 법을 바로잡으며 안전한 무역 통로를 구축하였다. 예멘을 지배하고 있던 오토만에 대항하여 이슬람 종교지도자를 중심으로 기나긴 투쟁이 계속되었다.

한편 예멘은 당시 세계에서 유일하게 커피를 생산하였다. 페르시아의 사파비 왕조, 인도의 무굴제국, 에티오피아 등과 외교 관계를 맺었다. 특히 에티오피아의 바실리데스(Basilides) 황제는 예멘과 동맹 관계를

5 수도 사나의 남서쪽에 있는 해안을 접하고 있는 도시이다.

맺고자 하였으나 강력한 봉건주의 국가의 등장을 원하지 않았기 때문에 그 뜻을 이루지 못하였다. 18세기 전반, 유럽은 커피나무를 몰래 훔쳐 동인도, 동아프리카, 서인도 그리고 라틴 아메리카 등 자신의 식민지국에 재배하여 예멘의 독점을 붕괴시켰다. 그러는 사이 예멘의 이슬람 지도자의 자리가 단단한 체계에 의해 승계되는 것이 아니었기 때문에 가족들 사이에서 또는 부족들 사이에서 권력을 장악하기 위한 싸움이 벌어지게 되었고 결국 18세기 카시미 왕조(Qasimi dynasty)의 쇠퇴를 초래하게 되었다. 1731년 라흐치(Lahej)[6]의 추장이 스스로 왕위에 올랐다. 1833년 오토만 제국의 이집트 총독이 다시 예멘에 개입하였고 1835년 이후 여러 이슬람 지도자가 물러나거나 암살당하면서 수십 년 동안 혼란이 반복되었다.

영국은 인도로 가는 길에 증기선을 위한 석탄 저장소를 찾고 있었다. 수에즈로부터 뭄바이까지 왕복을 위해서는 700톤가량의 석탄이 필요하였다. 동인도회사는 석탄 저장소로 아덴을 선택하였다. 영국은 사나의 자이디 왕조 지도자와 협상하고자 하였다. 영국은 모카(Mocha)를 자신들의 기지로 사용하도록 요청하였다. 그러나 협상이 실패하자, 라흐치 왕에게 유사한 협상을 제안하여 아덴을 사용하기로 하였다. 어느 날 영국의 증기선이 무역을 목적으로 아덴을 지나다가 한 척이 침몰하는 사고가 발생하였다. 그런데 아랍의 부족들이 승선하여 내용물을 약탈하였다. 영국에게 절호의 기회가 찾아온 것이다. 영국의 통치 아래 있던 인도 정부는 헤인즈(Stafford Bettesworth Haines) 선장의 지휘 아래 전함을 보내 보상을 요구하였다. 1839년 1월 헤인즈 선장은 자신의 전함으로

6 예멘 남부 아덴의 바로 북쪽에 있는 도시이다.

부터 아덴을 폭격하였다. 당시 아덴에 머물고 있었던 라흐치 통치자는 항구를 방어하도록 명령하였다. 그러나 압도적인 해군력 앞에 실패로 돌아갔다. 영국은 아덴을 점령한 후 매년 6천 리얄(Riyal)을 배상하도록 합의하였다. 영국은 라흐치 통치자를 아덴으로부터 축출하였고 보호령을 받아들이도록 강요하였다. 1839년 11월 부족들은 다시 아덴을 장악하였지만 격퇴되었고 200명이 전사하였다.

영국은 아덴의 번영이 그들의 인접한 부족들과의 관계와 달렸음을 깨닫게 되었고 아덴 주변의 9개 부족과 '보호 및 우정에 관한 조약'을 체결하였다. 영국은 아덴과 주변의 부족들이 다른 외국 세력, 특히 비아랍 제국주의 국가와 조약을 맺지 않는다는 조건으로 아덴의 독립을 유지하고 내정에 간섭하지 않기로 하였다. 1850년 아덴은 자유 지대로 선포되었다. 인도, 동아프리카 그리고 동남아시아로부터 이민자가 유입되었다. 아덴은 국제도시로 성장하였다. 1850년 오직 980명이 원래부터 아덴에 거주해왔던 아랍인으로 등록되었다. 아덴에 영국의 존재는 오토만 제국과의 관계를 어색하게 만들었다. 오토만 제국은 영국에 대해 예멘을 포함하여 전체 아라비아에 대한 주권을 자신들이 가지고 있다고 주장하였다.

오토만 제국은 인도로부터 홍해 그리고 아라비아까지 세력을 확장하려는 영국을 우려하였다. 2세기 만에 오토만 제국은 다시 티하마(Tihama)[7]로 돌아왔다. 에멘의 자이드 왕조의 분열은 계속되었다. 절망에 빠진 사나에 살던 사람들은 오토만 제국의 고관들에게 나라를 평온하

---

7 티하마는 아카바만(Gulf of Aqaba)으로부터 바브엘만데브(Bab el Mandeb)에 이르는 홍해의 해안선을 연하는 평원지대를 말한다.

게 만들어달라고 호소하기도 하였다. 예멘의 상인들은 오토만의 회귀가 그들의 무역을 다시 부흥시킬 것임을 알고 있었고 그들의 고객이 될 것이라고 믿었다. 오토만 제국의 원정군은 사나를 장악하고자 하였으나, 패배한 뒤 예멘의 고지대로 철수하였다. 1869년 수에즈 운하가 개통되자 오토만 제국은 예멘에 남고자 하는 결심을 굳히게 하였다. 1872년 오토만 제국은 군대를 보내 티하마의 전초기지로부터 사나로 진격하기 위해 이동하였다. 1873년 오토만 제국은 북부 고지대를 정복하였고 사나는 예멘을 다스리기 위한 행정의 수도가 되었다.

오토만 제국은 이전의 경험으로부터 배운 교훈으로 고지대의 지방 군주들에게 힘을 실어주지 않았다. 이들은 심지어 예멘 사회를 세속화하려 하였다. 반역을 일삼는 부족장을 용서해주고 행정 주요직위를 마련해주면서 예멘 사람들을 회유하려고도 하였다. 예멘의 경제와 복지를 증진하기 위한 일련의 개혁을 도입하였으나, 예멘에 상주하고 있던 오토만 제국 관료들의 부패는 만연한 상태였다. 오토만 제국의 관료들은 예멘에서 근무하기를 희망하지 않았기 때문에 능력이 없는 관료들이 주로 예멘에 파견되었다. 다시 여러 부족이 저항하였고 오토만 제국은 이들을 달래야만 하였다.

부족장을 다루기는 어려웠고 폭력의 악순환이 계속되었다. 아메드(Ahmed Izzet Pasha) 장군은 오토만의 군대가 고지대로부터 철수하여 티하마에만 한정하여 주둔해야 한다고 주장하였다. 북부 고지대의 부족들은 치고 빠지는 전술을 통해 오토만의 군대와 소모전을 펼쳤다. 1904년 이슬람 지도자 야흐야(Yahya Hamidaddin)가 반란을 이끌었고 1911년까지 오토만 제국은 매년 1만여 명의 장병이 목숨을 잃으며 서서히 힘이 약화하자, 야흐야와 조약에 서명하였다. 조약에 따라 야흐야는 북부 고지대의 자치 지도자로 인정되었다. 오토만 제국은 예멘 남부와 중부의 샤피(Shafi'i) 지역을 통제하였다.

야흐야는 그의 카시미드(Qasimid) 조상의 땅을 되찾고자 하였다. 그는 아시르(Asir)[8]로부터 도파르(Dhofar)[9]에 이르는 거대한 예멘의 재건을 꿈꾸었다. 이러한 야흐야의 계획은 아시르의 이드리시드 왕조(Idrisids Ibn Saud)는 물론 아덴의 영국 정부와 갈등을 불러오게 되었다. 결국, 경계선 조약을 맺게 되었고 예멘을 남과 북으로 나누었다. 이드리시드 왕조는 예멘을 점령한 양 세력인 영국과 오토만 제국이 1905년 지상을 분할 한 경계선을 인정하지 않았다. 영국은 1915년 이드리시드 왕조가 오토만 제국에 대항하여 싸우게 된다면 그들의 안전과 독립을 보장한다는 조건으로 조약에 서명을 강요하였다. 1918년 오토만 제국은 마침내 예멘에서 철수하였다. 1919년 이슬람 지도자 야흐야(Yahya hamid ed-Din)는 9개의 영국보호령을 '해방'시키기 위해 남쪽으로 이동하였다. 영국은 티하마 방향으로 신속하게 이동한 다음 알후데이다(al-Hudaydah)를 점령하였다. 영국은 이드리시드 왕조에 알후데이다 항구를 넘겼다. 1922년 야흐야는 다시 남부 보호령을 공격하였다. 영국은 야흐야 부족군에 대해 항공기로 폭격을 가하였다. 야흐야는 이에 대항할 방법이 없었다.

1925년 야흐야는 이드리시드 왕조로부터 알후데이다를 탈취하였다. 그는 계속해서 아시르까지 이드리시스 왕을 추격하여 공격하였다. 야흐야에게 이드리시스 왕은 영국과 더불어 침략자에 불과하였고 예멘

---

8 현재의 사우디아라비아 남서부 지역이다.

9 도파르는 오만 남부에 있는 역사적인 지역이다. 주파르(Ẓufār)라고 불리기도 한다. 아라비아해의 알샤르바탓(Al-Sharbatāt) 곶으로부터 아라비아해를 따라 서남방으로 이어져 오만과 예멘의 국경에 이르는 지역을 말한다.

으로부터 영원히 추방되어야 하는 존재였다. 1927년 야흐야의 군대는 아덴과 타이즈로부터 불과 50km 떨어진 지점에 이르렀다. 영국은 이들에게 5일 동안 포격하였고 야흐야는 철수하였다. 1926년 이탈리아가 처음으로 야흐야를 예멘 왕국으로 인정하였다. 영국은 예멘이 아덴과 아시르 보호령에 대해 더욱 강력한 자신의 주권을 요구할 것으로 보였기 때문에 이를 크게 우려하였다.

한편 이드리시스 왕은 내부에서 반란이 발생하자, 야흐야로부터 자신들을 보호해 달라고 사우디아라비아의 이븐 사우드(Ibn Saud) 왕에게 요청하였다. 하지만 1932년 이드리시스 왕은 사우드 왕과의 합의를 깨고 다시 야흐디에게 자신을 보호해 달라고 요청하였다. 사우드 왕도 당시 내부의 반란으로 어려움을 겪게 되자, 영국에 도움을 요청하였다. 영국은 무기와 항공기를 보냈다. 영국은 사우드의 경제적 어려움을 지원하기 위해 이탈리아가 적극적으로 나서지 않을까 우려하였다. 1933년 사우드 왕은 아시르의 반란을 제압하였다. 이드리스 왕은 사나로 도망쳤다. 야흐야와 사우드 사이의 협상은 결과를 맺지 못하였다. 군사적 대결 국면이 되자 사우드 왕은 1934년 5월 휴전을 선언하였다. 야흐야는 사우드의 인질을 풀어주고, 사우드가 이드리스를 더 속박하지 않는다는 조건으로 합의하였다. 대신 야흐야는 나주란(Najran), 아시르 그리고 자잔(Jazan)을 20년 동안 양보하기로 하였다. 야흐야는 아덴 보호령에 대한 영국의 주권을 40년 동안 인정하기로 하였다. 야흐야는 알후데이다를 지키려 이러한 약속에 굴복하였다.

1890년부터 시작하여 타이즈를 포함한 많은 도시로부터 수많은 예멘 사람들이 아덴으로 유입되었다. 이들은 항구도시에서 노동자로 일하였다. 아덴은 점차 아랍인들이 압도적으로 많아지게 되었다. 제2

차 세계대전 기간, 아덴은 뉴욕 다음으로 세계에서 가장 번잡한 두 번째 항구가 되었다. 시간이 지남에 따라 노동조합이 생기기 시작하였고 저항도 발생하였다. 아덴은 크게 동부 식민지와 서부 식민지로 분할되었고 나중에는 23개의 소규모 영주 국가가 되었다. 하지만 부족과 영주와의 관계는 제대로 설정되지 않았다. 이러한 와중에 영국은 아랍 민족주의에 대응하기 위해 남부 아라비아 연방(Federation of South Arabia)을 만들어 냈다. 북부 예멘의 내전은 남부의 많은 사람에게 영국의 통치에 저항해야 한다는 영감을 주게 되었다. 예멘 국가해방전선(NLF, The National Liberation Front)이 창설되었고 카흐탄(Qahtan Muhammad Al-Shaabi)이 지도자가 되었다.

북부에서의 반란은 아덴 위기(Aden Emergency)[10]와 일치하였다. 영국은 이 사건으로 통치의 종식을 서두르게 되었다. 1967년 11월 30일, 아덴과 남부 아라비아 보호령을 포함하여 남예멘이 건국되었다. 이 사회주의 국가는 후에 공식적으로 예멘 인민민주공화국(People's Democratic Republic of Yemen)이라는 이름으로 알려지게 되었다. 두 예멘의 관계는 평화와 적대를 오갔다. 남예멘은 동유럽의 지원을 받았다. 하지만 북예멘은 그러한 연결 관계를 만들 수 없었다. 1972년 두 예멘은 전쟁에 돌입하였다. 아랍연맹의 중재로 전쟁이 끝나게 되었다. 1978년 살레(Ali Abdullah Saleh)가 예멘 아랍공화국(Yemen Arab Republic)의 대통령으로 취임하였다. 전쟁 이후에 북예멘은 외부의 국가들이 남예멘을 지원하고 있다

---

10 아덴 위기는 라드판 반란(Radfan Uprising)으로도 불린다. 1963년 10월 14일 국가혁명전선이 아덴 공항에 집결한 영국 관료들에게 수류탄을 던지며 영국의 지배에 대해 반란을 일으켰다. 부분적으로는 나세르의 범아랍 민족주의가 원인이 되기도 했다.

고 불평하였다. 지원 국가에는 사우디아라비아가 포함되었다. 1979년 두 국가 사이에서 다시 전쟁이 발생하였고 평화를 위한 노력의 움직임이 일기 시작하였다. 1986년 남예멘의 내전으로 수천 명이 사망하였다. 무하마드(Ali Nasser Muhammad) 대통령은 북예멘으로 도주하였으나 후에 반역죄로 사형되었다. 그리고 새로운 정부가 구성되었다.

1990년 두 정부는 예멘을 공동으로 통치하기로 완전하게 합의하였다. 1990년 5월 22년 만에 예멘(Republic of Yemen)은 하나로 통일되었다. 북예멘의 살레가 대통령이 되었고 남예멘의 알바이드(Ali Salim al-Beidh)가 부통령이 되었다. 통일 의회가 구성되었고 통일 헌법이 채택되었다. 1993년 통일 이후 최초로 의회 선거가 있었고 국민총회의(General People's Congress)당이 301석 중 122석을 차지하였다. 1990년 이라크가 쿠웨이트를 침략한 이후, 예멘의 대통령은 비아랍국가로부터 군사적 개입을 반대하였다. 1990년과 1991년 유엔 안전보장이사회의 비상임이사국으로 이라크와 쿠웨이트에 관한 다수의 유엔 안전보장이사회 결의안에 기권하였고 결의안에 따른 군사력의 사용을 반대하였다. 예멘의 이러한 행동은 미국을 분노하게 하였고 사우디아라비아는 개입에 반대하였다는 이유로 1990년과 1991년 80만 명의 예멘인을 추방하였다.

예멘은 부족적, 지역적, 종교적 그리고 정치적으로 분열되어 각자의 이익과 관심이 다른 상황에서 누군가가 만들어 내는 일종의 균형을 받아들이는 암묵적 합의가 있어왔다. 따라서 예멘의 정치 엘리트들은 강력한 국가적 차원의 제도가 부재한 상태에서 사실상 협력적 거버넌스(Collaborative Governance)의 형태를 취하게 되었다. 즉, 국가를 통제하는 살레 대통령, 예멘 공화국 군사력을 통제하는 알리(Ali Mohsen al-Ahmar) 소장, 사우디아라비아가 예멘의 과도기 동안 재정적 후원을 지원하는 동안 이를 중계할 알이슬라 당의 당수 압둘라(Abdullah ibn Husayn) 등 세 사람의 권력의 공유를 통해 비공식적이나마 정치적 타결을 이루게 되었다. 1992년 주요 도시에서 식량으로 인한 폭동이 일어났고 1993년 알 바이디(al-Beidh) 부통령은 그의 불만이 해결될 때까지 정부로 돌아오지 않겠다며 아덴으로 돌아갔다. 1994년 북예멘과 남예멘의 지도자들이 요르단의 암만에서 휴전협정에 서명하였지만, 내전은 계속되었다.

살레 대통령은 1999년 처음으로 직선제에 의해 대통으로 선출되었다. 그는 96.2%의 지지를 받았다. 그와 맞선 유일한 대통령 후보는 전 남예멘 대통령 카흐탄(Qahtan Muhammad al-Sha'abi)의 아들 나지브(Najeeb Qahtan Al-Sha'abi)였다. 나지브는 살레 대통령의 국민총회의 소속 당원이었지만 무소속으로 출마하였다. 2000년 10월 아덴에 정박한 미 해군 함정 콜(USS Cole)에 대한 공격으로 17명의 미군이 사망하였다. 9 · 11 사태 이후 살레 대통령은 미 부시 대통령에게 그의 테러와의 전쟁에 함께할 것임을 분명히 하였다. 2001년 국민투표를 둘러싼 폭력 사태에서 살레는 그의 임기를 연장하였다. 시아파의 반란이 예멘에서 발생한 것은 2004년 6월이었다. 반정부 이슬람 지도자였던 자이디 시아파의 알 후티(Hussein Badreddin al-Houthi)가 예멘 정부에 대한 본격적인 반란을 시작하였다. 예멘 정부는 후티 세력이 정부를 붕괴시키고 시아파의 종교법을 강요하려 한다고 주장하였다. 반란세력은 "차별에 대한 그들 사회를 보호하기 위한 봉기"라며 정부를 공격하였다. 2005년 연료값의 상승으로 경찰과 시위대가 충돌하였고 이로 인해 전국적으로 36명이 사망하였다. 2006년 대통령 선거가 9월에 치러졌고 살레가 77.2%로 승리하였다. 그의 경쟁자 파이잘(Faisal bin Shamlan)은 21.8%의 지지를 받았다. 살레 대통령은 9월 27일부터 새로운 임기를 시작하였다. 2007년 6월 마리브 지방에서 스페인 관광객 8명과 예멘이 2명이 자살폭탄 공격으로 사망하였다. 2008년 일련의 폭탄 공격이 경찰, 관공서, 외교관 거주 지역, 그리고 관광객들을 상대로 발생하였다. 사나에 있는 미 대사관 외곽지역에서 차량 폭탄 사고로 18명이 사망하였다. 2008년 선거제도의 개혁을 주자하는 야당의 시위는 경찰에 의해 진압되었다.

2009년 1월 사우디아라비아 및 예멘의 알카에다 분파가 아라비아 반도의 단일 알카에다로 통합되었다. 예멘에 기지를 둔 알카에다의 조직원은 관타나모 기지(Guantanamo Bay)에서 풀려난 사우디아리바아인들이 대부분이었다. 살레는 테러행위에 가담하지 않고 선하게 생활하겠다는 조건으로 176명의 알카에다 피의자를 석방하였다. 하지만 테러활동은 계속되었다. 2009년 예멘군은 사우디아라비아의 지원 아래 시아파 반란세력에 대한 대규모 공세를 시작하였다. 무력충돌로 인해 수많은 사람이 고향을 떠났다. 2010년 새로운 휴전협정이 체결되었다. 예멘은 이 무력충돌로 인해 3천 명의 장병이 순직하였다고 발표하였다. 시아파 반군은 사우디아라비아가 예멘에서 자이디 주의(Zaidism)[11]를 억압하기 위해 살라피 집단(Salafi Groups)[12]을 지원하였다고 비난하였다.

2015년에 접어들면서 시아파인 후티 반군은 IS(Islamic State), 알카에다, 그리고 사우디아라비아를 상대로 전투를 벌였다. 미국은 반군을 제

---

11 자이디즘은 이념적으로는 시아파에 가깝다. 18세기 시아 이슬람 운동에서 기원하였다. 자이디라는 용어는 네 번째 이맘의 아들 자이드 빈 알리(Zayd ibn 'Alī)라는 이름으로부터 유래하였다. 예멘 인구의 절반 이상이 자이디즘을 추종한다.

12 살리피 운동은 살라피야(Salafiya) 또는 살라피즘(Salafism)으로도 불리는 일종의 이슬람 개혁주의자의 운동이다. 서구의 제국주의에 반대하여 19세기 이집트에서 발전한 수니 이슬람의 개혁 운동이다. 18세기 사우디아라비아에서 발전한 와하비 운동(Wahabi Movement)에 기원을 두고 있으며, 최초 3대 이슬람 전통으로 돌아가자고 주장한다.

압하기 위해 사우디가 주도하는 동맹군의 개입을 지원하였다. 일각에서는 예멘 내전으로 가장 큰 이익을 추구하고 있는 집단은 IS와 아라비아반도의 알카에다 세력이라는 주장이 제기되었다. 이들은 혼란을 틈타 이 지역에서 자신의 세력 확장을 도모하였기 때문이었다. 특히 IS 세력은 후티 세력의 이슬람 사원에 대한 자살폭탄 공격을 하였고 알카에다는 예멘의 동부지역을 장악하여 이곳에서 자신의 영향력을 확대하고 있는 것으로 평가하였다. 2016년 2월 알카에다 세력과 사우디아라비아 주도의 동맹군은 같은 전투에서 후티 반군을 상대로 전투를 벌이는 것이 목격되었다.

2019년 6월 예멘의 IS 지도자, 알무자히르(Abu Osama al-Muhajir)가 알마흐라(al-Mahra) 지역에서 사우디아라비아가 이끄는 동맹군에 의해 체포되었다. 작전에는 예멘 보안군이 포함되었다. 2011년 아랍의 봄에 이어 예멘에서도 대규모 시위가 발생하였다. 처음에 시위는 살레 대통령이 자기 아들을 대통령에 물려주고자 하는 정부의 헌법 개정의 문제뿐만 아니라 실업, 부패와 같은 문제에 대해 발생하였다. 2011년 3월 경찰의 저격수가 사나의 친민주주의 캠프에 사격하여 50여 명이 사망하였다. 같은 해 5월 사나에서 예멘 정부군과 반군 부족 세력의 충돌로 인해 수십여 명이 사망하였다. 상황이 이즈음에 이르게 되자, 살레 대통령은 국제사회의 지원을 상실하기 시작하였다. 2011년 10월 예멘의 인권운동가 카르만(Tawakul Karman)이 노벨 평화상을 수상하였고, 유엔 안전보장이사회는 폭력 사태의 우려를 표명하였다. 2011년 11월 살레 대통령은 사우디아라비아의 수도 리야드를 방문해 걸프협력회의(Gulf Cooperation Council)의 권력 이양에 관한 계획에 서명하였다. 살레 대통령의 이 계획에 따라 부통령 하디(Abdrabbuh Mansur Hadi)에게 정권을 이양하였다. 하디는 2012년 2월까지 2년 임기의 대통령으로 선출되었다. 야당에서 임명된 수상을 포함하여 거국 정부가 수립되었다. 하디는 새로운 헌법의 개정 초안을 마련하는 과정을 감독하였고 2014년 의회와 대통령 선거가 시행되었다. 2012년 2월 사우디아라비아에서 치료 중이던 살레 전 대통령이 복귀하였다. 그의 아들 아메드(Ahmed Ali Abdullah Saleh) 장군은 여전히 예멘군과 보안군에서 강력한 권력을 행사하였다.

아라비아반도의 알카에다 세력(AQAP, al-Qaeda Arabia Peninsular)은 2012년 2월 하디 대통령이 취임하던 날, 대통령 궁에 자살 공격을 하여 대통령 궁 경계병 26명이 사망하였다. 3개월 후 96명의 장병이 전사한 사나에서 발생한 자살 공격의 배후에도 알카에다가 있었다. 2012년 9월 사나의 알카에다 지도자 알쉬흐리(al-Shihri)가 예멘 남부에서 사망하였다는 보도가 나왔다. 하디 대통령이 취임한 이후 예멘군은 안사르(Ansar al-Sharia) 세력을 축출할 수 있었고 샤브와(Shabwah) 지역을 다시 장악하였다. 사나의 중앙정부는 여전히 힘이 미약한 상태로 남아있었다. 중앙정부는 아라비아반도의 알카에다 세력은 물론 남부 분리주의자와 시아파 반군의 도전을 모면하기 위한 노력에 급급하였다. 시아파의 반란은 하디 대통령이 정권을 장악한 이후 2014년 9월을 기해 급격하게 악화하였다. 수도를 휩쓴 후티 반군은 하디 대통령에게 거국 정부를 수립하도록 압박하였다. 그러나 후티 반군은 이후 정부에 참여하기를 거부하였다. 후티 반군은 계속해서 하디 정부에 대한 압력을 행사하였지만, 2015년 1월에 가서야 내각이 총사퇴하였다. 같은 해 2월 후티 반군은 의회를 해산시키고 후티를 수반으로 하여 혁명위원회를 선언하였다. 그러나 이러한 헌법적 선언은 이를 반대하는 정치인들과 유엔을 포함한 외국 정부에 의해 인정되지 않았다.

하디 대통령은 사나로부터 탈출하여 그의 고향이자 근거지인 남부의 아덴으로 향하였다. 그는 국영 텔레비전 연설을 통해 그의 사임을 취소하고 쿠데타를 비난하면서 예멘의 헌법상 대통령임을 인정하도록 요구하였다. 2015년 3월 하디 대통령은 아덴을 예멘의 임시 수도로 선언하였다. 하지만 후티 반군은 다시 한번 걸프협력회의의 계획을 거부하였고 아덴을 향하여 계속 진격하고자 하였다. 하디 대통령은 일단 사우디아라비아로 피신하였다. 사우디아라비아는 2015년 3월 '결정적인 폭풍 작전(Operation Decisive Storm)'을 발표하면서 공중공습을 시작하였고 자신의 주도하에 후티 반군에 대한 군사작전을 전개할 것이라고 공언하였다. 이란의 지원을 받는 후티 반군은 예멘의 국경선을 따라 병력을 증강하였다. 사우디아라비아 주도의 동맹군에는 바레인, 요르단, 모로코, 수단, 이집트 그리고 파키스탄이 참여하였다. 미국은 정보와 표적획득 그리고 군수를 지원하겠다고 발표하였다. 사우디아라비아와 이집트는 지상 작전을 배제하지 않았다. 하디의 정부군이 후티 반군으로부터 아덴을 다시 장악하였다. 그런데 UAE의 지원을 받는 분리주의 세력인 남부과도회의(Southern Transitional Council)가 아덴을 장악하였다. 2017년 기준 5만 명의 어린이들이 기아에 직면하였다. 기아와 더불어 대규모의 콜레라가 발생하여 50만 명 이상이 영향을 받았다.

(1) 예멘 내전의 발전(2015~현재)

2015년 시작된 하디 정부와 후티 반군 사이 예멘 내전은 현재 진행형이다. 이들 양측은 각자의 동맹국과 지원세력을 등에 업고 자신이 공식적인 예멘 정부라고 주장하고 있다. 후티 반군은 현재 수도 사나를 점령하고 있다. 살레 전 대통령은 하디 대통령에게 충성하는 부대와 의견 충돌이 발생한 이후 아덴을 근거지로 후티 반군에 합세하고 있다. 아라비아반도 알카에다 세력과 IS 세력 또한 해안선 배후지에서 정부군과 무력 투쟁을 벌이고 있다. 이와 동시에 하디 정부는 UAE 정부가 소코트라섬을 장악하려 하면서 남부과도회의를 지원하고 있어 이들과도 충돌하고 있다.

2015년 3월 수도인 사나를 장악하여서 하디 정부를 사나로부터 축출한 이후 후티 반군이 이끄는 최고혁명위원회(Supreme Revolutionary Committee)는 하디 정부를 붕괴시키기 위해 총동원령을 선언하였으며 남부 지역으로 통제를 확대하려 하고 있다. 한편 사우디아라비아가 주도하는 동맹군은 하디 정부의 복귀를 위해 공중타격에 의한 군사작전을 실시하고 있다. 예멘 분쟁은 지역에서 이란의 영향력을 배제하려는 이란과 사우디아라비아 사이의 대리 분쟁으로 확대되었다. 2018년 유엔은 130만 명의 예멘 국민이 기아에 직면하였다며 이는 100년 만에 가장 심각한 기근이 될 수 있다고 경고하였다. 국제사회는 사우디아라비아 주도의 공중 폭격이 민간인의 피해를 동반하고 있다며 우려를 표명하였다. 자료에 따르면 2019년 기준 1만 7천 여 명의 예멘 국민이 공중폭격으로 사망하였다.

후티로 잘 알려진 안사르 알라(Ansar Allah)무장 집단은 자이디 집단의 하나로 이들의 지도자 알후티가 2004년 정부군의 군사작전에 의해 사망한 이후 사우디아라비아와 국경선을 맞대고 있는 북부지역의 산악지대 사다(Sa'dah)주에서 기원하였다. 이들은 2004년 이래 예멘 정부에 대한 저강도 반란을 주도해왔다. 이들이 만들어 낸 분쟁의 강도는 2000

년대 여러 차례의 휴전협정과 폐기를 거치면서 상승과 쇠퇴를 거듭하였다. 후티의 반란은 2009년 사우디아라비아가 예멘 정부를 지원하기로 한 다음 가열되었다. 이후 이듬해 휴전협정의 체결로 다시 잠잠해지는 듯 하였으나, 2011년 후티 반군을 이끌게 된 새 지도자 압둘-말리크(Abdul-Malik al-Houthi)가 살레 대통령의 사임을 요구하면서 다시 악화하였다. 2011년 살레 대통령이 사임을 준비하는 동안, 후티 반군은 살라피파가 다수인 북부 예멘의 도시를 장악하였고 사다 지역의 실질적인 자치를 위해 한발 더 나아갔다.

2012년 후티 반군은 당시 부통령으로 대통령 선거에 나선 하디의 2년 임기 단일 후보의 선거를 거부하였다. 이들은 거국적 대화를 위한 회의에는 참여하였지만 하디의 임기를 1년 더 연장하는 합의에는 유보하였다. 한편 북부지역에서 후티 반군과 수니파 부족 사이의 분쟁이 사나를 포함하여 주 전체로 확산하였고 2014년 중반까지 이러한 상황은 계속되었다. 하디 정부에 대한 수 주 동안의 거리 시위 이후 후티 반군은 알 아흐마르(Ali Mohsen al-Ahmar) 장군의 지휘 아래 예멘 정부군과 전투를 벌였다. 불과 며칠 동안의 전투에서 후티 반군의 조직원들은 2014년 9월 사나를 장악하였다. 후티 반군은 폭력의 종식을 위한 협상을 통해 하디 대통령을 압박하였다. 이후 후티 반군은 전례 없는 수준에서 국가의 기관과 정치를 장악하게 되었다. 2015년 1월 예멘을 6개 연방지역으로 분할하는 제안에 불만을 가진 후티 반군은 사나의 대통령 궁을 장악하였다. 이로 인해 하디 대통령과 내각이 사퇴하게 되었다. 이어 후티 반군은 의회의 해산을 발표하고 2015년 2월부터 혁명위원회를 구성하였다.

후티 반군에 의해 사나에서 감금되었던 하디 대통령은 수도를 몰래 빠져나와 아덴으로 향하였다. 그의 고향에서 텔레비전 연설을 통해 하디 대통령은 후티 반군이 합법적인 정부를 전복하였다고 발표하였다. 후티 반군이 사나를 장악한 이후 반군을 은밀하게 지원한 것으로 알려진 그의 전임 대통령 살레는 공개적으로 하디 대통령을 비난하고 망명을 권유하였다.

이란과 후티 반군은 각각 12 이맘 시아파(Twelve-Imam Shias)[13]와 자이디 시아파로 구분되지만 후티 반군은 같은 시아파로 오랫동안 이란의 대리자로 행동해왔다. 비록 후티 반군과 이란은 어떠한 군사적 협력도 부정하고 있지만, 미국과 사우디아라비아는 이들이 이란으로부터 무기와 훈련을 제공받고 있다고 주장한다. 이란의 최고지도자 하메네이(Ali Khamenei)는 후티 반군의 대변인 살람(Mohammed Abdul Salam)과 테헤란에서 개인적인 만남을 통해 분쟁 중인 후티 반군을 '정신적'으로 후원한다고 공개적으로 언급한 바 있다. 아프리카의 에리트레아(Eritrea)도 은밀하게 이란의 물자를 후티 반군에게 전달하고 있는 것으로 밝혀졌다. 그러나 에리트레아 정부는 적대행위가 공공연하게 발생하자 예멘 내전은 예멘 내부의 문제라며 그러한 주장은 근거가 없다고 주장하였다. 한편 예멘 정부는 미국과 페르시아만 국가들로부터 상당한 지원을 받고 있다. 하디 정부가 사나에 있을 때, 미국은 아라비아반도의 알카에다 세력에 대한 수차례의 무인기 공격을 한 바 있다. 사우디아라비아는 2014년 후반까지 예멘에 대한 재정적 지원을 하였다. 국제사면위원회(Amnesty

13 12 이맘은 이슬람의 창시자 모하메드를 추종하는 정신적, 정치적 계승자들로 12 이맘 시아파는 시아파 분파 중의 하나이다. 알라위파(Alawite)와 알레비파(Alevi)가 포함된다. 이론에 따르면 이들 12 이맘은 정의를 위한 사회의 통치자이며 샤리아를 유지하고 해석하는 모범적 인간이다. 이들은 모하메드가 선택한 사람들이라고 생각한다.

International)의 정보에 따르면 영국도 사우디아라비아가 주도하는 동맹군에게 무기를 지원한 것으로 전해졌다.

한편 2015년 3월 사나의 이슬람 사원 폭격 이후, 후티 반군의 압둘-말리크는 텔레비전 연설을 통해 현재 상황에서 전쟁을 위한 총동원령 선포가 불가피하다고 선전하였고 하디 정부 측에서 동조하는 아라비아반도의 알카에다도 표적이 된다고 공언하였다. 하디 대통령은 사나가 후티 반군의 손안에 있는 동안 잠정적으로 아덴을 수도로 한다고 선언하였다. 이러한 와중에 알카에다는 주 수도인 라흐치를 장악하였다. 2015년 3월 21일 하디 대통령은 자신이 예멘의 합법적인 대통령이라며 '이란의 국기 대신 예멘의 국기 아래 사나를 다시 복구할 것'임을 선언하였다. 사나에서는 후티 혁명위원회가 카이란(Hussein Khairan) 소장을 예멘의 새로운 국방장관으로 임명하고 모든 군사작전을 지휘하도록 하였다.

2015년 3월 22일 후티 반군은 예멘의 세 번째 큰 도시인 타이즈로 진입하였다. 후티 반군은 큰 저항 없이 타이즈를 장악하였다. 이어 후티 반군은 전략적 요충지인 바브엘만데브 해협으로 진격하였다. 이 해협의 국제 상선이 반드시 통과해야만 하는 곳이었다. 다음 날 모카로 진입하였다. 4월 2일 지부티(Djibouti) 외무장관 유수프(Mahamoud Ali Youssouf)는 바브엘만데브 해협에 중무기와 공격용 함정을 배치하였다며 이는 지부티에 크나큰 위험을 제기한다고 경고하였다. 이틀 후 후티 반군은 달리(Dhale)의 행정기관 건물을 점령하고 아덴에 더욱 근접하였다. 달리를 두고 후티 반군은 치열한 전투를 벌였으나 계속 남부로 진격하였다. 4월에 접어들면서 후티 반군의 여단이 달리에서 동맹군의 폭격으로 와해되었고 이들은 북으로 철수하였다.

2015년 3월 24일 라흐치 주에서 후티 반군과 하디를 추종하는 무장 세력 사이에서 군사적 충돌이 발생하였다. 다음 날 아덴에서 60km 떨어진 알 아나드(Al Anad) 공군기지가 후티의 손에 넘어가게 되었다. 이 기지는 최근 미국의 특수전 사령부(USSOCOM) 부대가 주둔하였다가 유기된 기지였다. 여기서 하디 대통령의 가장 측근인 국방장관 알수바이히(Mahmoud al-Subaihi)가 알 후타(Al Houta)에서 후티 반군에게 붙잡혀 사나로 이송되었다. 3월 26일 아덴에서 군사적 충돌 이후 사우디아라비아가 주도하는 반격작전에 정부군이 참여하였다. 포병이 알 아나드 공군기지를 공격하였고 후티 반군은 일부 세력은 전선을 이탈하여 도주하였다. 공중 폭격에도 불구하고 남부에서 후티 반군의 공세는 지속되었다.

3월 25일 아덴에서 예멘 정부군은 와해하였고 후티 반군은 진격의 속도를 높였다. 후티 반군은 5개의 전선에서 전투를 치르고 있었다. 아덴 국제공항은 모든 항공기의 운항이 중지되었다. 아덴의 외곽에까지 전선이 좁혀졌다. 다음날 후티 반군은 아덴을 포위하였고 정부군을 맹공하였다. 3월 29일 후티 반군은 동맹군의 공중공격과 이집트 해군 전함의 바다로부터 포격에도 불구하고 드디어 아덴의 중심지로 진격하였다. 4월 2일 잠정적으로 대통령 집무실로 활용하던 장소가 후티 반군에 의해 점령되었다. 5월 7일 하디 대통령은 사우디아라비아의 수도 리야드에서 미 국무장관 케리(John Kerry)와 회동하였다. 2015년 7월 정부군은 사우디아라비아의 지원 아래 '황금화살 작전(Operation Golden Arrow)'으로 아덴을 다시 장악하였다. 아덴을 장악함으로써 절망적으로 도움이 필요한 시민들에게 필요한 지원을 할 수 있게 되었다. 2016년 1월 IS와 아라비아반도 알카에다 세력이 아덴의 인접 도시를 통제하면서 새로운 분쟁이 재개되었다.

2015년 4월 유엔 인도주의 문제 및 긴급지원 협력관 아모스(Baroness Amos) 차관보는 치열한 전투로 인해 발생한 민간인 사망률에 대한 '심각한 우려'를 표명하였다. 이와 더불어 유니세프도 다수의 어린이가 분쟁으로 인해 희생되었고 특히 어린이들이 전투원으로 강제 모집된다는 사실에 강력하게 비난하였다. 러시아는 '인도주의적 차원의 휴지(Humanitarian Pauses)'를 유엔 안전보장이사회에 제언하면서 긴급회의의 개최를 건의하였다. 하지만 주유엔 사우디아라비아 대사는 그러한 인도주의적 차원의 휴지가 인도주의 지원을 하기 위한 가장 좋은 방법인지는 생각해 볼 필요가 있다고 주장하였다. 2015년 4월 4일 유엔 안전보장이사회는 후티 반군의 지도자 압둘 말리크와 살레 전 대통령에 제재를 가하는 결의안을 채택하였다. 후티 반군에 대한 무기 금수 조치도 이어 채택되었고 후티 반군이 사나에서 철수하도록 권고하였다. 후티 반군은 유엔 결의안을 비난하면서 대규모 저항을 주도하였다. 2011년 살레 전 대통령의 사임을 중재하였던 베노마(Jamal Benomar) 유엔 예멘 특사가 사임하고 유엔 에볼라 바이러스 대응 임무단을 이끌었던 모리셔스의 외교관 아메드(Ismail Ould Cheikh Ahmed)가 4월 25일 새로운 특사로 임명되었다. 유엔 안전보장이사회가 임명한 예멘 전문가 집단은 예멘 내전으로 국민이 고통받고 있다며 이에 대한 책임이 UAE, 예멘 정부 그리고 후티 반군에 있다고 비난하였다. 2018년 12월 유엔은 정부와 후티 반군 사이에서 평화협상을 마련하고 부상한 후티 반군의 전투원들을 사나로부터 안전하게 후송할 수 있는 여건을 마련하도록 하였다.

2019년 UAE는 미국과 이란의 긴장 관계가 높아지자 예멘에서 군사력을 축소하였다. 이어 2019년 7월 UAE는 군사력의 부분적인 철수를 결정하였다. 사우디아라비아는 사나를 포함한 이란의 지원 아래 후티 반군이 장악하고 있는 예멘의 여러 지역에서 휴전을 합의하였다. 이는 예멘의 내전이 지역 분쟁으로 확대할 가능성을 우려하였기 때문으로 해석되었다. 유엔 예멘 특사는 이를 스톡홀름 합의[14]로 시작된 평화 이행과정으로 진행하기 위한 긍정적인 신호로 평가하였다. 회담의 후속 조치로 남부과도위원회와 예멘 정부 사이 권력의 배분에 대한 논의도 이루어졌다. 2020년 1월 후티 반군의 대변인 사레아(Yahya Sarea)는 후티 반군이 나함(Naham), 알자와프(Al-Jawf) 그리고 마리브(Marib) 주의 대부분 도시 지역을 사우디아라비아로부터 해방하였다고 발표하였다. 사우디아라비아가 주도하는 동맹군은 이를 즉각 부인하고 이 지역에서 자신들이 승리하고 있다고 주장하였다.

예멘의 내전 종식은 쉽게 끝나지 않을 듯하다. 분쟁의 주요 당사자는 내전이 시작된 이래 그들의 입장을 좀처럼 바꾸지 않았다. 하디 정부는 후티 반군이 사나 및 기타 지역으로부터 철수하기를 원하고 있다. 반면, 후티 반군은 권력의 배분을 통해 거국 정부에서 중대한 역할을 원하고 있다. 남부과도위원회는 예멘에서 분리를 원하고 있다. 사우디아라비아는 후티 반군이 이란과의 관계 단절을 원하고 있으며 국경선의 안전을 보장하기 위해 무장 해제를 원하고 있다. 이와 같은 각자의 견해차는 전혀 사소하지 않다. 그러나 새롭고 생명력을 지닌 평화를 위한 통로의 개척을 국제사회는 희망하고 있다.

---

14 2018년 12월 3일 예멘의 분쟁당사자들이 스웨덴의 스톡홀름에서 회담하였다. 내전으로 인한 전례 없는 인도주의 위기, 전쟁 범죄, 인권 남용 등의 문제가 다루어졌다. 인도주의 지원을 위한 알후데이다 항구의 개방, 인도주의 지원 통로의 확보, 포로의 교환이 중점적으로 논의되었다.

(2) 국가적 · 지역적 분쟁과 종파적 · 부족적 분열

2015년 이후 예멘은 분쟁으로 인해 2,700만 명의 인구 중 1만 명이 사망하고 310만 명이 분쟁을 피해 고향을 떠나는 복잡한 인도주의 위기에 직면하고 있다. 의료체계는 붕괴하였고 식량, 식수는 절대적으로 부족하다. 유엔은 매일 75명의 국민이 분쟁이 시작한 이래 사망하거나 부상하고 있다고 평가하였다. 예멘의 분쟁은 하디 정부와 후티 반군 사이 국가적 차원의 분쟁, 사우디아라비아와 이란 사이 지역적 분쟁, 예멘 지역사회에서 분쟁 상황을 활용하여 자신의 입지를 강화하고자 하는 극단적 폭력주의 조직 그리고 지역의 권력의 역학관계에 영향을 미치는 종파적, 부족적 분열 등 4개의 주요 분쟁으로 정의할 수 있다.

예멘의 국가적 차원의 분쟁은 지역사회의 관계를 긴장시키고, 이전부터 존재한 분열을 새롭게 만들어 재생산하고 있어 분쟁의 강도는 더욱 심화하고 있다. 현재의 분쟁 이전에 서로 다른 부족 집단과 정당 그리고 북과 남예멘 사이의 긴장은 존재하였다. 이러한 분열이 새로운 것은 아니나, 폭력은 분쟁 집단으로부터 의심과 불신을 증폭시켰다. 지역의 갱단과 군사화된 집단은 북예멘과 남예멘을 오가는 이동을 제한해왔다. 불안정이 계속되고 있는 아덴에서는 중앙정부로부터 소외감이 커져 남부 분리주의 요구가 거세게 일어나고 있다. 이와 더불어 수도 사나에서 수니파와 시아파의 분열 양상은 뚜렷하여 이슬람교도 사회를 더욱 갈라놓고 있다. 과거 사원에서 집회는 자이드 시아파 교도와 후티 운동에 참여하는 사람들과 같은 서로 다른 사회적, 종교적 소속을 가진 개별적 사람들이 모여 결속을 강화하는 기회를 마련해 주었다. 하지만,

남부의 타이즈 주에서와 같이 국내 실향민(Internally Displaced person)[15]과 국내 실향민을 받아주고 있는 주의 주민 사이에서 인도주의 지원을 두고 갈등이 불거져 폭력을 낳거나 지역주의자가 되어 분열의 또 다른 원인이 되고 있다. 출생지, 부족의 소속은 개인의 연결 관계를 결정하는 핵심적인 믿음이 된다. 이러한 지각과 분열이 폭력으로 변화하게 되면, 분쟁의 중심에서 정체성의 논쟁이 각인되고 평화와 안전을 해치는 요인이 된다.

예멘 내전은 국가적 차원의 하디 정부와 후티 반군의 정치적 분쟁으로 2015년 이후 여전히 현재 진행형이다. 후티 반군은 자신들이 중앙정부로부터 소외되었다는 인식과 걸프협력회의(GCC)가 중재하는 과도정부로의 전환에 만족하지 못하고 있다. 이들은 정치적, 경제적 차별로부터 보호와 자치의 확대를 위한 목적으로 권력을 장악하려 하고 있다. 후티 반군과 반대편에 섰던 전 대통령 살레는 다시 정권을 장악하기 위해 후티 반군과 실제적인 동맹을 형성하였다. 살레 전 대통령은 그의 정치적 명분을 추종하는 세력과 지지자들을 후티 반군에 제공하였다. 후티 반군도 북부에서 그들의 거점을 유지하기 위해 살레의 부대에 의존하였고 살레는 이에 대한 반대급부로 하디 정부를 정복시키기 위한 계기로 활용하였다. 하지만 살레를 따르는 세력 중에서도 분열이 있었다. 남부의 지도자들은 하디 정부를 보호하기 위해 후티 반군에 대항하기

---

15 국내 실향민이란 고향을 떠나도록 강요받은 사람들로 자신이 속한 국가의 국경선 내에서 이동한 사람들을 말한다. 이들은 법적으로는 난민의 정의에 포함되지 않으나 난민으로 일컬어지기도 한다. 유엔과 유엔난민기구는 제네바에 있는 국내 실향 모니터링 센터를 통해 국내 실향민을 파악하고 있다. 현재 우리나라에서는 공식 번역 용어가 없어 필자가 정의에 합당하도록 번역한 것이다.

위한 지원을 제공하였다. 이들 남부 민병대들은 또한 극단적인 조직에 대응하기 위해 UAE로부터 재정지원과 훈련을 받았다. 그러나 불안정에 대한 우려가 커지면서 남부의 분리 주장을 다시 제기하기 시작하였다. 아덴에서는 대규모 시위가 발생하면서 후티 반군에 도전을 제기하였고, 하디 정부의 불안정으로 인해 발생한 경제적, 정치적 소외에 대한 감정이 일어나기 시작하였다. 남부의 분리주의 운동은 남부의 분쟁 역학에 지대한 영향을 미치게 되었다. 예멘에서 영향력 있는 세력이 속속 등장하게 되자, 정치적 해결책을 모색하기 위해 모든 세력을 모아 지역사회에 영향력을 미치려는 노력도 더욱 어려워지게 되었다.

예멘 내전은 또한 사우디아라비아와 이란 사이 지역적 분쟁으로, 사우디아라비아와 걸프 국가 동맹은 이란과 계속 이념적, 영토적 분쟁에 직면해 왔고 날카롭게 맞서왔다. 사우디아라비아와 이란이 모두 이슬람이라는 종교를 통해 다스리는 국가였지만, 사우디아라비아는 수니파 왕국이고 이란은 시아파 공화국이다. 사우디아라비아와 이란은 외교적인 관계가 없으며 그들의 서로 다른 이슬람의 해석은 지역 내에서 정치적 의제에 대한 영향을 미쳐왔다. 사우디아라비아는 미국과 영국 그리고 프랑스와 정치적, 경제적, 외교적 관계를 긴밀하게 발전시켜왔다. 반면 이란은 러시아 및 중국과 밀접한 관계를 유지하고 있다. 2015년 후티 반군이 사나를 장악하고 나서 점차 아덴의 남쪽 방향으로 이동하자, 사우디아라비아는 서구와 걸프협력회의 국가의 지원으로 후티의 진격에 대응하기 위한 군사작전을 전개하였다. 후티 반군은 시아파이며 사우디아라비아는 후티 반군을 이란의 대리자라고 여기고 있다.

사우디아라비아가 이란이 적대관계를 최대한 이용하고 있다고 주장하지만, 이란이 후티 반군의 무장을 위한 지원을 했다는 구체적인 증거는 없다. 국제적 차원의 개입이 점차 확대되면서 이로 인한 효과는 공중타격과 봉쇄와 같은 전술적 조치로부터 고통을 받는 민간인에게 고스란히 미치고 있다. 사우디아라비아가 주도하는 공중타격의 30%는 학교, 병원, 시장 등과 같은 민간이 거주지역이다. 대리전쟁으로 역학관계 변화는 종파 간 분열을 더욱 가속화하고 진영 간 정치적 분열 등 지역의 정치적 분위기에도 영향을 미치고 있다.

한편 예멘 내전이 장기화함에 따라 범죄와 폭력적 극단주의 조직이 나타나고 있으며 이로 인해 법치와 효과적인 국가의 기능이 제한되고 있다. 무장 세력에 의해 통제되는 지역에서는 전통적인 거버넌스의 도구가 거부되고 있다. 경찰은 중앙정부로부터 강력한 지침과 자원이 없는 가운데 사회기반시설의 파괴로 효과적인 활동이 제한되고 있다. 예멘의 남부에서 지역의 거버넌스는 분리주의 운동으로 상당한 수준으로 약화하였다. 여기에 지역적 무장 세력이 불안정한 상황을 틈타 일부 영토를 장악하고 있으며 정부의 통제를 약화하고 있다. 이들 중 일부는 후티 반군에 대항하기 위해 만들어진 집단으로 전에 군대에 속했던 인원들이나 지역사회의 지도자들이었지만 종족, 지역 또는 사회적 집단에 따라 재편성되었다.

중앙정부의 통제가 사라지고 안보 공백이 만들어진 상황에서, 분쟁의 당사자는 각자의 위상을 확보하기 위해 무기를 사용하고 있다. 범죄자들과 민병대 세력의 폭력적 범죄 및 학교와 도로를 봉쇄하는 등의 범죄 행위는 어떠한 공식적인 권위도 저지하지 못한 채 진행되고 있다. 알후데이다 항구 지역과 같은 경찰력과 보안군이 효과적으로 운용하고 있는 그곳에서조차 지역 정부는 재정적 지원으로 부족으로 완전한 힘을 발휘하지 못하고 있다. 예멘의 IS 분당(分黨)은 물론 아라비아반도 알카에다 세력은 정치적 공백을 활용하여 예멘에 자신들의 근거지를 강화하고 있다. 아라비아반도 알카에다 세력은 이전에 역사적으로 소외되었던 남부지역에 후티 반군과 정부가 통제하는 외부지역에서 자신들이 지역 거버넌스 구조를 마련하였다. 이들이 통제하는 지역에서 이슬람 원리주의의 가르침에 따라 규칙을 강요하고 있다. 아라비아반도 알카에다 세력은 2017년 3월 정부의 통제 밖에 있는 지역에서 일련의 집회를 통해 드러나게 되었다. 지상의 전투와 공중 폭격으로 인해 민간인 사상자가 점증하자, 이들과 다른 극단주의 조직들은 반 후티 반군 또는 반 하디 정부 세력의 대안으로 자신의 입지를 세우고 변화를 위한 기회를 잡으려 하였다. 안전과 인도주의적 차원의 조건 그리고 경제적 조건이 암담한 이상, 폭력적 극단주의 조직은 소외되어 분노에 찬 사람들을 그들의 조직으로 쉽게 끌어들일 수 있게 될 것이다.

예멘의 국가 기능 상실과 중앙정부의 능력 부재는 국민이 필요한 공공재의 제공을 할 수 없는 사태를 불러왔고 새로운 사회적 분열을 촉발하였다. 즉, 예멘 분쟁은 국가와 정부의 기능 상실로 인해 지역사회 역학관계에 영향을 미치는 종파적, 부족적 분열을 초래하였다. 자원에 대한 접근과 평등한 분배 또한 부족, 종교 그리고 정치적 소속에 따라 왜곡되었다. 이전에 있었던 분열은 부족 간 차이나 이전의 북과 남예멘 사이에서의 정치적 분열에 유래한 것이었다. 국가적 차원에서 보면, 예멘 내전은 과거부터 지리적 근접성과 유사한 사회적 구조로 형성된 22개 주, 북과 남의 분열, 그리고 6개의 종교적 분파 등 지역적 분열을 다양한 수준에서 심화하는 결과를 가져왔다. 이러한 분열은 새로운 것은 아니나, 자원의 분배와 지역 수준의 정치에서 폭력으로 얼룩지게 했다.

이전에 볼 수 없었던 새로운 분열이 나타나기도 하였다. 예를 들면, 수니파와 시아파 사이의 분열은 점차 두드러진 양상으로 나타났고 평온했던 사회를 갈라놓았다. 국내 실향민과 이를 수용해 준 지역사회는 강화된 지역주의나 소속 부족으로 인한 폭력을 발생하게 하였다. 예를 들면, 대규모로 국내 실향민이 유입된 타이즈(Taiz)와 이브(Ibb) 시에서 원래 살던 주민들과 유입된 주민들 사이의 관계가 긴장되었고 서로의 불신과 모욕의 감정을 나타내기 시작하였다. 지역사회는 종종 예멘의 다른 지역에서 유입되는 사람들을 의구심 어린 눈초리로 대하였고 이들 유입된 사람들은 또한 의료시설, 학교 그리고 기타 공공의 장소에서 이미 이곳에 수용된 난민들로 인해 제한적인 공공재를 받을 수밖에 없는 상황에 놓이게 되었음을 깨닫게 되었다. 이와 더불어 지역사회 주민들은 인도주의 지원과 공공재의 제공에서 과도하게 무시되고 있다고 믿었다. 일상의 분쟁이 점증적으로 정체성에 기초한 소속 집단과 엮이게 되었고 이로 인해 평범한 논쟁이 폭력으로 발전하는 촉진제 역할을 하였다. 결국, 폭력은 불안정을 낳았고 군사화된 집단들이 떠오르게 되었다. 이러한 정치적, 이념적, 부족적, 그리고 종교적 분할이 폭력으로 변화될 때, 분쟁의 핵심에서 해결할 수 없는 정체성 분쟁으로 발전하게 되고 평화와 안전의 걸림돌이 된다.

3. 아랍 심장의 몰락, 시리아

시리아의 공식 국명은 시리아 아랍 공화국(Syrian Arab Republic)이다. 서아시아에 있는 국가이며 남서쪽으로 레바논, 서쪽에 지중해, 북쪽으로 터키 그리고 동쪽에 이라크 그리고 남쪽으로 요르단과 접하고 있다. 비옥한 평야와 고산지대 그리고 사막으로 이루어진 시리아는 다양한 인종과 종교로 구성되어 있다. 시리아 아랍인, 쿠르드인, 투르크멘인, 아시리아인, 아르메니아인 등이 시리아의 주요 인종이며, 수니파, 시아파, 알라위파, 드루즈[16], 등으로 구분된다. 시리아는 14개 주로 이루어진 단일제 공화국이며 정치적으로 바트주의(Ba'athism)[17]를 신봉하는 국가이다.

시리아라는 이름은 광활한 지역을 일컫는 말로 레반트(Levant)와 같은 의미로 사용된다. 아랍어로는 알샴(al-Sham)으로 알려져 있다. 현재의 시리아 땅에는 수 개의 고대 왕국이 거쳐 갔다. 알레포(Aleppo)와 다마스

16 알라위파, 드루즈파 는 시아파에서 갈라져 나왔으나 별도의 종파이다. 알라위파는 '알리를 섬기는 이들'이라는 뜻으로 레바논 지역을 프랑스인이 통치하면서 생긴 말이다. 알라위는 현재 시리아의 지배계층으로 군림하고 있다.

17 바트주의(아랍어: البعثية)는 아랍어로 "부흥", "재건"을 뜻하며, 아랍 민족주의 이데올로기 중 하나이다. 시리아의 지식인에 의해 확립되었다. 바트주의는 아랍 민족주의, 범아랍주의, 아랍 사회주의, 세속주의 이념에 따른 사회적 진보를 기반으로 하고 있다. 바트주의 국가였던 이라크와 시리아는 권위주의적 통치를 통해 자신들의 이데올로기에 대한 비판을 거부했다.

쿠스(Damascus)는 세계에서 사람이 거주하기 시작한 가장 오래된 도시들이다. 이슬람 시대에 다마스쿠스는 우마야드(Umayyad) 왕조의 수도였고 이집트 맘룩(Mamluk) 왕이 지배하던 시대의 지방 수도이기도 하였다. 현대 시리아는 20세기 중반에 오토만 제국의 시대가 끝난 이후 잠시의 프랑스 보호령을 거친 후 건국되었다. 시리아는 1945년 10월 24일 시리아 공화국이 유엔 창설 회원국이 되었을 때 의회 공화국으로서 법률상으로 독립하였다. 프랑스가 1946년 4월까지 떠나지 않았지만, 보호령은 공식적으로 종결되었다. 이후 시리아는 아랍을 대표하는 국가로 떠올랐다.

독립 이후는 혼란의 기간이었다. 1949년부터 1971년까지 국가를 흔든 군사 쿠데타와 쿠데타 시도가 계속되었다. 1958년 시리아는 이집트와 더불어 통일 아랍 공화국(United Arab Republic)을 만들었으나 1961년 시리아의 쿠데타로 끝이 났다. 통일 아랍 공화국은 1961년 다시 시리아 아랍공화국(Arab Republic of Syria)이라는 이름으로 개칭되었다. 하지만 1963년 바트당에 의한 쿠데타가 발생할 때까지 여전히 혼란스러운 시간이 계속되었다. 이때부터 바트당이 계속 권력을 장악하였고 시리아는 1963년부터 2011년까지 국가비상사태 상황에 있었다. 시리아 국민의 헌법적 권리는 유보되었다.

2000년 바시르 알아시드(Bashar al-Assad)가 그의 아버지 하피즈 알아시드(Hafez al-Assad)에 이에 대통령이 되었다. 하피즈 전 대통령은 1971년부터 2000년까지 시리아를 통치하였다. 하피즈 대통령과 여당인 바트당이 시리아를 통치하는 동안 인권남용, 정치범의 즉결심판 그리고 대규모 검열 등 문제로 비난과 비판을 받아왔다. 2011년 3월 이후 시리아는 무력 분쟁에 휩쓸리게 되었고 결과적으로 반 시리아연대(Syrian opposition), 로자바(Rojava)[18], 타히르 알 샴(Tahrir al-Sham)[19] 그리고 IS와 같은 자칭 정치 집단이 등장하게 되었다. 시리아는 내전으로 인해 지구상에서 가장 폭력이 난무하고 있는 국가이며 57만 명이 사망하였고 760만 명이 국내 실향민이며 500만 명의 난민이 발생하여 실제 인구의 통계가 어려운 지경에 이르렀다.

시리아는 신석기 시대 이전부터 문화의 중심지였으며, 인류 역사상 농업과 가축을 처음으로 시작한 곳이기도 하다. 하무카르(Hamoukar)와 에마르(Emar)[20]는 이 시기와 청동기 시기에 중요한 역할을 한 곳이다. 고고학자에 따르면 시리아는 메소포타미아 문명 이전에 유일하게 존재했던 가장 오래된 문명이다. 최초의 역사적 기록으로 남아있는 시리아는 현재 북부의 이들리브(Idlib) 지역에 있던 에블라(Ebla) 왕국이었다. 에블라 왕국은 기원전 3500년경 세워졌으며 소아시아는 물론 메소포타미아 국가인 수메르, 아시리아와 교역을 통해 부를 축적하였다. 에블라 왕국은 현재의 이라크와 국경지대의 도시국가 마리(Mari)와의 장기전으로 인해 약화하였다. 메소포타미아 아카드 제국(Akkadian Empire)의 사르곤(Sargon) 황제의 손자 나람신(Naram-Sin)이 기원전 2400년 에블라 왕국을 점령한 이후 제국의 일부가 되었다.

기원전 2200년 후리안(Hurrian)인이 시리아의 북동부 지역에 정착하였고 나머지 지역은 아무르(Amurru, Amorite)인이 지배하였다. 시리아는

---

18 시리아 북부와 동부의 자치 행정을 의미한다.

19 레반트 해방기구 또는 레반트 운동위원회를 의미한다. 2017년 1월 만들어진 적극적인 살라피파 지하드 무장 세력이다.

20 하무카르는 터키, 이라크와 접경하고 있는 역사적 유적지이며, 에마르는 현재 알레포 지역의 역사적 유적지이다.

이웃 아시리아의 바빌로니아인들에 의해 아무르인의 땅이라 불렸다. 아무르의 북서부 셈족 언어는 가나안 언어(Canaanite-Languages)의 가장 초기 형태였다. 마리 왕국이 이 기간에 다시 일어섰고 바빌로니아의 6대 왕 함무라비 왕에 의해 점령될 때까지 발전하였다.

기원전 19세기와 18세기 시리아 동부가 구 아시리아 제국에 의해 점령되어 아무르에 통치되었지만, 얌하드(Yamhad) 왕조(현재의 알레포)는 2세기 동안 시리아 북부를 지배하였다. 얌하드는 최대 번성기에 함무라비의 바빌로니아보다도 더 많은 봉건 제후를 거느린 기록도 남아있다. 얌하드 왕조는 유프라테스 계곡으로부터 바빌로니아의 국경에 이르는 지역까지 통치력을 확장하였다. 얌하드의 군대는 현재의 이란 지역인 엘람(Elam)의 국경지대에까지 원정을 떠났다.

기원전 1600년경 얌하드 왕조는 소아시아의 히타이트(Hittites) 왕조에 의해 에블라 왕국과 함께 정복되었다. 이때부터 시리아는 히타이트 제국 미타니(Mitanni)[21] 제국, 이집트 제국, 중기 아시리아 제국 그리고 바빌로니아에 이르기까지 다양한 외세 제국의 격전장이 되었다. 초기 이집트가 남부의 대부분 지역을 점령하였고, 히타이트와 미타니 제국은 북부지역을 점령하였다. 하지만 아시리아 제국은 미타니 제국을 멸망시키고 히타이트 제국과 바빌로니아 제국이 보유하고 있던 땅을 모두 차지하게 되었다.

기원전 14세기경, 셈족 사람들이 이 지역에 나타나기 시작하였고

---

21 미타니 제국은 히타이트 제국이 바빌로니아를 멸망시킨 이후 등장한 시리아 북부와 아나톨리아의 남동부에 등장한 지역의 강자였다. 일각에서는 아시리아 왕의 통치가 제대로 미치지 못한 틈을 타 메소포타미아에 등장했다는 주장도 있다.

이들은 수 세기 동안 아시리아 제국과 히타이트 제국에 의해 복속되었다. 시리아 서부를 장악하기 위해 이집트는 히타이트 제국과 싸웠다. 기원전 1274년 카데시 전투(Battle of Kadesh)[22]에서 정점에 이르렀다. 시리아 서부는 기원전 1200년 파괴될 때까지 히타이트 제국의 일부로 남아있었다. 한편 시리아의 동부는 대부분 아시리아 제국의 부분이 되었다. 기원전 11세기 히타이트 제국과 아시리아 제국의 쇠퇴하면서 아라미안(Aramean) 부족이 대부분 지역을 통제하기 시작하였다. 오늘날 시리아에 해당하는 이 지역은 아라미아(Aramea) 또는 아람(Aram)이라는 이름으로 알려지게 되었다. 이와 동시에 셈족의 아라미아인과 인도유럽어족 히타이트가 서로 합쳐지기도 하였다. 이들은 시리아 북중부 지역과 현재의 터키에 해당하는 남중부 지역에 사이로 히타이트(Syro-Hittite)라는 나라를 건국하였다.

기원전 13세기부터 페니키아(Phoenician)인들이 시리아의 해안(현재의 레바논과 팔레스타인 북부)선을 따라 영토를 장악하기 시작하였고 암릿(Amrit), 시미라(Simyra), 아르와드(Arwad), 팔토스(Paltos), 라미타(Ramitha) 그리고 슈크시(Shuksi) 등과 같은 도시국가를 건설하였다. 이 지역으로부터 궁극적으로 지중해를 통해 영향력을 확산하기 시작하였다. 이들은 몰타, 시칠리, 이베리아반도, 북아프리카 해안에 식민지를 건설하였고 특히 기원전 9세기 현재의 튀니지에 카르타고(Carthage) 도시국가를 건설하였다. 특히 카르타고는 후에 로마 제국에 맞서는 제국의 중심이 되었다.

---

22 카데시 전투는 새로운 이집트 왕국의 람세스(Ramesses) 2세와 히타이트 제국의 무와탈리(Muwatalli) 2세 사이에서 카데시를 두고 벌인 전투이다. 카데시는 오늘날 레바논과 시리아의 국경선 인근이다. 역사상 최초로 가장 많은 전차가 동원된 전투로 기록되고 있다. 총 5천에서 6천 대의 전차가 동원되었다.

기원전 911년부터 605년 사이 시리아와 근동의 서부 절반은 신 아시리아 제국에 편입되었다. 아시리아는 제국은 공용어로 제국의 아람어를 사용하도록 하였다. 이 언어는 서기 7세기와 8세기 아랍 이슬람이 시리아와 근동지역을 완전하게 정복하기 이전까지 가장 뚜렷하게 남아 있어 기독교를 전파하는 데 중요한 견인차 구실을 하였다. 아시리아인은 시리아와 레바논의 식민지를 에베르-나리(Eber-Nari)라고 이름 지었다. 아시리아가 내란으로 약해지고 난 이후, 바빌로니아, 페르시아 등으로부터 공격을 받게 되었다. 아시리아 제국이 멸망한 이후 신바빌로니아 제국(기원전 605년~539년)이 나타났다. 이 기간 시리아는 바빌로니아와 아시리아 제국의 식민지였던 이집트와 전쟁터가 되었다. 바빌로니아가 이집트에 승리를 거두었다.

기원전 539년 아케메네스(Achaemenid) 제국을 건설한 페르시아의 키루스 대제(Cyrus the Great)는 바빌로니아와 더불어 시리아를 병합하였다. 페르시아인들은 아케메네스 제국 기간(기원전 539년~330년)에 아람어를 공식 외교용어로 사용하였다. 시리아는 기원전 330년 그리스 마케도니아 제국에 의해 정복되었고 알렉산더 대왕에 의해 통치되었으며, 궁극적으로 그리스 셀레우코스(Greek Seleucid, 기원전 323년~ 64년)제국의 코엘레-시리아(Coele-Syria) 지방이 되었다. 셀레우코스 왕은 시리아의 왕이라 칭하고 240년부터 안디옥(Antioch)을 수도로 하였다. 시리아라는 이름을 부여한 것은 그리스인 이었다. 그리스인들은 메소포타미아 북부의 인도-유럽계 아시리아로부터 아시리아의 지배 아래 있었던 땅을 시리아라는 이름으로 불렀다. 그리스와 로마 시대 모두 시리아의 아라미안 부족과 메소포타미아의 아시리아인들은 서로 분명하게 다름에도 모두 시리아인들로 불리게 되었고 셀레우코스 시리아 남부는 이후 유대인 하스몬

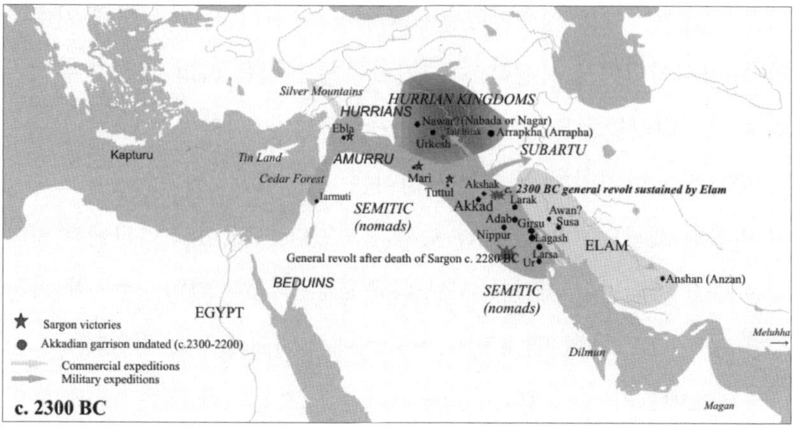

(Judean Hasmoneans)가에 의해 점령되어 서서히 와해하였다.

기원전 83년 시리아는 아르메니아(Armenia)의 티그라네스 대왕(Tigranes the Great)에 의해 정복되었다. 그는 시리아 사람들을 로마로부터 구한 구세주로 환영받았다. 하지만 로마 제국의 폼페이우스 장군(Pompey the Great)은 기원전 64년 시리아의 안디옥을 점령하고 20년 동안의 아르메니아 통치를 끝냈다. 시리아는 실크로드의 전략적 위치에서 엄청난 부를 축적하며 로마의 통치 아래 번영하였다. 이로 인해 시리아는 로마와 페르시아 사이 격전장이 되었다.

2세기 시리아 북부에서 아람어를 사용하는 풍요롭고 강력한 팔미라(Palmyra) 왕국이 등장하였다. 팔미라 왕국은 로마 제국에서 가장 풍요로운 도시로 만든 무역 통로를 개척하였다. 3세기 말, 팔미라의 왕 오다에나투스(Odaenathus)는 페르시아의 샤푸르(Shapur) 1세를 패배시키고 로마 동부 전체를 통제하였다. 로마 제국의 분열로 시리아에 대한 통제는 로마로부터 비잔틴 제국으로 넘어가게 되었다. 7세기 아랍 이슬람으로부터 정복되기 이전에 시리아 사람들 대부분은 아랍인이었으나, 그리스와 로마의 지배계층이었던 사람들도 여전히 시리아 땅에 거주하였다. 아시리아인은 북동부, 페니키아인은 해안을 따라 그리고 유대인과 아르메니아인들은 주요 도시에 거주하였다. 시리아의 기독교는 주요 종교로 남아있었다. 번영된 시리아는 다시 한번 2세기와 3세기 로마와 비잔틴 제국의 가장 주요한 도시가 되었다. 시리아의 역사에서 기독교는 중요한 의미를 지닌다. 사도 바울(Apostle Paul)은 다마스쿠스에 가는 길에 기독교로 개종하였고 안디옥 교회에서 선교 활동을 하였다.

마호메트가 시리아의 부족들과 처음으로 접촉한 것은 626년 두맛 알-잔달(Dumatul Jandal)[23]을 침략할 때였다. 마호메트는 이곳에 살고 있던 사람들이 메디나를 공격할 것이라는 정보를 입수한 것으로 전해졌다. 640년 시리아는 알 왈리드(Khalid ibn al-Walid)가 이끄는 아랍 라쉬둔 군(Arab Rashidun Army)에 의해 정복되었다. 7세기 중반, 우마야드 왕조가 통치하였고 수도를 다마스쿠스로 정하였다. 750년 우마야드 왕조가 부패로 인해 멸망하고 아바시드(Abbasid) 왕조가 들어섰다. 아바시드 왕조는 바그다드를 수도로 정하였다. 우마야드 통치 기간에 그리스와 비잔틴의 아람어를 대치하여 아랍어가 공용어가 되었다. 887년 이집트를 근거지로 한 툴룬(Tulunids) 왕조가 아바시드 왕조로부터 시리아를 복속하였다.

십자군 원정이 있던 1098년부터 1189년 사이 시리아는 프랑스, 영국, 이탈리아, 그리고 독일에 의해 점령되었다. 시리아 해안의 산악지역은 아사신(Assassins)[24]이라고 불리는 니자리 이스마일리(Nizari Ismailis)파

23 현재 사우디아라비아의 북서부에 있는 도시이다.

24 이슬람 시아파를 원류로 하는 이스마일파 가운데서 특히 "니자리파"라고 불리는 교단이다.

에 의해 점령되었다. 1세기에 걸친 셀주크(Seljuk)의 통치 이후 시리아는 1175년 이집트 아유브(Ayyubid) 왕조의 창시자 살라딘(Saladin)에 의해 점령되었다. 알레포와 다마스쿠스는 1260년 몽골에게 함락되었다. 얼마 지나지 않아 이집트가 갈릴리(Galilee) 전투에서 몽골를 패배시키고 다마스쿠스를 수도로 정하였다. 1400년 다시 몽골의 티무르(Timur)가 이집트 군과 싸워 알레포와 다마스쿠스를 탈취하였다. 도시의 사람들은 학살당하였다. 15세기말에 이르러 유럽으로부터 극동으로 이르는 해상 교통로가 발견되어 시리아를 거치는 해상로의 필요성이 사라지게 되었다.

1516년 오토만 제국이 이집트를 침략하였고 이어 시리아를 정복하여 제국에 복속하였다. 터키인들이 아랍인은 존중하였고 믿음의 보호자를 수용하였기 때문에 오토만 제국의 체계는 시리아 사람들에게 번거로운 일은 아니었다. 다마스쿠스는 메카의 주요 중계 무역지가 되었고 따라서 하즈(Hajj)[25]에 메카로 향하는 순교자들이 시리아를 거치게 되어 시리아에게큰 이익이 되었다. 오토만 제국은 평화로운 공존을 추구하였다. 아랍 시아파 이슬람교도, 아랍 수니파 이슬람교도, 아람-시리아 정교, 그리스 정교 마론파 기독교, 아시리아 기독교, 아르메니아인 쿠르드인 그리고 유대인에 이르기까지 종족과 종교를 떠나 서로의 삶을 평화롭게 영위하게 되었다.

1831년 이집트 장군 이브라힘(Ibrahim)은 오토만 제국에 대한 통치

11세기부터 13세기에 걸쳐 현재의 시리아, 팔레스타인, 이집트, 이란, 이라크 등지에서 활동했다. 페르시아의 아사신과 시리아의 아사신으로 나뉜다. 암살이라는 영어는 이 파로부터 유래하였다.

25 하즈는 메카의 성지를 순례하며 종교적 의례에 참가하는 일로 모든 이슬람교도에게 부과된 기본적인 종교 의무 중 하나이다. 정규적인 순례를 마친 자를 하지라고 부른다.

에 거부하고 오토만이 다스리던 시리아를 공격하여 다마스쿠스를 확보하였다. 그는 짧은 기간에 인구분포와 사회적 구조를 변화시키고자 하였다. 특히 수천 명의 이집트인을 시리아 남부 평야 지대로 이주시켜 자파(Jaffa)[26]시를 다시 건설하고 이를 수도로 하였다. 그는 또한 농부와 드루즈(Druze)파 반란세력을 제압하고 그에게 충성하지 않는 부족을 추방하였다. 하지만 얼마지 않아 1860년 오토만 제국에 항복하였다. 1864년 오토만 제국이 통치하던 시리아의 주요 도시에 대한 개혁이 이루어져 알레포, 조르(Zor), 베이루트, 그리고 다마스쿠스 지역으로 개편되었고 레바논 산(Mount Lebanon) 지역이 새롭게 만들어졌으며 이어 예루살렘이 별도의 도시로 분리되었다.

제1차 세계대전 기간에 오토만 제국은 독일과 오스트리아-헝가리 제국의 편에 섰다. 오토만 제국은 영국과 프랑스에 패배하여 근동의 전 지역을 넘겨주어야만 하였다. 전쟁 기간에 오토만 제국과 추축국은 시리아의 데이르 에조르(Deir ez-Zor)[27] 지역에서 아르메니아인과 아시리아인 대학살 이름 아래 토착 기독교인에 대한 만행을 저질렀다. 제1차 세계대전 중간인 1916년 프랑스의 피코(François Georges-Picot)와 영국의 사이크스(Mark Sykes)는 비밀리에 오토만 제국을 분할하기 위한 사이크스-피코 협정에 합의하였다.

분할선은 요르단으로부터 이란으로 거의 직선으로 그어졌다. 하지만 전쟁이 끝나기 직전 모술지역에서 대규모 유전이 발견되자 1918년

26 현재의 이스라엘 텔아비브에 있는 항구도시이다.

27 시리아 동부에서 가장 큰 도시이며 수도 다마스쿠스로부터 북동부로 450km 거리에 있다. 최근에는 IS 세력의 거점으로 미군과 치열한 전투를 벌였다.

프랑스는 이 이 지역에 대한 협상을 다시 시작하였고 영국에게 넘겨주었다. 중간에 있는 데이르 에조르 지역의 운명은 불분명하게 남겨졌고 아랍 민족주의자들에 의해 점령된 이후 시리아로 편입되었다. 1920년 시리아가 독립했을 당시 국제연맹은 이를 시리아 땅으로 인정하였다.

1920년 시리아 왕국이 세워졌고 하세미트(Hashemite) 가문의 파이잘(Faisal) 1세가 왕이 되었다. 하지만 그의 통치는 불과 수개월 동안 실시되었고 프랑스군이 시리아를 점령하였다. 이후 산 레모(San Remo) 회의에서 국제연맹은 시리아를 프랑스의 보호령으로 결정하였다. 1925년 알 아트라쉬(al-Atrash) 국왕은 드루즈 산에서 반란을 이끌었고 시리아 전체와 레바논 일부에 이르기까지 반란이 확산하였다. 프랑스는 모로코와 세네갈로부터 수천 명의 병력을 파견하였다. 1927년 봄까지 반란의 저항은 계속되었다. 프랑스는 알아트라쉬 국왕에게 사형을 선고하였지만 트랜스요르단(Transjordan)으로 탈출하였고 나중에 사면되었다.

1936년 시리아와 프랑스는 독립을 위한 협상을 시작하였고 시리아 공화국이 성립된 이후 첫 번째 대통령으로 알아티시(Hashim al-Atassi)가 선출되었다. 하지만 독립을 위해 맺었던 조약은 프랑스가 이에 대한 인준을 거부하였기 때문에 효력을 발휘하지 못하였다. 제2차 세계대전 중 1941년 7월 영국과 프랑스는 시리아-레바논 전역을 위해 시리아를 점령하였다. 영국과 시리아 민족주의자의 계속된 압력으로 프랑스는 1946년 4월 병력을 철수하였다. 이로써 시리아는 보호령 아래 있을 때 세워진 시리아 공화국 정부의 손으로 넘어가게 되었다.

독립부터 1960년대까지 시리아의 정치는 혼란이 지배하였다. 1948년 5월 시리아군이 다른 아랍국가들과 더불어 팔레스타인을 침공하여 유대인 정착촌을 공격하였다. 당시 알쿠와틀리(Shukri al-Quwwatli) 시리아 대통령은 전선에서 '시오니스트(Zionists)를 파괴하라.'고 명령하였다. 침략의 목적은 이스라엘의 건국을 방해하는 것이었다. 이 전쟁에서 시리아가 패배하면서 1949년 3월 알자임(Husni al-Za'im) 대령이 쿠데타를 일으켰다. 이는 제2차 세계대전 이후 아랍 세계에서 군부에 의해 발생한 첫 번째 쿠데타였다. 같은 해 알하니위(Sami al-Hinnawi) 대령이 다시 정권을 장악하였고 그 자신도 시샤클리(Adib Shishakli) 대령에게 추방되었다. 시샤클리 대령은 결국 다당주의를 폐지하였으나 1954년 축출되며 의회체계는 다시 복구되었다. 하지만 이때까지 권력은 여전히 군부에 집중되었다. 힘이 약한 의회는 경제 정책마저 실패하게 되자 혼란이 발생하였고 나세르 주의(Nasserism)[28]에 영향을 받게 되었다. 시리아는 아랍 민족주의가 번성할 토양을 가지고 있었다. 여기에는 종교적 소수를 포함하였고 급격한 개혁을 요구하였다.

1956년 11월 수에즈 위기[29]의 직접적인 결과로 시리아는 구 소련과 군사 장비를 제공하는 협정에 합의하였다. 이를 계기로 구 소련은 그들의 영향력을 미치기 위한 발판을 마련하게 되었다. 1958년 2월 1일 알쿠와틀리 시리아 대통령과 나세르 이집트 대통령은 이집트와 시리아를 합쳐 통일아랍공화국(United Arab Republic)으로 새로운 국가를 만들 것

---

28 나세르주의는 아랍민족주의 정치 이념으로써 나세르(Gamal Abdel Nasser)의 주장에 근거하였다. 나세르는 1952년 7월 이집트의 민족주의 운동을 이끌었으며 대통령이 되었다. 아랍주의는 아랍 사회주의, 공화주의, 민족주의, 반제국주의가 혼합된 이념이었으며 비동맹 운동을 이끌었다.

29 시리아 위기는 제2차 중동전쟁 또는 제2차 아랍-이스라엘 전쟁으로도 불린다. 1956년 10월 29일 이스라엘이 이집트 침공을 개시했고, 영국과 프랑스가 뒤이어 이집트에 선전포고했다. 전쟁의 목적은 수에즈 운하의 통치권을 영국과 프랑스가 회복하고, 이집트 대통령 나세르를 권력에서 몰아내는 것이었다. 11월 14일 유엔 총회에서 유엔 긴급군(UNEF)의 파견을 내용으로 하는 정전 안이 채택되자 영국과 프랑스는 철수하였다.

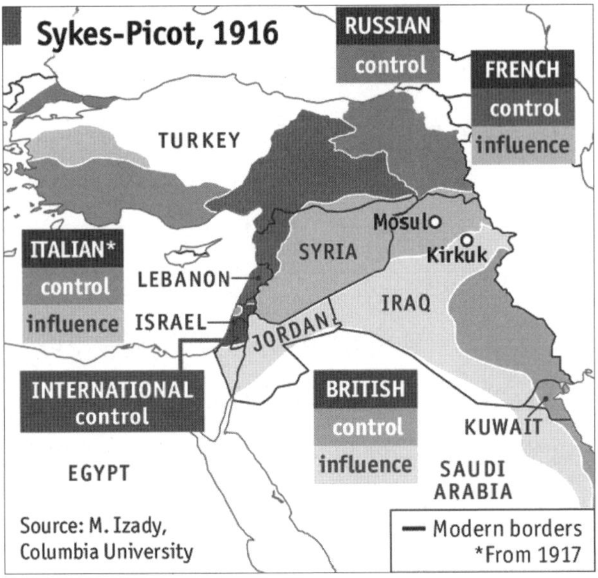

임을 선포하였다. 하지만 1961년 9월 28일 시리아에서 쿠데타가 발생한 이후 시리아는 공화국으로부터 탈퇴하였고 통일아랍공화국은 해체되었다. 쿠데타 이후에도 불안정은 계속되었고 1963년 3월 바트주의자(Ba'athist)들의 쿠데타로 정점에 이르렀다. 결국 아플라크(Michel Aflaq)와 알비타르(Salah al-Din al-Bitar)가 이끄는 아랍 사회주의 바트당이 권력을 장악하게 되었다.

1967년 전반기 시리아와 이스라엘 사이에 감정을 드러내지 않는 전쟁 상태에 있었다. 비무장지대에서 이스라엘이 영토를 확장하고자 하는 의도는 4월 7일 이스라엘과 시리아 사이 전쟁 이전의 공중 충돌로 이르게 되었다. 이집트와 이스라엘 사이 6일 전쟁[30]이 발생하였을 당시

30 6일 전쟁은 제3차 중동전쟁으로도 불린다. 이 전쟁은 이스라엘을 상대로 주변 이웃 국가인

시리아는 전쟁에 참여하여 이스라엘을 공격하였다. 전쟁의 마지막 날, 이스라엘은 시리아에 주의를 돌렸다. 이스라엘은 48시간 이내에 골란 고원(Golan Heights)의 2/3를 점령하였다. 시리아가 골란고원을 상실한 것은 다음 단계에서 어떠한 대책을 취할 것인가를 두고 발생한 정부와 군의 내부 분열로부터 기인하였다. 1970년 11월 시리아의 알아사드(Hafez al-Assad) 정부를 세운 무혈 군사 쿠데타에서 권력 투쟁의 정점에 이르렀다. 1973년 10월 시리아와 이집트는 다시 이스라엘을 상대로 4차 중동전, 욤 키푸르(Yom Kippur) 전쟁을 시작하였고 이스라엘군은 초기 시리아의 우세를 역전시키고 시리아 영토 내로 깊숙이 진격하였다. 1970년대 후반 이슬람교도 형제단(Muslim Brotherhood)이 정부를 상대로 반란을 일으켰다. 이슬람주의자들은 민간인과 비번 중인 군인을 공격하였고 보안군은 이에 대한 보복으로 똑같이 민간인을 살해하는 상황으로 발전하게 되었다. 반란은 1982년 하마 대학살(Hama Massacre)[31] 사건이 발생하면서 정점에 이르렀다. 약 1만여 명에서 4만여 명의 시민이 시리아 정규군에 의해 사망한 것으로 파악되었다.

아랍국가들과 서구세계와의 주요 관계의 변화는 시리아가 미국이 주도하는 후세인에 대한 걸프 전쟁에 참여하면서 시작되었다. 시리아는 1991년 마드리드 다자 회의에 참여하였고 1990년 이스라엘과 여러 차례의 협상에 개입하였지만, 협상이 실패로 돌아가게 되자 2000년 3월 스

이집트, 요르단, 시리아, 레바논이 연합하여 벌인 전쟁이다. 당시 이집트는 통일 아랍 공화국으로 불렸다.

31 하마 대학살 사건은 1982년 2월 발생하였다. 시리아군은 이슬람교도 형제단의 알 아시드 대통령에 대한 저항을 진압하기 위해 알아사드 대통령의 명령으로 하마 시를 27일 동안 포위하였다. 대학살은 알아사드(Rifaat al-Assad) 장군의 지휘 아래 시리아군에 의해 자행되었다.

위스 제네바에서 알아사드 대통령이 클린턴 전 미국 대통령과 회동 이후 시리아와 이집트 사이의 직접적인 대화는 더는 없었다. 2000년 알아사드 대통령이 사망하였고, 그의 아들 바샤르 알아사드(Bashar al-Assad)가 단독으로 대통령에 나서 당선되었다. 그의 당선으로 이른바 다마스쿠스의 봄(Damascus Spring)의 기대에 부풀었고 2001년 가을까지 개혁이 기대되었지만, 오히려 시위에 나선 사람과 일부 지식인들이 투옥되는 결과를 가져왔다. 2003년 이스라엘은 다마스쿠스 인근의 시설이 테러리스트 훈련 시설이라며 폭격하였다. 2004년 3월 시리아 쿠르드족과 아랍인들이 시리아 북동부 알카미슐리(al-Qamishli) 지역에서 충돌하였다. 이로 인해 이 지역에서 폭동이 발생하게 되었다. 2005년 시리아는 레바논으로부터 공식적으로 모든 병력을 철수하였다. 하지만 시리아 내전의 징후가 서서히 나타나기 시작하였다.

시리아 대통령 알아사드와 그의 동맹 세력 그리고 정부에 반대하는 다양한 국내 및 외국 지원 세력 사이의 시리아 내전은 현재 진행형이다. 시리아는 어쩌면 21세기 가장 치열한 두 번째 전쟁을 치르고 있다. 2011년 아랍의 봄의 물결과 더불어 발생한 시리아의 불안정한 상황은 시리아 정부에 대한 불만으로부터 발생하여 알아사드 대통령의 하야를 요구하는 시위 이후 무력 분쟁으로 발전되었다.

시리아 내전은 2011년 3월 15일 다마스쿠스와 알레포에서 주요 불안정 사태로부터 시작되었다. 여기에는 시리아 정부군과 시리아의 국제 동맹 세력, 자유 시리아군(Free Syrian Army)을 포함한 대부분 수니파 무장 세력으로 구성된 느슨한 동맹, 알누스라 전선을 포함한 살라피파 지하드 집단, 쿠르드계 아랍 시리아 민주군(Arab Syrian Democratic Forces)과 IS의 혼합 세력 그리고 이란, 러시아 터키 그리고 미국 등 직접 또는 간접적으로 개입하고 있는 국가 등 적과 아군의 구분이 어려울 정도로 다양한 요소가 있다. 우선 2015년 9월부터 이란과 러시아 그리고 헤즈볼라는 시리아 정부 및 시리아군을 지원하고 있다. 2014년 IS 세력에 대응하기 위해 구성된 미국이 주도하는 국제 동맹 세력은 IS에 대한 공중타격을 주로 하고 있으며 일부 친정부 표적을 공격하고 있다. 이들은 또한 지상에서 IS 세력을 격멸하기 위해 특수부대와 포병부대를 전개하였다. 미국은 북부시리아 민주연맹을 물질적, 재정적으로 지원하고 있다. 터키는 2016년 8월 이후 미국이 이끄는 동맹과 더불어 IS 세력에 대한 공중타격에 참여하는 것은 물론 적극적으로 북부 시리아를 점령하고 있는 시리아 반대세력을 지원하면서 직접적으로 시리아 정부에 대항한 작전에 개입하고 있다.

2011년부터 2017년 사이 시리아 정부군의 지원 세력과 반대 세력이 모두 레바논 땅에서 서로 공격하게 되면서 시리아 내전은 레바논까지 확대하였다. 여기에는 IS와 알누스라 전선이 레바논 정부군과 싸우고 있기도 하다. 더욱이 공식적으로는 중립 입장인 이스라엘은 헤즈볼라 및 이란군과 대결하고 있다. 이스라엘 관점에서 시리아의 남서부에서 이들의 활동은 일종의 위협으로 보고 있기 때문이다. 이스라엘은 또한 내전이 시작된 이래 반복적으로 시리아 정부군과 이른바 이란 및 헤즈볼라 민병대에 대해 타격을 하고 있다.

국제사회는 실제로 내전에 개입하고 있는 시리아 정부, IS, 반정부 무장 세력, 러시아 그리고 터키, 미국 주도의 동맹군 등 모든 세력에 대해 심각한 인권 위반과 대규모 학살을 이유로 비난하고 있다. 내전은 심각한 난민 문제를 발생시켰다. 내전이 진행되는 동안 2017년 제네바 평화회담을 비롯하여 유엔의 주도 아래 여러 차례의 평화계획이 마련되었지만, 전투는 계속되고 있다.

1963년 성공적인 쿠데타를 통해 세속적인 바스당 시리아 지역 지부가 권력을 장악하였다. 시리아는 이후 1971년 3월까지 여러 차례 쿠데타가 발생하였고 마침내 알라위파(Alawite)의 알아사드가 대통령의 자리에 올랐다. 시리아 지역 지부는 두드러지는 1당으로 존재하였고 2012년에 가서야 시리아 국민회의가 발족하면서 다당제가 되었다. 1973년 1월 알아사드 대통령은 헌법을 개정하였고 이로 인해 국가적 위기가 발생하였다. 이전의 헌법과 달리, 새로운 헌법은 시리아의 대통령이 이슬람교도일 필요가 없었다. 이에 따라 하마(Hama), 홈즈(Homs) 그리고 알레포 등지에서 이슬람교도 형제단 등 다수의 세력이 맹렬한 시위에 나서게 되었다. 특히 이슬람교도 형제단의 일부 구성원들에 의한 무장 반란이 1976년부터 1982년 사이 발생하였다.

2010년 알아사드 대통령이 사망한 이후 그의 아들 바샤르 알아사드가 대통령으로 선출되었다. 알아사드 대통령과 그의 아내 아스마(Asma)는 수니파 이슬람교도로 영국에서 유학하였다. 사람들은 그의 배경을 보고 민주적인 개혁이 이루어질 것으로 희망하였다. 하지만 알아사드는 그의 개혁 약속을 지키지 않았다. 2017년에 이르기까지 그는 어떠한 온건한 반대파일지라도 그의 통치에 방해가 될 경우, 이를 용인하지 않았다. 거의 모든 반대 세력은 모두 지하드 주의자들이었으며 그의 세속적인 리더십을 무너트리고자 하였다. 알아사드는 이들을 외부세력과 연계된 시리아 내에서 활동하는 테러리스트 집단이라고 여겼다.

시리아 내전에는 다양한 분파가 참여하고 있다. 여기에는 내부세력은 물론 외부세력을 포함한다. 첫 번째 세력은 시리아군과 동맹 세력이다. 두 번째 세력은 터키가 지원하는 시리아군으로부터 편성된 반대

파로 자유 시리아군(Free Syrian Army)이다. 세 번째 세력은 주로 쿠르드족으로 편성된 시리아 민주군(Syrian Democratic Forces)이다. 네 번째 세력은 IS 세력이다. 시리아 정부와 반대 세력은 모두 외부세력으로부터 군사적, 외교적으로 지원을 받고 있다. 이로 인해 시리아 내전은 종종 대리전(Proxy War)으로 묘사되고 있다.

시리아 정부를 지원하는 세력은 이란, 러시아 그리고 레바논의 헤즈볼라이다. 시리아 반군 세력은 사우디아라비아, 터키 그리고 UAE로부터 정치적, 군사적 지원을 받고 있다. 푸틴 러시아 대통령은 2020년 1월 시리아를 방문하여 알아사드 대통령을 만나 시리아에 대한 군사지원 방안을 논의하였다. 2020년 2월 터키도 시리아 북부지역을 공격하여 적어도 13명의 시리아 군인이 사망하였고 이에 대응하여 시리아 정부는 보복 공격을 가하여 터키군 8명이 사망하였다. 같은 달 이스라엘군도 다마스쿠스 인근에 공중 타격을 하였다. 싱황이 이렇게 되자, 나토의 29개 회원국 대사들이 한자리에 모여 러시아가 시리아를 지원하는 한 터키와 연대하겠다는 의사를 밝혔다.

한편 IS 세력은 시리아의 국경을 넘어 이라크 북부로 들어가 이라크 영토를 점령하였다. 시리아 정부군과 반군의 전투도 레바논 여러 지역까지 확산하였다. 레바논 북부지역에서는 시리아 정부를 지지하는 세력과 이를 반대하는 세력 사이 폭력이 발생하였고 트리폴리에서는 수니파와 알라위파 사이에서 무력 충돌도 발생하였다. 2014년 6월부터 시작하여 IS 세력은 이라크 영토의 일부를 장악하였다. 시리아 공군은 이라크 정부와 협조를 통해 라카(Raqqa)와 알라사카흐(al-Hasakah)에서 IS 세력에 대한 공중타격을 하였다. 시리아 내전 초기에 아랍연맹, 유럽 연합 그리고 유엔과 대부분 서구 국가는 시리아 정부가 시위에 대해 폭력적으로 대응하는 것을 비난하였고 이들 시위대의 언론과 시위의 자유를 보장할 것을 요구하였다. 중동 국가들도 처음에는 알아사드 정부를 지지하였지만 시위로 인한 사망자의 수가 증가하게 되자, 정부와 시위대의 폭력에 대한 비난을 보내며 균형된 접근 모습을 보여주었다. 아랍연맹과 이슬람 협력기구는 모두 시리아의 회원국 자격을 유보하였다. 2011년과 2012년 러시아와 중국은 서구 국가가 초안을 작성한 유엔 안전보장이사회 결의안을 거부하였다. 결의안은 시위대에 대한 군사적 행동이 계속될 경우, 시리아 정부에 대한 제재를 가하겠다는 내용을 담고 있었다.

내전이 진행되는 동안 유엔과 아랍연맹 등 국제사회에서 시리아의 평화를 위한 계획들이 제기되었다. 시리아 정부는 반정부 세력을 무장 테러리스트 단체로 규정하며 협상을 위한 노력을 거부하였다. 2016년 2월 유엔은 공식적으로 유엔이 중재하는 제네바 평화회담을 시작하였다. 이에 대해 알아시드 대통령은 제네바 회담이 시리아에서 정치적 해결 과정에 구체적인 결과를 창출하기 희망한다고 밝혔다. 2017년 1월 카자흐스탄의 수도 아스타나(Astana)에서 러시아, 이란 그리고 터키가 2016년 12월 제안한 휴전협정을 논의하기 위해 시리아 정부와 반정부 세력 사이에서 새로운 회담이 시작되었다. 아스타나 협정은 유엔이 주도하여 중재한 제네바 협정을 유지하면서 일부 구체적인 안이 추가되었다. 2017년 5월 4차 회담에서 러시아, 이란, 그리고 터키의 지원 아래 시리아 정부와 반정부 세력은 1주 이내에 시리아에 긴장완화 지대(De-escalation Zones)의 설치를 위한 문서에 서명하였다.

2019년 9월 러시아는 미국과 반정부 세력이 시리아 남부의 난민캠프로부터 후송 절차를 방해하고 있다고 주장하였다. 이어 시리아 고위 외교관은 '시리아 정부는 모든 가용한 방법을 통해 시리아 영토를 지킬 것'이라며 미국과 터키를 포함한 모든 외부세력은 즉각적으로 시리아에서 철수하도록 요구하였다. 에르도간(RT Erdogan) 터키 대통령은 시리아 북부지역에서 미국과 합동으로 설치하였던 '안전지대'에 대한 효력이 다하였기 때문에 터키가 단독으로 안전지대를 설치하였다. 터키가 시리아 북부지역에서 미국이 지원하는 쿠르드족과의 전투를 시사하자 미국은 이 지역에서 철수할 뜻을 나타내었다.

2019년 10월 터키의 공세에 대응하여 러시아는 시리아 정부와 쿠르드족이 이끄는 세력과의 평화회담을 다마스쿠스에서 준비하였다. 러시아는 또한 쿠르드족과 터키 사이 휴전협정이 만료될 즈음 새로운 협정을 중재하였다. 러시아와 터키는 2019년 소치(Sochi) 합의를 통해 시리아 북부에 두 번째 완충지대의 설치에 합의하였다. 합의에 따르면 완충지대는 폭 30km로 유프라테스강으로부터 탈 아비아드(Tall Abyad) 그리고 라스 알 아인(Ras al-Ayn)으로부터 이라크와 시리아의 국경선에 따라 설치될 예정이었다. 하지만 쿠르드족의 실질적인 수도인 카미실리(Qamishli)는 제외되었다. 완충지대는 시리아군과 러시아군 헌병이 공동으로 통제할 예정이었다. 시리아 민주군의 다수를 구성하는 쿠르드족 인민수호부대(YPG)는 합의 후 150시간 내 완충지대로부터 완전하게 철수해야만 하였다.

10년 가까이 계속되어온 시리아 내전의 결과를 예단하기는 어려울 듯하다. 2018년 7월 시리아 정부는 2011년 3월 처음으로 시위가 발생한 다라(Dar'a)를 포함한 남부지역의 통제를 회복하였다. 5개월 후인 같은 해 12월 미국의 트럼프 대통령은 시리아로부터 미군을 철수한다는 발표를 하였다. 1970년대부터 통치해왔던 시리아 정부를 전복하기 위한 반란 세력의 노력은 다수의 시리아 국민의 지지를 얻고 있으나 실패하였다. 알아사드 대통령은 대규모의 군사력으로 확고한 승리자로 등장하게 되었다. 그러나 향후 시리아를 지원했던 세력들이 중동 지역의 안정에 어떠한 영향을 미칠 것인지 아직은 미지수이다.

광범위한 역사적 관점에서 보면 내전의 종결은 1946년 독립을 쟁취한 이래 분쟁의 역사로 점철되어온 시리아가 또 다른 '시리아를 위한 투쟁'의 막을 열지도 모른다. 독립 이후 시리아는 줄곧 위약한 존재로 안정이 없는 상태에서 잦은 쿠데타와 외부의 간섭, 그리고 내부의 권력 투쟁으로 이어져 왔다. 1970년 11월 알아사드 대통령의 아버지 하피즈 알아사드가 권력을 장악하자 그러한 투쟁의 종지부를 찍고 한동안 안정을 찾는 듯하였다. 이어 2천 년 그의 아들 알아사드가 권력을 이어받을 때까지만 해도 그러한 기대감이 존재하였다. 그러나 다시 내전이 발생하였고 알아사드와 그의 지지 세력이든지 또는 다양한 반대파든지 상관없이 시리아를 장악하고 통제하려는 투쟁으로 다시 변모하게 되었다. 이들은 일종의 바트주의와 이슬람에 의한 통치의 대결 구도로 아무도 권력을 포기하거나 더 이상의 다른 세력과의 확장을 희망하지 않는다.

이러한 맥락에서 레반트 지역에 새로운 칼리프 왕국을 건설하기로 공언한 IS의 역할은 예외적이라 할 수 있다. IS의 지도자 알바그다디(Abu Bakr al-Baghdadi)가 이라크 지역에서 등장하여 작전을 펼치고 자신이 칼리프임을 선언하였기 때문에 IS는 시리아보다는 이라크의 정치적 산물이라고 할 수 있다. 이와는 대조적으로 시리아인 출신의 줄라니(Abu Muhammad Julani)가 이끄는 IS의 시리아 지부 안 누스라(Jabhat an-Nusra)는 항상 대시리아(Greater Syria)의 한 부분이라고 생각해왔다. 따라서 알누스라의 분쟁은 자신의 모 조직과 투쟁해왔고 이후에는 알카에다와 갈등을 겪어왔다.

2011년 6월 20일 반정부 시위가 발생한 이후 3개월이 지난 다마스쿠스 대학의 연설에서 알아사드 대통령은 '살인을 유발한 행동은 시리아의 봄이 오지 못하도록 할 수 있는 힘을 가지고 있지 않다'라며 조용한 가운데 차분하게 시리아의 복구를 추진할 것이라고 약속하였다. 하지만 거의 50만 명에 가까운 희생자가 발생하였고 200만 명이 부상하였으며 500여만 명의 난민이 인접 국가로 피난하는 상황이 발생하였다. 내전으로 인한 국가 기반시설의 파괴는 말할 나위조차 없었다. 이와 같은 피로 얼룩진 내전은 이미 수십 년 전의 전례였고 알아사드 대통령도 일부 제한적인 개혁과 경제 · 사회적 분야에서 어떠한 변화를 가져오려 하였다. 그러나 이러한 변화의 바람이 폭풍으로 변화한다는 사실을 감지하게 되자, '다마스쿠스의 봄'은 어느 날 갑자기 사라지게 되었다. 개혁과 변화에 목소리를 내었던 사람들은 어떠한 고려도 없이 투옥되었고 표현의 자유는 심각하게 제한되었다.

그러나 2011년, 알아사드는 자신이 만들어 낸 봄이 아니라 자신들의 사회경제적 개선을 그리며 불만에 찬 농부들과 주변인들이 만들어 낸 봄을 맞이하게 되었다. 이제, 알아사드는 급격하게 번지기 시작한 반란을 제압하기 위한 더 강경한 수단을 써야만 하였다. 2010년 12월에 이어 다시 확산하기 시작한 지역적 반정부 시위의 물결은 실질적으로 그를 곤경에 빠지게 하였다. 시리아의 시위는 인접 국가에서 오랫동안 독재정치를 해왔던 튀니지, 이집트 예멘 그리고 리비아로 번져나갔다. 더 우려스러운 것은 서구세계가 아랍의 봄을 환영하면서도 암묵적으로 오바마 행정부가 무바라크 이집트 대통령의 하야를 요구하고 리비아가다피 대통령을 직접적인 군사적 개입을 통해 물러나게 하려는 시도가 있었다는 것이며 다음 표적은 알아사드 시리아 대통령이 될 수 있다는 것이었다.

한편 오바마 대통령은 2011년 5월 '시리아 국민은 민주주의로 전환을 위한 요구에 용기를 보였다'라며 '알아사드 대통령은 전환을 이끌든지 아니면 물러나든지 해야 할 것'이라고 주장하였다. 알아사드 대통령은 이란과 러시아로부터 대규모 군사적 지원을 통해 폭풍을 헤쳐 나갔고 수많은 민간인을 보호하기 위해 징벌적 타격을 가할 수 있다는 오바마 행정부의의도마저 차단하려 하였다. 이를 통해 알아사드 정권은 치명적인 위협을 제거했을 뿐 아니라 지역의 민주화와 개방에 대한 서구세계의 환상을 깨트릴 수 있었다. 중동의 보통 사람들에 의한 자신 운명의 결정과 나아가 사회 및 국가 운명의 결정은 이로 인해 사라지게 되었다.

튀니지로부터 시작된 8년 동안의 아랍의 봄은 이상적인 사고를 지역에 현실화하려던 노력을 실패로 돌아가게 하였고 얻고자 하는 목표 또한 더욱 멀어지게 되었다. 시리아의 경우 더욱더 그러하였다. 사회기반 시설의 파괴는 물론 생명마저 앗아간 최악의 상황은 말할 것도 없이 시리아 내전은 변화와 그러한 변화를 위해 싸우고자 하는 여망마저 재기할 수 없는 타격을 보게 되었다.

중동문제에 관한 서구의 분석가들은 중동이 권위주의적 군주와 군사적 독재를 이어온 역사적 유산과 사회 · 경제적인 조건으로 인해 오랫동안 논쟁을 해왔던 민주주의와 같은 변화에 아랍의 국가들이 아직 성숙하지 않았다고 보는 문제에 대해 더욱 주목했어야만 하였다. 반면 이 지역의 분석가들은 지역의 불안정과 변화를 정의하는 데 더 조심스럽게 용어에 한정을 지었다. 즉, 반드시 어떠한 특정한 곳으로 이끄는 변화와 전환을 의미하는 것은 아니지만 단순한 움직임을 의미하는 '하락(Harak)'이라는 용어를 채택하였고 이에 따라 변화의 방향을 크게 전환하거나 과거의 관례를 깨트리는 것과 같은 용어는 자제하였다. 실제로 아랍의 봄에 의해 영향을 받는 국가에서, 특히 일련의 사태의 역동성과 여기에 개입되는 행위자는 정치적 자유와 같은 차원의 민주화를 주도하는 느낌은 나타나지 않은 것이 조심스럽게 나타난 분위기였다. 따라서 아랍에서 나타난 제 현상은 젊은이들이 자신들이 처한 사회 · 경제적 현상에 대해 목소리를 내는 것이 그나마 그들 자신의 세대에서 변화를 위한 의미 있는 역할이라고 생각하는 것처럼 보였다. 따라서 엄밀한 의미에서 보면 아랍의 봄은 서양이 주목했던 진정한 민주주의로의 변화와 같은 외침은 아니었다. 시리아 내전은 결국 아랍 시위에 대한 서구의 환상과도 같은 공허함으로 드러난 것과 같이 20세기 아랍국가 간 정치를 지배해온 이상적인 범 아랍주의의 문턱을 넘지 못하였다.

범아랍의 이상을 떠받치고 있는 아랍국가(또는 아랍세계)라는 인식은 1961년 시리아가 이집트와의 통일국가로부터 이탈하고 이어 1967년 6월 3차 중동전쟁에서 모든 아랍의 동맹국들이 이스라엘로부터 참패를 당한 이후 서서히 쇠퇴하였다. 재미 학자인 아자미(Fouad Ajami)는 1978년 미국의 캠프 데이비드(Camp David)[32]에서 미국의 주선으로 이스

---

32 캠프 데이비드 협정(Camp David Accords)은 미국의 캠프 데이비드에서 지미 카터 미국 대통령의 주선으로 12일간 비밀 협상들에 이어 1978년 9월 17일 안와르 사다트 이집트 대통령과 메나헴 베긴 이스라엘 총리에 의하여 조인되었다. 캠프 데이비드 협정은 '중동 평화를 위한 기본 합의'와 '이집트 · 이스라엘 평화조약을 위한 기본 합의' 2개 부속 합의로 나뉘었다. 각각 "서안 및 가자지구에서 팔레스타인 자치정부를 수립하고 5년 내 완전한 자치를 보장한다"와 "이스라엘군 및 4,500명 정착민의 시나이반도 철수와 관계 정상화"가 골자였

라엘과 이집트가 평화협정에 서명한 이후 범아랍주의의 종식을 선언하였다. 아랍의 시위가 발생하였을 당시, 일각에서는 그간 수면 아래로 가라앉았던 아랍국가를 앙양하기 위한 아랍주의의 재부상으로 보는 시각도 있었다.

하지만 현실은 반대의 양상을 나타내었다. 시위는 범아랍의 단결과 결속력으로 이어지지 않았으며 오히려 이란과 터키가 그들의 영향력을 지역으로 확장하는 결과를 초래하였다. 이러한 점에서 시리아의 내전은 핵심적인 역할을 하였다. 터키는 시리아의 북부지역으로 진출하기 위한 교두보를 확보하기 위해 시리아 내전을 이용하였다. 시리아 북부지역은 터키가 오토만 제국의 몰락과 제1차 세계대전 이후 중동의 국경선을 다시 그은 이후 오랫동안 갈망해왔던 목표였다. 한편 이란은 시리아에서 견고한 군사적 발판을 마련하기 위해 직접적으로는 이란 혁명수비대와 간접적으로 헤즈볼라 그리고 시아파 민병대를 통해 아사드 정권을 지원하였다. 이를 통해 이란은 이란의 영토로부터 지중해로 이르는 일련의 지상 회랑을 만드는 노력에 더욱 가까워지게 되었다.

오랫동안 '아랍주의의 뛰는 심장'으로 스스로 여겨왔던 시리아가 그의 아랍 형제라고 할 수 있는 사우디아라비아나 걸프 지역의 군주와는 대결 양상을 벌이면서 비 아랍국가인 이란에 의존하는 것은 아이러니한 일이었다. 또 다른 아이러니는 세속주의적인 바트주의 정부를 공언한 시리아가 이슬람 정권의 지원으로 생존하고 있다는 사실이다. 이러한 와중에 시리아 영토에 러시아 군사력 현시로 말미암아 그러한 의존도는 감소하였지만, 2018년 1월과 2019년 2월 러시아, 이란 그리고

다. 사다트와 베긴은 한 달 후 노벨 평화상을 나란히 받기도 했다.

터키가 시리아의 미래를 논의하기 위한 정상회담을 개최하였고 시리아는 이제 자신의 운명을 스스로 통제할 수 있는 능력을 현저하게 상실하면서 국제정치의 소용돌이 속으로 말려 들어갔다. 이란에 대한 의존은 또한 시리아 영토에 이란의 군사력 증강을 방지하기 위해 이스라엘이 시리아 주둔 이란군 표적에 대해 공중타격하는 과정에서 아사드 정권과 이스라엘과의 충돌로 번지게 되었다.

범아랍주의의 점차적 쇠퇴와 이슬람주의 권력의 부상은 2개의 경쟁적인 이념 사이에서 제로섬 관계와 같은 것으로 그리 놀라운 일은 아니었다. 한동안 제1차 세계대전 이후의 중동의 체계는 세속적, 권위주의적 정권에 의해 통치되는 영토에 기반을 둔 민족주의 체계가 이와 같은 이념을 대치하여 유지되었다. 그러나 강력한 종교적 뿌리에 기초를 둔 지역의 경건한 사회는 그러한 정권을 계속하여 괴롭혀왔다. 이집트에서는 이슬람교도 형제단과 같은 종교적 저항조직이 꾸준하게 활동하였고 1979년 이란의 혁명으로부터 강력한 동력을 얻게 된 이후 종교적 저항조직은 심지어 알카에다, 하마스, 헤즈볼라와 같은 이슬람 테러리스트 집단까지 등장하게 되었다. 이러한 기류는 급기야 아랍의 봄으로 정점에 이르러 튀니지의 독재자를 추방하고 이집트의 정권을 무너트리는 결과로 귀결되었다.

이슬람화(Islamization)는 시리아 내전에서 중요한 역할을 하였다. 다양한 반군 세력은 이슬람의 구호와 용어를 통해 여러 가지 요인을 하나로 묶고 전력을 배가시킬 수 있었다. 반면 범아랍주의나 시리아의 영토에 기초한 민족주의에 충실한 사람들은 서서히 밀려났다. 폭력적 이슬람주의에 따라 정권이 위험에 직면한 것은 처음이 아니었다. 하피즈 아사드 대통령집권 당시 1980년대 초 이슬람교도 형제단이 전국적 차원에서 정부에 반기를 들고 일어섰고 이들을 진압하는 데 상당한 어려움을 겪었다. 반란은 1982년 하마(Hama) 대학살에서 정점에 이르렀다. 당시 이곳에 거주하던 수천 명의 사람이 살해되었고 대부분 도시는 파괴되었다. 시리아 이슬람교도 형제단은 이후 회복이 불가능하였다. 이슬람교의 깃발은 2011년부터 살라피파(Salafist)와 지하드파(Jihadist) 단체에 의해 다시 게양되었다. 정치적 세속주의를 통한 바트주의 형태의 통치구조 보존이나 반란에 대한 진압의 대가 또한 수많은 사람의 목숨을 잃은 결과와 못지않았다.

시리아 내전이 국내와 지역적 차원에서 영향을 미친것과는 별도로 1991년 걸프전으로부터 시작되어 구 소련의 붕괴와 동유럽의 분열로 인해 정점에 달한 미국의 지배에 의한 평화(Pax Americana)의 종식을 촉진하는 중요한 역할을 하였다. 오바마 대통령은 아프가니스탄과 이라크에서 철수를 서둘렀고 이로 인해 힘의 공백이 발생하게 되자 탈레반 세력은 카불 정부와 전투를 한껏 끌어올렸고, 이라크와 시리아에 이슬람국가를 건설하고자 하는 IS 세력의 출현을 위한 기초가 되었다.

시리아 내전은 미국의 지역 주둔 병력의 감축을 가속하였다. 오바마 대통령은 계속하여 알아사드의 사임과 강력한 응징을 여러 차례 요구하였으나, 러시아와 이란을 등에 업은 알아사드는 이를 무시하였다. 미국은 전지전능한 초강국의 어두운 그림자를 보았고 지역의 폭발성이 강한 사태에 더 개입하고자 하는 의지와 힘을 상실한 듯 보였다. 이와 같은 이미지는 트럼프 대통령의 미국 우선(America-First) 정책에 의해 강화되었다. 2017년 4월과 다시 2018년 4월 트럼프 행정부는 시리아 정권이 민간인에 대한 화학무기를 사용하자 이에 대한 징벌로 시리아 정권의 표적을 폭격하였다. 사실 오바마 행정부에서는 여러 차례에 걸쳐 위협했지만 실제로 실행으로 옮기지는 않았다. 결국, 억제를 지향하는 미국의 모습은 잠시나마 되찾았지만, 그것뿐이었다. 트럼프 행정부도 이전의 행정부의 길을 따라 시리아 내전에서 부수적인 역할을 하고 있던 IS와 '소규모 전쟁'을 계속해야만 하였다. 2018년 12월 미국은 시리아로부터 철군 의사가 있음을 밝혔다.

반정부 세력을 거의 모두 제압한 알아사드 대통령은 시리아 국민에게 기본 생필품의 제공은 물론 시리아라는 국가와 사회를 재건하는 데 노력을 기울이기보다는 오히려 그의 권한을 보다 강화하고 보안부대를 다시 확장하는 데 초점을 둘 것으로 보인다. 알아사드는 수백만 명의 난민을 흡수하는 데는 관심이 없어 보인다. 사실, 알아사드 정권은 집단적인 탈출을 대규모의 적대적인 사람들을 제거하는 축복이라고 생각하는 듯하다. 다만 이들은 그러한 축복을 외부 사람에게 가장할 뿐이다. 대량의 난민 탈출은 또한 시리아의 경제적 부담을 다소나마 해소할 것으로 생각하고 있다. 내전 이전에 시리아의 자연인구 증가율은 세계에서 최고로 높았다. 이와 관련하여 알아사드 대통령은 다음과 같이 언급하였다. "내전에서 우리는 사랑하는 자녀를 잃었다. 국가의 경제는 거의 파괴되었고, 전쟁은 우리에게 피와 땀 그리고 돈을 요구하고 있다. 이 모든 것은 진실이나, 우리는 더욱 건강하고 조화로운 사회를 건설해야 한다."

이는 결국 내전의 종결이 새로운 시리아의 출발을 전제하는 것은 아니라는 의미이다. 국내적으로 시리아는 내전 이전의 저개발의 현실과 독재 정권 아래 후퇴할 것이다. 국제적으로 시리아는 서구, 특히 미국과 이스라엘에 대한 적대행위와 의심을 계속할 것이다. 반면 러시아와 이란에 대해서는 시리아 정권의 입지를 넓히기 위해 그리고 그들의 후원자들의 영향력을 확대하기 위해서라도 계속하여 충성심을 보일 것이다.

시리아는 또한 시리아 땅에 있는 이란 표적을 공격하고자 하는 이스라엘의 군사작전에 대해 전면전을 회피하면서도 이들의 작전을 제한하기 위해 노력할 것이다. 더욱이 내전 이후의 시리아는 비참하고 희망이 없는 사람들이 기본적인 자유와 인권도 없이 끊임없는 폭력과 극단주의 그리고 테러리즘으로 황폐해지는 사회에서 미래보다는 과거로 회귀하는 '아랍의 봄' 이후의 중동 지역의 평화이행과정과 기류를 대표하는 것으로 비추어질 수 있을 것이다. 20세기 이 지역을 통치해왔던 대부분의 독재 정권은 군사화된 이슬람 세력의 도전과 자유 민주주의의 열망 앞에서도 정권을 유지할 능력이 있음을 보여주었다. 가까운 미래의 중동은 아주 근소하지만 이러한 도전을 계속 회피해 나가면서도 그러한 심연 위에서 떠돌게 될 것으로 보인다.

제4장 유엔과 집단안보

국제연맹 창설 초기 이사회 회의

유엔 헌장이 전쟁의 참화로부터 다음 세대를 구하기 위한 집단적 결의로 채택되었던 75년 전, 당시 사람들은 아마도 우리가 오늘날 접하고 있는 급격한 변화를 예견하지 못했을 것이다. 21세기 새로운 위협은 절망과 분노를 창출하는 만연한 가난으로부터 폭력적 극단주의와 테러리즘의 위협에 이르기까지 돌연변이와도 같은 안보 환경의 변화를 초래하였고, 첨단의 과학 기술 또한 마치 양날의 검과 같이 기후 변화와 자연재해라는 재앙을 초래함으로써 우리의 집단 안보에 대한 도전과 위협을 제기하고 있다. 이러한 위협은 초국가적이고 방대하며 복잡하게 서로 깊숙이 얽혀져 있는 도전들이며 어느 하나의 국가 또는 여러 국가가 힘을 모으더라도 극복할 수 없는 도전이다. 결과적으로 국제사회는 그저 유엔을 바라보는 것 이외에는 다른 선택 방안이 없는 듯하고 이로 인해 다자주의의 미덕에 대한 생각을 다시 떠오르게 한다.

'우리 연합국 국민은 우리 일생 중에 두 번이나 말할 수 없는 슬픔을 인류에 가져온 전쟁의 불행에서 다음 세대를 구하고'로 시작되는 유엔 헌장의 전문에서 보듯, 국제연맹과 국제연합의 창시자들은 평화가 인류의 역사에서 영원히 이어질 것이라는 기대는 하지 않은 듯하다. 제1차 세계대전에 이어 제2차 세계대전까지 원하지 않은 전쟁에 휘말려 들었던 대부분 국가는 자신의 운명을 지키기 위해서는 평화를 지키기 위한 어떠한 장치가 필요함을 인식하였다. 기존 질서를 위협하는 국가에 대한 조치를 허용하는 제도가 자국의 국가를 지킬 수 있다는 이와 같은 인식은 유엔과 같은 집단안보체제를 가능하게 한 원동력이었다.

1. 국가, 주권 그리고 국제연맹

1648년 베스트팔렌 조약 이후 유럽은 인구와 지리적 규모 면에서 명실상부한 국제체제로서 면모를 보이기 시작하였다. 국제연맹이나 국제연합과 같이 베스트팔렌 체제는 30년 전쟁이라는 대규모 파멸적 전쟁을 겪은 이후 등장하였다. 이 체제는 어떠한 일탈(Dissent)도 허용하지 않는 봉건시대의 중앙집권적 질서에 대한 반작용으로 모든 국가의 주권적 평등을 인정하였다. 이론상 국제체제는 각국의 평등에 기초하였으나, 국가 간 불평등은 엄연한 현실이었다. 이로 인해 무정부적 사회가 될 수도 있는 국제체제에 질서와 안정을 부여하기 위한 제도적 노력이 계속 이루어졌다. 패권국의 출현을 방지하기 위한 세력균형, 국제법, 국가 간 쟁점 사안을 해결하기 위한 외교적 노력, 갈등보다는 협상을 선호하는 외교적 관행 등이 대표적 사례이다. 평화를 유지하려는 국가에 의한 근대적 시도가 처음으로 이루어진 것은 1815년 빈 회의(Congress of Vienna)였다.

1815년 워털루(Waterloo) 전투에서 프랑스의 나폴레옹이 패배한 이후, 프로이센, 러시아, 영국, 오스트리아 등 전승국들은 새로운 유럽의 질서를 결정하기 위한 회의를 소집하였다. 이 회의에서 초점은 외교적인 협력을 통해 침략을 억제하고 나폴레옹과 같은 정복자의 출현을 방지하기 위한 힘의 분배(Distribution of Power)였다. 회의 참여국들은 주기적으로 회동하기로 합의하였지만, 자국의 이익을 극대화하려는 현실정치의 관점에서 빈체제는 지나치게 이상적이었고 곧바로 유럽 협조체제(Concert of Europe)로 대치되었다. 유럽 협조체제는 예기치 않은 미래 분쟁의 예방보다는 영토 분할 및 국경선 재조정 등 당면한 국제 현안의 해결에 초점을 두었으며 1830년부터 1884년까지 17회에 걸쳐 정기적인 회동을 하였다.

유럽 협조체제가 정착된 이후, 유럽은 100년 동안 평화로운 시대를 유지하였고 제1차 세계대전 이전까지 독립 국가의 정부가 상호 교류할 수 있는 무대를 제공하였다. 이 기간에 자국 정부를 대표하기 위한 소위 대사의 상호교환 파견이 이루어졌다. 약소국조차 각종 회의에 적극적으로 참여하였지만, 강대국을 설득하는 데 한계가 있음을 인식하였다. 유럽 협조체제는 주로 유럽의 강대국이 주도하였으나, 헤이그 회의(Hague Conferences)를 계기로 외교의 변화가 시작되었다.

1899년부터 1907년 사이 개최되었던 헤이그 회의는 전쟁법을 규정하였다. 1899년 5월 처음으로 개최된 회의에서 군비감축에는 합의하지 못하였으나 독가스, 풍선을 사용한 공중폭격 등을 금지하도록 합의하였다. 이어 1907년 6월 개최된 회의에서 해상기뢰 사용금지, 지상 및 해상에서의 전쟁 조약에 합의하였다. 헤이그 회의에서 다루었던 문제는 유럽 국가에만 국한된 것은 아니었고 보다 포괄적인 차원에서 전쟁법을 논의하였으며, 유럽 이외의 지역 국가들도 참여하였다. 최초 회의에 참여하였던 국가는 26개국이었으며 유럽 이외 국가는 5개국이었다. 1907년 회의에서 유럽 이외 국가는 24개 국가였다. 헤이그 회의는 남미 등 비유럽권을 포함한 전 세계 국가가 국제적 안보체제의 회원으로 가입한 최초의 사례로 전쟁법 뿐만 아니라 국제분쟁 해결을 위한 상설중재재판소(Permanent Court of Arbitration)의 토대를 마련하였다. 이와 더불어 의장의 선출, 위원회 구성, 호명식 투표(Roll Call Votes)[1] 등 다자외교를 지향하는 국제기구의 중요한 특징을 보여주었다.[2]

1914년 제1차 세계대전이 발발하자 미국을 중심으로 미래의 전쟁을 예방하기 위한 국제기구 창설에 관한 관심과 기대가 증대되었다. 1915년 6월 1일 미국의 태프트(William Taft) 대통령은 자신의 주창한 '평화강제연맹(The League of Enforce Peace)' 창설에 즈음하여, "모든 국가가 합리적이고 평화적인 수단을 통해 분쟁을 해결할 수 있도록 강제하기 위해서는 군사력의 운용이 필요하다."[3]라고 주장하였다. 평화강제연맹은 장차 국제분쟁을 중재로 해결하고 평화적 해결을 거부하는 국가에 대해서는 제재를 가해야 한다는 인식을 확산시켰다. 1916년 1월 윌슨(Woodrow Wilson) 대통령은 육군과 해군의 전력 증강의 필요성을 제기하면서, 미국의 목적은 자국뿐만 아니라 위기상황이 발생할 경우, 다른 모든 국가의 권리를 보호하기 위한 것이라고 주장하였다. 제1차 세계대전의 발발을 계기로 전쟁의 위협에 대한 대처방식의 재평가가 이루어짐에 따라 무력 분쟁을 방지하는 확실한 수단으로 중재와 집단 안보체제가 등장하게 되었다.

제1차 세계대전이 종결된 직후, 영국은 전쟁 재발을 방지하기 위한

---

1 투표 절차의 한 형태로, 의원 또는 대표가 호명을 받은 이후 투표 또는 기권 여부를 확인하는 방식을 말한다.

2 Mingst and Karns, *The United Nations in the Post-Cold War Era*, p. 17

3 Barlet, Ruhl J., *The League to Enforce Peace* (Chapel Hill: University of North Carolina, 1944), pp. 3-47.

수단으로 국제연맹(League of Nations)의 개념을 제기하였다. 1918년 초 영국 외교부 장관 발포어(Lord Balfour)는 '필리모어 보고서(Phillimore Report)'[4]를 통해 중재를 통한 분쟁 해결을 먼저 모색하고, 그런데도 전쟁을 일으킨 국가에 대해서는 경제적, 군사적 제재를 가하자는 방안을 제시하였다. 이어 1918년 6월 프랑스 정부가 국제연맹 창설 제안에 관한 초안을 제출하였고 1919년 미국의 윌슨 대통령은 2차 초안을 작성하였으며 1920년 1월 베르사유 회담에서 국제연맹 규약(League of Nations Covenant)이 공식 발의되었다.

연맹 규약 10장은 전형적인 집단안보 개념을 적용하여 '외부침략으로부터 영토적 통합성을 유지하고 모든 회원국의 정치적 독립성을 존중하고 보호해야 할 의무'를 규정하였다. 이어 11장은 집단안보의 기본 원칙에 해당하는 내용으로 '전쟁이 연맹 회원국에 미치는 영향과 상관없이 전쟁 또는 전쟁의 위협은 연맹 전체의 관심사'임을 명시하였다. 16장은 회원국의 책임과 의무에 관한 사항으로, 어느 한 국가가 전쟁을 일으킬 경우, 이를 사실상의 전쟁 선포로 간주하고 최후의 수단으로서 집단으로 군사적 제재(Military Sanctions)를 가할 수 있도록 규정하였다.

연맹은 총회(Assembly)와 이사회(Council)로 이루어졌고 이사회는 4개의 상임이사국과 4개의 비상임이사국으로 구성되었다. 상임이사국은 설립 당시 영국, 프랑스, 이탈리아 그리고 일본 등 4개 국가였다. 1929년 독일이 1934년 구 소련이 상임이사국이 되었다. 특히 이사회는 분쟁

---

4 필리모어 보고서는 발포어 경의 제안으로 1918년 1월 발족한 위원회에서 국제연맹 창설에 관련한 내용을 담고 있는 보고서이다. 위원회의 위원장은 필리모어 경이었고 다수의 고위 관료가 포함되었다. 같은 해 3월 보고서가 내각에 제출되어 12월까지 논의되었고 국제연맹을 창설해야 한다는 의견이 모아졌다.

의 해결, 제재의 강제, 평화적인 해결책의 이행과 같은 안건을 다루었고 때에 따라 이러한 안건은 총회에 넘길 수도 있었다. 연맹은 또한 평화적 해결책이 종결되기 이전에 자위적인 목적을 제외하고 무력을 사용하지 않는다는 원칙을 세웠다. 하지만 개별 국가가 스스로 분쟁을 해결하지 못할 경우, 국제연맹이 이러한 문제를 제기해야 할 법적 의무가 있음을 명시하였다.

국제연맹은 설립의 취지에도 불구하고 실패할 수밖에 없었던 결함도 가지고 있었다. 우선, 국제연맹의 창시자는 미국의 윌슨 대통령이었지만 미 의회는 비준을 거부하여 미국이 회원국으로 가입하지 못하는 결과가 되었고,[5] 일본은 1931년, 독일은 1933년, 이탈리아는 1937년 연이어 국제연맹을 탈퇴하였다. 이로 인해 집단안보체제로서 국제연맹은 신뢰와 위상에 결정적인 타격을 입게 되었다. 둘째, 의사결정 과정에도 만장일치제를 채택하여 시간이 과도하게 소요되었고 중대한 의사결정 과정에 무기력한 모습을 보일 수밖에 없었다. 셋째, 1929년 미국에서 시작된 대공황(Great Depression)으로 인해 국제연맹으로부터 일탈하는 국가에 대한 경제제재 조치를 하는 것은 사실상 불가능하였다. 마지막으로 스페인 내전에 이탈리아, 독일 구 소련이 개입하고 일본이 만주를 점령하였으며 이탈리아가 아비시니아(Abyssinia)[6], 독일이 주데텐란드

---

5 Ambrosius, Lloyd E., *Woodraw Wilson and the American Diplomatic Tradition: The Treaty Fight in Perspective* (New York: Cambridge University Press, 1987), pp. 153-160.

6 1935년 이탈리아가 현재의 에티오피아를 침공한 사건으로 당시 이탈리아의 식민지였던 소말리아와 에티오피아 왕국 사이 국경에서 발생한 왈왈 사건(Walwal incident)으로 시작되었다. 에티오피아는 이탈리아의 침공으로 국토가 유린당하였고 황제는 외국으로 망명하였다. 제2차 세계대전 중인 1941년, 에티오피아군은 영국군의 도움으로 이탈리아군을 몰아내어 국토를 수복하였고 황제도 복위했다.

(Sudetenland)[7]를 침공하는 과정에서 국제적인 분쟁에 무기력한 모습을 보였으며, 제2차 세계대전을 억제하는 데 아무런 역할도 하지 못하였다. 결국, 1939년 제2차 세계대전의 발발로 집단안보체제로서 국제연맹은 사실상 기능을 상실하였고 1946년 공식적으로 해체되었다. 국제연맹의 실패에도 불구하고 어느 한 국가의 침략행위는 국제사회 전체의 관심사가 된다는 인식을 확산하는 데 기여하였다.

제2차 세계대전을 계기로 다른 형태의 집단안보체제의 필요성이 다시 대두되면서 국제연맹의 실패가 집단안보체제의 부정으로 이어지지는 않았다. 집단안보에 대한 두 번째 실험은 미국과 영국의 주도로 시작되었다. 이번 실험은 평화를 지키는 데 필요로 하는 사회적, 경제적 조건을 증진하기 위한 목적의 광범위한 일련의 국제적 차원의 집단적 안보를 보장하기 위한 노력의 일부로 시작되었다. 제2차 세계대전 이후 국제 질서에서 사회적, 경제적 요소는 이미 공식적인 유엔 헌장의 채택 이전에도 합의가 있었다. 유엔체제는 복수의 체제로 탄생하였고 분권화하였으며 한 번도 중앙집권적인 일방적 체제에 근접하려 하지 않았다. 유엔체제는 또한 실용주의와 현실주의로부터 출발하였고 이상향을 추구하지 않았다.

1990년대 후반, 다자주의가 없는 세계를 인식하는 것은 상상하기 어려웠다. 국가의 지도자들은 유엔이 지역 신문의 1면을 장식할 때 조차 국제적 사건에 조심스러운 관심을 가지기 시작하였다. 1960년대 벨

---

7 주데텐란트는 20세기 초반 체코슬로바키아 서부지역의 독일 민족이 다수 거주하던 지역을 일컫는 말로, 넓게는 보헤미아, 모라바, 실레시아 지역을 의미한다. 현재는 체코의 영토이다. 1938년에 열린 뮌헨 협정의 내용에 따라, 같은 해 10월 나치 독일이 체코슬로바키아의 영토인 이곳을 합병하였다.

기에 식민지 콩고에 2만여 명의 유엔평화유지군이 파견되었고 유엔 사무총장 함마르셸드(Dag Hammarskjold)는 위기에 대처하기 위해 이동하던 중 비행기 추락으로 사망하였으며 이로 인해 국제기구의 붕괴 직전까지 이르기도 하였다. 유엔은 1940년대 팔레스타인에서 외교적, 군사적으로 중동의 정치에 깊숙이 개입하였다. 1956년 수에즈 위기로 인한 제2차 중동전쟁과 1967년 아랍과 이스라엘 간 전쟁인 제3차 중동전쟁에 특히 그러하였다.

하지만 유엔은 이전 국제연맹과 마찬가지로 국제사회의 뒷전에 놓이기도 하였다. 1970년대와 1980년대 일부 개발도상국들이 유엔을 국제정치의 중심으로 보고 있었던 반면, 주요 강대국가들은 종종 유엔을 우회하는 것처럼 보였다. 특히 미국과 구 소련은 유엔의 밖에서 활동하기를 선호하는 것처럼 비추어졌다. 1980년대 워싱턴의 정가에서는 유엔에 대한 비판의 시각이 지배적이었다. 레이건 행정부와 헤리티지 재단(Heritage Foundation)과 같은 관련된 연구기관들은 다자주의 외교에 분명한 불신을 보였다. 주유엔 특별정무 대표를 지낸 리첸스타인(Charles Lichenstein)은 유엔을 심지어 '석양을 향해 항해하는 배'[8]로 비유하면서 유엔본부를 미국 밖으로 이전하자는 주장도 제기하였다. 일부 미국의 동맹국들조차 수십 년 동안 미국의 통제에서 벗어나 국제사회에서 발언권을 강화하기 시작한 개발도상국 세력에 동조하는 태세로 전환하였다. 그러나 개발도상국들조차 유엔 결의안이 실천으로 옮겨지지 않는 것을 보며 절망한 듯 보였고, 이들도 유엔으로부터 멀리하기 시작하였다.

---

8 Robert Gregg, *About Face? The United States and the United Nations* (Boulder: Lynne Rienner, 1993), p. 68.

1985년부터 1991년 사이 공산주의가 붕괴한 이후 유엔에도 변화가 찾아왔다. 고르바초프(Mikhail Gorbachev) 구 소련 공산당 서기장은 당 기관지 프라우다(Pravda)의 기사를 통해 유엔의 중요성을 상기하며 국제정치에서 중심적인 역할을 모색하였다. 이어 고르바초프 서기장은 구 소련 안보 정책의 토대로써 유엔의 집단안보 메커니즘을 적극적으로 수용하였다. 현대 미국 정치사에서 가장 일방적인 외교를 추구하였던 레이건 행정부는 구 소련의 행보에 조심스럽게 대응하였다. 미국은 1989년 파나마 침공과 같은 문제에 있어 유엔을 우회하였지만, 부시 행정부 말기에 1990년 쿠웨이트에 대한 이라크의 침공과 같은 중대 문제를 다루기 위해 유엔을 활용하였다.

냉전이 끝나고 난 직후 1988년부터 1993년 사이 무려 20개의 새로운 평화유지 활동 임무단이 창설되면서 유엔 평화유지 활동과 평화강제활동은 급격하게 증가하기 시작하였다. 이는 유엔이 지난 40년 동안 창설한 임무단보다 더 큰 규모였다. 이른바 유엔 안전보장이사회의 P3로 불리는 미국과 영국 그리고 프랑스는 전례 없이 유엔 안전보장이사회를 국제 안보 메커니즘으로 활용하였고 이와 같은 상황에 대해 미국을 포함한 국제주의자들은 만족감을 드러냈지만, 소규모 회원국들은 우려를 나타내기 시작하였다. 1988~1996년 사이 유엔 안전보장이사회는 점차 역할을 확대하였고 1996년 12월까지 8개의 임무단이 추가로 창설되었다. 8개의 임무단 중 4개의 임무단은 유엔 유고슬라비아 임무단(UNPROFOR, UN Protection Force in the former Yugoslavia)의 후속으로 4개의 임무단이 재창설되었고 기타 새로운 임무단은 1996년 이전에 창설되었다. 이중 가장 대규모의 임무단은 6,500명으로 편성된 유엔 앙골라 임무단(UNAVEM III, UN Angola Verification Mission)이었다. 1994년부터 1996년 사이 유엔의 인력과 예산이 축소되면서 유엔의 평화유지 활동과 평화강제활동은 또 다른 변화를 맞이하게 되었다.

유엔의 평화유지 활동과 더불어 인도주의 문제와 인권 그리고 지속발전을 위한 유엔의 역할도 변화되었다. 유엔개발계획(UNDP)의 '인권개발보고서 1996(Human Right development Report 1996)'는 국제사회가 지속적인 인권개발을 증진하기 위한 목표를 상실하고 있다고 지적하였다. 이를 방해하는 요소로 보고서는 경제 성장이 15년 동안 전 세계 인구의 1/3에 해당하는 100여 개 국가에서 실패하고 있으며, 실패의 원인으로 경제 성장과 인권개발의 연결이 불균형이 되었다는 것이다. 즉, 경제적으로는 성장했으나 인권개발은 이루어지지 않았거나, 인권개발은 이루어졌지만 경제 성장은 저조했다는 지적이었다. 보고서는 100개의 국가 중 70개 국가에서 1993년 평균소득이 1980년에 비해 감소하였고 43개의 국가는 1970년에 비해 감소하였다고 분석하였다.

유엔 평화유지 활동에서도 변화가 감지되었다. 1988년 이후 창설된 8개 임무단은 대부분 국가 간 분쟁에 대한 대응이었다. 이는 유엔이 처음 창설된 목적에 부합한 것이었다. 하지만 대다수의 임무단은 내전에 개입하게 되었다. 이에 따라 유엔의 창설 목적과 주권에 대한 법적 개념이 도전을 받게 되었다. 국내 문제에 관한 불간섭은 물론 국가의 주권에 대한 불가침과 절대적 성격에 대한 오래된 생각들이 새로운 국제사회의 평화와 안전에 새로운 형태의 도전으로 제고되었다.

빈곤과 기아, 환경의 훼손 그리고 자원의 감소와 더불어 전쟁 범죄와 인권의 남용이 공론화되자, 향후 유엔의 역할에 대한 논의가 이루어졌다. 유엔체제의 적절성에 대한 도전은 변화하는 주권의 문제와 연계되었다. 따라서 국가의 주권과 역사를 통해 진화하여온 국가의 법적 개념이 시험대에 오르게 되었다.

(1) 주권의 법적 기초

1648년 베스트팔렌 조약으로 종교전쟁을 끝내고 난 17세기 중반 이후 국가는 영토에 의해 분할되어야만 한다는 주장이 받아들여졌다. 이전에는 왕조, 도시국가, 봉건영주, 부족과 종족, 교회 등을 통해 사람들은 조직을 형성하였다. 15세기 중반부터 17세기 중반까지 사회의 기본조직으로 유럽에서 처음으로 영토 국가가 나타나기 시작하였다. 국가는 국경선을 연하여 법과 질서를 존중하고 궁극적으로 정의와 번영을 추구하는 조직을 대변하였다. 유럽의 통치자들은 국가의 모습을 유지하기 위한 조직을 만들었다.

하지만 1648년 이후에도 국가 이외에 다른 조직들은 여전히 존재하였다. 19세기 유럽에서 나폴레옹은 수 개의 국가를 정복하여 프랑스 제국을 대치하고자 하였고 유럽의 식민주의는 1970년대까지 계속되었다. 로디지아(Rhodesia)[9]가 나미비아를 1992년까지 통제하였지만, 포르투

---

9 로디지아는 아프리카 남부의 중앙지역으로 육지로 둘러싸여 있던 내륙국이었다. 1979년까지 소수 영국계 백인이 나라를 다스렸으며 흑인의 정치 참여를 인정치 않았던 탓에 국제사회로부터 승인받지 못했다가, 1980년에 짐바브웨 공화국으로 되면서 국제적인 독립 승인을 얻었다. 1964년 이전의 "로디지아"라는 이름은 현대의 잠비아, 말라위, 짐바브웨의 영토를 가리킨다. 이전의 영국령 남로디지아 식민지가 1965년 11월 11일에 일방적으로 독립을 선언하였을 때 채택하였던 이름이다. 로디지아라는 이름은 또한 1979년 "짐바브웨 로디지아"의 설립과 더불어 사용되었다. 로디지아는 1980년 4월에 「짐바브웨」라는 이름의 독립 국가가 되었다. 로디지아라는 국명(國名)은 영국의 정치인이며 케이프 식민지의 총리로 영국 정부가 추진한 아프리카 종단 정책에 가담한 것으로 유명한 제국주의자인 세실 로즈(Cecil

같은 아프리카 식민지를 포기한 마지막 국가였다. 이러한 예외적인 경우와 종족, 인종, 그리고 종교적 정체성이 여전히 존재하였지만, 국제문제의 기본적인 정치적 · 법적 단위는 국가였고 국가를 통해 권력을 행사해야 한다는 인식이 점차 증가하였다. 국가는 특정한 지리적 영역 안에서 상주하는 인구와 독립적으로 기능하는 정부를 통해 통치를 행사하는 체계가 되었다.

영토 국가는 일반적으로 민족 국가로 지칭된다. 그러나 민족과 국가는 달라서 자칫 오해하기 쉽다. 민족은 언어, 종교, 역사 또는 다른 유대관계로 결속력을 지닌 일련의 사람들의 집합체로 국가와 연결되어 있다. 이러한 정의에 따라 국가가 있는 곳에 민족이 있다. 그러나 하나의 국가 내에 여러 민족이 존재할 수 있다. 예를 들면 스위스는 스위스계 독일인, 스위스계 프랑스인, 스위스계 이탈리아인 그리고 스위스계 로마 가톨릭 교도 등 4개 민족이 있다. 다국적 국가에 대한 혼란스러운 관념은 과거 독일이 동독과 서독으로 분할된 경우에 찾아볼 수 있다. 이러한 의미에서 민족이라는 단어는 국가에 의해 통치되는 사람들뿐만 아니라 일련의 사람들의 집합체라고 할 수 있다.

(2) 국가의 주권

영토 국가의 등장은 국가가 주권을 보유한다는 사실을 수반하게 되었다. 따라서 모든 사회적 집단의 주권은 국가의 주권에 종속한다. 정

John Rhodes)의 이름을 따서 지어졌다.

치학자와 법학자들은 주권이 영토 국가의 통치자에 있으며 국경 내에서 정책을 수립하는 궁극적인 권한을 가진다고 주장하였다. 종교전쟁을 멈추고자 노력하여 끝내 베스트팔렌 평화조약을 끌어냈던 사람들은 어떠한 특정한 영토를 다스리는 누구라도 영토의 종교를 결정할 수 있음을 구체화하였다. 유럽인들은 더 나아가 국가의 주권에 대한 개념을 발전시켰다. 예를 들면, 16세기 프랑스의 경제학자 보뎅(John Bodin)은 국가 권력을 장악하기 위해 경쟁하는 봉건 영주들을 제압하기 위해 새로운 국가의 군주를 대변하는 주권의 관념을 유용한 논쟁으로 활용하였다.

국가의 주권은 특정한 시기에 특정한 장소에서 나타난 생각이다. 그러나 유럽에서 광범위하게 수용되었고 전 세계로 확산하였다. 주권은 법적 권한에 관한 논쟁이나 권력에 영향을 미치려는 의도를 내포하고 있다. 모든 국가의 주권은 결과를 통제하는 역량을 의미하는 실제적인 권력과 상관없이 동등하다고 여겨진다. 국가는 비록 실제로 정책을 실행할 힘이 없다 하더라도 정책을 통제할 수 있는 권한을 보유한다. 국가에서 주권은 추상적인 언어이지만 국가를 대표하는 정부를 구성하는 사람들의 권력을 증진한다.

그러나 만약 영토 국가, 그리고 정부가 관할 지역 내에서 주권을 주장할 경우, 그러한 국가를 대상으로 권한을 행사하는 외부의 통치와 조직이 존재할 가능성도 있었다. 따라서 주권은 종교적 문제에 대한 국가 간 또는 국가 내에서 폭력을 중단하기 위한 명령을 만들어 내기 위해 고안되었다. 하지만 국가의 주권이 국제적 무질서를 초래할 수도 있고, 궁극적으로 무정부 상태에서 국가 간 관계와 동등한 주권의 상호관계에서 상위의 규칙과 조직을 생각해 볼 필요성도 제기되었다.

유럽으로부터 탄생한 원래 주권의 해석은 자연법의 상위 규범에 따라 군주의 외부적 한계를 강조하는 기독교적인 접근이었다. 군주는 가장 상위의 세속적인 권한이지만, 적어도 정치학자와 종교학자의 관점에서 외부의 규칙과 조직에 종속할 수 있다. 그러나 유럽은 로마의 가톨릭교회가 영토를 포기하고 점차 영적인 영역을 강조하면서 세속적으로 변화하였고 적어도 자연법의 제약 이론은 점차 사라지게 되었다. 따라서 국가의 주권은 절대적인 세속적 권한의 개념이 되었다.

국가 내에서 중심적 권위를 상징하는 국가의 주권은 부정적인 외부적 결과를 초래하였고 국제사회와 국가 간 관계를 훼손하였다. 모든 영토 국가는 그들의 관할 내에서 '무엇을 해야만 하는지'를 규정하기 위한 궁극적인 권한으로 동등하게 생각되었다. 국가에 대해 우월적 지위를 지닌 외부의 규칙과 조직은 존재하지 않았다. 조직이 규칙에 동의하고 이를 자발적으로 수용할 때만 국가 간 관계가 존재할 수 있었다. 이는 베스트팔렌 체제의 국제정치였다.

따라서 국가 간 관계는 정치학자가 규정하는 '무정부의 사회'의 일부로 인식되었다. 개인은 집단을 만들고 집단은 국가가 된다. 민족은 국가에 의해 통치되고 국가는 정부를 가진다. 주권은 국가의 특성이나 정부에 의해 행사된다. 민족적 주권을 일컬을 때 실제로는 국가의 주권을 의미한다. 국가의 구성원이 주권과 관련이 있는가 하는 문제는 궁극적으로 국민의 의지로부터 국가의 합법성이 창출되었는가 하는 문제와 연결된다. 합법성의 문제는 국가의 내부적 또는 국내의 문제이다. 따라서 외부 요소는 이를 선언할 권한이 없고 국가의 주권이 받아들여지게 되면 외부 요소는 국가의 주권에 대한 어떠한 평가도 내릴 수 없다. 왜냐하면, 주권은 주권국가의 내부 문제이기 때문이다.

국가의 주권에 관한 관념은 정치적, 법적 시각이다. 주권은 의식에서 받아들여져야만 사실이 된다. 관념은 에너지와 같이 물리적이거나 물질적이지 않으며 정책을 결정하기 위해 누가 궁극적인 권한을 보유하는가에 대한 지적 또는 사회적 구조이다. 이와 같은 견해에 대해 상당히 다른 의견들이 존재한다.

실제로 누가 국제사회와 세계 정치를 통치하는가에 대한 견해 차이는 분명하게 존재한다. 만약 국가가 정부를 통해 통치하게 된다면, 다른 어떠한 고려사항이 없이 통치를 위한 궁극적이고 절대적인 권한을 보유하는 것인가? 만약 유럽연합과 같은 지역의 정부 간 기구가 통치하게 된다면, 국가 내에서 이에 상응하는 정책에 관해 궁극적으로 언급할 수 있는가? 만약 유엔이 통치하게 된다면? 이에 대한 대답이 어떠한 정책으로 접근할 것인가에 따른 것인가? 아니면 얼마나 고통이나 파괴가 발생하느냐에 따른 것인가? 만약 국가라는 조직이 문제를 관리할 수 있는 첫 번째 기회가 부여되었으나 만약 해결에 실패한다면 궁극적인 권한을 부여해야 하는가?

21세기에 접어들면서 유엔에 제기된 문제가 바로 이와 같은 것이다. 소말리아는 국가가 지리적으로 와해하였고 영토 내에서 통치 체계는 기능을 상실하였다. 만약 국가를 대표하는 효과적인 정부가 없다면, 유엔이 궁극적으로 무질서와 기아를 끝내야 하는 책임이 있는 것인가? 만약 보스니아 헤르체고비나와 같은 새로운 국가 내에서 그리고 세르비아와 몬테네그로와 같은 구 유고슬라비아 연방으로부터 분리한 국가들이 대량학살, 대량 이주가 발생하게 된다면 이를 해결하기 위해 유엔이 궁극적으로 책임이 있는가?

국가라는 이름으로 정부는 특정한 과도기적 문제를 해결하기 위해 행동한다. 이때 국가가 국제기구와 합의한다면 국제기구는 문제에 뛰어들 수 있다. 예를 들면, 유럽의 30개 국가가 만든 유럽 의회는 유럽 인권위원회를 만들었다. 조약에 따라 유럽 인권위원회는 협약의 올바른 해석에 대한 최종 책임이 부여되고, 정책의 합법성에 관한 정기적인 판단을 한다. 이 경우 주권을 가진 국가가 국가의 권한을 제약하는 국제기구를 창설하는데, 그들의 주권을 사용하였다고 할 수 있다. 따라서 과도기적 기준에 따라 조약에 참여한 30개 국가의 인권 보호는 국가의 독립성보다 우선하게 된다. 국가는 자신의 자유를 제한하여 정책을 만들기 위한 그들의 자유를 활용한다. 영토와 연결된 초기의 주권의 개념은 영토와 관련이 없는 고려사항에 기초하여 행동하는 국제기구에 자신의 주권을 제한하였다.

이와 같은 상황은 1990년대 전형적인 국가 간 관계가 아니었다. 1990년대 이르러 '초국가적'인 권한이라고 불리는 사례는 상대적으로 적었다. 다수의 국가, 특히 1950년대 이후 신속하게 이루어진 탈식민지화로 새롭게 독립한 국가들은 안전의 증진, 인권의 보호, 또는 지속적인 발전을 위한 초국가적 협력보다는 자신의 주권에 더욱 중요한 가치를 두었다. 당시 상당한 국제적 협력이 있었지만, 초국가적이거나 국제기구에 국가의 독립성을 훼손하는 법적 권한을 부여하는 경우는 드물었다.

오래된 몇몇 국가들도 국가의 주권에 가치를 두었다. 예를 들면, 미국은 인권에 관한 미주협약에 비준하지 않았고 인권에 관한 미주재판소의 판결도 받아들이지 않았다. 중국 또한 안보나 인권 또는 지속적인 인권의 개발 영역에서 중국 국민을 위한 최선의 결정은 외부세력이 아닌 오로지 중국이라는 국가에 있다고 주장하였다.

국제사회에서 국민과 국가가 물질적으로, 도덕적으로 더욱 밀접하게 상호연결되면서 효과적인 국제적 관리의 요구가 증대하게 되었다. 사람들은 서로 연결이 될 뿐만 아니라 상호의존적이 되었다. 상호의존이라는 의미는 관계가 더욱 민감해졌다는 의미이다. 따라서 주권을 대가로 국제적 협력에 대한 요구가 증가하게 되었다. 미국은 온두라스와 바나나 무역으로 서로 연결되었지만, 미국인들은 온두라스 바나나 없이도 살아갈 수 있다. 하지만 미국은 쿠웨이트와 원유수입으로 상호의존하고 있으며 관계의 변화가 미국 사회의 주요 혼란을 초래할 수 있어 이러한 관계는 매우 민감하다. 민감한 관계를 포함한 상호의존성 때문에, 이전에 국내 문제로 여겨지거나 중요하지 않았던 문제가 물질적 또는 도덕적 본성 차원의 거래적 관심으로 인해 국제적 차원에서 재정의되었고 중요하게 여겨지기 시작하였다.

유엔 안전보장이사회는 이라크에서 인권의 억압은 국제평화와 안전을 위협한다고 결정하였고 소말리아의 붕괴는 유엔의 강제행위가 적정하게 이루어져야 하며 보스니아에서 인도주의 상황은 모든 국가와 다른 행위자들이 인도주의 지원을 위해 필요로 하는 모든 조치를 해야 할 자격이 부여된다고 생각하게 되었다. 이와 유사한 상황으로 국가 내에서 관할권에 관한 문제도 적용되었다. 이라크, 소말리아, 그리고 보스니아 상황과 근래의 르완다와 아이티 상황은 유엔에 종속되는 조치가 이루어져야 한다는 국제적 관심사로 재정의되었다. 이러한 모든 사례에서 국가의 주권의 원칙은 효과적인 문제의 해결을 위한 거래적 요구에 양도되었다.

비록 국가가 종교, 언어, 그리고 다른 문화적 특성에 기초하지만, 기존의 많은 국가가 주권이나 자치와 같은 형태로 자신의 권리를 주장하는 '종족'과 같은 다양한 집단의 압력 아래 있다는 것도 부분적인 사실이다. 많은 요구가 문제를 초래하지만, 자결권에 의해 새로운 국가를 건설하고자 하는 국민의 권리가 요구될 경우 분쟁이 나타나게 된다. 그러나 이럴 경우, 국제정치의 기본 단위로 영토 국가를 받아들이는 생각은 문제 거리가 아니라 적어도 원칙이 된다. 빈번하게 투쟁으로 번지는 이 문제는 어떤 국가와 민족이 인정되어야 하는지에 관한 것이다. 예를 들면, 한때 조지아(Georgia)는 구 소련의 지방의 일부분이었으나 민족국가가 되었다. 1990년대 일부 오세티아 사람(Ossetians)들은 조지아에서 사는 것에 만족하였으나 자신들의 국가 건설을 원하였다. 다른 사례로 역시 구 소련의 일부였던 체첸(Chechnya)도 러시아와 사전 협의 없이 독립을 선언한 이후 더욱 강력한 자치권을 위해 피를 흘리는 전쟁을 치렀다. 이 문제는 영토 국가의를 보유하는 문제가 아니라 특정한 국민이나 지리적 영역에 대한 주권을 어떤 국가가 보유하느냐의 문제였다.

국가는 동시에 다수로부터 공격을 받을 수 있다. 일부 사람들은 국제적인 시각을 지닌 거래적 협력의 관리자가 국가의 경계에 관한 그리 많은 고려사항이 없이 가장 최적의 방법을 택할 수 있다고 믿는다. 일부 도덕주의자들 또한 국가의 경계에 대해 그리 중요하지 않게 생각할 수도 있다. 국가의 주권은 물리적 이유이든, 도덕적 이유이든 문제를 해결하기 위한 초국가적인 접근방식으로 생각하였으나, 대부분의 정치 엘리트들은 비물리적 사실로서 존재한다고 인식하였다. 국가 주권은 또한 유엔 정기 총회를 통해 원칙적 차원에서 재확인되었다. 국가라는 이름으로 통치하는 사람들의 권력과 독립성에 연계된 국가 주권은 국제정치에서 유일하게 가치를 지니는 것은 아니다. 국제정치의 가치에는 안보의 증진, 인권, 그리고 지속발전 등과 같은 가치도 포함한다. 사실상 가치와 관련한 사회적 구조의 정확한 의미에 대해 상당한 논의가 있었다.

대부분 국제정치는 국가들 사이에서 국가의 주권에 관한 모순을 다루는 것으로 구성된다. 이와 반대로, 안보를 개선하고 인권 그리고 지속적인 인적 개발에 관한 희망은 다른 문제이다. 이러한 모순은 오직 국제정치에만 존재할 뿐만 아니라 이를 다루는 것은 긴급한 필요성 때문으로 유엔의 논의에 있어 대부분을 차지한다. 주권은 21세기로 접어드는 변화하는 국제정치에 중요한 문제이다. 유엔을 특별하게 바라보는 한 학자는 "비록 해석에 있어 그 경계선이 모호하지만, 주권의 존중에 대한 분권화된 체계와 국제적인 거버넌스 차원의 접근에서 존중되어야 할 결정의 집권화된 체계를 별도로 보려는 시각도 존재한다"라고 언급하였다.

(3) 국가이익의 변화

국가 주권의 원칙의 관점에서 국가라는 이름으로 통치하는 사람들은 국가 이익에 필요한 어떠한 규범과 행동이 필요로 하는지 결정을 내리는 권한을 요구해왔다. 영어권에서 말하는 국가이익(National Interest)이라는 용어는 프랑스어권에서 국가이성(Raisons d'etat)이라는 용어로 더욱 더 가깝게 표현될 수 있을 듯하다. 즉, 통치자들이 무엇보다도 국가이익에 관심이 있는지, 즉 그들이 통치하는 국민이나 정부에 관심이 있는지 질문을 던지는 것이 더욱 타당할 듯하다.

국가의 이름으로 행동하는 개인은 다양한 이익을 보였다. 일부 학자는 국가이익은 필요에 따라 국가권력과 독립성으로 나타난다고 가정한다. 이러한 가정은 사실이며 자신의 이익의 관점으로부터 이성적인 모습을 보이게 된다. 만약 우리가 효과적인 통치 제도의 준비 없이 무정부 상태의 국제사회를 가정한다면, 국가의 독립적인 권력을 보호하는 것이 이성적으로 보인다. 그러한 권력은 국가의 '올바른 일'을 위해 활용될 수 있다.

일부 국가가 어느 일정한 시기에 근본적으로 다른 시각에서 국가이익을 보게 된다면 도발적인 문제가 될 수 있다. 즉, 정부와 국민 사이 상호연결성과 상호의존성이 증가하는 가운데 국가의 독립성을 대가로 초국가적인 문제의 효과적인 관리를 추구할 것인가 하는 문제가 제기될 수 있다. 예를 들면, 어느 국가의 정부도 단독으로 복잡한 문제를 일방적으로 해결할 수는 없을 것이다. 이러한 문제와 관련하여 국가는 다자주의 행동을 통한 건전한 환경에서 그들의 장기적인 이익을 확보할 수 있게 된다. 그러한 상황은 몬트리올 의정서(Montreal protocol)[10]와 같은 규범을 공유할 수 있고 유엔 환경계획(UN Environment Program)과 같은 국제적 조직에 의해 구체적인 행동으로 실천할 수 있으며, 결과적으로 국가의 법적, 조직적 제약을 가할 수 있다.

국가는 적어도 통치하는 사람의 시각에서 추상적인 원칙으로서 주권을 유지한다. 그러나 주권의 적용은 다른 문제이다. 국가이성의 인식은 때때로 국가 행위자가 국가의 권위에 복속되고 다자주의 규범과 절차에 독립하도록 한다. 이와 같은 현상은 점차 증가할 것이다.

---

10 몬트리올 의정서는 오존층 파괴 물질인 염화불화탄소(CFCl)의 생산과 사용을 규제하려는 목적에서 제정한 협약이다. 정식명칭은 '오존층 파괴 물질에 관한 몬트리올 의정서(Montreal Protocol on Substances that Deplete the Ozone Layer)'로 오존층의 파괴 예방과 보호를 위해 제정한 국제협약을 말한다. 이 협약은 1989년 1월에 발효되었다.

이러한 문제를 관리하기 위해, 국가의 관료는 서로 다른 행위자의 집단적 특징을 고려해볼 때 중요한 원칙, 규칙 그리고 의사결정 절차에 점차 동의하게 될 것이다. 국제체제에 대한 인식은 이러한 현실을 반영하는 방식으로 유행하였다. 국제체제는 문제를 통치하고 관리하는 일련의 원칙, 규칙 그리고 절차이다. 규범(원칙과 규칙)은 법적, 외교적, 정보적 또는 묵시적 약속이다. 절차는 종종 국가뿐만 아니라 비정부 간 그리고 정부 간 조직을 포함한다. 국제정치는 같은 문제에 대해 모두가 초점을 맞추는 다른 행위자들의 네트워크로 특징된다. 하지만 유엔체제 일부는 문제를 해결하기 위한 이와 같은 네트워크의 접근을 포함한다.

예를 들면 국제적 차원의 난민 체제가 있다. 난민 문제를 관리하기 위한 규범은 모든 일상의 행위뿐만 아니라 국제법과 국제법에 따라 즉각적으로 구속력을 나타내지 않는 유엔 총회 결의안으로부터 나온다. 구체적인 상황에서 적용하기 위해 노력하는 구체적인 행위자는 국가로부터 미국 난민위원회(American Refugee Committee)와 같은 비정부기구 그리고 유엔 난민기구(UNHCR)와 같은 유엔체제 일부까지 포함한다.

국가는 난민 문제를 관리하기 위해 정책에 부합하는 국가이익을 결정해왔다. 국가는 또한 그러한 목표를 달성하기 위한 규범을 구축하고 조직을 만들었다. 국가이성의 이와 같은 적용은 도덕적 또는 실제적인 관심으로부터 나오게 되는데, 대부분 이들 두 요소 모두가 해당하게 된다. 미국은 쿠바의 난민들이 공산주의로 인해 희생된 사람이고, 카스트로(Fidel Castro)를 미국과 국경을 맞대는 바람직하지 못한 정신적 환자로 취급하며 그를 멀리하고 싶어서 쿠바의 난민을 지원하는지 모른다. 이러한 두 가지 관점에서 유엔 난민기구가 쿠바 난민 개개인이 박해를 당하였다는 충분한 배경과 정신적 문제를 겪고 있는지, 그리고 범죄 행위가 있는지를 살펴보고 면담하도록 활용하였다.

21세기에 접어들면서, 다수 국가가 새로운 국가이성의 개념을 학습하는 듯 보였다. 이는 유엔의 권위, 자원 그리고 과업에 명백하게 이바지하게 되는 요소이다. 통신의 효과와 다른 기술적 발전을 고려해볼 때, 국가는 그들 자신의 이익이 더욱 큰 차원의 국제적 협력으로 최상의 결과를 가져올 수 있다는 학습의 과정에 있는 듯하다. 국가 지도자들은 제1차 세계대전으로부터 국가가 맹렬한 기세로 파괴적인 전쟁으로 향하지 않도록 냉각기를 가지기 위해 국제연맹이 필요하다는 것을 학습하였다. 국가 행위자는 제2차 세계대전으로부터 계산된 침략 행위에 반대하는 구속력을 지닌 결정을 내리고 기타 위협으로부터 평화를 보존하기 위한 안전보장이사회와 같은 더욱 강력한 국제기구가 필요하다는 것을 학습하였다. 일부 국가의 지도자들은 궁극적으로 냉전기에 또 다른 전쟁을 초래하지 않고 안보의 위기에 대응하기 위해 평화유지 활동이 필요하다는 인식을 하게 되었다.

국가는 점차 이익의 인식을 통해 국제기구의 중요성을 증진하는 방법으로 그들의 정책을 안보 문제에 조정하기 시작하였다. 그러한 과정은 국가는 패배하고 유엔이 승리하는 제로섬 게임이 아니었다. 오히려 국가는 그들에 대한 무력 공격에 대해 더욱 큰 장벽을 마련하게 되었고 유엔이 국제연맹보다 더욱 큰 권위와 과업이 부여되어야 한다는 인식을 하게 되었다.

전통적인 국제법은 전쟁 행위를 국가의 주권으로 인식해왔다. 만약 국가가 그들의 이익이 무력의 사용을 정당화할 수 있다고 인식하게 된다면, 국가는 무력을 사용하였다. 그러나 국가는 변화하는 전쟁의 양상이 무력의 회피나 억제가 요구된다는 인식에 점차 합의하게 되었다. 평화와 안전에서의 이익은 국가의 권위, 권력 그리고 독립에서의 이익과 결합하게 되었다. 결과적으로 국가는 물론 국제적 규범과 조직은 무력의 사용은 현명하지 못하고 심지어 불법이라는 결론에 이르게 되었다.

국가 행위자는 원래 그들의 최상의 이익은 정책의 선택에서 절대 주권과 완전한 자유에 있다고 생각하였다. 하지만 시간이 지남에 따라, 그들은 이러한 생각이 상당히 위험하고 파괴적인 상황을 초래할 수 있음을 깨닫게 되었다. 따라서 그들 자신의 이익의 관점에서 무력의 의존을 제한하는 것이 바람직하다고 생각하였다. 이로써 정당한 명분(jus ad bellum), 정당한 수단(jus in bello)의 개념이 국제법 일부가 되었다. 궁극적으로 국제법과 조직은 자신의 국가의 자유를 제한함으로써 국가의 복지를 위해 공헌한다는 인식 아래 발전하게 되었다.

이제 질문의 핵심은 국가 행위자가 국제 협력의 과정에 어느 정도까지 참여할 수 있는가? 국제기구, 비정부기구 그리고 조직화하지 않은 여론을 어느 정도까지 움직이도록 할 수 있는가? 하는 것이다. 국가 행위자가 국제정치에서 결정적인 역할을 하기 위한 권한과 자원이 없는 국제기구, 즉 현대판 국제연맹을 만드는 것보다 국가가 기꺼이 할 수 있는 일은 무엇인가? 유럽연합과 같이 국가 행위자가 자신의 권한과 자원을 기꺼이 양보하여 국제기구가 국경선을 넘어 실제적인 차이를 만들어 낼 수 있도록 국가는 동떨어져 행동할 수 있는가? 여론, 비정부기구 그리고 독립기구는 중요한 국제적 조직과 비교해 국가 권한에 대한 충분한 영향력을 발휘할 수 있을 것인가? 마지막으로 유엔은 토론 클럽이나 피동적인 절차를 상징하는 것 이상이 될 수 있는가?

2. 유엔, 체제인가 행위자인가?

발칸에서의 인종청소를 멈추는 데 있어 '유엔은 실패했다'든지, 이라크의 쿠웨이트 침략을 억제하도록 '유엔은 성공했다'라는 주장이 일각에서 오르내렸다. 이러한 문구는 복잡한 현실을 흐리게 한다. 유엔은 국가를 대표하는 정부에 의해 핵심적인 결정이 내려지는 가장 근본적인 국제기구이다. 유엔 헌장은 처음 '우리 인류는'으로 시작되지만, 유엔의 법적인 회원은 국가이다. 유엔은 또한 국가에 의해 지시되지 않는 개인에 의해 일부 의사결정이 이루어지는 정책 결정과 행정의 광범위하고 복잡한 체계이다. 비정부기구 또한 이러한 체제에서 적극적이며 어느 정도 영향을 미치게 된다.

안전보장이사회가 — 실제로 안전보장이사회 15개 회원국 — 소말리아나 발칸에서 무력의 사용을 결정한 것은 유엔 헌장에 따른 것이다. 15개 회원국은 아마도 이론과 실제에 있어 국가의 통제와 무관한 오로지 유엔 헌장에 따라 행동하는 유엔 사무총장의 보고서에 의해 영향을 받았을 것이다. 그런데도 국가는 유엔의 결정을 대표한다. 더욱이 유엔은 무력사용이나 경제적 자원 또는 상당한 외교적 압력을 결정할 수 있고 이와 같은 유엔의 요소는 실제로 각각의 국가로부터 부여된 것이다. 유엔 총회나 유엔의 다른 조직 또한 이와 같다. 국가는 유엔의 이름으로 가장 중대한 결정은 내린다.

그러나 권한과 이에 따르는 영향은 유엔에 위임된다. 그리고 유엔 헌장은 일부 권한을 사무총장에게 부여한다. 예를 들면, 사무총장은 안전보장이사회에서 연설을 할 수 있고 이를 회기(Session)라고 부른다. 사무총장은 유엔이 수행한 일들을 연례적인 보고서를 통해 총회에 보고하고 특정한 문제와 이에 대한 해결책에 대해 주의를 환기할 수 있다. 일부 유엔의 기관은 소수를 보호하기 위해 소위원회를 구성할 경우와 같이 국가에서 파견한 관료가 아닌 독립적인 인사로 구성될 수 있다. 국제노동기구(ILO)와 같은 일부 유엔의 기관은 독립적인 사무국을 보유한다. 광범위한 유엔 체제 내에서 일부 유엔 기관은 국가가 아닌 독립적인 행위자에게 영향력을 행사할 수도 있고, 그들의 권한은 초국가적은 아니나 영향력은 중대할 수도 있다. 따라서 그들은 국가에 어떻게 행동하라고 할 수는 없으나 국가가 특정한 방법으로 행동하도록 유도할 수는 있다.

회원국이 유엔난민기구를 만들었기 때문에 이에 대한 재정을 책임져야 하고 발칸과 같은 지역에 인도주의 지원을 할 수 있도록 승인하게 된다. 1993년 유엔난민기구 고등판무관 사다코 오가타(緒方貞子)는 보스니아에서 자신의 권한에 따라 인도주의 지원 중단을 명령하여 세계의 이목을 집중시키게 되었다. 오가타는 유엔 사무총장, 국가의 수반, 그리고 기타 정책결정자들이 인도주의 지원 문제에 개입을 차단하기 위해 인도주의 지원의 우선순위를 변경하였다.

유엔은 무엇보다도 회원국들이 그들의 외교정책을 맞추기 위한 통로이다. 유엔 헌장은 국제헌법에 가장 가깝다. 국가의 행위자들이 헌장에 따르고 유엔의 절차를 활용할 때, 그들의 정책은 국제법에 따라 합법성을 보유하게 된다. 회원국들은 또한 유엔에 의해 가장 중요한 과업을 실현하기 위한 집단적인 정치적 승인으로부터 합법성을 얻게 된다. 통상적으로 정책은 법적 성격을 띠며 집단적인 승인을 얻을 경우, 더욱 성공할 수 있다. 합법성과 집단적인 정치적 승인은 유엔의 정책이나 계획을 수용하는 데 반대를 불러올지 모르지만, 승인을 얻는 것이 더욱 바람직하다.

유엔을 행위자로부터 체제로 분류하는 데 있어 조심스러운 접근이 필요하다. '유엔'이라는 문구는 일반적으로 국제기구를 대표하는 독립적인 사람에 의한 중요한 행동을 의미한다. 예를 들면, 1990년대 초기 엘살바도르에서 유엔 사무총장 케이야르(Javier Perez de Cellar)와 그의 대표자(Special Representative) 데 소토(Alvaro de Soto)는 내전을 종식하는 데 결정적인 역할을 하였다. 엘살바도르와 같은 곳에서 국제기구의 참모들은 유엔의 평화유지 활동의 현장, 중재 그리고 감시의 결정에 엄청난 영향을 미치게 된다.

엘살바도르 문제와 관련하여 유엔 체제 내에서 인권과 평화를 위한 안전보장이사회의 결정, 그리고 유엔 체제 밖에서 외교적 지원에 관한 미국의 일방적인 약속과 같은 요소는 국가의 외교정책에 매우 중요하였다. 엘살바도르에서 국가적 차원의 화합은 유엔의 외부에서 활동하는 국가와 유엔 체제 내에서 국가를 통제하는 의사결정 그리고 독립적인 유엔의 행동에 따라 진행되었다. 여기에 엘살바도르의 교회나 지역사회의 비정부기구에 의한 무장 세력과의 교류 활동 또한 무시할 수 없었다. 이와 같은 제반 활동은 유엔의 활동 범주를 한정하고 활력을 부여하는 데 영향을 미쳤다.

한 가지 흥미로운 질문은 21세기에 초국가적 문제에 관해 유엔에 의한 관리를 더욱 요구하고 이를 위해 국제기구에 권한을 부여함으로써 회원국 자신 스스로 문제를 해결하고자 하는 의지가 감소하는 것은 아닌지, 또한 문제해결을 위해 필요로 하는 자원을 회원국이 기꺼이 전환할 것인가의 문제이다. 분명한 사실은 이러한 선택 방안과 과정이 복잡하다는 것이다.

1992년 중반 소말리아에서 부트로스 갈리(Boutros Boutros-Ghali) 유엔 사무총장은 발칸에서와 마찬가지로 고통받고 있는 소말리아의 모습을 보여주기 위해 회원국을 압박하였다. 소말리아에 인도주의 지원과 안전한 환경을 창출하기 위해 핵심국가들은 안전보장이사회를 통해 무력을 포함한 모든 필요한 수단을 쓸 수 있도록 승인하였다. 그러한 무력의 사용은 다소 안전보장이사회를 대리하는 것처럼 보였지만 미국에 의해 처음에 효과적으로 통제할 수 있었다. 그러나 소말리아 통합특수임무부대(UNITAF, United Task Force)[11]는 점차 국제군으로 변모하였다. 그리고 유엔 인원에 의해 처음으로 통제되는 강제행위로 전환되었다. 시간이 지남에 따라 독립적인 유엔의 인사와 유엔의 이름으로 회원국에 의한 결정 그리고 유엔 외부에서 회원국에 의한 의사결정을 구분하는 것은 필요하다.

대체로 유엔 외부에서 회원국에 의한 결정은 유엔이 허락하도록 한 일 또는 유엔의 절차와 상징이 어떻게 적용되는가에 대해 영향을 미

11 통합특수임무부대는 미국 주도로 편성된 유엔의 다국적군 부대로 유엔 안전보장이사회 결의안 제794호를 이행하기 위해 1992년 12월부터 1993년 5월까지 '희망회복 작전(Operation Restore Hope)'이라는 이름으로 작전하였다. 이 부대 주요 임무는 소말리아 남부지역을 보호하고 인도주의 지원을 보장하는 것이었다. 같은 해 6월 파키스탄 평화유지 요원 24명이 전사하자 유엔 소말리아 임무단(UNOSOM II)이 유엔 헌장 7장에 따라 인도주의 지원을 보장하기 위해 모든 필요한 수단을 쓸 수 있도록 위임명령이 하달되었다.

치게 된다. 예를 들면, 미국의 부시 대통령이 소말리아에 미군을 투입하겠다는 결정 과정 같은 경우였다. 부시 대통령이 병력을 투입하겠다는 결정이 이루어지고 난 이후 안전보장이사회가 무력의 사용을 승인하는 절차를 진행할 수 있었고 실제로 인도주의 지원을 촉진할 수 있었다. 하지만 많은 미국의 대통령들은 유엔 사무총장이나 통신매체의 보도에 영향을 받았고 대통령의 결정 또한 일정한 시간 내에 유엔이 지향하는 해결 방향 내에서 이루어졌다. 이러한 과정에서 미국은 독립변수로 설명되며 유엔은 종속변수가 되었다. 즉, 부시 대통령이 군사력의 투입을 결정한 이후 이에 따라 유엔의 결정에 영향을 미치게 된 것이다.

일반적으로 유엔 외부의 정치적 요인이 우선되었고 유엔의 요소는 부차적으로 되었다. 냉전의 종식, 실질적으로는 구 소련의 해체는 1980년대 후반 유엔 활동의 부흥이 시작되는 계기가 되었다. 냉전을 종식한 것은 유엔 안전보장이사회가 아니었다. 안전보장이사회가 새로운 합의와 약속 그리고 활력을 가지고 활동하게 한 것이 냉전의 종식이었다.

유엔의 행동이 일단 허용되면, 유엔의 인원과 조직은 독립적으로 회원국과 기타 행위자에 영향을 미치게 된다. 한때 부차적인 요인이었던 국가의 승인은 정책을 만들고 이행하는 과정에서 우선적인 요인이 될 수 있다. 회원국이 환경계획을 만들기로 하게 되면, 유엔 환경계획은 지중해의 정화 활동과 오존층을 보존하는 데 필요로 하는 과학적인 협력에서 상대적으로 독립적인 영향을 미치게 된다. 어떠한 경우가 되었든, 권력과 정책에 관한 국가의 결정은 유엔이 특정한 의제를 이끌어 나갈 수 있는 우선적인 힘이 된다. 주요 회원국이 정책에서의 단합을 보여주게 되면, 유엔은 신중한 방법을 통해 회원국의 행동을 허용하게 된다. 정치적 합의가 없게 되면 유엔체제는 그들이 추구하는 목표에 대한 심각한 제한을 받게 된다. 이는 1945년부터 이어져 온 사실이었다. 냉전의 종식은 그러한 근본적인 사실을 변화시키지 못하였다.

(1) 유엔의 정책 결정과 집단안보

유엔을 통해 정책을 만들고 이행하는 데 필요로 하는 권한의 행사에 있어 회원국은 자연스럽게 동맹을 찾게 된다. 학자나 일부 외교전문가들은 정치적 동맹, 일시적 제휴(Coalition) 또는 유엔 내부에서의 블록에 대해 일반화하려는 경향이 있다. OECD(Organization for Economic Cooperation and Development)의 회원국인 산업화한 민주주의의 서구 국가는 가끔 이스라엘까지 포함하여 제1세계로서 집단을 이루었다. 기본적으로 거의 아시아, 아프리카 그리고 남미 대륙의 모든 국가를 일컫는 '개발도상국'은 제3세계를 형성하여 비동맹 또는 77집단(G-77)을 시험하였다. 구 소련과 그의 유럽 동맹이 존재하던 시절 '사회주의 국가'는 동구 또는 제2세계로 불리었다. 서구와 동구는 수학으로 구분한 지리에 따라 발전국가는 북, 개발국가는 남으로 분류되기도 하였다.

냉전 시대에 비록 국가가 앞서 구분에 따라 대부분 비교적 동일한 투표행태를 보여주었으나 이러한 구분은 시간이 지날수록 유용성이 감소하였다. 냉전의 종식으로 유럽의 사회주의 국가 블록뿐만 아니라 구 소련도 더는 존재하지 않게 되었고 이러한 용어조차 정확하지 않게 되었다. 나아가 이전 시대의 잔재가 남아있기는 하였지만, 유엔 내에서 동맹을 보다 객관적으로 바라보게 되었다. 예를 들면, 개발도상국은 서로 다른 경제와 이념의 성격을 반영하면서 일련의 공통적인 모습을 나타내었다. 심지어 사회주의 국가들도 발전하기 시작하였다.

개발도상국은 모든 회원국이 투표권을 행사하는 유엔 총회의 중요성을 강조하는 일부 소수의 문제에 대해서만 공통된 관심을 보였다. 이러한 맥락에서 국제사회에서 발전국가 '북'과 개발국가 '남'은 현저한 분열을 보여주었다. 이와 더불어 개발국가 남은 유엔 앞에 놓인 문제에 따라 다시 강경과 온건, 이슬람과 비이슬람, 해양국가와 내륙국가 그리고 경제적으로 성장한 국가와 그렇지 못한 국가로 세분되었다. 서구세계조차도 동서의 긴장이 갑자기 사라진 이후 다양한 차이를 드러내게 되었다.

냉전 이후 국제정치의 변화하는 본성에 비추어 볼 때, 그리고 국가의 주권과 국가이성에 관한 관점을 형성하기 위한 학습의 과정에서 볼 때, 동맹과 제휴의 모습에서 변화가 예상되었고 국제정치가 변화된 만큼 유엔도 변화하게 되었다. 1991년 전통적인 국가의 주권에 관한 관념을 반영하는 개발도상국이 다수인 유엔총회에서 당시 민주주의 국가 아이티(Haiti)에서 발생한 군사 쿠데타에 모두가 비난하는 투표를 던졌다. 결과적으로 다수의 국가가 경제제재를 지지하였고 선거에 따라 구성된 정부를 회복하기 위해 안전보장이사회는 군사적 강제행동을 결국 승인하게 되었다. 국가의 주권에 따라 국내의 문제로 고려된 민주주의 또는 권위주의의 정부의 본성은 모든 국가에 의해 유엔을 통해 외교적인 행동을 위한 합법적인 대상으로 비추어졌다.

1989년 베를린 장벽의 붕괴와 1991년 구 소련의 해체는 급격하게 변화하는 국제정치를 예고하였다. 유엔의 외부에서 발생한 이와 같은 중대한 정치적 사건은 국제기구 내에서 근본적인 변화를 초래하였다. 냉전 이후 사람들은 '새로운 국제질서'에서 유엔의 다자주의 역할에 대해 낙관적이었다. 비록 유엔이 조직의 기능을 발휘하기 위해 국제 정치 체제의 특성에 의존하였지만, 조직이 여전히 문제였다. 즉, 유엔이 자신을 어떻게 조직하고 어떠한 일을 추구할 것이며, 중요하게 해야 할 일은 무엇인가? 등에 관한 문제였다. 비록 유엔이 회원국의 외교정책의 특성과 속성에 크게 의존하였지만, 유엔은 자신의 과업을 수행하는 데 움직일 수 있는 공간이 있었다. 안보 문제가 바로 그러한 공간이었다.

전통적 의미의 안보는 국제기구의 우선적인 과업으로 생각되었다. 1945년 6월 26일 유엔 헌장의 서명과 더불어 세계는 전쟁을 통제하기 위한 새로운 실험을 겪게 되었다. 20년 동안 두 차례의 세계전쟁, 대량 학살, 핵 시대의 도래는 국제연맹을 개선하기 위한 정치적 의지를 창출하게 되었다. 국제사회는 고립주의를 거부하였고 엄청난 대가를 치르고 지켜낸 평화를 위한 방패가 되는 데 기꺼이 참여하려 하였다. 유엔 헌장 전문에 기술된 바와 같이 유엔의 역할을 '우리 일생에서 두 번이나 말할 수 없는 슬픔을 인류에게 가져온 전쟁의 불행에서 다음 세대를 구하는 것'이었다.

국제연맹은 비록 전쟁을 불법이라고 언급하지는 않았지만, 무력의 사용을 숙고하는 국가를 위한 냉각기를 가지도록 일련의 절차를 마련하였다. 이러한 평화로의 접근은 제1차 세계대전이 감성주의와 잘못된 지각으로부터 발생하였다는 판단을 전제로 하였다. 합리적 행동이 승리하기 위한 시간이 필요하였다. 이러한 평화로의 접근은 히틀러가 미리 계획한 침략을 중지시키는 데 명백하게 부적절하였다. 물론 서구 민주주의 국가의 타협을 예견한 히틀러의 계획은 한편으로 합리적 행동이었지만 교활한 측면도 있었다.

국제연맹과 마찬가지로 전쟁을 불법화한 켈로그-브리앙 조약

(Kellogg-Briand Pact)[12]에 반영된 평화로의 합법적인 접근에서도 부족함을 나타내었다. 켈로그-브리앙 조약은 국제정치의 본성을 변화시키기 위한 어떠한 것도 하지 않았고, 분쟁해결을 위한 평화적 수단도 제공하지 않았으며 단지 전쟁을 불법화하였다.

유엔 헌장의 초안이 마련된 샌프란시스코 회의에서 외교관들은 처음에 자위(Self-defense)를 제외하고 무력의 위협이나 사용을 불법으로 하였다. 다음으로 국제연맹 시절과는 달리 '평화에 대한 위협, 침략 행위 또는 평화의 파괴행위'에 대해 외교적, 경제적 심지어 군사적 행동으로 평화를 강제할 수 있는 권한을 유엔에 부여하였다. 이제 국가의 무력 또는 독립적인 유엔의 힘은 국제사회의 평화를 수호하기 위해 안전보장이사회에 의해 사용될 수 있게 되었다.

제2차 세계대전 이후 전쟁을 예방하고 평화를 유지하기 위한 이상을 추구하면서 국제사회는 현실의 인식이 다름을 보여주었다. 1990년대 35차례의 주요 전쟁이 발생하였고 매년 적어도 1,000명이 사망하였다. 세계의 주요 언론들은 전 세계에서 발생하는 분쟁지역에 유엔의 활동이 점차 증가하고 있음을 보도하였고, 1992년 1월 사상 처음으로 안전보장이사회가 각국의 수반과 회동한 이후 부트로스 갈리 유엔 사무

---

12 켈로그-브리앙 조약은 1928년 '분쟁이나 갈등 또는 이와 같은 어떠한 분쟁의 형태에서도 이를 해결하기 위해 전쟁을 하지 않는다'는 조약이다. 공식명칭은 국가정책의 도구로서 전쟁의 포기에 관한 일반 조약(General Treaty for Renunciation of War as an Instrument of National Policy)이다. 이 조약의 강제되지 않는다. 조약은 1928년 8월 27일 독일, 프랑스 그리고 미국에 의해 서명되었고 이어 다른 국가들도 참여하였다. 조약의 이름은 미국의 국무장관 켈로그(Frank B. Kellogg)와 프랑스의 외무장관 브리앙(Aristide Briand)의 이름으로부터 유래하였으며 국제연맹과는 무관하였다.

총장의 원대한 보고서인 '평화를 위한 의제(Agenda for Peace)'[13]가 같은 해 6월 발간되었다.

(2) 국제연맹과 집단안보

베스트팔렌 조약 이후 국제체제는 인구와 지리적 측면에서 국제사회를 대표할 수 없는 유럽에 집중되었다. 국가의 동등성이 국제체제의 기초였으나 실제로 불평등이 더 많이 노출되었다. '무정부적 사회'[14]에서 질서와 안정을 추구하기 위한 다양한 조직과 제도가 점차 발전되기 시작하였다. 국제 문제를 다루기 위한 초국가적 노력은 있었으나 중심적인 역할을 할 수 있는 국제 거버넌스는 부재하였다. 다만 국제 문제에 있어 패권의 부상을 예방하기 위한 힘의 균형 외교, 국제법, 주요 문제를 다루기 위한 국제 외교 회의 그리고 분쟁에 대한 협상을 선호하는 국가와의 접촉 유지를 통한 외교의 실행 등 네 가지 원칙이 적용될 뿐이었다. 개별 국가는 국가의 주권 또는 자치에 따라 문제를 해결을 추구하였다. 그러나 개별 국가도 자국의 이익이 될지도 모르는 규범과 의무

---

13 평화를 위한 의제는 1990년대 평화유지 활동이 증가하게 되면서 평화유지 활동의 한계를 인식하게 되면서 유엔 안전보장이사회가 평화구축과 평화유지를 강화하기 위한 분석과 권고사항을 유엔 사무총장에게 발전시킬 것을 요청하였고 이에 대해 유엔 사무총장은 유엔이 탈 냉전시대에 분쟁에 적극적으로 대응해야 한다는 요지의 보고서를 1992년 6월 제출하였다. 안전보장이사회에서 열린 각국 수반의 회의에서 '국가 간 전쟁의 부재'가 국제사회의 평화와 안전을 보장하는 것은 아니며, 경제, 인도주의 지원 분야에서의 비군사적 요소도 위협이 될 수 있다고 평가하였다. 각국 수반은 유엔이 이와 같은 문제를 해결하기 위한 방안을 모색하는 데 우선 순위를 두어야 한다고 주장하였다.

14 Hedley Bull, *The Anarchy Society* (New York: Oxford Univ. press, 1977) 참조.

로부터 파생되는 예측성과 안정성을 인정하였다. 이러한 규칙을 법제화하고 시행을 지켜보는 데 도움이 되는 국제기구는 이른바 '국제사회'로 불리는 중요한 요소가 되었다.

1815년 빈 회의(The Congress of Vienna)는 평화를 보존하기 위해 국가의 관계를 연결하기 위한 현대적 의미의 첫 번째 시도였으며, 20세기 국제기구의 선구적 역할을 하였다. 러시아와 프러시아, 영국, 오스트리아가 프랑스의 나폴레옹을 패퇴시킨 이후, 승리자들은 새로운 유럽의 모습을 결정하기 위한 회의를 열었다. 약소국가들도 참여시킨 가운데, 이들 국가는 향후의 침략 행위를 예방하고 나폴레옹과 같은 또 다른 정복자의 등장을 막기 위해 힘의 배분을 논의하였다. 빈 회의는 외교정책의 협조를 통해 잠재적인 침략의 대가를 제기함으로써 향후 침략이 재발하지 않기를 희망하였다. 승리한 국가의 이익이 그러한 국제체제의 이익과 합치하였다.

회의에 참여한 국가들은 주기적으로 만나기로 하였으나, 빈 회의체제는 힘을 극대화하기에는 현실정치에서 실효성이 없다는 데 의견이 일치하였다. 빈 회의체제는 느슨한 조직이나 주요 국가들 사이에서 협력을 강화하기 위한 지속적인 논의의 장으로써 유럽협조체제(The Concert of Europe)로 대치되었다. 유럽협조체제는 전쟁 예방을 위해 노력한 빈 회의체제 비해 국제적으로 중대한 사안에 관한 관심으로 제한하였고 1830년부터 1884년까지 총 17차례의 회의를 개최하였다. 예를 들면, 1884년 회의에서 여러 차례 반발이 지속하였지만, 유럽협조체제는 아프리카에서 식민지 쟁탈전을 벌이고 있던 유럽의 제국주의 국가들에 식민지 권한을 분배하기 위해 회동하였다. 빈 회의와 유럽협조체제는 국가 간 외교적 채널을 개방하기 위해 현재 유엔의 안전보장이사회와 유사한 실행위원회(Executive Council)를 설치하였다.

1899년부터 1907년 사이 헤이그 회의(The Hague Conferences)는 전쟁법(The Law of War)을 마련하기 위해 노력하였다. 헤이그 회의는 다른 대륙의 국가를 포함하여 유럽협조체제가 추구한 것보다 더 포괄적이었다. 26개국 대표단이 최초 회의에 참석하였고 5개국은 비유럽 국가였다. 1907년 참여 국가는 44개국으로 증가하였고 24개국은 비유럽 국가였다. 헤이그 회의는 유엔의 수십 년 후에 그러했던 것과 마찬가지로 국제사회의 회원국이 되기를 열망하는 다양한 국가가 국제 안보체제 안으로 집결한 첫 번째 사례가 되었다. 헤이그 회의는 전쟁 수행의 통제[15]는 물론 상설 중재재판소(Permanent Court of Arbitration)를 설치하기 위한 계획을 마련하였고, 국제문제를 다루기 위한 논의의 장이 되었다. 이로써 헤이그 회의는 유엔 총회의 전신과 같은 성격을 띠게 되었다.

안보 문제를 직접적으로 다루기 위한 이러한 노력과 더불어 19세기에 국가 간 무역과 재정의 교류를 촉진하기 위한 수 개의 기관이 설립되었고 제2차 세계대전 이후 기능적 기구의 선구적 형태로서 상당한 성장을 이루게 되었다. 일각에서는 이를 전쟁을 비이성적으로 만들 정도로 충분히 강력한 사회적, 경제적 협력에서 서로 읽힌 국가들에 의해 간접적으로 안보에 이바지하는 기관으로 보았다. 이러한 기관은 국가가 교류를 통해 경제적 이익을 인정한 이후 부상하게 되었다. 1865년

---

15 전쟁수행에 관한 법의 성문화는 국제 적십자사위원회(ICRC)의 후원으로 시작되었다. David P. Forsythe, *Humanitarian Politics: The International Committee of Red Cross* (Baltimore: Johns Hopkins Univ. Press, 1977); *The Geneva Convention of August 12, 1949, Protocols additional to the Geneva Convention of August 12* (Geneva: ICRC, 1989) 참조.

창설된 국제전기통신연합(International Telegraphic Union)은 처음에는 국가 간 통신을 연결할 목적으로 설립되었다. 기술의 발전은 새로운 국제조직의 발전을 독려하게 되었고 만국우편연합(Universal Postal Union)과 같은 더욱 대규모의 기구로 발전하게 되었다.

그러나 대규모의 무력 분쟁은 국제기구의 힘을 상당할 정도로 격상시키는 계기가 되었다. 1919년 '모든 전쟁을 끝내기 위한 전쟁'으로 불리는 제1차 세계대전 이후 광범위하게 확산하는 국가 간 분쟁을 예방하기 위한 보다 나은 수단의 필요성이 요구되었다. 베르사유 평화회의(Versailles Peace Conference)로부터 1920년 1월 20일 국제연맹 규약이 나오게 되었다. 그러나 국제연맹은 결국 평화를 보존하는 데 실패하였다. 하지만 이러한 경험은 이후 집단안보 체제 구축에 대한 교훈을 제시하였다. 연맹 규약 10조에 따라 회원국은 '영토의 통합성에 대한 외부로부터의 침략행위와 모든 연맹 회원국의 정치적 독립성의 훼손으로부터 보호할 것'임을 약속하였다. 이와 같은 낱말은 미국 상원의 주요 비판의 표적이 되었고 윌슨 대통령이 연맹을 주창했음에도 불구하고 결국 동의하지 않았다.

규약 11조로부터 17조까지는 집단안보체제의 결점을 포함하고 있었다. 국제연맹의 2개 주요 기관은 모든 회원국으로 구성되어 연례로 열리게 될 총회(The Assembly)와 주요 강대국으로 구성된 위원회(The Council)였다. 위원회는 위기가 발생할 경우, 개최될 수 있어 빈번하게 열릴 수 있었다. 위원회는 일부 문제의 경우 총회에 앞서 제기되었지만, 통상적으로 평화를 위협하는 문제를 다루었고, 총회와 위원회 사이 불명확한 구분이 약점이었으며 이러한 문제는 두 기관 사이 주기적으로 제기되었다.

투표 절차는 다자주의 외교에서 전통적으로 시행되는 방법을 반영하였다. 비록 다수결의 원칙이 일부 문제에 적용되었지만, 주권국가는 자신의 국익이 위협받을 것이라고 해석할 때도 다수의 의지에 굴복할 수밖에 없었다. 이러한 연유로, 중대한 사안을 제외하고 만장일치가 표준 절차가 되었다. 국제연맹은 평화적인 방법을 통해 분쟁을 해결할 때까지 자위를 제외하고 무력을 사용하지 않겠다는 회원국의 약속에 의존하였다. 이러한 절차는 논쟁을 제기한 측이나 연맹의 다른 회원국이 제기한 불만으로부터 시작되었다. 만약 불만을 제기한 측이 스스로 분쟁을 끝낼 수 없다면, 회원국이 국제연맹을 활용해야 하는 법적 의무를 떠맡는다는 것이 핵심이었다. 국제연맹의 규약은 적어도 문서상으로 안보체계를 움직일 수 있는 내용을 포함하였다.

국제연맹의 구성에서 여러 개의 결점은 궁극적으로 실패로 돌아가게 하는 원인이 되었다. 규약은 전쟁을 제한하였으나 켈로그-브리앙 조약의 핵심인 불법화도 규정하지 않았고 시행되지도 못하였다. 전쟁의 선택도 국가의 선택으로 남아있게 되었다. 모든 국가가 회원국이 될 것이라는 가정도 틀렸다는 것이 입증되었다. 미국은 집단안보 기구가 절실하게 필요한 국가들의 기대를 저버리고 연맹에 끝까지 가입하지 않았고 구 소련은 1934년에 가입하였다. 일본은 1931년, 이탈리아는 1937년 탈퇴하였다. 독일은 1926년 가입하였지만 1933년 탈퇴하였다. 모든 회원국의 만장일치가 행동을 위해 요구되었지만, 회원국은 연맹이 지원하는 활동에 참여를 거부할 수 있었고 떠나는 것도 선택할 수 있었다. 더욱이 연맹을 설치하기 위한 조항은 베르사유 평화회의의 포괄적인 부분이었으나 추축국은 초기에 이로부터 제외되었고 궁극적으로 유감과 태업으로 귀결되었다.

시간이 지남에 따라, 다른 문제들이 이러한 명백한 약점들을 악화시켰다. 회원국들은 동맹체제를 재설정하였고 침략행위를 제어하는 데 필요로 하는 연맹의 행동을 거부하였다. 전쟁을 위한 준비가 서서히 이루어지고 독일이 폴란드를 침략하면서 이제 갓 발족한 국제연맹은 1939년에 그 끝을 맺었다. 국제사회는 제2차 세계대전을 향하고 있었고 서서히 무너지던 국제연맹은 공식적으로 1946년 해체되었다.

집단안보의 사고는 전쟁과 평화를 다루기 위한 오랜 역사적 제안으로부터 유래하였다.[16] 모든 국가는 어느 한 국가가 이익을 추구하기 위해 강압을 사용하고자 할 때, 이를 예방하고자 무력으로 결집한다는 집단안보의 핵심은 동일하게 남아있다. 그러한 체제 아래서, 어느 정부도 다른 정부를 정복할 수 없으며 모든 정부가 보복에 대한 두려움으로 평화를 훼손해서는 안 된다. 어떠한 공격이라도 어느 한 측이 다른 측을 공격한 것으로 취급된다. 자위에 대한 인식은 일반적으로 주권국가의 권리임에 합의하며 전쟁을 예방하기 위해 국제사회로 확장될 수 있다.

집단안보에 대한 의존의 단순성과 이를 현실에 적용하는 과정이 어렵다는 대조적인 현상은 명백한 상식이다. 실제로 집단안보가 평화의 보호와 회복을 담보할 수 있는가에 대해 의구심을 가지는 견해도 존재한다. 한편으로 190개 국가 이상으로 구성된 유엔이 자신의 국익을 추구하는 과정에서 집단안보로부터 이탈할 수 있을 것인지, 만약 이탈하게 된다면 집단안보의 노력도 무산되는 것은 아닌지에 관한 질문도

---

16 F. H. Hinsley, *Power and the Pursuit of Peace* (Cambridge: Cambridge University Press, 1963), pp. 1-128; S. J. Hambleben, *Plans for World Peace Through Six Centries* (Chicago: Univ. of Chicago Press, 1943).

제기될 수 있다. 이는 마치 사냥꾼이 사슴을 쫓는 과정의 문제와 같다. 즉, 사냥꾼들이 사슴을 포위하게 되고 이때 포위하는 사냥꾼의 대열에서 이탈하여 토끼를 쫓아가는 사람의 경우는 다른 사람과 몫을 나눌 필요가 없다는 오래된 논리도 적용될 수 있다. 때에 따라 사슴도 포위망에서 탈출할 수도 있으며 이때 같은 논리가 적용될 수도 있다.

국제연맹 시대에서 집단안보의 노력이 고려되었을 때, 집단안보의 경험은 상당한 차이를 나타내었다. 첫째, 일부 국가는 자신 스스로 적과 친구를 규정했기 때문에 집단안보 차원에서 제재 노력에 동참하지 않았다. 미국이 나토(NATO)의 한 회원국에 유엔이 집단안보 차원에서 제재를 가하거나 구 소련이 바르샤바 조약기구(Warsaw Pact) 회원국에 제재를 가할 경우, 그러한 노력에 합류할 것임을 상상할 수는 없다. 집단안보의 형태가 아닌 이전에 맺어진 동맹체제뿐만 아니라 그러한 형태의 동맹 또한 국제 적 차원의 집단안보체제와 양립할 수 없게 된다. 예외적인 경우로 미국은 1956년 영국과 프랑스 그리고 이스라엘의 이집트 침략[17]에 반대하였고 결국 미국은 외교적 노력을 통해 지원하는 방향으로 한발 후퇴하였다. 그러나 미국은 1956년 유엔의 동맹국에 대한 제재를 심각하게 생각한 적이 없었고 그 이유는 냉전 시대에 여전히 이들 동맹국과의 협력을 유지하기 원했기 때문이었다. 진정한 의미의 집단안보란 모든 침략국이 동일하게 취급되어야 한다. 평화에 대한 모든 위협과

17 제2차 중동전쟁, 또는 수에즈 위기는 1956년 10월 29일부터 1956년 11월 3일까지 발생한 전쟁이다. 이스라엘이 1956년 말 이집트 침공을 개시했고, 영국과 프랑스가 뒤이어 이집트에 선전포고하였다. 전쟁의 목표는 수에즈 운하의 통치권을 영국과 프랑스가 회복하고, 이집트 대통령 가말 압델 나세르를 권력에서 몰아내는 것이었다. 전투가 시작된 이후, 유엔과 미국, 구 소련이 동맹군에게 정치적 압박을 가했고, 결국 동맹군은 물러났다. 이 사건은 영국과 프랑스에 굴욕을 주었으며 나세르의 권력을 강화하는 계기가 되었다.

파괴행위는 단호하게 거부되어야 한다. 이는 역사를 통해 문화적, 전략적 동반자를 보유하고 있는 대부분의 강대국가는 물론 모든 국가에 요구되는 사항이다.

둘째, 국력의 문제점도 존재한다. 1945년 이래 국제사회가 핵 국가, 특히 미국, 러시아, 영국, 프랑스 그리고 중국에 대한 집단안보를 적용할 경우, 극복할 수 없는 중요한 문제가 있는 것처럼 보이는 것은 명백하다. 그렇다면 비록 침략의 행위가 발생하더라도, 그러한 국가에 대한 강제적인 집단안보를 적용하려고 하여 발생하게 되는 대량파괴는 정당화될 수 있을 것인가?

강력한 침략자를 규제하는 문제는 핵무기 이상의 문제이다. 다수의 국가가 어느 특정한 국가에 집단안보를 적용한다는 것은 국제사회에 대한 상당한 와해를 가져올 수 있는 재래식 전력이나 경제적 제재를 통제하게 된다는 것을 의미하게 된다. 이러한 이유로, 국제사회는 1980년대 미국의 그레나다(Grenada) 침공이나 파나마 침공과 같은 상황에서 외교적 차원의 반대만으로 만족해야만 하였다. 왜냐하면, 어떠한 군사적 또는 경제적 제재도 효과적이지 못할 것임을 모두 인식하고 있었기 때문이었다. 강대국만이 관리하기 어려운 것은 아니었다. 남아프리카, 사우디아라비아, 이스라엘, 베트남 그리고 기타 소규모 국가 또한 상당한 경제적, 군사적 힘을 보유하고 있었다.

셋째, 집단안보는 이를 지원하기 위한 비용이 수반될 수 있다. 제재는 제재를 받게 되는 침략자뿐만 아니라 이를 방어하고자 하는 국가에도 영향을 미치게 된다. 스위스가 국제연맹의 회원국이었을 당시, 이탈리아가 에티오피아를 침략한 이후에도 스위스의 경제가 이탈리아에 의존하고 있었기 때문에 무솔리니(Mussolini)의 이탈리아에 경제적 제재를 가하자는 의견에 동조할 수 없었다. 이러한 기억은 스위스가 후에 유엔 회원국으로 남아있게 하는 계기가 되었다. 비록 공산주의 국가인 불가리아가 유엔에서 백인이 통치하는 남아프리카공화국의 제재에 찬성표를 던졌지만, 불가리아는 비공식적으로 은밀하게 남아프리카공화국에 무기를 판매하였다. 불가리아는 공식적으로는 남아프리카공화국에 대한 경제적 집단안보의 적용에 반대하지 않았지만, 무기거래로 나오는 이익을 잃고 싶지 않았다. 인종차별이 평화를 위협할 수 있다고 받아들이는 것은 회원국이 생각하고 있는 여러 가지 사항 중 하나일 뿐이었다. 좁은 의미의 국가이익의 비용을 감수하면서 인종차별에 집단으로 개입하는 일도 회원국이 취할 수 있는 행동이었다.

넷째, 집단안보의 개념은 모든 희생자가 동등하게 중요하다는 가정과 국제사회가 보스니아나 아르메니아에 대한 공격 또는 쿠웨이트나 독일에 대한 공격에 대해 똑같은 방법으로 대응한다는 가정에 기초한다. 현재의 동맹 관계를 떠나더라도 이와 같은 가정은 여전히 유효하다. 역사적으로 대부분 국가가 국가를 방위하면서 가치의 다름이 있었다는 것을 보여주었다. 1990년대 미국은 쿠웨이트를 해방하기 위해 본토 방위에 지장을 초래할 수도 있었지만 50만 명의 병력을 파견하였으나 보스니아를 해방하기 위한 결정적 작전에 주저하였다. 이로 인해 1995년 후반 데이턴 협정(Dayton Accords)[18]이 이루어질 때까지 세르비아계 사람들과 크로아티아계 사람으로 갈라지게 되었다. 쿠웨이트가 미국과 동

18 1995년 12월 14일 미국 오하이오 데이턴에서 맺어진 협정으로 3년 반 동안 진행되었던 보스니아 전쟁을 종결하였다. 전쟁 당사자들은 세르비아계가 다수로 구성된 스릅스카 공화국(Republika Srpska)과 이슬람교 보스니아계와 크로아티아계의 보스니아-헤르체고비나(Federation of Bosnia and Herzegovina) 연방으로 분할되었다.

맹국에 원유를 수출할 수 있는 산유국이라는 사실과 보스니아가 경제적인 자원이나 전략적 가치가 결여되었다는 사실은 두 국가의 상황에 대해 미국의 외교정책이 반드시 부적절하였다고 할 수는 없다. 결과적으로 결정적이며 강제적인 집단안보는 1991년 사막의 폭풍작전을 통해 실현되었다. 그러나 1995년 가을 크로아티아계 보스니아인들의 공세가 서구를 자극할 때까지 보스니아에서 집단안보를 위한 적극적인 조치는 취해지지 않았다. 국가 간 연결이 점차 증가하고 있다는 일반적인 현상에도 불구하고 일부 국가는 여전히 그리 개의치 않았다. 따라서 다양한 형태의 집단안보를 현실에 적용하기는 쉽지 않았다.

집단안보는 종종 국제사회와 각국의 정부 사이의 중간지대로 여겨졌다. 한편으로 집단안보는 국가체제가 더욱 안정적인 상황을 조성하여 평화롭게 공존할 수 있는 일종의 과정으로 비추어졌다. 집단안보는 제대로 작동하기도 하였다. 쿠웨이트에 대한 이라크의 침략은 유엔에 의해 승인된 집단안보를 통해 격퇴되었다. 아이티(Haiti)의 군사 쿠데타도 유엔의 경제적 제재 이후 실패로 돌아가게 되었다. 그러나 이는 예외적인 사례로 군사적 또는 경제적으로 집단안보를 조직하고 강제하는 것이 극도로 어렵다는 것을 보여주었다. 결국, 소수의 백인이 남아프리카공화국을 통치하는 것이 잘못이라는 국제적 차원의 압도적인 합의에도 불구하고 유엔의 경제적 제재는 1966년부터 1979년까지 계속되었지만, 흑인에 의한 자결권을 달성하기에는 결정적이지 못하였다. 국가는 다양한 다수의 국가이익을 추구하며 이러한 국가이익이 평화 또는 정의라는 이름으로 남용되기를 희망하지 않는다. 따라서 국가는 불편한 집단안보의 노력으로부터 이탈하려는 경향을 보인다. 만약 그러한 상황이 아닐 경우, 아마도 국가는 집단안보가 아니라 세계정부를 달성

하게 될 것이다.[19]

(3) 국제연합과 집단안보, 법적 해석

유엔의 기초는 제2차 세계대전이었다. 1941년 8월, 미국이 전쟁에 참전하기 4개월 이전, 미국의 루스벨트 대통령은 영국 처칠 수상과 대서양 헌장(Atlantic Charter)에 합의하였다. 처칠 수상은 제2차 세계대전 이후 집단안보기구를 강력하게 선호하였고 이를 명백하게 기술하고자 하였던 그의 의지는 루스벨트 대통령에 의해 희석되었다. 루스벨트 대통령은 의회로부터 부정적인 반향을 두려워하였다. 그러나 미국이 전쟁에 뛰어들고 나서 채 한 달도 되지 않았던 1942년 1월 1일, 26개 국가의 정부가 동맹국 간 상호지원을 요구할 수 있고 또 안보 분야 전반에 걸친 더욱 영구적인 체제를 보유한다는 유엔 선언에 서명하였다.

미국, 영국, 프랑스, 중국 그리고 러시아 등 동맹국의 지도자들은 국제기구를 위한 지침을 만들기 위해 수차례에 걸쳐 회동하였다. 테헤란, 덤바톤 오크스(Dumbarton Oaks)[20], 그리고 얄타 회담에서 이들 국가는

---

19 Ernst B. Haas, "Types of Collective Security: An Examination of Operational Concepts", *American Political Science Review* 49, no. 1 (1995), pp. 40-62.

20 1944년 8월 21일부터 10월 7일 동안 진행된 유엔 창설의 기초가 된 회의이다. 미국의 수도 워싱턴 D.C. 조지타운에 있는 덤바톤 오크스 저택에서 열렸으며, 이 회의에서 발표된 '일반적 국제기구의 설립에 관한 제안'은 강대국의 협조 아래 안전보장이사회를 중심으로 안전보장기능을 발휘하려는 평화유지가 내포되어 있으며, 후에 유엔 헌장의 원안이 되었다. 이 회의는 국제연맹의 뒤를 이을 전후 국제기구의 필요성을 인식한 1943년의 모스크바 선언 제4절을 이행하는 첫 번째 주요단계였다. 덤바톤 오크스 제안(일반 국제기구 창설을 위한 제안)은 유엔의 청사진을 완벽하게 제시하지는 못했기 때문에 안전보장이사회의 표결방식과

세계대전 이후의 모습을 담은 계획 대강을 만들어 내었다. 이와 동시에 일부 학계에서는 차후의 국제적 차원의 행정을 안내하기 위한 기존의 경험들을 연구하였다.

동맹국들은 다른 국가들이 국제기구의 동참에 대해 숙고할 수 있도록 초대하였고 결국 1945년 6월 샌프란시스코 회의에 이르게 되었다. 1944년 8월 덤바톤 오크스 회의가 시작되면서 긴장이 나타나기 시작하였다. 그러나 근본적인 협력의 정신은 국제기구를 설계하는 동안 주요 강대국들 사이에 남아있었다. 1945년 3월 이전 추축국에 대해 전쟁을 선포하였거나 유엔 가입에 서명한 51개 국가가 샌프란시스코 회의에 초대되었다. 동맹군은 공동의 적과 싸우고 있었고 서로 지원하였다. 국제정치에서 동서 간의 분열은 아직 발생하지 않은 상태였다.

이러한 환경에서 동맹국 지도자들은 또 다른 세계대전을 예방하기 위해 기존의 우호적인 관계에 기초하여 국제기구의 밑그림을 그렸다. 비록 국가의 대표자들이 '우리 국제연합 국민은'이라는 수사를 사용하였지만, 대표단은 정부를 대표하였고 궁극적으로 주권과 독립을 상징하는 국가를 대표하게 되었다. 새로운 국제기구는 초국가적 정체성(이를테면 세계정부와 같은)을 추구하고자 하는 의도가 아니었으며 국가 주권의 교조(Doctrine)가 유엔 헌장에 정식으로 기술되었다.

정부 사이에서 합의를 추구하는 원칙에서 오직 하나의 예외 조항

구 소련 내 공화국들에 대한 회원자격 조항 같은 중대한 문제의 합의에는 이르지 못했다. 이러한 문제들은 1945년 2월 얄타 회담에서 해결을 보았으며, 여기서 국제연맹의 위임통치를 대신할 신탁통치제도가 제안되었다. 이와 같이 보완된 제안들은 샌프란시스코 회의의 협상 기반이 되었고 이로부터 1945년 유엔 헌장이 탄생했다. 1801년에 건축된 덤바톤 오크스는 원래 윌리엄 해먼드 도시의 저택이었으나 현재는 학술도서관과 미술관으로 사용되고 있다.

이 있었다. 그것은 좁은 의미의 국가이성을 존중하는 것으로 유엔 헌장 7장의 핵심이 되었다. 국제연맹 실패의 교훈으로부터 유엔의 창시자들은 유엔이 국제사회의 결정을 강제하는 데 필요할 경우 군사력을 동원하고, 만장일치제로부터 다수결의 원칙으로 전환(거부권을 제외하고)하는 등 국제사회의 평화를 유지하기 위해 유엔의 적극적인 역할을 하도록 설계하였다.

유엔 안전보장이사회와 총회는 직접 평화를 수호하는 2개의 핵심기관이다. 유엔 헌장 5장은 국제평화와 안전을 우선으로 책임지는 기관으로 안전보장이사회를 지정하였다. 1946년부터 1965년까지 유엔 헌장에 명시되어 있었던 비상임이사국 6개 국가는 회원국이 증가함에 따라 이후 10개 국가로 증가하였고 이후 현재까지 안전보장이사회는 총 15개 국가로 구성된다.

가장 강력한 힘을 보유한 국가들은 특별한 역할을 하게 된다. 국제연맹이 존재하던 당시 일부 초강력국가들이 중요한 전환점에서 중대한 역할을 하지 못하였고 이로 인해 국제연맹은 한계를 드러내게 되었다. 안전보장이사회의 비상임이사국은 2년 임기로 총회를 통해 선출된다. 비상임이사국을 선출할 경우, 우선 지리적 균형을 유지하기 위해 아프리카 대륙 3개 국가, 아시아 대륙 2개 국가, 유럽 3개 국가 그리고 남미 2개 국가를 선출하게 된다.

1945년 이래 유엔 안전보장이사회 상임이사국은 가장 강력한 군사력을 보유한 국가로 이루어졌으며 국제사회의 평화와 안전을 유지하기 위한 의무를 부여받았다. 국제연맹과는 달리 유엔 회원국은 법적으로 '결정'의 준수가 요구된다. 이러한 논리는 상임이사국이 신속하고 결정적으로 행동할 수 있는 군사 역량을 보유하고 있으므로, 어떠한 잠재적 침략자도 조직의 결정에 도전하지 않는다는 가정으로부터 성립된다.

상임이사국은 집단안보의 대강에서 이사국의 특별한 책임과 특권에 대해 의견을 일치하였다. 상임이사국은 더욱 많은 재정을 부담하며, 이들이 동의하지 않을 경우, 어떠한 비절차적 문제(Non-procedural Questions)[21]도 결정지을 수 없다. 상임이사국의 거부권은 중요한 문제에 대한 그들의 동의 또는 적어도 기권을 보장할 수 있도록 하는 장치이다. 유엔이 바로 전쟁을 예방하기 위해 창설된 것인 만큼, 유엔은 전쟁을 회피하기 위해 국제체제를 구성하는 주요 초강대국 중 어느 한 국가에 대해 어떠한 강제행위도 이행할 수 없다는 것을 인정하였다. 따라서 상임이사국에 대한 강제행위를 방지함으로써, 거부권은 가장 강력한 초강대국으로 구성된 상임이사국을 스스로 깨지 않도록 하는 안전장치가 되었고 강제행위는 오직 강대국의 협력 아래에서만 이행될 수 있게 하였다.

1965년 안전보장이사회가 11개 국가로부터 15개 국가로 확대된 이후, 안전보장이사회는 의사결정 과정을 수정하였다. 안전보장이사회의 확대는 상임이사국이 투표에서 지니는 수학적 무게를 감소시키게 되었다. 결의안을 통과시키기 위해서는 9개국의 찬성이 필요하였다. 안전보장이사회의 안건은 비절차적 문제와 절차 문제로 나뉘는데, 절차 문제인 안건은 단순 9개국 이상의 찬성, 비절차적 문제의 안건은 상임

---

21 유엔 안전보장이사회의 대부분 투표는 이사회 자체에서 특정한 문제를 절차적 문제 또는 비절차적 문제로 고려해야 하는지 지정하지는 않는다. 하지만, 상임이사국이 절차적 문제에는 거부권을 보유하지 않고 있어 상임이사국의 반대표가 있다 하더라도 안건은 통과될 수 있다. 이와 반대로 비절차적 문제의 경우 특히 결의안 초안의 경우, 상임이사국의 거부권이 행사될 경우, 통과되지 않는다.

이사국 5개국을 모두 포함한 9개국 이상의 찬성표가 있으면 안건이 통과된다.

상임이사국이 거부권(veto)을 행사할 경우, 다른 모든 이사국이 찬성하더라도 해당 안건의 통과를 막을 수 있는데 이는 어떠한 안건이 비절차적 문제인지 절차적 문제인지 결정하는 안건은 비절차적 문제로 처리하기 때문이다. 이를 이중 거부권이라 한다. 어떤 상임이사국의 반대에도 불구하고 해당 안건이 의결되길 바란다면, 안전보장이사회의 안건에서 완전히 삭제하여 유엔 총회에 안건을 이전할 수 있다. 안건을 선택하는 것은 절차적 문제로 처리되기 때문이다. 그러므로 단순 9개국 이상의 찬성으로도 상임이사국의 거부권을 어느 정도 견제할 수 있다. 또한, 유엔에서 기권은 의사의 진행을 반대하는 방향으로 해석하지 않으므로 상임이사국의 기권은 거부권이 될 수 없다는 제한 또한 존재한다. 따라서 거부권 행사 또한 국제관계에서 결정이기 때문에 강대국일수록 거부권의 사용 빈도가 높은 성향을 보인다.

안전보장이사회가 확대된 이후, 투표가 이루어지기 이전에 비공식적인 만남을 통해 합의를 이루고자 노력하였기 때문에 공식적으로 투표가 진행되는 동안 의견의 불일치는 감소하였다. 냉전 기간 297차례의 거부권이 행사되었으나 1990년부터 1993년 사이에는 한 건의 거부권도 행사되지 않았다. 거부권의 존재 여부와 상관없이, 다자주의 외교를 위한 융통성의 필요성은 그대로 남아있었다. 한편 거부권 행사로 점철되었던 공식적인 안전보장이사회 초기 회기와 비교하면, 이후에는 중요한 문제에 대해서는 먼저 비공식적으로 회동하여 논의하고 이후 공식적 투표하는 모습을 보였다. 안전보장이사회 의장은 매달 순환되었고 투표를 순조롭게 진행하는 과정에서 결정적인 역할을 하였다. 안전보장이사회 의장은 종종 유엔 사무총장을 만나 분쟁의 소지가 있는 당사자들을 식별하였고 거부권이 사용되지 않도록 상임이사국과 협상하였으며 안전보장이사회에 동조하지 않는 다른 집단들과도 정기적으로 회동하였다. 따라서 통합적인 의사결정이 촉진되었고 안전보장이사회 내부에서의 분열도 감소하였다.

국제평화와 안전과 대한 관계에 있어 1950년 '평화를 위한 단합의 결의안(Uniting for Peace Resolution)'[22]이 채택되고 난 이후 총회의 역할도 확대되었다. 안전보장이사회가 제대로 작동할 수 없는 환경에서, 평화를 위한 단합의 결의안에 따라 총회가 국제기구의 목적과 정신에 맞게 조치를 할 수 있도록 하였다. 이처럼 결의안이 활용될 경우, 총회와 안전보장이사회의 구분이 불명확하게 될 수 있었다. 따라서 절차의 불법성에 대한 의견의 불일치가 제기되었고, 유엔 헌장을 사실상 수정해야 하거나 공식적으로 유엔 헌장 제108조와 109조에서 제시된 헌장 개정에 관한 조항에도 불구하고 새로운 합법적 규칙을 만들어야 한다는 주장도 제기되었다. 결의안의 지지자들은 평화를 유지하기 위한 유엔 안전보장이사회의 공식적인 책임은 '우선하는(Primary)' 책임이지만, 배타적(Exclusive) 책임은 아니라고 주장하였다. 어느 경우가 되었든, 결의안의

---

22 1950년 11월 3일 유엔 총회에서 가결한 결의안 제377호(United Nations General Assembly Resolution 377)로, 애치슨 계획(Acheson Plan)으로 불리기도 한다. 결의의 내용 가운데 가장 중요한 점은 평화에 대한 위협, 평화의 파괴, 집단행위가 있는 경우, 안전보장이사회가 거부권 때문에 조치할 수 없을 때는 총회가 회원에게 집단적 조치를 권고하기 위하여 심의하는 것, 이러한 조치를 채택할 경우, 무력의 사용을 포함할 수도도 있다는 것, 총회가 열리지 않는 경우, 그러한 요청이 발생한 후 24시간 이내에 긴급총회를 개최할 수가 있다는 것 등이다. 이 결의안은 미국이 구 소련의 거부권을 봉쇄하기 위하여 유엔의 중심을 안전보장이사회에서 총회로 옮기려는 시도였다. 그러나 그 후 반드시 미국의 의도대로 되지만은 않았고, 강제조치의 권고는 적용되지 않은 채 오늘에 이르고 있다.

중요성은 법적 차원을 떠나 정치적, 상징적 그리고 심리적인 차원에서 중요하였다.

이와 같은 결의안은 한국전쟁 당시 북한의 침략에도 불구하고 안전보장이사회가 침략에 대한 비난과 남한에 대한 지원 이외에 어떠한 조치도 취하지 않게 되자, 총회가 북한의 침략을 다루기 위한 결의안을 채택하는 규정을 마련하는 계기가 되었다. 구 소련이 불참하고 마오쩌둥(毛泽东)의 공산당 승리에도 불구하고 대만이 안전보장이사회 상임이사국이 되어야 한다는 주장이 제기되는 상황에서 안전보장이사회의 최초 요구사항이었던 남한에 대한 지원과 이에 따른 북한에 대한 군사적 행동이 승인되었다. 그러나 구 소련이 불참을 거두고 논쟁에 접어들게 되자 안전보장이사회는 구 소련의 거부권으로 마비되었다.

평화를 위한 단합의 결의안은 상임이사국 회원국이 2개의 위기에 개입되었던 1956년까지 활용되지 않았다. 1956년 10월 수에즈 위기에 대해 안전보장이사회의 효과적인 조치가 영국과 프랑스에 의해 막히게 되자 총회가 이를 승인하였다. 수에즈 위기 직전인 같은 해 10월 헝가리 정부가 친소주의와 개혁을 거부하자 시위와 폭동이 발생하였고 바르샤바 동맹(Warsaw Pact)을 탈퇴하자 구 소련은 즉각 10만여 명의 병력과 수백 대의 탱크를 이끌고 12월 4일 헝가리를 침공하였다. 이에 대해 안전보장이사회는 구 소련의 무력사용을 비난하였다. 평화를 위한 단합의 결의안이 마지막으로 활용된 것은 1960년 콩고 내전[23]으로 당시 미

---

23 1960년 콩고 민주 공화국이 벨기에로부터 독립하였다. 독립하자마자 한때 콩고 독립운동의 3인방이었던 루뭄바(Patrice Lumumba)와 카사부부(Joseph Kasa-Vubu), 촘베(Moïse Tshombe) 사이 갈등이 심각해졌다. 특히 루뭄바 총리와 카사부부 대통령의 대립이 극심했고 동남부 카탕가(Katanga) 주 총리 촘베가 벨기에의 지원으로 독립을 선언하였다. 벨기에

국과 구 소련은 각각 다른 정파를 지원하고 있었고 안전보장이사회는 교착상태에 빠지게 되었다.

유엔 헌장은 이 분야와 관련하여 우선 유엔의 행정 수장으로서 사무총장, 전문지식을 갖춘 참모조직 사무국, 사법 기능의 국제사법재판소 등 주요 행위자를 명시하였다. 유엔 안전보장이사회에 의해 추천되어 총회에서 선출되는 사무총장은 최고 행정관(Chief Executive Officer)이라고 할 수 있다. 유엔 사무국만 하더라도 1946년 3천 명으로 시작하였으나 현재는 5만여 명으로 확대하였다. 국제사회의 평화와 안전에 관련된 부서도 수 개에 이른다. 부트로스-갈리 제6대 유엔 사무총장이 업무를 시작하였을 때, 국제사회의 평화와 안전의 문제가 조직의 핵심 사안이었고 정무국, 인도주의국, 평화유지 활동국 등 내부 행정조직의 개혁이 추진되었다. 유엔 사무총장의 지휘 아래 120여 개 국가로부터 파견된 9만 7천여 명의 군과 경찰이 유엔 평화활동을 수행하고 있다.

유엔 사무총장은 참모를 조직하고 운영하는 업무 이외에도 분쟁의 중재, 내전을 치르고 있는 당사자들 사이에서의 협상 그리고 유엔 평화유지군의 파견 등의 업무를 수행한다. 이러한 사무총장의 역할은 어떠한 국제기구의 수장에게 부여된 책무보다 더 막중하고 크다. 유엔 헌장 제99조는 빈번하게 인용되지는 않지만, 사무총장이 '유엔 사무총장은

군은 유엔에 의해 곧바로 철수했으나 상당수가 용병으로 남아 촘베의 편을 들어 내전은 끝나지 않았고, 구 소련 등의 지원을 받던 루뭄바와 프랑스, 벨기에와 남아프리카공화국 정권의 지원을 받던 촘베, 그리고 미국의 지원을 받던 카사부부 간 3파전이자 대리전으로 번졌다. 유엔은 다그 함마르셸드(Dag Hammarskjöld) 사무총장의 지시로 유엔 평화유지군(ONUC, United Nations Operation in the Congo)을 파병하기로 결의하였다. 1965년 모부투(Joseph-Désiré Mobutu)는 콩고의 안정을 바란 서양 열강의 지원을 얻어 또 쿠데타를 일으키고, 카사부부와 촘베를 모두 축출한다. 경쟁자가 모두 사라진 상태에서 32년간의 모부투 독재 정권이 콩고에 수립되었다.

국제사회의 평화와 안전을 위협하는 문제에 관련하여 자신의 견해를 유엔 안전보장이사회에 환기할 수 있다'라고 적시하고 있다. 사무총장은 제99조를 공식적으로 인용하지 않더라도 강대국들과 비공식적인 회동을 통해 자신의 의견을 피력할 수 있다. 위험을 관리하기 위한 사무총장의 개인적인 판단과 준비 그리고 합당하게 주도적으로 조치하는 것은 그의 책무를 완수하는 데 핵심이 된다.

다그 함마르셸드 사무총장이 콩고 문제를 다루기 위해, 그리고 논쟁의 여지가 있었지만 트리그브 리에(Trygve Lie) 사무총장이 한국전쟁 당시, 발트하임(Kurt Waldheim) 사무총장이 이란 문제[24]에 인용했던 것 이외에 제99조는 자주 인용되지 않았다. 그러나 사무총장의 역할과 나아가 제99조에 따른 호소는 극적인 결과를 창출하기보다는 비교적 유용한 활동을 위한 기초를 제공하게 되었다. 비록 해당국 정부와 불쾌감이 조성되기도 했지만, 함마르셸드 사무총장이 묘사한 바와 같이 사무총장의 역할은 '조용한 외교(Quiet Diplomacy)'였다.

제99조의 인용의 여부와 관계없이, 유엔 사무총장의 조치는 해당 국가의 정부와 긴밀한 협조와 더불어 이루어지게 된다. 정치적 환경에 따라 가혹한 비판이 뒤따를 수도 있고 궁극적으로 유엔 사무국에 영향을 미치게 된다. 앞서 리에 사무총장과 발트하임 사무총장이 한국과 콩고에서 그랬던 것처럼, 우 탄트(U Thant) 유엔 사무총장은 1967년 시나이 반도에서 유엔 평화유지군을 지나치게 조기에 철수하여 서구로부터 거친 비난을 받았다. 이후 케야르 사무총장과 부트로스-갈리 사무총장 또

---

24 1980년 발트하임 유엔 사무총장은 테헤란이 잡혀있던 미국인 인질 석방 협상을 위해 이란을 방문하였으나, 당시 이란을 이끌던 호메이니(Ayatollah Khomeini)는 만남을 거부하였다.

한 페르시아만과 보스니아 그리고 소말리아에서 그들의 일련의 조치로 인한 비난을 감수해야만 하였다. 저명한 위치에 있게 되면, 어떠한 정책에도 비난이 따를 수밖에 없지만, 한국전쟁에 대한 리에 사무총장의 조치[25]는 만약 자신이 중요한 국가로부터 신임을 얻지 못한다면, 그의 정책적 결심이 효과적이지 않을 것이라는 판단으로부터 공적인 판단을 거의 유보한 경우가 되었다.

국제사법재판소(International Court of Justice)는 분쟁에 영향을 미칠 수 있다. 국제상설재판소(Permanent Court of International Justice)[26]는 국제연맹과 별도로 기능을 수행하였지만 이를 모델로 하여 만들어진 국제사법재판소는 유엔의 주요 조직이다. 이러한 연유로, 모든 유엔의 회원국은 비록 자발적인 수용이 없이는 법적 판결에 구속되지는 않지만, 국제사법재

25 1950년 6 · 25 전쟁이 발발하자, 유엔 안전보장이사회는 즉각적으로 이 문제를 논의하였다. 6월 25일 북한의 침략이 확인되자마자, 유엔 안보리는 헌장에 의거 신속하게 대응조치를 취하였다. 안보리는 뉴욕시간 당일 즉각 소집되었고 찬성 9, 기권 1(유고), 불참석 1(구 소련)로 결의문 제82호를 채택하였다. 즉 안보리는 결의문에서 "북한군의 대한민국에 대한 무력공격에 대하여 심각한 우려를 표명하고(중략) 이러한 행동이 평화의 파기임을 결정하였다." 또한 안보리 결의문은 "적대행위의 즉각적인 중지를 촉구하고(중략) 북한 당국이 그 군대를 38선 이북으로 철수할 것을 촉구"하였다. 북한의 반응이 없자 6월 27일 다시 안보리는 결의문 제83호를 채택하고, "무력공격의 격퇴와 그 지역에서의 국제평화 및 안전의 회복을 위해 한국에 대해 필요한 원조를 할 것을 회원국에 권고"하였다. 이 결의문들은 유엔 헌장에 따른 집단안보를 발동한 것으로 유엔의 6 · 25 전쟁 개입은 이러한 집단안보제도가 본격적으로 그리고 전형적으로 적용된 최초의 사례가 되었다. 유엔 결의안 하에서 유엔 회원국의 군사적 참여가 전쟁 발발 즉시 이루어지기 시작했는바, 6월 27일 미군을 시작으로 연합군의 참전이 시작되었다. 한편, 유엔 사무총장 트리그브 리(Trygve Lie)는 결의문 제83호에 의거 회원국들에게 집단조치를 위한 필요한 지원을 요청하였다. 이에 따라 여러 회원국들은 정치적 지지로부터 군대 및 식량, 의약품 제공 등에 이르기까지 다양한 약속을 하였다.

26 국제상설재판소는 1922년 국제연맹 창설과 더불어 조직된 상설 국제법원으로 네덜란드 헤이그에 위치해 있었다. 제2차 세계대전 이후에는 국제사법재판소가 설치되어 이를 승계하였다.

판소 법령과 관련한 당사자가 된다. 9년 임기의 15명의 판사로 구성되며 총회와 안전보장이사회에 의해 각각 선출하며 다수표를 얻은 후보자가 당선된다. 국제사법재판소는 회부되는 모든 문제를 다루게 되며 강제행위에 관한 결정은 구속력을 지닌다.

재판소에 제소되는 사건의 당사자는 국가에 한하고 국제기구나 개인은 당사자가 될 수 없다. 개인은 그 소속 국가를 통하여 국가의 권리로서 재판소에 제소할 수 있다. 국제사법재판소에 분쟁을 제소할 수 있는 것은 분쟁 당사국 간에 합의가 있는 경우에 한하며, 재판소의 관할은 당사자가 재판소에 부탁하는 모든 사건 및 특히 헌장 또는 현행 조약 및 협약에 규정된 모든 사항을 포함한다. 재판소에 제소는 원칙상 임의적이나 재판소 규정 제36조 2항의 의무적 관할 조항을 수락한 경우, 조약의 해석, 국제법상의 문제, 확인된 경우 국제의무의 위반이 되는 사실의 존재 여부, 국제의무 위반에 대한 배상의 성질 및 범위 등에 관한 모든 법률적 분쟁에 대한 재판소의 관할은 동일한 의무를 수락하는 다른 국가에 대한 관계에 있어서, 당연히 또 특별한 합의 없이도, 의무적인 것이 된다.

재판소는 총회, 안보리 또는 기타 유엔 기관과 유엔 특별 기관(Specialized Body)의 요청에 따라 그 활동 범위 내에서 발생하는 법률적 문제에 대해 권고적 의견(Advisory Opinion)을 제시할 수 있다. 권고적 의견은 법적 구속력이 없다는 점에서 판결과 다르나 판결에 상응하는 법적 정치적 권위를 보유한다. 하지만, 현실적으로 국제사법재판소는 국제사회의 평화와 안전에 큰 영향을 미치지 않는다. 국제사법재판소가 판결하는 결정은 연간 불과 수 개이며 심각한 폭력을 포함한 국제분쟁과 관련이 있는 경우 또한 드물다. 일반화하기 어렵지만, 예외적인 경우는 1986년 니카라과와 미국과의 문제[27]였다. 니카라과는 미국을 상대로 제기한 소송에 국제사법재판소는 미국이 니카라과에 대한 주권침해에 대한 보상으로 120억 달러를 지급해야 한다고 판결하였다. 하지만 미국은 이를 부정하고 구 소련이 산디니스타(Sandinista)에 무기를 제공하고 군인들을 훈련했다는 이유로 지급을 거부하였다.

유엔 헌장의 핵심은 제2조 4항의 안보 문제와 관련한 사항이다. 즉, 모든 국가는 국제관계에서 위협이나 무력의 사용을 자제해야 한다. 그런데 제2조 4항[28]은 지나치게 이상적이다. 국가는 국제정치의 역사를 통해 반복적으로 위협이나 무력의 사용에 관련되어왔다. 평화로운 변화를 추구하는 방법과 절차가 제한될 경우, 어떠한 다른 방법을 찾아낼 수 있을 것인가? 이러한 이유로 제2조 4항이 폭력의 압박 아래 있는 국제사회를 완전히 경감시켜주지 못한다는 의미가 된다.

이와 반대로, 위협이나 무력사용이 없는 세계는 유엔은 물론 모든 국가가 계속하여 추구하는 우선적인 목표이다. 이라크가 쿠웨이트를 침공했을 때, 국제사회는 그러한 행동이 유엔 헌장에 따라 용납할 수 없는 행동임을 천명하였다. 비록 국제사회가 대응하는 언어와 형식의 측면에서는 달랐을지라도, 이와 같은 과정은 다른 국가와 다른 상황에서

---

27 1980년대 레이건 행정부가 집권한 뒤에 CIA는 니카라과에 들어선 좌파 정부인 산디니스타 정권을 뒤집기 위해 우익 성향인 콘트라(Contra) 반군을 지원하였다.

28 유엔 헌장 제2조 4항은 다음과 같다. 모든 회원국은 그 국제관계에 있어서 다른 국가의 영토 보전이나 정치적 독립에 대하여 또는 국제연합의 목적과 양립하지 아니하는 어떠한 기타 방식으로도 무력의 위협이나 무력행사를 삼간다(All members shall refrain in their international relations from the threat or use of force against the territorial integrity or political independence of any state, or in any other manner inconsistent with the Purposes of the United Nations).

도 여러 차례 발생하였다. 유엔 총회는 이라크의 쿠웨이트 침공을 반대하였을 뿐만 아니라 미국의 그레나다와 파나마 침공 그리고 베트남의 캄보디아 침공, 구 소련의 아프가니스탄 침공, 인도의 동파키스탄(현재의 방글라데시)의 개입 등에 관련하여도 반대하였다.

사실상, 유엔 헌장 제2조 4항은 사문서가 아니다. 냉전 이후 특히 분쟁을 해결하기 위해 무력을 사용하고자 하였던 국가는 강대국이 아니더라도 그러한 행동이 비난의 형태와 징벌의 결과를 초래하지 않을 것이라는 확신을 가질 수 없었다. 유엔 결의안은 부드러운 언어로 기술될 수 있고 실제적 조치는 달라질 수 있다. 앞서 기술한 바와 같이, 집단안보의 기능은 종종 하나 또는 그 이상의 정치적 편견을 보여준다. 그런데도 제2조 4항은 살아있고 성과 달성을 위한 일반적인 기준이 될 수 있다.

1970년대 유엔 총회에 따라 만약 국가가 첫 번째 무력의 사용을 할 경우, 이는 침략 행위로 간주한다. 즉, 무력의 첫 번째 사용은 통상적으로 유엔 안전보장이사회가 수용하지 않을 경우, 방위가 아니라 침략으로 간주한다. 유엔 헌장 제51조에 따라 개인 또는 집단적인 자위권 행사만이 오직 합법적인 무력의 사용으로 간주한다. 방어 상황에 있는 국가가 먼저 무력을 사용하고자 하는 예견적인 자위권은 완전하게 배제되지는 않는다. 그러나 이는 명백하게 승인되지도 않는다. 궁극적으로 먼저 무력을 사용하고자 하는 국가가 침략의 당사자가 된다는 것을 전제로 한다.

이러한 개념에 내재한 것은 군사력은 군사적 행동을 의미한다는 것이다. 다수의 개발도상국은 군사력에 경제적 강제를 포함하기 희망하였지만, 이러한 관점은 총회의 논의에서 설득력을 얻지 못하였다. 군사적 개입 이외 국력의 연속선 상에서 문화나 언어와 같은 소프트 파워[29]의 무의식적인 사용을 통해 정치적 영향력을 매일 행사하게 되는 부분과 관련한 분석적 명료함도 요구된다. 비록 대부분 외교관이 외부로부터 강제적 행위에 의한 침략을 의미하는 이른바 '개입'을 회피하고자 하지만, 국제관계는 종종 하나의 국가가 다른 국가의 국제문제와 관련되어 영향을 미치게 된다.

첫 번째 무력의 사용에 이어 추가로 수반되는 침략을 다룸에 있어, 유엔 헌장 제42조는 평화를 파괴하는 위협에 관하여 기술하고 있다. 그러나 안전보장이사회나 국제사법재판소는 모두 '침략'과 '평화의 파괴'가 어떻게 다른지 명쾌하게 구분한 적이 없다. 그런데도 하나 또는 그 이상의 국가에 의한 무력 공격이 반드시 없을지라도 평화를 위협하는 상황을 창출할 수 있다는 것은 명백하다. 1991년 봄, 안전보장이사회는 이라크의 인권 상황이 평화를 위협한다고 선언하였다. 당시 사담 후세인 정부는 인권에 대한 억압행위를 자행하고 있었고 이로 인해 이라크 내에서 엄청난 국내 실향민이 발생하였으며 심지어 사람들은 터키와 이란으로 피난하였다.

따라서 국가 간 전쟁뿐만 아니라 평화를 위협하는 어떠한 다른 행동도 평화로운 국제관계를 규정한 유엔의 법을 위배하는 것이다. 1960년대 중반, 유엔은 영국으로부터 독립을 일방적으로 선언한 로디지아에 대한 경제적 제재를 승인하였다. 당시 로디지아은 인권을 무시하고 백인

---

29 Joseph P. Nye, Jr., *Bound to Lead: The Changing nature of American Power* (New York: Basic Books, 1990).

다수의 정부와 애국전선(Patriot Front) 사이에 폭력[30]은 증가하고 있었다. 아프리카통일기구(The Organization of African Unity)[31]와 유엔 총회는 애국전선을 국가해방운동(National Liberation Movement)이라고 칭하였다. 비록 무장 공격은 없었지만, 유엔 안전보장이사회는 평화가 없으므로 경제적 제재는 그대로 진행한다고 발표하였다.

이와 같은 맥락에서 안전보장이사회가 침략 또는 평화의 파괴에 대한 위협 상황을 인식하게 되면, 구속력을 지닌 제재를 가할 수 있다는 중대한 사항을 확인하게 되었다. 유엔 헌장 제7장 39조와 51조는 이전의 국제연맹에 비해 유엔 안전보장이사회에 더욱 강력하고 합법적인 권한을 부여하게 되었다. 냉전기 동안, 유엔 안전보장이사회는 단지 로디지아의 스미스 정부와 남아프리카의 인종차별 정책에 대해서만 경제제재를 가하였다. 냉전이 끝난 이후, 유엔 안전보장이사회는 이라크, 아

---

30 1965년 11월 일방적 독립선언 이전, 영국 정부는 계속해서 고집해온 6개의 합의 원칙(다수의 지배원칙, 헌법의 개정, 흑인의 정치적 지위 개선, 인종차별 정책의 금지, 로디지아 주민 전체의 수락을 전제로 한 독립 허용, 다수에 의한 소수의 박해와 소수에 의한 다수의 박해 배제)을 바탕으로 독립 승인을 검토하지 않을 수 없게 되었다. 그러나 로디지아 정부가 흑인들의 정계 진출의 비율이 감소하지 않는 한 어떠한 제안도 받아들이지 않겠다는 의지를 확실히 해 이 협상은 결렬되고 말았다. 이 협상의 결렬에 따라 1965년 11월11일에 스미스(Isam Smith)는 일방적 독립의 선언을 하게 되었으며 동시에 비상사태를 선포하게 되었다. 이에 대해 영국측은 무력을 사용하기 보다는 경제적인 제재를 가했다. 1966년에 UN이 '대 로디지아 부분적 경제제재' 결의안을 채택하게 되었으며 1968년에는 UN이 '대 로디지아 전면적 경제제재' 결의안을 채택하게 되었다. 그러나 이러한 영국측의 대처에도 불구하고 로디지아 전선이 너무나 강경하여 영국 측이 양보할 수밖에 없었다.

31 아프리카통일기구는 1963년 5월 25일 설립된 국제기구이다. 2002년 7월 9일 해체를 선언하고 아프리카 연합으로 대체되었다. 1963년 5월 에티오피아의 아디스아바바에서 개최된 아프리카 독립국 정상 회의에서 30개국이 아프리카통일기구 헌장에 조인, 1963년 10월 조인국가 2/3가 비준함으로써 성립했다. 아프리카 제국의 통일과 단결의 촉진, 주권 · 독립의 확보, 식민주의 소멸 등을 목적으로 하였으며, 주권의 평등, 내정불간섭, 영토의 보전, 분쟁의 평화적 해결, 파괴활동의 금지, 해방운동의 지지, 비동맹정책 등의 원칙을 선언했다.

이티, 유고슬라비아, 그리고 그 밖의 국가에 대한 강제적인 경제적 제재를 가하였다. 발칸 지역에 내전이 발생하였을 때, 모든 당사자에게 무기수출금지 제재를 가하였다. 그러나 쿠웨이트를 해방하기 위한 군사적 행동에 대해서는 승인하였다. 이와 마찬가지로 소말리아와 보스니아에 대해 인도주의 지원을 요구하지는 않았지만, 이를 지원하기 위한 모든 필요한 수단을 승인하였다. 앞서 모든 행위는 유엔 헌장 제7장에 따른 것이었으며 안전보장이사회의 결정에 따라 구속력을 지니었다. 이러한 결정은 권고가 아니었다. 즉, 국제법의 관점에 따른 강제사항이었다.

대부분 유엔 안전보장이사회 결의안과 총회의 결의안이 예산의 설정을 제외하고 법적으로 여전히 권고사항이라는 것은 사실이다. 평화와 안보의 문제를 다룸에 있어, 유엔 안전보장이사회는 통상적으로 제7장이 아니라 제6장에 따라 행동한다. 제6장은 분쟁의 평화적 해결에 관한 사항이다. 유엔 헌장 제6장에 따라 안전보장이사회는 분쟁의 당사자들이 어떻게 분쟁을 풀어 나아가야 할지를 제시한다. 비록 유엔 평화유지 요원이 가벼운 무장을 하더라도, 전통적인 평화유지 활동은 제6장에 따라 활동하게 된다. 유엔 평화유지 요원은 상황이 발생하더라도 총기를 사용하지 않으며, 당사국의 동의에 따라 전개하고, 통상적으로 휴전을 감시하거나 기타 당사국에 의해 합의된 사항에 대한 이행을 감시한다. 그러나 헌장을 이론적으로 살펴보면, 제6장의 평화를 위한 설득의 역할은 이와는 상반되는 개념으로 비추어질 수 있는 제7장의 강력한 강제행위가 동반하게 된다. 만약 당사자들이 헌장 제6장의 범위에 따라 안전보장이사회가 주장한 평화로운 해결방안에 동의하지 않을 경우, 당사자는 제7장의 제재에 직면할 수 있다.

1990년대 유엔이 당면하였던 가장 복잡한 문제 중 하나는 비록 헌장이 국가를 위해 쓰였다 하더라도, 국가 내부에서 발생하는 폭력이나 비국가적 요소에 의해 국경을 넘어 발생하는 폭력으로 인한 정치적 불안정과 폭력의 확산이었다. 소말리아와 라이베리아에서 문제는 국가 기능 발휘의 부재로부터 발생하였다. 법의 공백 상태에서 다양한 무장 세력들이 권력을 휘둘렀다. 보스니아에서 발생한 문제는 유고슬라비아와 크로아티아의 외교정책으로부터 나온 것일 뿐만 아니라 국제화된 내부의 무력 분쟁에서 인정받지 못했거나 절반 정도의 인정만을 받았던 보스니아계 세르비아인과 보스니아계 크로아티아인의 행동으로 인해 발생하였다. 캄보디아에서 4개의 집단이 권력을 위해 투쟁하였고, 스리랑카에서는 무장한 타밀(Tamil) 반군이 오랫동안 폭력을 사용하여 별도의 국가를 건설하고자 하였다.

위와 같은 일련의 상황에서 유엔 헌장 제1장 2조[32], 즉 유엔과 회원국이 해당 국가의 관할권에 내에 있는 문제의 개입 여부와 관련하여 이 조항이 무엇을 의미하는지 분명하지 않다. 1991년 안전보장이사회가 언급한 바와 같이, 만약 물리적으로 이라크 내에 거주하고 있는 국민을 이라크 정부가 억압하는 것이 국제평화와 안전에 위협을 주는 것인지, 그렇다면 이라크 정부의 국내의 관할권과 유엔의 개입 문제는 어떻게 해석되어야 하는지에 대한 문제가 논의되어야 한다는 것이다. 다른 사례로, 1992년 소말리아의 경우와 같이 외부로부터 실질적인 지원이 없이는 내부의 관할권을 통해 할 수 있는 일이 극히 제한되는 상황에서

---

32 유엔 헌장 제2장 1조는 유엔과 회원국이 제1조에 명시한 유엔의 목적을 추구하는 데 행동의 원칙을 제시한 것으로, 주권 평등, 회원국의 권리와 이익 보장, 부과되는 의무, 국제평화와 안전 그리고 정의를 위태롭게 하지 아니하는 방식으로 평화적 수단에 의한 해결 등의 내용을 담고 있다.

유엔과 회원국이 소말리아에 인도주의 지원을 제공하기 위해 모든 필요한 수단을 취할 수 있는 자격이 있는 것인지에 대한 문제도 같은 맥락으로 해석될 수 있다. 마지막으로 1994년 아이티[33]의 경우, 비록 해산되었지만 정당하게 선출된 정부의 회복이 유엔 헌장 제7장에 기초한 개입이 정당한 것인가? 그렇다면, 국내문제와 국제문제는 어떻게 다른지에 대해 분명한 정리가 필요하다.

국제상설재판소가 1920년대 국제관계의 성격에 따라 국내문제와 국제문제가 달라질 수도 있다는 주장이 틀린 것은 아니었다. 국제행위의 영역이 분명하게 확대되어왔다는 것도 사실이다. 국가 간 발생한 폭력의 조건보다 국가 내부적으로 폭력이 발생한 조건이 더욱 분명하다고 하더라도, 유엔 안전보장이사회는 국가의 외교정책으로부터 발생한 조건에 따라 폭력을 해결하기 위해 노력하였다. 이와 같은 정치적 사실로부터 법적인 관념이 뒤따르게 되었다.

문제는 모두가 알고 있는 바와 같이 국력이다. 만약 영국이 북아일랜드 상황이 국내문제라고 주장한다면, 이는 영국과 영국을 지지하는 세력이 막강한 힘을 보유한 시대이었기 때문일 것이다. 일부 문제가 국

---

33 1991년 9월 30일 세드라스(Raoul Cedras) 장군은 군사 쿠데타를 통해 아리스티드(Jean-Bertrand Aristide) 정부를 무너트렸다. 아리스티드 대통령은 선거에 따라 민주적으로 선출된 최초의 대통령이었다. 미국의 부시 대통령은 민주주의의 회복을 요구하며 미주기구(OAS)와 더불어 무역 금지 조치를 하였다. 1994년 8월 UN 안전보장이사회는 아이티 정부의 복구를 위해 무력을 포함한 "동원 가능한 모든 수단"의 사용을 승인한 결의안 제940호를 통과시켰다. 이에 대해 아이티 군사 정권은 계엄령을 선포하면서 대응하였다. 1994년 9월 18일, 미군 2만 명을 포함한 30개국에서 파견된 총 2만 2천 명의 다국적군(MNF)이 아이티에 도착하여 쿠데타 세력을 축출하고 아리스티드 민선 대통령을 복귀시켰다. 이 과정에서 아이티 군부는 별다른 저항을 하지 못하였다. 이어 10월 아리스티드가 아이티에 도착하고 미국과 UN은 아이티에 대한 제재를 공식적으로 철회하였다. 1995년 3월에는 미국 주도의 다국적군이 평화유지 임무를 UN 평화유지군(UNMIH)로 인계하였다.

내문제의 관할권의 부분으로 남아있는 것은 분명하다. 예를 들면 유엔의 감독과 감시 아래 엘살바도르, 니카라과, 아이티, 앙골라 그리고 캄보디아에서 선거를 치르는 것과는 달리 네브래스카, 버지니아주에서의 선거는 강력한 미국이라는 국가 내의 국내문제로 해석되게 된다.

유엔, 특히 안전보장이사회는 인권과 경제적 문제를 포함한 일련의 조치를 통해 안보 문제를 해결하고자 다양한 개입이 깊숙이 이루어지고 있으며 날로 증가하고 있다. 안전보장이사회의 문제는 엘살바도르와 같은 지역에서 국내문제와 관련한 국제문제가 쉽게 분리되지 않는다. 캄보디아의 경우, 현실적으로 완벽하지는 않았더라도 이론적으로는 유엔 소속의 파견 인원이 정부의 장관 임무를 수행하였다. 적어도 이론적으로, 유엔은 캄보디아를 임시정부에 기초하여 통치하였다. 유엔 헌장 제2조와 국내의 관할권에 비추어 볼 때 유엔이 국내 정치에 직접적으로 개입한 첫 번째 사례가 되었다. 만약 국제사회가 유엔을 통해 소말리아나 캄보디아 그리고 이라크에서 행동하기를 원했더라면, 유엔 헌장 제2조는 상황에 맞도록 재정의되었을 것이고, 회원국은 안전보장이사회가 자동으로 권력의 이양을 행사할 수 있도록 유엔 헌장을 비준하였을 것이다. 이에 따라 궁극적으로 국제사회는 국제정치의 맥락에서 유엔 헌장 제2조의 내용을 검토하였을 것이다.

국가의 주권의 정확한 경계선을 긋는 것은 불가능하다. 만약 주권이 국내 관할권 내에서 정책을 설정하는 정부를 의미한다면, 국제적 기준은 오로지 각국의 정부가 국제법을 준수할 때만 유효한 것으로 한정될 수 있을 것이다. 이는 사담 후세인의 정부가 다른 국가를 침략하지 않고, 국제적으로 인정한 대량의 인권유린을 하지 않을 때만, 이라크에서 자신의 정책을 설정할 수 있다는 의미이다. 이라크가 쿠웨이트에 대한 침략을 시작하자, 유엔은 이라크를 '파산 상태'로 규정하고 주권국가의 조건을 박탈하였으며 이에 따라 이라크 정부는 국가의 외교정책을 자신의 의지대로 추진할 수 없게 되었다. 이와 더불어 이라크는 어떠한 무기도 사용해서는 안 되었으며, 나아가 이라크가 대규모로 인권을 짓밟았을 당시, 유엔은 이라크에 거주하는 쿠르드(Kurd)족을 위해 이라크 땅 내부로 들어갔고 이라크는 이를 용납하여야만 하였다.

부트로스-갈리 유엔 사무총장은 1992년 절대주권의 시대가 지나간 시기는 지나갔다며 다음과 같은 글을 'Foreign Affairs' 지에 기고하였다. "한 세기 동안 이어온 절대적, 배타적 주권의 교조는 이제 계속될 수 없으며 이론적으로 인식되었던 절대 주권의 개념은 사실이 될 수 없다. 우리 시대에 요구되는 지적 고민은 이러한 주권에 대해 다시 생각해보는 것이다." 그러나 일각에서는 유엔 사무총장이 이와 같은 주제와 관련한 다른 발언에서도 같은 의향을 내비쳤는지에 대한 의구심을 가졌다. 왜냐하면 1992년 인도네시아의 자카르타에서 열린 비동맹 국가 정상회담에서 "유엔 헌장 제2조에 따라 유엔은 회원국의 국내문제에 대해 예방외교 또는 인도주의 목표로 위장하여 개입하지 않는다."[34]라고 연설하였기 때문이다.

유엔 헌장 제43조와 관련하여 유엔과 안보 문제의 많은 부분이 해결되지 않은 채 그대로 남아있었다. 유엔에서 군사력의 활용이 안전보장이사회에 의해 가용하게 되지만, 모든 회원국은 안전보장이사회에

34 Boutros Boutros-Ghali, "Empowering the United Nations", *Foreign Affairs* 72, no. 5 (Winter 1992~1993), pp. 98-99.

부속된 군사참모위원회(Military Staff Committee)[35]에 대한 문제를 종결지어야 하였다. 그러나 어느 국가도 이에 대한 합의에 결론을 내리지 못하였고 결국 각각의 안보 위기가 발생할 때마다 유엔에 의한 군사력이 고려될 경우, 유엔의 군사력을 창출해야만 하는 과업이 유엔 안전보장이사회와 유엔 사무총장에 남겨지게 되었다.

과거 강대국들도 유엔 헌장 제43조를 어떻게 해석해야 할지에 대한 합의를 이루지 못하였다. 냉전 기간 미국이나 구 소련은 이에 관한 관심이 크게 없었다. 미국의 경우, 유엔 헌장 제43조의 문제는 자국의 '전쟁 권한(War Power)' 문제와 얽히게 되었고 유엔 헌장 제7장에 따라 대통령이 단독으로 다양한 형태의 군사력 활용을 결정할 자격이 있는지에 대한 논란이 제기되었다. 따라서 이 중요한 문제는 유엔 헌장이 서명된 이후에도 매듭짓지 못한 채 남아있다.[36]

부분적으로는 이러한 상황으로 인해, 유엔은 한국과 이라크, 소말리아, 그리고 아이티 등 수많은 위기 상황에 접근하면서 '보안관의 무장대(Sheriff's Posse)'[37]에 의존해왔다. 유엔은 사실상 침략이나 평화에 위협을 가하는 행위에 대응하기 위한 유엔의 정책을 실행하기 위해 회원국과 일종의 '계약'상태에 이르게 되었다. 예를 들면, 데이턴 협약 이후 유고

---

35 비록 군사참모위원회는 존재하지만, 1940년대 미국과 구 소련 그리고 다수의 국가가 협상에 실패하게 되었고 대부분 기능을 상실하게 되었다.

36 Eric Grove, "UN Armed Forces and Military Staff Committee: A Look Back," *International Security* 17, no. 4 (Spring 1993), pp. 172-181.

37 보안관의 무장대는 관할지역의 권한(Power of the county)이라는 의미를 지닌 라틴어의 포세 코미타투스(Posse comitatus)로부터 유래하였다. 이는 관습법의 일종으로 무법적인 상황을 회복하고 관할지역을 방어하는 등 이른바 평화의 수호자들로 통상 보안관에 의해 동원되는 민병대이다. 영국으로부터 유래하였으나, 현재 미국에만 남아있는 제도이다.

슬라비아 연방에서 나토(NATO)는 유엔의 대리자가 되었다. 이는 1960년대와 1970년대 안전보장이사회가 영국 해군이 모잠비크 영토에서 무역 금지조치를 강제하도록 승인한 로디지아 상황과 크게 다르지 않았다. 이러한 접근은 유엔의 상비군을 유지할 필요가 없는 효율성 측면에서는 유리하였지만, 유엔이 자신의 정책을 통제하지 못하는 결점을 드러내게 되었고 궁극적으로 유엔의 이름으로 과연 무엇을 할 수 있을 것인지에 대한 책임성의 문제도 제기되었다.

3. 유엔과 지역기구

유엔 헌장 제8장은 유엔과 지역 기구와 관계를 기술하였다. 국제 안보 문제에서 지역 기구의 역할이 확대되어야 한다는 요구가 있으나, 예를 들면 유럽연합과 같은 지역적 한계가 있는 다자주의 조직에 의해 지역의 분쟁을 다루는 것이 적절한가에 대한 의문이 제기될 수 있다. 하지만 걸프 전쟁의 경우 지역 기구에 의해 분쟁이 다루어져야 한다는 강한 인식도 등장하였다. 부트로스-갈리 유엔 사무총장의 '평화를 위한 의제'에는 이러한 지역 기구 조직의 중요성에 관한 내용을 담고 있다. 1991년 스웨덴의 수상에 의해 주도된 일련의 저명인사들은 세계의 지도자들이 "국제적 규모와 지역적 규모 모두에서 평화와 안전을 위한 새로운 체계를 구축하는 데 결정적으로 행동해야 한다."라고 주장하였다.[38]

지역 기구와 관련한 첫 번째 문제는 유엔과 관계이다. 안보 분야는 인권이나 지속 가능한 계발 문제와는 확연하게 다르고 또 달리 취급되어야 한다. 안보 문제에서 비정부기구는 그다지 중요하지 않지만, 지역

---

38 *The Stockholm Initiative on Global Security and Governance* (Stockholm Prime Ministers' Office, 1991), p. 5.

기구는 결정적인 역할을 할 수 있다. 반면 비정부기구는 인권이나 지속 가능한 계발 문제에서 핵심적인 역할을 하게 된다.

강제적 권한을 보유한 안전보장이사회의 창설은 지역주의에 대한 중대한 위력을 국제주의에 부여하였다. 유엔 헌장 제8장 '지역적 약정'은 필수적인 것으로 고려되었다. 지역적 약정의 기본적인 사고는 지역적 분쟁이 발생하였을 경우, 유엔 안전보장이사회의 개입은 지역적 대응 노력이 실패하였을 때를 상정해 유보한 가운데, 지역의 문제를 스스로 풀어보자는 데 있었다. 따라서 유엔 헌장 제8장은 안전보장이사회가 가장 제어하기 어려운 심각한 분쟁에 제한하기 위한 숙고로부터 고안되었다.

유엔 헌장 제8장 52조는 "이 헌장의 어떠한 규정도, 국제평화와 안전의 유지에 관한 사항으로서 지역적 조치에 적합한 사항을 처리하기 위하여 지역적 약정 또는 지역적 기관이 존재하는 것을 배제하지 아니한다. 다만, 이 약정 또는 기관과 그 활동이 국제연합의 목적과 원칙에 일치하는 것을 조건으로 한다."라고 기술하였다. 즉, 이 조항은 국가가 분쟁을 곧바로 유엔으로 상정하기 이전에 지역 기구를 활용하도록 독려하고 이와 같은 맥락에서 유엔 안전보장이사회가 지역 기구를 활용하도록 권고하고 있다. 유엔 헌장 제8장 53조와 54조는 지역 기구가 유엔 안전보장이사회의 승인이 없이 평화와 안보에 관한 조치를 금지함으로써 유엔과 지역 기구와의 관계를 규정한다. 이 조항에 따르면 지역 기구는 안전보장이사회에 관련 사실을 알려야 한다고 명시하고 있다.[39]

---

39 52조 1항의 내용은 다음과 같다. '안전보장이사회는 그 권위 아래 취하여지는 강제조치를

냉전 기간 거부권 행사의 적극적인 사용은 안전보장이사회의 운영을 제한하였을 뿐만 아니라 지역 기구가 초강대국의 통제 아래 있었던 안전보장이사회 내에서 분쟁을 제어하기 위한 편리한 구실을 미국과 구 소련에 제공하였음을 의미하였다. 즉, 과테말라, 쿠바, 파나마 그리고 도미니카 공화국에서의 위기는 미국이 지배적인 위치를 차지하고 있었던 미주기구(OAS)의 소관으로 넘겨지게 되었다. 이와 마찬가지로, 헝가리와 체코슬로바키아의 문제는 구 소련이 장악하고 있었던 바르샤바 조약기구의 '사회주의 공동체'로 이관되었다.

국제기구에 내재한 불완전함과 이로 인해 필연적으로 발생하게 되는 지역 기구의 강점은 국제사회의 평화와 안보를 지향하는 유엔의 과도한 역량의 신장 방지와 지역적 분쟁은 해당 지역에 더욱더 익숙한 회원국으로 구성된 지역 기구가 관여해야 한다는 개념에 비추어 조망되어야 한다. 하지만 유엔 헌장 제8장은 구체성이 결여한 점이 있다. 우선 조항의 첫 문장에서 정교하게 정확한 기술을 회피하여 회원국이 국제평화와 안보를 증진하려는 방법을 모색하도록 융통성을 허락하였다. 비록 지역에 대한 상식적인 인지가 우선으로 지리와 관련되지만 유엔 헌장의 모호성은 지역이 지리적, 문화적, 이념적 그리고 경제적 관점에서 인식될 수 있음을 의미한다. 따라서 지역 기구는 조약을 기초로 한 조직을 포함할 수 있으며 유엔이나 임시적인 메커니즘 이전 또는 이후에 구체적인 관심사항을 다룰 수 있게 된다.

위하여 적절한 경우에는 그러한 지역적 약정 또는 지역적 기관을 이용한다. 다만, 안전보장이사회의 허가 없이는 어떠한 강제조치도 지역적 약정 또는 지역적 기관에 의하여 취하여져서는 안 된다. (후략)'

유엔 헌장은 지리적 기구로 미주기구를 포함하여 추가로 나토, 이슬람 회의체(Islam Conference), 바르샤바 조약기구, OECD, 그리고 Contadora Group[40]을 포함하고 있다. 이어 유엔 헌장에는 명시적으로 포함되지 않았으나, 걸프협력회의(Gulf Cooperation Council)와 남아프리카 개발협조회의(Southern African Development Coordination Conference)도 중요한 지역 기구로 여겨지고 있다. 지역주의의 개념은 난제로 남아있다.

두 번째 지역 기구와 관련한 문제는 재원 마련이다. 유엔은 심각한 재정적 어려움을 계속하여 겪어왔다. 1990년대 중반 유엔의 예산은 매우 느린 속도로 증가하였고 겨우 35억 달러에 이르렀지만, 1996년까지 구 유고슬라비아, 캄보디아, 그리고 소말리아에서 평화유지 활동을 위한 예산은 급증하였다. 이는 유엔이 임무를 수행하기 위해 과도하게 신장하였고 지역적 기구로부터 지원을 모색하게 되는 결과가 되었다.[41]

강대국들은 유엔의 분쟁 관리를 위한 재정분담금의 기여를 꺼리는 듯하였다. 동서 대결의 종식은 많은 지역 분쟁에서 그들의 관심을 감소시키는 결과를 가져왔다. 강대국의 재원 또한 경제적 상황으로 인해 제한되는 듯하였다. 냉전 이후의 맥락에서 정부 지도층은 물론 국민도 모두 외교비용을 그간 미루어왔던 국내 경제와 사회 분야에 전환하기를 희망하였다. 전통적으로 평화유지 활동에 적극적이었던 중소국가도 이제는 활동의 확장을 추구하지 않으려는 듯 보였다. 이들도 강대국과 마

---

40 콘타도라 그룹은 1980년대 콜롬비아. 멕시코, 파나마 그리고 베네수엘라의 외교부 장관이 중앙아메리카의 위기(엘살바도르, 니카라과, 과테말라 군사 분쟁)를 극복하기 위해 발족한 회의체이다.

41 Charles W. Maynes, "Containing Ethic Conflict," *Foreign Policy*, no. 90 (Spring 1993), pp. 3-21.

찬가지로 경제 문제에 어려움을 겪고 있었다.

이러한 맥락에서, 위기관리에 관한 지역적 접근과 분쟁 해결은 매력적으로 보였다. 분쟁을 겪고 있는 국가와 인접한 국가는 지역에서 분쟁으로 인한 불안정한 상황의 결과로 가장 큰 어려움을 겪고 있었다. 이들 국가는 자발적 참여 여부와 관계없이 난민의 수용, 분쟁으로부터 이탈한 전투원에게 안전한 장소의 제공 등 정치적, 경제적, 사회적 결과를 감내해야만 하였다. 이들 국가는 또한 전투원과 비전투원인 민간인을 그들의 영토 내에서 추방할 것인지, 전투원을 추격하는 세력에게 저항해야 할 것인지 선택의 갈림길에 서게 되었다. 지역적 분쟁과 분쟁의 결과로 발생한 불안정한 상황에 대한 인식은 다른 국가의 분쟁 해결을 위한 투자를 늦추는 결과를 초래하였다. 이들 국가는 공공의 재원을 국방 예산으로 전환하였다.

전쟁 중인 지역의 국가는 지역적 분쟁의 중재에 적합한 듯하였다. 이들 국가는 외부 국가에 비교해 분쟁의 배경과 역학관계 그리고 문화에 훨씬 익숙하였다. 국가의 지도자들도 대부분 개인적 유대관계를 유지하고 이를 통해 쉽게 중재에 나서기도 한다. 지역적 세력이나 기구에 의한 개입은 지역 이외의 국가보다 덜 불법적이라고 여긴다. 마지막으로 국제적인 문제는 의제가 광범위하고 집중력이 약하다. 따라서 지역 분쟁의 문제는 국제적인 문제보다 긴급한 문제로 고려되어 쉽게 응집력을 지닌다.

지역적 기구의 명백한 이점은 현실보다는 이론적으로 존재한다. 현실적으로 이러한 기구는 유엔보다는 역량이 미약하다. 지역주의의 개념은 불완전하며 유엔 헌장 제8장에 따라 결심을 내릴 수 있는 정책적 도구로서 유용성도 부족하다. 특히 비서구지역의 기구의 조직적 역량은 매우 약하여 평화와 안보에 관한 유엔의 위임명령(Mandate)을 수행하지 못하였다. 이른바 분쟁의 실제 지역에서 상대적으로 우월한 기구는 문제에는 익숙하지만, 민감한 위기를 다루는 데 필요한 외부의 세력으로부터 단절되고 당파성, 재원의 부족, 지역적 경쟁 관계와 같은 실제적인 약점으로 인해 상쇄된다. 나토의 경우 유엔 안전보장이사회에 어떠한 종속을 암시하는 것도 피하고자 스스로 지역적 기구라고 부르지 않는데, 나토와 같은 매우 이례적인 환경을 제쳐두고서라도 지역적 기구는 충분한 군사력도 외교적 지렛대도 보유하지 않았다.

지역 기구가 표면상으로 유리하게 보이는 요인도 있다. 하지만 지역의 행위자는 인접 국가에서 발생한 파괴적인 분쟁의 결과로부터 가장 큰 고통을 겪게 된다. 이와 동시에 지역의 행위자는 종종 분쟁에서 이해관계에 휩쓸리게 되고 궁극적으로 이익에 따라 어느 한 편에 서게 될 수도 있으며 때에 따라 직접 분쟁의 당사자가 되기도 한다. 이러한 의미에서 지역 기구의 이해 구조는 복잡하다. 지역의 안정을 위한 공유된 이익도 종종 특정한 이익을 추구하기 위한 일방적인 결정에 따른 이익 추구를 동반하게 된다.

하나의 특정한 지역 세력을 위한 유리한 결과는 다른 세력의 희생을 전제로 지역적 위상을 증진하기도 한다. 이 경우 후자는 일반적으로 계획에 반대하는 세력이 된다. 여기서 국제관계 이론의 용어 절대적 이득(Absolute Gains)과 상대적 이득(Relative Gains)[42]을 고려하게 된다. 절대적

---

42 절대적 이득과 상대적 이득은 신자유주의적 제도학파와 구성주의적 현실주의 학파를 구분한다. 전자는 국가가 우선으로 절대적 이득에 초점을 두게 되며 협력을 강조하고, 후자는 국가가 대부분 상대적 이득에 관심을 가지기 때문에 분쟁의 전망 또는 가능성을 강조한다고 가정한다. 이러한 두 가지 이론은 국가가 어느 쪽을 선호하는가에 관한 가정에 따라 달라진다.

이득은 안정, 상대적 이득은 권력을 의미한다. 안정이 지배적일 것이라는 확신은 없다. 실제로 최근의 연구는 국가 안보의 영역과 같이 상대적 이득의 문제가 두드러진 곳에서는 협력이 특히 어렵다는 논쟁을 제시하였다. 이러한 문제는 냉전 이후의 시대에 국제적 수준보다는 지역적 수준에서 국제관계와 관련하여 현저하게 나타나게 되었다.

지역에서 위기가 발생하였을 때, 지역의 역사적, 정치적 배경 속에서 이를 해결하고자 할 경우, 논쟁의 여지는 상당하게 증가한다. 대표적인 사례로, 앙골라 내전의 개입을 제어하면서 이를 관리하고자 하였던 아프리카 통일기구(OAU, Organization for African Unity)의 마비와 파산은 앙골라 해방의 원하는 결과에 대한 회원국 사이에서 의견의 불일치가 얼마나 깊었는지를 말해주었다. 한편 아디스아바바에 본부를 두었던 아프리카 통일기구는 에티오피아의 내전을 종결하기 위해 상당히 부적절해 보였다. 당시 아프리카 통일기구의 회원국들은 자신의 국가이익에 따라 분열되었고, 결국 아프리카 통일기구는 실질적인 계획을 세울 수도 이를 추진할 수도 없었다. 차드와 서부 사하라에서 이와 유사한 상황이 반복되었다. 소말리아에서 아프리카 통일기구의 노력은 초기 회원국들이 내부적 분쟁에 대한 외부로부터의 개입을 두려워한 나머지 경제적 제재를 꺼렸기 때문에 효과적으로 대응할 수 없었다. 라이베리아[43]

43 제1차 라이베리아 내전(First Liberian Civil War)은 1989년부터 1997년까지 계속되었다. 1980년 새뮤얼 케니언 도(Samuel Kanyon Doe)가 쿠데타를 통해 정권을 잡았다. 새뮤얼 케니언 도는 1985년에 실시된 라이베리아 총선거에서 승리했지만 부정 선거 의혹을 받게 된다. 1989년 새뮤얼 케니언 도 정부에서 장관을 역임했던 찰스 테일러(Charles Taylor)가 새뮤얼 케니언 도 정부에 반대하는 반란을 일으키면서 내전이 일어나게 된다. 1990년 찰스 테일러를 지지하던 라이베리아 국민 애국 전선 소속 병사들이 라이베리아의 수도인 몬로비아(Monrovia)에서 새뮤얼 도를 처형했다. 찰스 테일러가 이끄는 군대는 몬로비아를 장악하게 된다. 1993년 9월 유엔 안전보장이사회는 유엔 라이베리아 옵서버 임무단(UNOMIL,

의 경우, 아프리카 통일기구가 움직이지 않자, 나이지리아가 서아프리카공동체(ECOWAS)를 통해 내전에 개입하기에 이르렀다.

남아시아에서 아프가니스탄 내전의 경우, 구 소련군의 주둔뿐만 아니라 인도가 친파키스탄 또는 이슬람 원리주의자들에 의한 정권이 카불에 들어서는 것에 관한 관심이 없었기 때문에 지역에 기반한 어떠한 계획도 내전을 성공적으로 해결할 수 없었다. 더 극단적인 사례를 찾아보면, 카슈미르를 두고 인도와 파키스탄이 분쟁을 벌이고 있는 상황에서 중립적인 행위자로 중재에 나서기 위한 남아시아 지역 협력 연합(South Asian Association for Regional Cooperation)[44]의 역량은 상당한 문제가 있었다. 우선 이 연합의 가장 중요한 2개의 회원국인 인도와 파키스탄이 분쟁의 당사국이었다. 그 밖의 지역에서 예를 들면 캄보디아 문제를 해결하기 위한 동남아시아 국가연합(ASEAN)의 노력 또한 중국과 베트남의 위협에 대한 개념이 달라서 제한될 수밖에 없었다.

중미에서 니카라과와 엘살바도르의 내전을 효과적으로 다룰 수 있는 미주기구의 능력 또한 매우 제한되었다. 이는 미국이 엘살바도르의 혁명과 니카라과의 상황 역전을 예방하기 위한 일방적인 의제를 추구하면서 불개입의 원칙적인 규범 준수에 실패하였기 때문이다. 크로아

UN Observer Mission in Liberia)을 창설하여 368명의 옵서버를 파견하였다. 1997년에 평화 협정이 체결되었다. 찰스 테일러는 1997년 7월에 라이베리아의 대통령으로 선출되었지만 라이베리아의 평화는 오래 가지 못했고 1999년에 제2차 라이베리아 내전이 발발하게 된다.

44 남아시아 지역 협력 연합은 남아시아의 복지 증진과 생활 수준의 향상을 목적으로 경제 성장, 사회 진보, 문화 발전을 진행하기 위해 1985년에 창설한 지역 협력 조직을 말한다. 본부는 네팔의 카트만두에 있다. 1985년 12월 8일에 인도, 파키스탄, 방글라데시, 스리랑카, 네팔, 몰디브, 부탄 등 7개국으로 발족한 뒤, 2007년 4월에 14회 정상 모임에서 아프가니스탄이 8번째 회원국로 가맹하였다.

티아의 내전을 해결하기 위해 유럽연합이 만들어 낸 효과적인 대응 방안도 프랑스와 독일 사이에서 상당한 견해의 차이로 말미암아 크게 제한되었다. 이와 더불어 나토의 회원국 사이에서조차 유엔의 개입과 지원 없이는 보스니아-헤르체고비나에서 인도주의 지원이 불가능 할 수 있다는 견해차가 있었다.

지역 기구는 지역의 힘의 불균형을 반영한다. 따라서 지역 기구는 약자의 비용으로 더 큰 영향력을 발휘하는 데 활용될 수 있다. 앞서 나이지리아가 라이베리아에서 서아프리카공동체를 활용한 것은 아마도 가장 대표적인 사례가 될 것이다. 다른 사례로 레바논 내전에서 질서를 세우고자 했던 아랍 연맹의 노력은 '위대한 시리아'를 건설하고자 하는 오랜 욕망을 추구해왔던 한 회원국의 감추어진 욕심이었다. 러시아가 구 연방국가 사이에서 분쟁을 해결할 수 있도록 하였던 유엔의 노력은 궁극적으로 독립국가연합(Commonwealth of Independent States)으로 이름만 바뀐 채 원래 러시아의 패권으로 다시 옷을 입게 되었다. 이러한 현상이 나타나고 또 나타날 가능성이 있는 곳은 주로 힘의 불균형이 실질적으로 차이가 나는 지역에서 발생하게 된다. 즉, 강한 국가와 균형을 맞추기 위한 약한 국가들의 동맹은 불가능하다.

지역 기구의 더욱 확실한 문제점은 분쟁의 관리자로서 종종 회원국을 포괄하지 못하고 다루어져야 할 문제의 범위도 부분적으로 제한된다는 것이다. 아프리카 통일기구의 경우 아프리카 남부지역에서 분쟁을 관리하면서 지역의 주요 군사적, 경제적 강국을 배제하였다. 같은 현상으로 동남아시아 국가연합의 경우도 역사적 배경으로 인해 베트남, 캄보디아 그리고 라오스가 배제되었다. 경제적 발전 수준의 크나큰 차이로 인해, 이러한 상황은 변칙적인 배제가 고쳐지지 않는 한, 변화가 없을 것으로 보인다. 아랍 연맹은 세 개의 주요 지역 강국 중 하나인 이란을 배제하였다. 걸프협력회의도 이라크와 이란을 제외하였다. 아프리카통일기구, 미주기구 그리고 동남아시아 국가연합과 같은 지역 기구에서 이러한 다양한 사례가 보여주듯, 지역 기구는 배제된 국가에 의해 제기되는 위협에 관해 회원국이 이를 반대한다는 것으로 합리화한다. 이와 같은 이유로 인해 지역기구는 편파성을 띠게 되었고 중립적인 입장에서 분쟁을 관리할 역량을 갖추지 못해왔다.

더욱이, 이와 같은 지역 기구는 주로 국제적 분쟁의 관리자로서 성장해왔기 때문에 전통적으로 내전을 다룸에 있어 구조적인 큰 약점을 보여주었다. 이러한 약점은 부분적으로는 국제문제에서 불개입의 원칙과 관련이 되는 국제법적 장애로부터 기인한 것이기도 하다. 특히 힘이 없는 제3세계 국가가 분쟁을 해결하고자 하는 자신의 영향력을 발휘하고자 할 때 국제법적 장애가 더욱더 날카롭게 적용된다는 것을 증명해 주었다.[45]

앞서 사례에서 아마도 가장 중요한 것은 지역적 강국이 내전의 개입을 꺼리는 것은 후에 자신의 국가에 대한 개입의 정당성의 선례를 만드는 것을 피하기 위한 정서적 민감성을 반영하는 것으로 보인다. 예를 들면, 아프리카에서는 대다수 정부가 스스로 내전의 위협에 직면하게 되고 그러한 분쟁에 지역 세력의 개입이 일종의 규범화된다는 두려움에 주의를 기울이게 된다. 이상하게도 식민 세력의 주권에 대한 도전은 탈식민지화를 촉진하게 되었다. 그러나 새롭게 독립한 국가는 즉각적

45 Mohammed Ayoob, "The Third World in the System of States: Acute Schizophrenia or Growing Pains?," *International Studies Quarterly* 33, no. 1 (March 1989), pp. 67-79.

으로 국가 주권의 철두철미한 보호가 되었고, 그러한 정서는 유럽의 중심부와 구 소련의 공화국에서 두드러지게 나타났다. 주권의 본래 정의에 대한 존중은 맹목적으로 되었다. 이와 같은 약점은 냉전 당시 유엔에서도 공유되었는데, 지역적 수준에서는 더욱 강력하게 작동할 것으로 보였다.

이와 같은 모든 이유로 인하여, 지역 기구에 의존하는 경우는 일반적으로 흔하지 않다. 만약 지역 기구가 이론적으로 분쟁의 관리를 위한 일종의 적절한 도구라 하더라도, 평화유지 활동을 위한 비용과 분쟁 관리 경험 등의 역량뿐만 아니라 조직, 재정 그리고 군사적 차원에서 역량이 유엔과 비교해 상당히 부족하다. 예를 들면 아프리카 대륙에서 수많은 분쟁이 발생하였고 이러한 분쟁의 상황에서 아프리카 통일기구가 나서서 실질적으로 해결하고자 한 경우는 매우 소수였고 지역의 안보를 대부분 외부세력에 의존해 왔다. 비록 미주기구가 참모진을 보유하고 있고 미주기구 국방위원회(Inter-American Defense Board)에서 역량을 발휘하는 군의 장교도 다수 있지만, 기구에 대한 미국의 지배적인 역할과 위상은 평화와 안전 문제의 영역에서 기구의 신뢰도를 떨어트리게 되었다. 니카라과와 엘살바도르 분쟁의 중재 노력에서, 미주기구는 유엔에 이어 분명하게 부차적인 역할을 취하여야만 하였다. 동남아시아 국가연합, 유럽 안보협력 기구(OSCE, Organization for Security and Cooperation in Europe)를 포함하여 지역 분쟁에서 적극적으로 활동한 다른 지역 기구들도 실제적으로는 문서상으로만 역할을 하였고 현실적으로는 매우 제한적인 역할만 하였다. 하지만, 유럽 안보협력 기구의 경우는 구 소련의 국가들, 특히 구 유고슬라비아 국가들이 데이턴 평화협정을 이행하기 위해 지원을 요청하였을 때, 이에 대응하기 위한 역량을 구축하기 시작하였다.

이와 동시에, 유엔은 거의 모든 대륙에서 발생한 새로운 대규모의 평화유지 활동으로 인해 지나치게 많은 인력과 자원이 투입되게 되었다. 이와 같은 가용 자원을 초과하는 점증하는 요구를 고려해볼 때, 일부의 부담이 지역 기구로 전환되는 것이 더욱 바람직해 보였다. 문제는 국제사회가 특정한 지역 기구의 상대적인 이점을 기초로 사례별로 결정해야 한다는 것이었다. 즉, 위기에 대응하기 위해 궁극적으로 지역 기구가 조약이나 임시로 체결한 약속에 따라 유엔과 연계하여 대응해야 한다는 사실이었다.

걸프전의 수행과 쿠르드족을 위한 안전한 장소의 창출 문제는 동맹이나 제휴 아래 나토가 구 유고슬라비아 연방에서 집행군(IFOR, Implementation Force)[46]을 운용한 것과 같은 이른바 '군사적인 도급(Military Subcontracting)'을 통해 비교적 성공적인 결과를 만든 사례가 되었다. 이와는 달리 소말리아 사례의 경우는 성공적이기는 했으나 논란의 여지를 남겨 놓았다. 당시 미군은 소말리아 군벌의 지도자이자, 소말리아의 제5대 대통령이었던 아이디드(Mohamed Farrah Aidid)를 포획하기 위한 작전에 나섰다. 아이디드는 1969년 쿠데타를 일으킨 시아드 바레(Maxamed Siyaad Barre)의 심복이 되어 1977년부터 1978년까지 1년간 오가덴(Ogaden)[47] 전쟁을 이끌었다. 하지만 그 후에 바레 정부의 전복 계획을

---

46 집행군은 구 유고슬라비아 연방 보스니아-헤르체고비나에서 나토가 주도한 다국적 평화강제군(Multinational Peace Enforcement Force)으로 1995년 12월부터 1년 동안 데이턴 평화조약의 이행을 위해 전개하였다.

47 오가덴은 에티오피아 소말리 주에 위치한 지방 도시이다. 소말리아, 에티오피아, 지부티, 케냐와 국경을 접하는 광대한 지역이다. 본래 이곳은 소말리족의 영토였으나 19세기 말 에티오피아 제국의 황제가 이곳을 정복했고 1897년 조약을 체결해 에티오피아 영토로 편입되었

세웠고, 소말리아 혁명을 거쳐 1991년에 쿠데타가 일어나 바레가 축출되자 소말리아로 돌아와 여러 파벌 사이에서 소말리아 내전을 일으켰다. 더욱이 엎친 데 덮친 격으로 기근이 온 나라를 휩쓸어 50만 명의 소말리아 국민이 굶어 죽었다. 이에 1993년 유엔이 평화유지군(UNOSOM II, UN Operations in Somalia)을 소말리아로 보냈고, 아이디드는 유엔 평화유지군에 전쟁을 선포, 파키스탄군을 기습 공격하였다. 미군은 아이디드를 전쟁 범죄자로 규정하고 체포를 위해 침투하여 아이디드와 모가디슈 전투를 벌였다. 그러나 작전에 실패한 미군은 철수하였으며 미군이 철수한 뒤에 아이디드는 임시 대통령 알라 마흐디 무함마드와 계속 내전을 벌이다가 1996년 모가디슈에서 전투 중 부상하여 1주일 뒤 사망했다.

한편 1993년부터 1994년까지 강대국에 의한 일련의 군사적 개입에 대한 세 차례에 걸친 안전보장이사회의 결정은 지역의 전통적 국가이익과 직접적으로 관련된 사례였다. 우선 러시아는 3년 동안 계속된 내전을 종결하기 위해 조지아에 병력을 전개하였다. 르완다의 인종청소를 지원하기 위해 프랑스가 개입하였고, 미국은 아이티의 군사 쿠데타를 원래 상태로 돌려놓기 위해 개입하였다. 앞서 제시된 모든 결과가 유엔이 주도하였던 개입보다 많지는 않다. 그러나 유엔의 역량과 지역세력, 심지어 패권 국가 또는 일단의 국가에 의해 제기되는 지속적인 요구 사이에서 발생한 분명한 차이는 존재한다.

다. 1960년 소말리아가 독립한 이후부터 이곳에 대한 영유권을 주장했고 1977년에서 1978년 사이에 에티오피아와 소말리아 사이에 이곳을 둘러싸고 오가덴 전쟁이 벌어졌다. 소말리아가 한때 오가덴 전역을 점령하기도 했지만, 구 소련과 쿠바의 지원을 업은 에티오피아의 승리로 현재까지 오가덴 지역은 에티오피아의 영유하에 있다.

특정한 지역적 분쟁의 위기 상황에 대응하기 위한 국제기구와 지역 기구의 역할을 가능한 한 분담하기 위한 결정에서, 평화를 지키기 위한 외부의 군사력 사용과 협상을 위한 외교적 노력 그리고 개발도상국과 유럽 사이에서의 구분은 분명해야 한다. 유럽에서 유엔의 외교는 구유고슬라비아와 같이 지역 분쟁에서 유엔을 깃발을 사용하는 나토군과 비교적 손쉽게 결합할 수 있다. 하지만 개발도상국에서 역할의 분담은 달라질 수 있다. 예를 들면 과테말라와 같은 분쟁을 다룰 수 있을 규모 정도의 위기 상황에서 유엔은 평화유지군을 파견할 수 있으며 이와 동시에 지역의 국가와 긴밀한 외교적 노력을 기울일 수 있다. 소말리아와 같은 보다 위험한 상황에서 유엔의 외교는 위험을 감수하고자 하는 회원국, 예를 들면 미국이나 나토 등과 같은 국가나 기구와 동맹 또는 제휴를 통한 팀워크를 발휘할 수 있다.

결국, 해당 지역 내에서 분쟁이 발생하였을 경우 지역 기구의 의지가 아니라 이를 관리할 수 있는 역량에 대한 분명한 의심은 존재할 수 있다. 냉전의 종식은 이와 같은 결론을 크게 바꾸어 놓지 않았다. 따라서 지역 기구에 대한 역량과 이에 대한 한계는 최근의 지역 분쟁의 결과에 따라 재조명되어야 한다.

제5장 유엔과 평화유지 활동

정찰 중인 유엔 레바논 임무단 차량

1945년 이후 수많은 전쟁이 발생하였고 결과적으로 수천만 명의 사람들이 희생되었다. 현실적으로 유엔의 평화와 안전의 의무에 관한 지도력은 국제사회의 일부, 특히 강대국의 어깨에 달려있다. 미국과 구 소련의 갈등은 냉전 시대 국제사회의 분위기를 악화하였고 안보와 관련한 거의 모든 문제에서 협력하지 못하였다. 국제정치는 종종 집단적인 행동을 불가능하게 만들었고 따라서 국가는 자국의 이익을 추구하기 위해 무력사용의 금지 또는 제한사항을 지키지 않거나 무시하였다.

이러한 국제사회의 변화에 따라 이상적인 집단안보체제를 내세우고 만들어졌던 유엔은 '평화유지'라는 용어를 통해 분쟁의 피해를 최소화하려는 대안을 발전시켰다. 냉전기와 이를 넘어서 국제사회의 분쟁을 이해하기 위해 우리는 먼저 새로운 용어의 이해가 필요하다.

1. 냉전 초기 유엔의 평화와 안보를 위한 노력

제2차 세계대전이 공식적으로 끝나기 이전인 1945년 6월 26일, 55개 국가가 유엔 헌장에 서명하였다. 헌장에 제시된 안전보장이사회 상임이사국의 만장일치 제도는 당시 힘에 의한 정치의 현실을 반영한 것이었다. 하지만, 회원국이 통찰력을 지닌 사람에게도 비현실적인 모든 회원국이 동의할 것이라는 가정은 냉전 이후에도 이루어지지 않았다. 그러나 제2차 세계대전이 끝나고 난 직후 집단안보가 현실화할 것이라는 기대가 국제 질서의 변화와 더불어 나타나게 되었다.

제2차 세계대전 이후 기대되었던 거대 세력 사이의 협력은 구 소련의 동유럽 공산주의 블록(Bloc) 구축으로 신속하게 끝을 보게 되었다. 유엔은 미국과 구 소련 양대 진영으로 분할된 상태에서 원래 의도한 바와 같이 평화를 유지할 수 없었고 분쟁을 예방할 수도 없었다. 분쟁의 당사자들이 동구나 서구의 강대국으로부터 지원을 모색함에 따라 유엔의 효과적인 개입이 미국이나 구 소련에 의해 봉쇄되었다. 더욱이 미국과 구 소련의 직접 또는 간접적인 개입으로 말미암아 침략자가 명쾌하게 식별되지도 않았다.

그런데도 유엔은 초기 팔레스타인, 한국, 수에즈 그리고 콩고에서 네 차례의 안보 위기에 직면하게 되었다. 1948년 이스라엘이 독립을 선언한 직후 이스라엘과 주변 4개 국가 즉, 이집트, 요르단, 레바논 그리고 시리아 사이 전쟁이 발발하였다. 이에 유엔 안전보장이사회는 헌장 제7장에 따라 즉각 휴전을 요청하였고 헌장 제7장에 따라 이를 감시하기 위한 유엔 정전감시기구(UNTSO, UN Truce Supervision Organization)를 1948년 5월 29일 발족하였다.

유엔 정전감시기구의 옵서버(Observer)가 이스라엘의 국경선을 따라 전개하였고 당사국의 동의 아래 비무장으로 활동을 시작하였다. 최종적으로 약 600명에 이르는 옵서버가 파견되었고 벨기에, 프랑스, 미국 그리고 스웨덴의 군부대가 평화유지군으로 전개하였다. 미국과 프랑스 장병의 파견은 상임이사국이 유엔 평화유지군의 지상군에 참여하는 것은 피하려 하였기 때문에 관례를 벗어난 것으로 생각되었다. 한편 영국은 1960년 사이프러스(Cyprus)에서의 유엔 평화유지 활동에 처음으로 참여하였고 프랑스는 레바논에서 유엔 레바논 임무단(UNIFIL)이 1978년 창설과 동시에 참여한 바 있었다. 미국은 이후 주로 군수 분야의 지원을 제공하였다.

평화유지 활동에서 병력은 무장하지 않았고 강제할 수 있는 역량은 없었다. 그러나 이들이 전개하여 현장에 모습을 나타냄으로써 휴전협정의 위반을 예방할 수 있었다. 이들은 국제사회를 대표하였고 군사력의 도움이 없이도 위임명령을 이행할 수 있었다. 분쟁의 당사자들도 휴전협정의 위반이 객관적으로 유엔 본부에 보고되고 가능한 추가적인 조처가 내려질 수 있음을 알고 있었다. 비록 군 옵서버가 자신이 속한 국가의 군복을 착용하였지만, 이론적으로 이들은 유엔으로 대표되는 국제기구를 위해 근무하였다. 이후 청색 헬멧과 베레모는 유엔 평화유지 요원을 상징하게 되었다. 군 옵서버는 자국으로부터 급여를 받았다.

유엔 정전감시기구의 활동은 유엔의 정규 운영예산으로 계속하여 지원되었다.

유엔 정전감시기구(UNTSO)는 여러 중요한 과업을 수행하였다. 유엔 정전감시기구의 옵서버들은 이스라엘과 이집트 국경, 이스라엘과 시리아 국경을 연하여 비무장지대를 설정하고 휴전협정 위반을 조사하기 위한 정전위원회를 설치하였으며 휴전협정의 준수 여부를 검증하기 시작하였다. 만약 휴전협정을 위반할 경우, 유엔 정전감시기구의 참모장은 위반된 지역에서 관련된 문제를 다루고 필요할 경우 휴전을 중재하였다. 평화에 대한 위협이 증폭되기 이전에 위기를 완화하는 것이 정전감시기구의 주요 기능이었다.

유엔 정전감시기구는 또한 다른 평화유지 활동의 훈련을 위한 기지 역할도 하였다. 옵서버와 행정요원들은 계속하여 다른 곳에도 전개하였다. 수년 동안 유엔 정전감시기구의 경험은 평화유지 활동의 기능을 개선하는 데 크게 이바지하였다.

유엔의 이름으로 최초 강제행위를 실시한 것은 한국이었다.[1]한국의 위기상황에 유엔의 개입이 조심스럽게 주목할만한 가치가 있는 것은 1950년부터 1953년까지 일종의 국제기구에 의한 집단안보의 형태로 여겨졌기 때문이었다. 이를 두고 경찰 행위(Police Action)로 보는 시각도 있었으나, 한국에서 유엔의 역할은 표준적인 용어를 거부하는 독특한 경험이었다.

이름이 어떤 형태로 붙여지든 상관없이 역사는 돌아볼 만한 가치

---

1 Leon Gordenker, *The UN Secretary-General and the Maintenance of Peace* (New York: Columbia Univ. Press, 1967).

가 있다. 제2차 세계대전이 종결되고 난 후, 한반도에서 미국은 남쪽, 구 소련은 북쪽을 점령하여 분할하였다. 유엔은 외국군의 한반도 철수를 주장하며 총선거를 하도록 하였으나 당시 북한 정권의 반대로 무산되었다. 결국, 남한만의 선거가 치러졌고 미군은 철수하였다. 1950년 6월 25일 북한은 남한을 침략하였다.

미국의 국무장관 애치슨(Dean Acheson)이 남한은 미국의 방어선에 있지 않다는 이전의 연설에도 불구하고, 트루먼(Harry S. Truman) 대통령과 애치슨 국무장관은 남한에 대한 공격은 중지되어야 한다는 데 즉각 의견의 일치를 보았다. 당시 구 소련은 본토에서 물러나게 된 대만이 여전히 안전보장이사회 상임이사국의 자격으로 출석하게 되자, 이에 불만을 품고 불참하였다. 따라서 미국은 구 소련의 거부권에 의해 안전보장이사회가 방해받지 않고 한국에 대한 결의안을 채택할 수 있을 것으로 생각하였다. 결국, 미국은 주저하지 않고 한국의 문제를 안전보장이사회에 상정하였다.

이와 같은 상황에서, 트루먼 행정부는 안전보장이사회가 유엔 헌장 제7장에 따라 북한의 침략을 규정하기 이전에 명확한 침략 행위임을 밝히고 결의안을 채택하기 이전에 미군을 이동하도록 명령하였다. 미국은 또한 모든 유엔 회원국이 군사력을 포함한 충분한 지원을 하지 않더라도 미군 단독으로 투입할 의사를 분명하게 밝히었다. 구 소련이 안전보장이사회로 복귀하게 되자, 유엔 총회 결의안 제377호 '평화를 위한 통합 결의(Uniting for Peace Resolution)'[2]를 통해 국제적 차원의 행동 계획

---

2 유엔 총회 결의 제377호(United Nations General Assembly Resolution 377) 또는 평화를 위한 통합 결의(平和-統合決意, Uniting for Peace resolution) 또는 평화를 위한 단결 결

을 마련하였다.

한국에 대한 안전보장이사회 결의안은 미국의 결정에 국제사회의 합법성을 제공하였다. 트루먼 행정부는 동아시아에서 공산주의 확장을 중지시키기 위한 굳건한 결의를 보여주었으며, 미국의 헌법에 따라 그러한 법적 권한이 있음을 주장하였다. 한국의 파병은 의회의 전쟁 선포나 다른 특별한 승인 절차가 없이 진행되었다. 심지어 유엔의 승인이 없는 가운데에서도 진행될 수 있도록 준비되었고, 유엔의 승인이 이루어지자 미국은 이를 강조하면서 국내는 물론 국제사회로부터의 지원을 호소하였다.

비록 구 소련이 불참하고 중국이 여전히 안전보장이사회의 외곽에 있었지만, 한국 문제를 계기로 유엔의 집단안보체제는 딜레마에 빠지게 되었다. 구 소련이 고심 끝에 안전보장이사회로 복귀하자, 유엔은 유엔의 이름 아래 직접 군사적 행동을 지시할 수 없었다. 따라서 구 소련이 부재한 가운데 유엔군사령부가 창설되었으나, 유엔군사령부는 실제로는 한국을 방위하기 위해 미국이 유엔을 대리하게 되었다. 초기 전체적인 분위기가 남한에 우호적으로 발전하게 되자 트루먼 대통령은 중국의 국경이 이르는 곳까지 군사작전을 결심하였다. 하지만 그의 운명

의는 1950년 11월 3일 유엔 총회에서 가결한 결의안으로서, 유엔 총회 강화(強化) 결의라고도 하며, 애치슨 플랜(Acheson Plan)이라고도 한다. 결의의 내용 가운데 가장 중요한 점은 평화에 대한 위협, 평화의 파괴, 집단행위가 있는 경우, 안전 보장 이사회가 거부권 때문에 조치를 취할 수 없을 때는 총회가 회원국에게 집단적 조치를 권고하기 위하여 심의를 하는 것, 이런 조치를 취할 때는 병력의 사용을 포함하는 경우도 있다는 것, 총회가 열리고 있지 않는 경우에는 그러한 요청이 발생한 후 24시간 이내에 긴급총회를 개최할 수가 있다는 것 등이다. 이 평화를 위한 통합 결의는 미국에서 구 소련의 거부권을 봉쇄하기 위하여 유엔의 중심을 안보이사회에서 총회로 옮기려는 시도였다. 그러나 그 후 반드시 미국의 의도대로 되지만은 않았고, 강제 조치의 권고는 적용되지 않은 채 오늘에 이르고 있다.

을 가르는 결정은 중국의 참전으로 전쟁이 장기화하면서 전쟁은 1953년에 가서야 끝이 났다. 유엔의 이름으로 내려진 한국전쟁에 관련한 모든 중대한 전략적, 전술적 결정은 실제로 백악관이나 미국의 국방부를 통해 이루어졌다. 유엔의 깃발 아래 한국을 방위하기 위해 참전한 다른 회원국은 실제로는 미국의 작전을 수행한 것과 같았다.

한국의 방위는 집단안보의 고전적인 사례는 아니었다. 구 소련이 불참으로 상처가 난 안전보장이사회가 한국의 상황을 명백하게 침략으로 규정하였다. 이는 냉전 기간 좀처럼 발생하지 않았던 그러한 상황이었다. 따라서 안전보장이사회는 남한에 대한 군사적 지원을 승인하였으나 위임명령을 부여하지 않았다. 안전보장이사회의 이 같은 행동은 1990년대까지 이라크, 소말리아 그리고 보스니아에서 반복되었다. 그러나 안전보장이사회나 군사참모위원회는 모두 유엔의 상징 사용을 실제로는 통제하지 않았다. 유엔 헌장 제43조[3]에 따라 회원국 군대가 유엔으로 전환되는 모든 합의사항에 대한 결론도 없었다. 당시 유엔 사무총장 리에(Trygve Lie)는 한국 상황과 관련한 어떠한 역할도 하지 않았다. 구 소련은 그를 더는 사무총장으로 여기지 않았고 결국, 그는 사임을 강요받게 되었다. 리에 사무총장의 침략에 대한 공식적 입장은 법적으로 옳았다. 그러나 그러한 그의 태도가 냉전 기간 그에게 필요한 정치적 지

---

3 제43조 1. 국제평화와 안전의 유지에 공헌하기 위하여 모든 국제연합회원국은 안전보장이사회의 요청에 의하여 그리고 1 또는 그 이상의 특별협정에 따라, 국제평화와 안전의 유지 목적상 필요한 병력 · 원조 및 통과권을 포함한 편의를 안전보장이사회에 이용하게 할 것을 약속한다. 2. 그러한 협정은 병력의 수 및 종류, 그 준비 정도 및 일반적 배치와 제공될 편의 및 원조의 성격을 규율한다. 3. 그 협정은 안전보장이사회의 발의에 의하여 가능한 한 신속히 교섭되어야 한다. 이 협정은 안전보장이사회와 회원국 간에 또는 안전보장이사회와 회원국집단 간에 체결되며, 서명국 각자의 헌법상의 절차에 따라 동 서명국에 의하여 비준되어야 한다.

원을 앗아가는 결과를 가져왔다.

1956년 수에즈 운하 위기는 한국전쟁과는 분명하게 구분되었다. 이 위기에서 처음으로 '평화유지 요원'이 투입되어 전쟁의 당사자를 분리하였다. 1956년 7월 쿠데타로 정권을 잡은 이집트의 두 번째 대통령 나세르(Gamel Abdel Nasser)는 미국과 서유럽에서 자금을 받아서 아스완(Aswan) 댐을 건설하였다. 하지만 구 소련과 무기 협정을 맺어 구 소련의 위성국가인 체코슬로바키아에서 무기를 도입하려고 하는 이중의 외교전략을 취하였다. 그러나 냉전 분위기로 첨예하게 구 소련과 대립하고 있던 미국, 영국, 프랑스 등 서방측은 이러한 나세르의 외교전략에 반대하여 아스완 댐 건설 자금지원을 거절하였고, 이에 나세르는 자신이 쥐고 있는 중요한 카드였던 수에즈 운하의 국유화를 선언하였다. 당시 영국과 프랑스는 자신들의 소유로 통행료를 걷어오던 수에즈 운하를 나세르가 장악하고 더욱이 눈엣가시와 같은 구 소련과 친밀한 관계를 시작하자 분노하게 되었고 또 하나의 피해자였던 이스라엘 역시 그동안 자신들의 선박이 편리하게 사용해온 운하의 통과를 이집트가 금지하자 마찬가지로 격분하게 되었다, 결국 영국과 프랑스, 그리고 이스라엘은 동맹을 맺고 군사행동을 결정하게 되었다.

1956년 10월 29일 이스라엘은 시나이(Sinai) 반도를 침공했고 11월 5일 영 · 프 연합 공수부대가 수에즈 운하의 관문인 포트 사이드(Port Said)에 투하되었다. 전세는 처음부터 완전한 시나리오에 따라 기습한 영국 · 프랑스 · 이스라엘에 의해 주도되어 11월 6일 수에즈 운하와 시나이반도는 이들에 의해 점령되었다. 그러나 미국과 구 소련을 중심으로 한 유엔의 철군 요구와 세계 여론의 압력이 급증하자, 영국과 프랑스 그리고 이스라엘은 정치적 곤경에 놓이게 되었다. 결국, 11월 14일 유엔 총회의 평화를 위한 통합 결의에 따른 결정과 당시 유엔 사무총장 함마르셸드(Dag Hammarskjold)의 지시에 따라 유엔 긴급군(UNEF, UN Emergency Force)이 창설되었고 이스라엘과 이집트 사이 완충지대를 설치하여 양측의 철수를 감독하였다. 당시 미국의 아이젠하워(Dwight D. Eisenhower) 대통령은 유엔의 집단안보 정신에 따라 전통적인 미국 동맹국들에 침략 행위로 여겨질 수 있는 군사적 행동을 자제하도록 하였다. 유엔 긴급군은 1967년 이집트 정부 요청에 따라 철수하기까지 10년 동안 활동하였고, 성공적인 사례로 평가되었다.

1973년 4차 중동전쟁(일명 욤 키푸르 전쟁)이 종료되고 난후 이스라엘과 이집트 사이 휴전을 감시하기 위해 다시 창설된 유엔 긴급군 II(UNEF II)은 전통적인 평화유지 활동의 발자취로 양측의 군사력을 분리하는 데 매우 성공적인 역할을 한 것으로 평가되었다. 유엔 긴급군은 오스트리아, 핀란드, 아일랜드, 스웨덴, 캐나다, 가나, 인도네시아, 네팔, 파나마, 페루, 폴란드 그리고 세네갈 등 4개 주요 대륙을 대표하는 다양한 국가로 편성되었고, 양측의 군사력을 분리하기 위해 무장한 평화유지군을 위한 규칙이 발전되었다. 평화유지 활동 요원이 가장 많이 파견되었을 때 7천 명에 이르렀다. 유엔 긴급군 II의 원래 위임명령은 최초 6개월 동안이었다. 그러나 안전보장이사회는 미국의 중재로 이스라엘과 이집트가 평화조약에 서명한 1979년까지 계속하여 연장하였다. 기본적으로 유엔 긴급군 II은 비무장지대를 설정하고 이를 공정하게 감독하며 휴전협정에 서명한 추가적인 사항을 감독하는 기능을 수행하였다. 유엔 긴급군 II의 현장 활동은 이스라엘과 이집트가 서로 분리된 상태를 보장하면서 안정적인 상황을 유지하는 데 영향을 미치게 되었다.

한편 아프리카 대륙에서 가장 비극적인 식민지국이었던 벨기에령 콩고[4] 문제를 다루기 위한 유엔의 노력은 평화유지의 한계를 보여준 사례였다. 1960년 7월 14일, 유엔 안정보장이사회 결의안 제143호에 따라 창설된 유엔 콩고민주공화국 임무단(ONUC[5], United Nations Operation in Congo)은 임무단이 거의 경제적 파산 상태에 이르게 되었고, 당시 유엔 사무총장 함마르셸드도 콩고로 가는 비행기가 공중에서 원인이 분명치 않은 채 폭파하여 순직하게 됨으로써 유엔의 운명도 정치적 시험대에 오르게 되었다.

콩고 내전은 이전의 식민국가 벨기에를 포함한 국제적 차원의 개입과 새로운 국가로 분리를 요구하는 내부적 갈등으로 인해 발생하였다. 유엔 평화유지 요원 2만여 명이 투입된 이후, 정부의 기반시설이 거의 없는 상태에서 또다시 유엔의 민간 행정관리가 대규모로 전개하였다. 함마르셸드 유엔 사무총장은 유엔 헌장 제99조[6]에 따라 유엔이 콩고 내전에 개입하기로 하였다. 구 소련이 다수의 비동맹국가와 더불어

4 콩고강을 경계로 인접해 있는 이웃한 콩고의 정식국명은 콩고공화국(Republic of the Congo). 그러나 양국이 비슷한 국명을 가지게 된 것은 두 번이다. 지난 70년 대통령 선거에 당선된 모부투(Mobutu Sese Seko)가 71년 국명을 바꿀 때까지 자이르(Zaire)의 본래 국명이 콩고공화국이었기 때문이다. 같은 콩고라는 이름이 들어간 국가가 둘이나 된 것은 1960년 두 나라가 독립할 때까지 콩고는 「프랑스령 콩고」, 자이르는 「벨기에령 콩고」로 불린 데서 드러나듯 서로 다른 식민의 역사 때문이다. 콩고강을 중심으로 비슷한 종족이 주거하는 두 나라가 19세기 한쪽은 프랑스, 한쪽은 벨기에로 나뉘어 식민 통치를 받았고 독립도 따로 이뤄졌다. 독립 직후 심각한 내전을 진압하고 집권한 모부투는 국가의 통합을 강화하고 벨기에 식민 통치의 잔재를 청산한다는 명분으로 국명뿐만 아니라 수도명도 레오폴빌에서 킨샤사로 하는 등 지명을 대폭 바꿨다. 2009년 정권을 장악한 반군에 의해 콩고민주공화국(Democratic Republic of the Congo)으로 다시 개명하였다.

5 원래 평화유지 활동 임무단은 영어의 약칭을 사용하였으나, 1980년대 후반부터 프랑스어와 스페인어를 구사하는 국가에서 평화유지 활동이 크게 확장됨에 따라 프랑스어 약칭을 우선으로 사용하기 시작하였다.

6 유엔 헌장 제15장 제99조 '사무총장은 국제평화와 안전의 유지를 위협한다고 그 자신이 인정하는 어떠한 사항에도 안전보장이사회의 주의를 환기할 수 있다.'

루뭄바(Patrice Lumumba) 총리를 지지하였고 반면 서구세력은 카사부부(Joseph Kasa-Vubu) 대통령을 지지하게 되자, 사무총장은 이러한 혼란스러운 상황의 중심에 서게 되었다. 이러한 상황에서 카사부부 대통령이 루뭄바 총리를 파면하자, 총리도 이에 맞서 대통령을 파면하였고 이제 중앙 권력은 사실상 사라지게 되었다. 이후 소말리아 상황과 같이, 정치적 공백 상태는 유엔에 엄청난 문제를 안겨주게 되었다.

콩고에서 유엔 평화유지군은 역설적으로 공정성(Impartiality)을 지키지 못하고 유럽 국가들의 지원으로 세운 중앙정부를 지원하는 모습이 되었다. 이로 인해 유엔은 콩고에서 활동하는 분쟁의 당사자들과 협의를 이루어낼 수 없었다. 일부 병력공여국(TCC, Troop Contributing Countries) 또한 유엔의 지휘와 통제에 저항하였다. 구 소련은 재정 공여를 유보하였고 프랑스 또한 유보를 결정하였다. 구 소련은 더 나아가 함마르셸드 사무총장의 교체를 요구하였다. 4년 후 콩고는 안정을 찾았고 일각에서는 이를 중요한 성과로 보았다. 하지만 나이지리아의 내전과 같이 다수의 아프리카 국가는 분리주의 운동에 위협받게 되었다. 따라서 유엔은 1963년 5월 에티오피아의 아디스아바바(Addis Ababa)에서 열린 아프리카 통일기구 출범과 첫 번째 회의에서 이른바 식민지 아래 획정된 국경선에 대한 어떠한 문제도 제기하지 않도록 선언한 정책이 구현될 수 있도록 지원하였다. 그러나 유엔 내부에서 내전에 대한 견해의 분열도 계속하여 발생하였고 설상가상으로 대규모의 예산의 적자로 인해 새로운 전쟁에 개입을 주저하게 되었다.

침략자에 대한 국제사회의 강제행위의 결정과 이를 통한 무장한 평화유지군의 효과적인 투사는 유엔과 이전의 국제연맹을 구분하는 중요한 특징이 되었다. 미국은 유엔의 집단안보를 위한 노력에 구 소련이 계속 참여하도록 노력을 기울였다. 하지만 동서 긴장의 시작은 이를 불가능하게 하였다. 이러한 배경에서, 주요 국가가 동의하거나 적어도 수용할 경우, 유엔이 조심스럽게 평화유지를 위해 규정한 한계 내에서 행동할 수 있도록 하는 새로운 수단이 필요로 하게 되었다.

유엔 평화유지 활동은 공정성과 한정된 활동 범위에서 냉전의 험난한 여정을 항해할 수 있는 능력을 입증하였다. 국제정치는 다시 유엔 활동의 본성을 결정하였다. 비록 평화유지 활동이 특별하게 유엔 헌장에 언급되지는 않았으나, 평화와 안보 분야에서 유엔의 중요한 기능이 되었다. 이러한 목적을 위한 군사력의 사용은 1956년 수에즈 위기로부터 시작하여 폭넓게 인정되었다. 한편 캐나다의 외교부 장관 피어슨(Lester B. Pearson)은 유엔 사무총장 함마르셸드가 '정치적 해결에 이를 때까지 다양한 임무를 수행할 수 있는 유엔의 경찰을 창설'하도록 유엔 총회에 제안하였다.[7]

각국의 장병과 구분되는 유엔을 상징하는 파란색 철모와 베레를 착용한 약 50만 명의 군, 경찰 그리고 민간 요원이 냉전 기간 평화유지 활동에 참여하였고, 700명이 활동 중 순직하였다. 노벨(Afred Nobel)이 평화상을 제정할 당시 군인을 대상으로 할 의도는 없었을 것이나, 1988년 유엔 평화유지 요원이 노벨 평화상을 받았을 때까지 어떠한 군사 조직도 이러한 영광스러운 상을 받은 적이 없었다. 이를 기점으로 냉전 기간 유엔의 안보 활동은 전환점이 되었다.

---

7 Max Harrelson, *Fires All Around the Horizon: The UN's Uphill battle to Preserve the Peace* (New York: Praeger, 1989), p. 89.

2. 냉전과 평화유지 활동, 1948~1987

유엔 헌장의 어디에도 평화유지에 대한 구체적인 언급이 없었지만, 함마르셸드 유엔 사무총장은 유엔 평화유지를 헌장 제6장 '분쟁의 평화적 해결'의 확장 개념을 '헌장 제6.5장'이라는 시적이고 이해가 쉬운 표현으로 묘사하였다.[8] 부트로스-갈리 유엔 사무총장이 그의 '평화를 위한 의제'에서 밝혔듯이 평화유지는 분명 유엔의 발명품이었다. 평화유지 활동은 개별적 분쟁의 특정한 요구사항에 의한 임기응변적인 대응이었기 때문에 국제사회의 법적 근거가 부족하였고 따라서 평화유지에 대한 합의적 정의를 내리기 어려웠다. 합의된 정의의 결여와 자원의 다양성에도 불구하고 전 유엔 사무차장보 굴딩(Marrack Goulding)은 평화유지 활동에 관해 다음과 같은 감각적인 정의를 제시하였다. "유엔의 현장 활동은 국제사회로부터 선발되거나 파견된 민간인, 군인이 당사국의 승인으로 실제 또는 잠재적인 국제적 갈등이나 명확한 국제적 차원의 갈등을 해결하는 데 지원하고자 전개하는 것을 말한다."[9]

---

8 Boutros Boutros-Ghali, *An Agenda for Peace: Preventive Diplomacy, Peacemaking and Peace-keeping* (New York: UN, 1992), para 46.

9 Marrack Goulding, "The Changing Role of the United Nations in Conflict Resolution and peace-keeping," 싱가포르 정책연구소 연설, 1991. 3. 13, p. 9.

1948년부터 1987년 사이 전개한 평화유지 요원은 휴전의 감시, 보고 그리고 휴전 상태의 유지와 같은 평화를 감시하는 기능과 적대 세력을 상호 분리하여 교전으로부터 이탈시키고 완충지대 중간에 배치되어 평화를 유지하는 두 가지 기능을 수행하였다. 이 기간 평화유지 활동을 위한 군사력은 통상적으로 소규모 국가 또는 비동맹국가로부터 구성되었으며, 안전보장이사회 회원국과 주요 강대국의 경우는 예외적인 환경에 국한되었다. 경무장한 중립적 부대는 전투의 중지를 합의한 적대 세력 사이에 상징적으로 배치되었으며 마지막 수단으로 자위권을 위해 무력을 사용하는 경우를 제외하고 실제로 무력을 사용하는 경우는 거의 없었다. 이는 이 기간에 적대 세력이 자신들의 적대감보다는 국제사회에 대한 도덕적 무게감으로 인해 유엔의 평화유지 활동에 협력한 결과로부터 기인한 것이었다.

평화유지 활동은 기본적으로 현재 상태(Status Quo)를 유지하는 것이다. 평화유지 활동은 분쟁을 중단시키고 시간을 확보하여 적대 세력을 협상의 테이블로 유도한다. 하지만 이러한 활동이 성공적인 협상을 보장하는 것은 아니다. 사이프러스 분쟁에서 보여준 바와 같이 오랫동안의 평화유지 활동에서 협상을 마련하는 것보다 쉽게 무너지는 사례를 자주 목격하였다. 1967년 이스라엘과 아랍 사이의 전쟁에서 이집트의 요청에 따라 투입된 유엔 긴급군 I의 철수 사례와 같이, 평화유지 활동의 종결은 공백의 상태를 만들게 되어 지역의 안정에 심각한 결과를 초래하기도 하였다.

동서 간 긴장 상태에 있었던 냉전 기간, 유엔이 분쟁을 다룸에 있어 일종의 일반적인 원칙을 마련하는 계기가 된 경우가 유엔 골란고원 감시단(UNDOF, UN Disengagement Observer Force)[10]의 사례였다. 감시단은 나토 회원국과 친서방 이스라엘 측에 중립적 입장의 국가, 바르샤바 조약 회원국, 그리고 친구 소련 시리아 측에 중립적인 입장의 국가 등이 개입된 일종의 지정학적 차원에서 국제사회의 축소판에서 활동하게 되었다. 시리아를 점령하고 있는 모든 이스라엘군이 철수해야 한다는 요구에 이스라엘이 교전 이탈을 위한 합의가 이루어지자 1974년 3월 31일 감시단이 창설되었다. 이에 따라 이스라엘과 시리아 사이 완충지대가 설치되었고 완충지대의 양측에 무장을 제한하는 지역을 별도로 설정하였다. 감시단은 또한 이스라엘의 철수를 검증하고 제한지역에서 무장화 수준을 감독하는 책임이 부여되었다.

유엔 골란고원 감시단은 90명의 옵서버와 1,250명의 무장한 평화유지 요원을 파견하였다. 부대 병력은 서구와 동구에 정치적으로 중립적이거나 우호 관계에 있는 국가들로부터 균등하게 혼합하여 편성하도록 하였다. 페루, 캐나다, 폴란드 그리고 오스트리아가 처음으로 전개하였다. 페루군은 1975년 이란군에 의해 대치되었고 1979년 다시 핀란드군이 대신하여 파견되었다. 캐나다와 페루군은 이스라엘 측에서 운용되었고 폴란드와 오스트리아군은 시리아의 영토에서 운영되었다.

이스라엘과 시리아 사이 적대행위가 선언되었음에도, 유엔 골란고원 임무단은 오랫동안 적대관계에 있었던 양 국가 사이에서 평화를 유지하기 위한 중요한 수단이 되었다. 1977년 이후 유엔 임무단의 관할에 있는 동안 중요한 사건은 발생하지 않았다. 임무단이 성공한 원인은 여

---

10 영어 그대로 번역하면 유엔 교전이탈 옵서버 군이나 유엔 임무단의 성격과 특성을 고려하여 이해가 쉽도록 위와 같은 용어를 사용하였다.

러 가지가 있으나, 활동에 관한 세부적인 사항이 전개 이전 완전하게 논의가 되었고, 따라서 이견이 남아있지 않았다. 이와 더불어 이스라엘과 시리아는 임무단에 협조하였고 유엔 안전보장이사회는 그러한 활동을 전적으로 지원하였다.

이른바 평화유지 활동이라는 이름 아래 유엔에 의한 군사 활동은 범위와 정도의 차이가 존재할지라도 인도주의와 인권 문제에 종사하는 여느 비정부기구의 응집력 못지않은 모습을 보여주었다. 유엔이 이 같은 활동을 전개하게 되면서 많은 학습과 경험을 축적하게 되었고, 이러한 유엔의 활동에 관한 특징을 비교적 정확하게 정리한 학자는 우르크하트(Brian Urquhart) 경[11]이었다. 우르크하트 경은 유엔 골란고원 임무단을 분석한 자료를 통해 유엔 평화유지 활동은 당사자의 동의, 안전보장이사회의 계속적이고 강력한 지원, 명확하고 실행 가능한 위임명령, 자위권을 제외하고 무력사용의 금지, 병력공여국의 군사력 지원에 관한 자발적 의지, 그리고 회원국의 필요한 재정지원 의지 등을 특징으로 도출하였다.

우르크하트 경이 제시한 첫 번째 특징인 동의의 문제는 평화유지 활동을 시작되기 이전 긴요한 문제이며, 특히 전통적인 평화유지 활동에서 동의가 긴요한 두 가지 이유는 다음과 같다. 첫째, 유엔의 의사결정 과정이 동의를 통해 강대국의 반대를 차단할 수 있도록 한다. 예를 들면 사이프러스와 레바논에서 구 소련의 방해는 이들 국가가 스스로 유엔의 지원을 요청하게 됨으로써 극복되었다. 둘째, 동의는 평화유지

11 우르크하트 경은 영국 출신으로 제2차 세계대전 참전 용사이다. 이후 작가와 유엔의 사무차장보로 활동하였고 유엔의 창설에 중요한 역할을 하였다.

요원이 그들의 임무를 수행하게 되는 동안 직면하게 될 수도 있는 저항의 가능성을 매우 감소시킨다. 평화유지 요원은 물리적으로 적대 세력 측, 국가나 그에 반대하는 세력의 권위에 도전할 수 있는 위치에 있지 않다. 평화유지 요원은 그러한 권위에 대한 대립적인 태도를 보이지 않으며, 주권에 대한 침해행위를 하지 않는다. 따라서 평화유지 활동이 시작되기 이전에 동의가 우선되어야만 한다.

동의 문제에 관한 다른 관점도 존재한다. 첫 번째 관점은 평화유지 활동에 참여하는 부대가 동의에 집착할 경우 성공을 위한 조건을 창출할 수 없다는 견해이다. 예를 들면, 적대 세력은 통상적으로 그들의 목표가 달성되었거나 상실하였을 경우, 분쟁의 피로감으로 인하여 평화유지 활동 임무에 동의하게 된다는 것이다. 이 두 가지 조건이 충족하지 않을 경우, 분쟁당사자에게 동의를 끌어낼 수 있는 대안이 필요하게 된다. 더욱이 주요 강대국은 이들이 동의에 임하도록 설득하는 것은 물론 협상에 대한 압력을 가해야 할 필요가 있다. 정치적 의지가 없게 되면 평화유지 요원은 어쩔 수 없이 분쟁에 휘말리게 되고 따라서 평화를 이룰 수도 철수할 수도 없게 되는 상황에 직면하게 된다. 예를 들면, 유엔 사이프러스 임무단(UNFICYP, UN Peacekeeping Force in Cyprus)은 원래 1964년 터키 측과 그리스 측을 분리하기 위해 전개하였으나 양측이 평화를 위한 협상의 의지와 전개에 대한 합의가 없었기 때문에 활동하지 못한 채 주둔하였다. 이와 마찬가지로 1949년 설치된 유엔 인도 · 파키스탄 옵서버 임무단(UNMOGIP, UN Military Observer Group in India and Pakistan)과 1974년 유엔 골란고원 임무단, 그리고 1978년 유엔 레바논 임무단(UNFIL, UN Interim Force in Lebanon)은 이들이 철수할 수 있는 정치적 조건이 창출되지 못하여 현재까지 임무를 계속 수행하고 있다.

평화유지 활동은 안전보장이사회의 완전한 지원을 받아야 한다. 안전보장이사회의 지원은 예산, 병력의 할당 그리고 전략적 우선순위가 결정되는 임무의 시작 시점에서뿐만 아니라 이후에도 계속되어야 한다. 콩고는 안전보장이사회의 주요 강대국에 의한 지원이 없을 때 발생하는 문제점을 보여준 사례였다. 미국과 구 소련의 지원 아래 설치된 유엔 긴급군 I의 경우는 미국과 구 소련이 안전보장이사회의 거부권을 회피하기 위해 유엔 총회에 문제를 상정한 유일한 사례였다. 유엔 안전보장이사회가 6개월 또는 1년 단위로 위임명령을 연장하는 결의안을 새로 통과시키는 것은 당사국에 유엔의 평화유지 활동을 철수할 수도 있다는 압력을 가하기 위해 실시된다.

평화유지 활동에 병력을 전개한 회원국은 기꺼이 위험을 감수해야 한다. 성공적인 평화유지 활동은 독단적인 지원능력을 갖춘 대대급 부대가 필요하며 이들은 유엔의 지휘 아래 기능을 수행해야 한다. 평화유지 활동을 실시하는 동안 중무장한 지역에 전개되기도 한다. 목숨을 잃을만한 위험 상황은 언제나 존재한다. 특히 병력을 공여하는 민주주의 국가의 정부는 부여된 임무에 내재한 위험을 기꺼이 감수할 수 있는 준비가 되어 있어야 하며 그러한 모험에서 의회의 지지를 상실할 상황에도 대비해야 한다.

유엔 활동의 특성상, 초기에 공중 수송을 통한 투입이 진행되기 때문에 안전보장이사회 상임이사국의 군수지원에 의존할 수밖에 없는 경우가 발생한다. 이러한 경우를 제외하고 안전보장이사회 상임이사국이 병력을 공여하는 경우는 없다. 평화유지 활동에서 공정성의 목표를 달성하기 위해서는 주요 강대국의 적극적인 역할이 필수적이다. 미국과 구 소련은 이들이 전 세계적 차원에서 분쟁에 개입하고 지원하였기 때문에 편파적으로 생각되기도 하였다.

병력공여국의 모험 감수에 관한 원칙의 예외적 경험도 있었다. 영국은 사이프러스 섬에 대한 치외법권적 기지를 소유한 특별한 상황에서도 처음부터 사이프러스 평화유지 활동에 참여하였으나 영국의 병력공여는 긍정적으로 평가되었다. 유엔 레바논 임무단에 파견된 프랑스군의 경우 레바논 분쟁의 기독교파에 속하는 세력이 이전의 식민지배 세력이 파견되었다는 사실에 반감을 보이기도 하였다. 결과적으로, 프랑스군은 분쟁 세력에 의한 공격을 받게 되었고 작전지역으로부터 철수하게 되었으며 유엔 레바논 임무단 사령부가 있는 나쿠라(Naquora)에 잔류하게 되었다. 이러한 경험은 1983년에 이르러 이스라엘의 레바논 침공과 베이루트를 둘러싼 전투에 비록 유엔의 평화유지군은 아니었지만, 미국, 프랑스, 그리고 이탈리아군이 투입된 다국적군 작전(Multinational Force Operation)에서 300명의 전사자가 발생하면서 중대한 문제를 초래하게 되었다.[12]

평화유지 활동은 명확하고 정확한 위임명령이 부여되어야 한다. 임무단의 목표는 명확하고 달성 가능하며 참여하는 모든 부대가 인지

---

12 전쟁의 발단은 1981년 4월 이스라엘 공군이 레바논의 전략적 거점을 장악한 시리아군을 축출하기 위해 공중공격을 감행하면서 시작되었다. 당시 미국의 레이건 행정부는 이스라엘의 레바논 침공을 우려하여 하비브(Philip Habib) 특사를 레바논에 급파하였으나, 협상은 실패하였다. 레이건 행정부는 이스라엘 침략에 대한 대응 의견이 갈라졌다. 이러한 상황이 계속되는 가운데, 이스라엘군이 당시 PLO가 장악하고 있던 베이루트 서부로 진격하였다. 이에 따라 레이건 행정부는 레바논 정부가 베이루트를 탈환하도록 지원하고 이어 이스라엘과 시리아의 철수를 협상하고자 하였다. PLO는 팔레스타인 사람을 보호하기 위해 만약 국제군을 파견한다면, 철수하기로 합의하였고 레이건 대통령은 프랑스, 이탈리아와 더불어 다국적군 파견을 결정하였다. 1983년 10월에 이르러, 미군과 프랑스군이 주둔하고 있던 기지에 차량에 의한 자살폭탄 공격이 미군 막사와 프랑스군 막사를 공격하여 300여 명에 이르는 장병이 전사하였다.

할 수 있어야 한다. 모두가 알 수 있는 명쾌한 진술은 의구심을 감소시킨다. 하지만 어느 정도의 융통성은 유지하여 평화유지 요원들이 활동의 전략을 상황에 맞도록 변화시킬 수 있도록 해야 한다. 활동의 목표는 상황에 따라 확장되거나 축소된다. 사실, 평화유지 활동의 지원을 보장하기 위해 안전보장이사회에서 외교적 모호성은 때때로 필요하다.

평화유지 활동에서 군사력은 자위권의 마지막 수단으로서만 사용되어야 한다. 평화유지 요원은 국제사회의 외교적 지원으로부터 영향력을 창출할 수 있으며, 따라서 자위권을 위한 마지막 수단으로 군사력을 사용하게 된다. 평화유지 요원 핸드북(The Peacekeeper's Handbook)은 다음과 같은 지혜를 담고 있다. "군사력의 수준은 단지 임무를 완수하고 가능한 한 인간의 생명을 보호하며 부상을 방지할 수 있을 정도로만 충분해야 한다. 유엔 평화유지군은 부여된 임무를 수행하면서 난관에 부딪히게 될 수도 있다. 이 경우, 상황을 회복하는 데 필요하다고 판단할 때는 군사력을 사용할 수 있지만 이를 제외하고 군사력을 사용해서는 안 된다."[13]

평화유지 활동의 기술은 자국의 훈련소에서 체득한 기술과는 매우 다르다. 하지만 과거에는 스칸디나비아(Scandinavia) 국가와 캐나다만이 평화유지 활동에 파견될 장병으로 대상으로 특별한 방법에 따른 교육을 하였다. 최소한의 군사력을 사용하는 것은 여러 가지의 이점을 제공하게 된다. 평화유지 요원은 제한된 군사적 능력으로 인해 적대 세력을 위협하지 않게 된다. 따라서 적대 세력은 자신들이 대적하고 있는 정규

---

13 International Peace Academy, *Peacekeeper's Handbook* (New York: Pergamon, 1984), p. 56.

군과는 달리 평화유지 요원들이 분쟁에 군사적으로 참여하지 않을 것임을 쉽게 인식하게 된다. 평화유지 요원은 종종 중재에 나서기도 하고 폭력의 발생을 사전에 예방하기도 한다.

전통적으로 평화유지군은 적이 없는 상황에서 활동해왔다. 군사력의 효율성이 극대화될 필요성은 일반적인 용어의 '적'이라는 상대가 있는 상황에 해당한다. 따라서 평화유지를 위한 행정, 기술 그리고 전략적 구조는 군사적 전문성을 갖춘 장병보다는 외교적 전문성과 정치적 전문성을 갖춘 전문가를 필요로 하여왔다.

1948년부터 1978년까지 13개 임무단이 활동하였다. 하지만 1978년부터 10년 동안 새로운 임무단의 창설이 없었으며 심지어 초강대국이 개입한 분별없는 지역 분쟁이나 대리전도 발생하지 않았다.[14] 10년 동안의 휴지기에 돌입하기 직전 승인된 마지막 임무단인 유엔 레바논 임무단(UNIFIL)은 이 기간에 유엔이 직면한 어려움을 보여주었다. 레바논 임무단은 콩고에서 경험한 내전과 정부의 부재와 같은 어려움에 봉착하게 되었고 임무단의 활동은 큰 제한을 받게 되었다. 유엔 레바논 임무단은 또한 명확한 위임명령과 적대 세력의 효과적인 협조의 부족은 물론 정치적 혼란과 강대국의 의견 불일치 상황에서 접하게 되는 어려움을 적나라하게 예시해 주었던 대표적인 임무단이었다.

유엔 레바논 임무단은 이스라엘의 레바논 남부지역 침공에 이어 안전보장이사회의 요청에 따라 1978년 3월 창설되었다. 이스라엘은 레바논 남부에 기지를 둔 팔레스타인 해방기구에 의한 습격과 포격이 이

---

14 S. Neil MacFarlane, *Super Power Rivalry and Third World Radicalism* (Baltimore: Johns Hopkins Univ. Press, 1985).

스라엘의 평화와 안전을 위협하였다고 주장하였다. 이스라엘의 대응은 가장 가까운 우방인 미국을 당혹하게 만들었다. 미국은 이스라엘이 철수를 위한 체면을 살리려는 방법으로 유엔 안전보장이사회의 영향력을 이용하였다. 임무단의 활동은 이스라엘군의 철수를 검증하고 작전지역을 설정하며 팔레스타인 해방기구와 이스라엘의 지원을 받는 기독교 계열의 남부 레바논군[15], 그리고 이스라엘 사이 내부 교전 재개를 예방하며 레바논 남부의 주권을 회복하는 것이었다.

유엔 레바논 임무단이 가장 많은 병력을 파견하였을 때 7천 명에 이르렀으며 가나, 나이지리아, 노르웨이, 네덜란드, 네팔, 아일랜드, 이란, 피지, 프랑스, 그리고 세네갈, 캐나다가 참여하였다. 유엔 레바논 임무단은 레바논 남부에 주요 분쟁당사자들의 이익이 충돌하는 어려운 상황에서 임무를 수행해야만 하였다. 이스라엘은 유엔 레바논 임무단의 남부 통제권 거부하고 남부 레바논군을 이끌고 있던 하다드(Saad Haddad) 소장을 선택하였다. 이로 인해 레바논 남부지역을 통제하려는 유엔 레바논 임무단의 노력은 저항을 받게 되었다. 하지만 레바논 정부는 하다드에 의해 통제되는 지역을 포함하여 유엔 레바논 임무단이 전체 지역을 통제해야 한다고 주장하였다. 결과적으로 유엔 레바논 임무단은 팔레스타인 해방기구와 하다드의 남부 레바논군 사이에 끼어 있음을 발견하게 되었고 일상적으로 양측의 교전 상황에 놓이게 되었다.

---

15 남부 레바논군(The South Lebanon Army)은 레바논의 기독교도 중심으로 편성된 민병대로 레바논 내전 기간에 창설되었다. 원래는 자유 레바논군(Free Lebanon Army)이라는 이름으로 시작하였고 자유 레바논(Free Lebanon) 정부의 하다드 정부 통제 아래 레바논 남부에서 활동하였다. 1985년부터 이스라엘의 지원을 받아 헤즈볼라 세력과 전투를 벌였다. 유엔은 이를 공식 인정하지 않았기 때문에 단순하게 사실상의 부대로 불렸고 2000년 해체되었다.

팔레스타인 해방기구는 계속하여 이스라엘을 상대로 군사적으로 기동하였고 이에 대해 남부 레바논군도 역시 팔레스타인의 공격을 견제하기 위해 나서게 되었다. 1982년 이스라엘은 다시 레바논을 침공하였고 베이루트로 진격하였으며 유엔 레바논 임무단은 이스라엘의 월등한 화력 앞에 아무런 힘도 없이 대기하였으며 각국으로부터 파견된 평화유지 부대와 유엔 회원국도 저항하고자 하는 의지가 없었다. 이 같은 상황은 1967년 이집트 정부가 유엔 긴급군 I의 철수를 요구하였고, 유엔 긴급군 I이 철수하자마자 이집트의 나세르 대통령이 이스라엘에 대한 공격 명령을 내린 과거를 떠올리게 하였다.

당시 레바논 정부군과 경찰은 무능력하였고 분쟁지역 주변의 국가들은 분쟁을 해결하고자 하는 정치적 의지가 없었다. 따라서 유엔 레바논 임무단은 분쟁해결을 위한 지역적 기반이 되었고 만약 이들이 철수하게 된다면 이스라엘과 팔레스타인 해방기구 그리고 남부 레바논군 사이에 전투가 발생하는 파국적인 결과가 예상되었다. 나아가 이스라엘의 세 번째 개입이 이루어질 것이 확실하였고 이 경우 시리아의 직접적인 개입 가능성도 있었다. 이러한 제한적인 상황에서 유엔 레바논 임무단은 활동을 계속하였다.

새로운 유엔 평화유지군의 전개가 없는 상황에서 1981년 미국의 레이건(Ronald Reagan)이 대통령에 당선됨으로써 이후 동서 간 긴장은 증폭되었다. 반공산주의와 국가방위체계의 재구축, 그리고 보수주의를 주장하며 당선된 레이건 대통령은 제3세계에서 구 소련이 구축한 발판을 다시 되돌려 놓을 것이라고 천명하였다. 레이건 행정부는 유엔이 제3세계 민족주의와 친공산주의 보루가 되었다며 비난하였고 같은 맥락에서 유엔의 평화유지 활동을 바라보았다.

미국의 유엔에 대한 비협조적인 태도는 1985년부터 1987년 사이 극에 달하였다. 이때 미국은 유엔 레바논 임무단 예산을 포함한 분담금 기여를 거부하였다. 이로 인해 유엔의 거의 파산 지경에 이르게 되었고 전통적 차원의 국제법은 사라지는 듯 보였으며 오직 일방적인 행동이 압도하게 되었다.[16] 그레나다 개입, 리비아 폭격, 그리고 니카라과, 앙골라, 아프가니스탄, 캄보디아에서 반군 지원은 미국이 선호하는 것이 무엇인지를 입증한 사례였다. 구 소련은 중미, 아프리카의 뿔(Horn of Africa), 남아프리카 대부분 지역 그리고 아시아 지역 일부에서 이러한 미국의 계획에 맞섰고 이 지역들은 미국과 구 소련의 대리전의 터전이 되었다. 이러한 상황은 고르바초프(Mikhail Gorbachev)가 개방과 개혁을 들고나온 이후에야 변화하기 시작하였다.

한편 유엔 평화유지군의 파견이 제한될 경우 일련의 국가들은 공격적인 행동을 제어하기 위하여 외교적, 경제적 관계를 단절함으로써 침략자를 고립시킬 수 있다. 이는 강압적이지만 그렇다고 강제적이지 않은 조치이다. 외교적, 경제적 제재는 비록 병력을 파견하는 것보다는 공감하기 어렵지만, 일상적인 외교정책으로 이루어지는 정치적 영향력의 행사보다는 훨씬 큰 공감을 얻어낼 수 있다.

국제사회의 질서를 방해하는 세력에 대한 대응 수단인 정치적 영향력으로부터 군사적 개입에 이르는 전체적인 스펙트럼을 그려보는 것은 평화유지 활동의 이해에 유용하다. 먼저 경제적 제재는 비강제적인 강제의 한 형태이다. 냉전 기간 군사적 강제는 가능하지 않았고, 이와

---

16 David P. Forsythe, *The Politics of International law: US Foreign Policy Reconsidered* (Boulder: Lynne Rienner, 1990).

같은 이유로 비교적 온건한 형태의 강제행위도 대부분 적용하지 않았다. 하지만 국내의 인종차별 정책과 관련한 로디지아와 남아프리카의 경우는 매우 예외적인 경우로 고려되었다. 이와 관련하여 유엔 안전보장이사회가 회원국 국내의 정책이 국제사회와 평화와 안전을 위협하기에 충분하다고 재정의하게 되면서 헌장 제7장 적용의 정당성과 이에 대한 논의는 충분한 가치를 가질 수 있게 되었다.

1965년 영국의 식민지였던 로디지아의 일방적인 독립선언에 대한 대응 행동으로 1966년 유엔 안전보장이사회는 유엔 역사상 처음으로 헌장 제7장에 따라 제한적인 경제적 제재를 결정하였다. 문제의 발단이 일방적인 독립선언이었는지 아니면 아프리카의 인권 상황이었는지에 대한 논란은 남아있었지만, 결과는 안전보장이사회가 당시 상황을 '평화의 위협'으로 간주하였다. 안전보장이사회는 소수의 백인 정부에 대한 생필품과 교육 및 의료 물자를 제외한 모든 수출과 수입에 강력한 태도를 보이었고 1968년 포괄적인 제재로 확대하였다.

초기 제재는 로디지아 정부의 수상 스미스(Ian Smith)에 대해 가해졌으나, 역설적으로 이들이 성공적으로 수입을 대체하는 방안을 마련하여 비강제적 제재의 형태와 같은 외부로부터 압력에 면역력을 얻게 되었다. 비록 유엔의 거의 모든 회원국이 이러한 조치를 따랐지만, 일부는 신경 쓰지 않았다. 예를 들면, 미국은 로디지아와 무역 거래를 승인한 의회의 버드 수정안(Byrd Amendment)에 따라 공개적으로 제재를 위반하였다. 일부 아프리카 국가뿐만 아니라 다수의 사적 거래기업도 이웃 국가인 모잠비크와 남아프리카공화국과 무역을 재개하였다. 안전보장이사회가 원유 공급의 차단을 위한 강제적인 봉쇄를 승인하였지만, 영국 해군은 일부 유조선만 중지시켰다. 주요 항구와 모잠비크의 해안선,

남아프리카를 봉쇄하고자 하는 정치적 의지는 부족하였다. 게릴라전으로 해안선이 더욱 신장하게 되었고 영국의 외교부 장관 캐링턴 경(Lord Carrington)은 영국에서 열린 협상을 통해 궁극적으로 로디지아가 독립하게 되었다.

남아프리카에 부과된 유엔의 제재는 인종적 차별이 평화에 대한 위협이라는 판단에 근거한 것이었다. 제한적인 경제적 제재, 남아프리카에 대한 무기 금수 조치, 남아프리카 선수단에 대한 입국 금지, 그리고 선별적인 자격의 박탈 등은 모두 남아프리카를 고립하고자 하는 가시적인 조치들이었다. 이러한 압력의 행사를 통한 조치는 비록 일각에서 그러한 조치가 중요한 역할을 했다고 평가할 수 있을지라도, 그 효과를 정량적으로 계산하기 어려운 것이었다. 남아프리카 고비용 산업은 초기 제재를 돌파하기 위한 대안을 마련하였고 궁극적으로 정교한 무기를 생산하여 주요 무기 수출국이 되었다. 1990년 인종차별 정책의 폐지 등 남아프리카에서 발생한 변화는 확실히 극적이었다. 그러나 이는 비강제적인 제재보다는 다수인 흑인사회의 내부적 역동성과 냉전 종식으로부터 기인한 것이기도 하였다.

안전보장이사회 제재는 평화의 파괴나 국제사회의 평화와 안전의 위협에 대응하는 강제적 도구이다. 이는 양자 간 경제제재나 조약에 의해 부과되는 제재와 구분되어 분석해야 한다. 물론 제재는 고립에 대한 비용과 위험을 제기함으로써 의문의 여지 없이 내부적 균형의 변화를 초래하였지만, 그러한 효과에 대한 정밀한 측정은 경험적 사례를 통해 제고되어야 한다. 유엔 헌장은 '제재'라는 용어를 제7장에서 결코 사용한 적이 없으나, 제41조는 '병력의 사용을 수반하지 아니하는 어떠한 조치를 하여야 할 것인지를 결정할 수 있다'라고 규정하고 있다.

3. 냉전 이후 유엔의 집단안보, 새로운 목표와 역할

구 소련을 정치적, 경제적으로 개혁하겠다는 의지를 밝힌 고르바초프는 구 소련의 경제를 세계의 경제로 통합하고 동서 간 긴장을 감소시키기 위한 목표를 지향하는 것이 바로 개방과 개혁이라고 규정하였다. 고르바초프는 이와 같은 노력을 통해 다자주의 특히, 유엔의 평화유지 활동을 서서히 부활시키고자 하였다. 구 소련은 1987년 9월 기관지 프라우다(Pravda)에 실린 고르바초프의 개방과 개혁에 대한 선언에 바로 이어 유엔의 채무 상태로 남아있던 5억 달러를 청산할 것이라고 밝힘으로써 유엔이 지향하고자 하였던 집단안보의 두 번째 기회가 더욱 분명하게 가속화되는 듯하였다.

1988년 유엔 총회에서 고르바초프는 구 소련 내부의 '새로운 사고'를 국제분쟁관리에 확장하여 적용하자고 주장하면서 공식적으로 구 소련과 유엔의 관계를 재정의하였다. 구 소련의 정책 변화는 지금까지 개입하여왔던 수많은 분쟁에 대한 지원을 철회하고 경제개혁에 집중하고자 하는 국가 차원의 필요성으로부터 기인한 것이었다. 10년 동안의 군비증강과 대리전을 치르는 동안 국가의 재정이 고갈되었다. 구 소련의 지나치게 확장된 외교정책을 조정할 필요가 있었다. 베트남의 깜라인만(Cam Ranh Bay), 쿠바, 에티오피아, 그리고 예멘에서의 철수 결정은 재정의 축소와 절감이 얼마나 절실하게 필요한지를 보여주었고 궁극적으로 국가정책의 가장 우선순위가 되었다. 유엔의 평화유지 활동은 아프가니스탄에서 '피를 흘리는 부상'을 심하게 당한 구 소련의 체면을 구해주기 위한 수단을 제공하였다.

유엔에 대한 구 소련의 태도 변화는 국제사회의 분위기에 영향을 미쳤고 특히 미국의 유엔에 대한 접근에도 변화를 주었다. 1988년 레이건 대통령은 갑자기 그의 유엔에 대한 공식적 태도를 바꿔 유엔의 성과와 유엔 사무총장 그리고 평화유지 활동을 칭찬하였다. 거의 10년 동안 유엔에 대한 비난에 앞장섰던 레이건 대통령은 유엔 총회 연설에서 "유엔은 과거 어느 때보다 같이 숨 쉬고 살 기회를 맞이하게 되었다"라며 유엔에 대한 재정분담금 다시 내기로 약속하였다. 이와 같은 입장은 전에 주유엔 미국대사를 지낸 부시(George Bush) 대통령 재임 기간까지 계속되었다. 강대국들의 지원이 더욱 확대되자, 유엔 안전보장이사회도 이라크의 쿠웨이트 침략에 대한 강력한 대응을 포함하여 국제평화와 안전의 보장자로서 역할을 다시 하게 될 수 있었다. 이와 동시에 안전보장이사회 상임이사국 자격은 프랑스, 영국 그리고 러시아에 국제적인 지위를 유지하기 위한 편리한 방법이었으며 아마도 경제적, 정치적으로 다소 쇠퇴의 길을 걷고 있지만 군사적 중요성으로 인해 중국과 심지어 미국에도 편리한 방법이 될 수 있었다.

1988년과 1989년, 유엔 헌장이 마치 예견이라고 한 듯이 안전보장이사회에서 강대국들은 정기적으로 긴밀하게 협력하였고 처음으로 냉전의 긴장이 녹아내렸다. 평화유지 활동 임무단이 10년 전 마지막으로 파견된 이래 아프가니스탄, 이란과 이라크 국경, 앙골라, 나미비아 그리

고 중미의 니카라과 등에 5개 임무단이 새롭게 설치되었다.[17]

새로운 임무단도 이전의 임무단과 유사한 방식으로 1993년에 이르러 임무를 종결하였다. 하지만 일부 새로운 요소가 평화유지 활동에 가미가 되었는데 예를 들면, 나미비아와 중미의 니카라과 임무단에는 장병들과 더불어 민간인 평화유지 요원이 대규모로 참여하였다. 니카라과에서는 반군 세력으로부터 무기를 반환받아 수집하였을 뿐 아니라 처음으로 국내에서 시행된 선거를 감시하였다. 이와 같은 선례는 비록 이전의 평화유지 활동에도 소소한 변화가 있었지만, 새로운 시대에 유엔의 역량이 진화하고 성장하였음을 보여주는 것이었다. 하지만 냉전 이후 평화유지 활동은 이전부터 오랫동안 시간을 두고 축적한 입증된 평화유지 활동의 기법을 적용한 측면도 있었다. 특히 이와 같은 냉전 이후 평화유지 활동은 분쟁 세력 사이에서의 동의가 충분하게 있었고 경무장한 유엔 평화유지 요원이 수세적인 개념으로 전개할 수 있는 여건을 마련해 주었으며, 강대국의 군대로부터 파견된 인원의 거의 없었다.

1993년 당시 계속 활동 중이었던 17개의 유엔 평화유지 활동 임무단은 범주와 위임명령에서도 성격이 달랐다. 캄보디아와 구 유고슬라비아 그리고 소말리아에서 평화유지 활동은 부트로스-갈리 유엔 사무총장의 '평화를 위한 의제'에서 밝힌 것과 같이 군사적 출발점의 기초에 도전을 제기하였다. 이어 르완다와 아이티에서 평화유지 활동 또한

---

17 1988년 아프가니스탄에는 UNGOMAP(UN Good Offices Mission in Afghanistan and Pakistan), 이란과 이라크 국경에는 UNIIMOG(UN Iran-Iraq Military Observer Group), 나미비아에는 UNTAG(UN Transitional Assistance Group), 앙골라에는 UNAVEM I(UN Angola Verification Mission), 마지막으로 중미에는 ONUCA(UN Observer Group in Central America)가 설치되었다.

유엔의 군사 활동에 한계를 보여주었다. 하지만 이라크와 쿠웨이트 국경지대 평화유지 활동은 냉전 이후 시대 논란이 된 첫 번째 강제행위로 논의를 위한 가치를 지니고 있다.

이러한 평화유지 활동은 전통적인 평화유지 활동과는 상당히 구분되는 것으로 1993년 중반에 접어들면서 평화유지보다는 안전보장(Security)의 성격이 매우 강하였고 특히 소말리아 평화유지 활동 임무단을 기점으로 차이점을 명백하게 보여주었다. 한편 냉전 시대 이후 강대국 사이 협력은 유엔 평화유지 활동이 한 걸음 나아가거나 적어도 과감한 활동이 가능한 조건을 만들어 주었으며 크게 보면 새로운 시대의 집단안보의 필요성을 상기하였다.

유엔 아프가니스탄 · 파키스탄 임무단(UNGOMAP), 유엔 이란 · 이라크 임무단(UNIIMOG), 유엔 앙골라 임무단(UNAVEM I), 그리고 유엔 나미비아 임무단(UNTAG)은 국제적 차원의 분쟁 해결 영역에서 평화유지 활동의 모습과 평화유지 활동이 작동할 수 있는 능력을 새롭게 보여준 사례였다. 유엔 아프가니스탄 · 파키스탄 임무단(UNGOMAP), 유엔 이란 · 이라크 임무단(UNIIMOG) 그리고 유엔 나미비아 임무단(UNTAG)은 또한 전쟁 지역에서 유엔의 유용성의 기회를 제공하였다는 측면에서 매우 중요한 의미를 지니게 되었다. 이와 같은 유용성은 1978년부터 10년 동안 평화유지 활동에서 찾아볼 수 없었으며, 성공은 신뢰를 쌓게 되었다. 유엔은 다시 세계 무대의 중심으로 등장하게 되었고 평화유지 활동은 이전의 전개를 뛰어넘어 새로운 혁신을 시험할 수 있는 공간을 제공하게 되었다.

평화유지 활동에서 이른바 '감시(Observation)' 활동은 가장 논란이 적은 부분으로 점령한 지역에서 다양한 일련의 과업으로 수행된다. 가장 오래된 임무단인 유엔 정전감시기구(UNTSO)는 1948년 이래 중동 지역의 정전 상태를 감시해왔다. 전통적으로 감시는 조사, 정전 감시, 휴전 상태의 유지, 국민투표의 감독, 전투 중지의 감독 그리고 정전협정 위반 보고를 포함한다. 이후 감시 활동은 병력 철수의 검증 확인, 선거의 조직과 감독, 자발적인 무기 반납 그리고 인권의 검증까지 확장되었다. 이러한 활동은 골란고원에 이스라엘과 시리아 사이 배치와 같은 다른 전통적 과업과는 달랐다.

유엔 아프가니스탄 · 파키스탄 임무단(UNGOMAP, UN Good Offices Mission in Afghanistan and Pakistan)은 1988년 이후 아프가니스탄에서 구 소련군의 철수를 검증하였다. 구 소련은 1979년 아프가니스탄에 침공하여 친소 정부를 세웠다. 1980년대 아프가니스탄은 구 소련의 베트남이 되었다. 구 소련은 미국과 파키스탄의 지원을 받는 무자히딘(Mujahideen)과의 승리할 수 없는 전쟁에서 빠져나올 수 없었다. 구 소련의 철수는 정치적, 경제적 측면에서 긴요하였다. 고르바초프는 체면을 살리며 철수시킬 궁리를 하였다. 1988년 제네바 협정[18]은 구 소련군의 철수, 아프가니스탄과 파키스탄 사이 불간섭과 불개입의 약속, 난민의 복귀 그리고 미국과 구 소련으로부터 불개입의 약속을 제공하였다. 이 협정은 1988년 초 유엔의 중재로 시작되었다.

유엔 아프가니스탄 · 파키스탄 임무단은 제네바 협정을 감시할 예정이었고 구 소련이 기꺼이 철수할 의향이었기 때문에 큰 문제는 없었

---

18 스위스의 제네바에 있는 유엔 본부에서 1988년 4월 14일 서명한 아프가니스탄과 관련한 상황의 해결을 위한 제네바 협정(Agreements on the settlement of the situation relating to Afghanistan)이라는 공식 명칭으로 체결되었다.

다. 그러나 평화, 선거 그리고 무장 해제 조항이 부재한 가운데 이를 해결하기 위한 정치적 의지가 필요로 하였다. 임무단은 상징적인 규모로 50명의 옵서버가 이슬라마바드(Islamabad)와 카불(Kabul)에 각각 전개하였다. 사실 감시를 위한 인력이 부족하여 제대로 임무를 수행하기는 어려웠지만, 이를 통해 구 소련의 체면을 유지할 수 있었고 직접적인 동서 긴장을 감소시켜 잠재적인 평화의 길을 마련한 것으로 평가되었다.

아프가니스탄에 인접한 이란과 이라크 전쟁이 막을 내리려 하였다. 8년 동안의 전쟁 이후, 유엔 안전보장이사회는 전쟁으로 인한 사망자 수가 백만 명에 이르자 헌장 제7장에 따라 강제적인 휴전을 명령하였다. 이어 1988년 8월 유엔 이란 · 이라크 임무단(UNIIMOG, UN Iran-Iraq Military Observer Group)이 창설되어 국경선을 따라 배치되었다. 임무단은 휴전선을 설치하였고 이를 따라 휴전을 감시하였으며 휴전협정 위반 사항이 제기되면 평화를 위협하는 상황으로 발전하기 이전에 해결하는 방법을 모색하였다. 유엔 안전보장이사회 상임이사국 회의가 휴전과 관련한 명확한 용어의 정리를 위해 1년 전 회의를 열었고 이러한 노력은 1990년대까지 계속되었다. 25개국 350명으로 편성된 유엔 이란 · 이라크 임무단은 이란과 이라크 사이 휴전을 유지하는 데 중요한 역할을 하였다. 이란과 이라크 사이 적대감은 휴전이 성사된 이후에도 계속되었다. 휴전 이후 단지 5개월 동안 무려 2천 건의 휴전협정 관련 불만이 제기되었다. 비록 유엔 이란 · 이라크 임무단은 상황의 악화를 예방하는 수단이었지만, 걸프전이 끝난 이후 어떠한 외교적 노력보다 이 지역의 평화를 위한 노력으로 평가되었다.

아프리카 대륙에서 앙골라, 쿠바 공화국, 그리고 남아프리카공화국이 1988년 12월 22일 3자 협정(Tripartite Accord)에 이르게 되었다. 이 협정은 남아프리카공화국으로부터 나미비아를 독립시키고 앙골라 내전[19]에 외국군 부대의 직접적인 개입을 종식한다는 내용을 담았다. 이와 같은 외교적 성과는 유엔 앙골라 임무단에 의해 성공적으로 검증되었다. 유엔 앙골라 임무단은 유엔이 지원하는 평화이행과정을 성공적으로 인도하여 마침내 1990년 3월 21일 남아프리카공화국의 나미비아에 대한 불법적인 식민지 통치를 끝내는 데 이바지하였다. 두 번째 유엔 앙골라 임무단은 1992년 말 유엔 감독 아래 치러진 선거에도 불구하고 다시 내전의 상태로 돌아가는 상황에 직면하게 되었다.

나미비아가 독립한 이후, 나미비아로부터 남아프리카공화국 군대의 철수를 감시하고 나미비아의 정부 구성 및 헌법 제정을 위한 자유롭고 공정한 선거를 지원하기 위해 유엔 나미비아 임무단(UNTAG, UN Transitional Assistance Group)이 설치되었다. 나미비아는 유엔의 지원 아래 실시된 마지막 탈식민 통치 노력이 되었다. 이러한 목표를 달성하기 위해 유엔 나미비아 임무단은 남아프리카 군대의 철수를 감시하며 남서 아프리카 인민기구(SWAPO, South-West Africa People's Organization)[20] 전투원들을

---

19 포르투갈령(領) 앙골라에서는 친구 소련 탈민족주의 성향의 마르크스주의 성향의 앙골라 인민해방운동(MPLA)과 반공(反共) 혹은 민족주의파인 앙골라 해방민족전선(FNLA), 앙골라 완전 독립민족동맹(UNITA)의 3개 조직이 대립하면서 대(對)포르투갈 독립 무장투쟁을 전개 하였다. 1974년 4월 포르투갈 본국의 정변(政變)으로 새로 들어선 정부가, 식민지에 독립을 부여한다는 성명을 발표한 뒤에도 대립은 계속되었다. 1975년 1월 케냐의 중재로 3자가 단합하여 포르투갈과 독립 협정을 체결, 임시정부를 발족시켰다. 그러나 이후에도 세력 간 전투가 계속되었다. 10월 말 남아프리카 군대가 개입하였고, 11월 초부터 쿠바군의 투입과 구 소련의 무기 원조가 확대되었다. 결국, 1976년 2월 인민해방운동(MPLA)이 승리하였다. 그러나 내전은 1992년에 이르러 완전히 종료되었다.

20 남서 아프리카 인민기구는 나미비아의 정당으로 이전에 나미비아의 독립운동을 이끌었다. 1990년 독립을 달성한 이후 나미비아를 통치하는 정당이 되었다. 이 기구는 오밤보(Ovambo) 종족으로 구성되었으며 수와 영향력 측면에서 계속 지배적인 위치에 있었다.

앙골라의 기지에 수용하여 이동을 제한하고 외부세력에 의한 선거의 개입을 차단하며 이와 관련하여 선거의 공정성에 영향을 미칠 수 있는 차별적인 법안의 폐기를 감독하고 정치범의 사면과 나미비아 난민의 복귀를 지원하는 과업을 부여받았다. 유엔 나미비아 임무단은 또한 유권자의 등록과 선거 과정에 관한 정보를 제공하였다.

임무단이 최대로 전개하였을 때 군 4,500명, 경찰 1천 명 그리고 민간인 요원 2천 명 등 총 8천 명에 이르렀다. 이전 콩고를 제외하고 30년 만에 처음으로 가장 큰 규모가 파견되었다. 유엔 임무단이 전개하자마자 남서 아프리카 인민기구 소속의 전투원이 협정문을 위반하고 국경을 넘었다. 이들은 문서의 내용을 달리 해석하였다고 주장하였다. 남아프리카가 지원하는 방위군은 남서 아프리카 인민기구 소속의 수백만 명의 전투원을 살해하였고 이는 20년 만에 무력 분쟁에서 발생한 가장 많은 사망자 수가 되었다. 그러나 분쟁의 당사자, 특히 남아프리카는 유엔 평화유지 활동을 보장하겠다고 약속하였다. 유엔 나미비아 임무단은 전체적으로 성공적이었다고 평가되었다. 실제로 대다수 국민이 투표를 위해 등록하였다. 남서 아프리카 인민기구는 의회 의석 72석 중 41석에 승리하여 나미비아 정부를 이끌 예정이었다. 1990년 3월 21일 유엔 사무총장 케이야르(Javier Perez de Cuellar)는 초대 대통령에 선출된 누조마(Sam Nujoma)의 취임식에 참석하였다.

유엔 나미비아 임무단은 유엔의 새로운 형태인 안전보장 활동에 유용한 분석의 실마리를 제공하였다. 임무단은 동의와 무력사용에 관한 전통적인 원칙이 전제되었기 때문에 무리 없이 임무를 수행할 수 있었다. 이와 동시에 민정(Civil Administration), 선거 그리고 정치적 활동과 관련한 새로운 수 개의 과업을 부여받았다. 이러한 과업은 탈식민지화 노력의 부분보다는 새로운 독립 국가에 적용될 수 있는 새로운 유엔 활동의 전조가 되었다.

(1) 분쟁 이후 선거의 감시와 무장 해제

1980년대와 1990년대 초반 중미에서 유엔의 활동은 새로운 세대의 유엔 평화유지 활동과 평화강제(Peace Enforcement) 활동으로 전환하는 계기가 되었다.[21] 국제정치는 변화하고 있었고 이에 따라 유엔 활동의 변화 가능성도 제기되었다. 유엔 중미 옵서버 임무단(ONUCA, UN Observer Group in Central America), 유엔 니카라과 선거 검증 임무단(ONUVEN, UN Observer Mission to Verify the Electoral Process in Nicaragua) 그리고 유엔 엘살바도르 옵서버 임무단(ONUSAL, UN Observer Mission in El Salvador)은 유엔이 겪기 시작한 유엔의 평화와 안전 기능의 복잡한 전환과정을 보여주었다. 특히 유엔 엘살바도르 옵서버 임무단은 해당 국가의 정부가 유엔이 움직일 수 있는 융통성의 공간을 제공하였을 때 나타날 수 있는 유엔의 독립적 행동의 특성을 보여주었다.

1980년대 이른바 중미 국가인 니카라과, 코스타리카, 엘살바도르, 과테말라 그리고 온두라스 사이 체결된 에스퀴플라(Esquipulas) II[22] 합의

---

21 Tom J. Farer, ed., *Beyond Sovereignty: Collectively Defending Democracy in the Americas* (Baltimore: Johns Hopkins Univ. Press, 1996).

22 에스퀴풀라 니카라과 평화협정은 중미평화협정으로도 불리며 1980년대 중미를 풍미하였던 군사적 갈등을 종결하기 위해 체결되었다. 에스퀴풀라는 협정을 위한 회의가 처음으로 개최된 과테말라의 도시 이름을 붙인 것이다. 1987년 5월 에스퀴풀라 I 평화협정은 5개국이 참여하였다. 중미 국가의 수반들은 경제 협력과 평화로운 분쟁의 해결을 위한 기본 틀을 마련

의 결론은 10여 년 동안 진행되어왔던 내전과 불안정을 종결하는 평화 이행과정의 시작이 되었다. 협정의 핵심은 니카라과 국경선에 대한 습격이 중지되고 무장 병력의 동원이 해제되면 자유롭고 공정한 선거를 한다는 것이었다. 비정규전 부대는 중미 지역의 거의 모든 국가의 국경에서 활동해왔다. 평화협정이 이 지역의 평화를 가져올 것이라는 희망이 부풀게 되었다.

니카라과의 선거와 더불어 에스퀴플라 II 평화협정은 반군 세력에 대한 지원을 금지하였고 각국의 영토가 반군 세력의 활동 근거지로 활용되지 않도록 하는 것이었다. 이러한 조항이 지켜질 수 있도록 보장하기 위해 유엔 중미 옵서버 임무단(1989~1992)이 설치되었다. 비록 유엔 중미 옵서버 임무단이 공식적으로는 '옵서버' 임무를 수행하였지만, 실제로 임무는 이보다 더 광범위하였다. 그러한 임무는 반군 세력에 대한 모든 형태의 군사적 지원이 중지되는지 검증하고 다른 국가로 침투를 위한 국가의 활동을 예방하는 것이 포함되었다. 임무단의 옵서버는 니카라과, 엘살바도르, 과테말라, 온두라스 그리고 코스타리카 국경선을 연하여 게릴라 활동에 용이한 지역에 대한 임의의 조사 활동을 계속하여 실시하였다. 비록 평화협정의 서명국이 임무단에 협조하기를 기대하였지만, 니카라과 저항운동(Resistance Movement)과 콘트라(Contra) 반군의 참여는 1990년 2월 산디니스타 정부가 선거에서 패배한 이후에야 보장되었다. 임무단의 군 옵서버는 잠재적으로 무력의 공격이 가능한 어려운

하였다. 이어 1987년 8월 에스퀴풀라 II 협정이 체결되었다. 이 협정에는 국가의 화합, 적대행위의 금지, 민주화, 자유 선거, 게릴라 부대 지원 종결, 무기 통제 협상 등 다양한 의제를 포함하였다.

환경에서 활동하였다.

유엔 중미 옵서버 임무단의 위임명령은 니카라과 선거 이후 콘트라의 민주화까지 확대되었다. 니카라과 국경 안에서 기지가 설치되었고 이곳에서 반군 세력은 총기를 비롯한 군사 장비를 임무단에 반납하였고 임무단은 비무장화를 위해 수거된 무기를 파괴하였다. 콘트라 반군과 산디니스타 양측에서 불만을 가진 세력이 여전히 존재하였지만, 이러한 과업은 무기의 물리적 수거와 군사 장비의 파괴를 통해 유엔이 비무장화에 개입한 첫 번째 사례가 되었다. 이 과업은 또한 중무장한 게릴라 세력과 비정규전 부대가 의미 있는 합의의 과정이 이루어지기 전에 필요로 하는 병력의 급격한 축소를 가능하게 하였고 분쟁 해결을 위한 약속을 뒷받침해주었다.

유엔 니카라과 선거 검증 임무단은 니카라과에서 공정한 선거를 위해 설치되었다. 합법적으로 인정된 국가에서 유엔의 선거 감시는 국내의 관할권에 관한 전통적 인식에 따르면 예외적인 간섭의 행위였다. 감시는 유엔 니카라과 임무단 요원과 협력하여 실시되었으며 임무단에는 자유롭고 공정한 선거를 보장하기 위해 선거의 시작부터 종료까지 감시할 120명의 민간인 참모 요원이 편성되어 있었다. 이들은 선거 활동의 자유를 보장하고 정당이 텔레비전과 라디오 방송에 공정하게 기회가 부여되는지, 선거인 명부는 정확하게 작성되었는지 등을 검증하였다. 만약 불공정성이 감지되거나 발견될 경우, 최고 선거관리위원회에 보고하였다.

한 가지 특이한 사항으로 유엔 니카라과 선거 검증 임무단은 지역 및 비정부기구의 지원을 유엔의 활동과 연계한 것이었다. 미주기구(OAS), 특히 유엔 사무총장과 미주기구 사무총장은 긴밀한 외교적 노력을 하였다. 니카라과 선거 기간에 전 미국 대통령 카터(Jimmy Carter)가 이끄는 비정부기구인 '자유 선거를 위한 국가수반 위원회(The Council of Freely Elected Heads of Government)'는 대규모의 국제사회 네트워크를 통해 외부로부터 선거의 감시를 지원하였다.

1989년 8월 시작된 임무단의 활동은 산디니스타 정부의 놀랄만한 선거의 패배와 더불어 1990년 2월 종료되었다. 유엔 니카라과 선거 검증 임무단의 성공은 국가의 선거에서 유엔의 선거를 감시하는 팀으로서의 전망을 밝게 하였다. 이러한 경험은 무력 분쟁이 발생하지 않은 지역에서도 광범위한 국제사회의 지지를 받게 되었다. 예를 들면 1990년부터 1991년까지 유엔 아이티 선거 검증임무단(ONUVEH, UN Observer Mission to Verify the Electoral Process in Haiti)도 니카라과에서와 유사한 임무를 수행하였다.[23] 임무단의 민간인 요원은 민간인에 의한 활동과 군사작전 사이 그리고 안전보장과 인권 사이의 경계를 무너트리며 평화유지 활동에 관한 정의를 바꾸어 놓았다.

인접 국가인 엘살바도르에서 유엔 엘살바도르 옵서버 임무단은 7만 5천 명이 사망하고 수많은 인권을 짓밟은 잔혹한 10년 동안의 내전을 종식하고 국가가 진일보하기 위한 필수적인 요소였다. 정부와 반군 측 그리고 이들을 지원하던 외부세력은 교착상태에 놓여 있었다. 이러한 상황을 타개하기 위해 케이야르 유엔 사무총장이 마련한 협상은

23 뒤발리에(Jean-Claude Duvalier)는 독재자인 그의 아버지에 이어 1971년부터 아이티를 통치하였다. 그가 물러난 이후 군부 통치가 계속되다가 1990년 12월 처음으로 민주적 선거가 치러졌고 아리스티드(Jean Bertrand Aristide)가 대통령에 선출되었다. 그러나 1991년 9월 군부 지도자들이 그를 축출시켰고, 아리스티드는 국외로 피신하였다. 1994년 9월 미국 정부는 아이티에 군대를 보내 아이티에서 민주주의를 부활시키도록 하였다. 곧, 군사 지도자들은 그들의 권력을 포기하고 아리스티드는 10월에 대통령으로 복직하였다.

1992년 1월 1일 세부적인 사항에 이르기까지 합의에 이르게 되었고 마침내 유엔이 중재에 나설 수 있는 성공적인 조건을 창출하였다.

엘살바도르가 내전을 넘어 진일보할 수 있었던 필수적인 요소는 유엔의 민간인 요원과 평화유지 요원의 역할이었다. 역설적으로 역사적인 관점에서 보면, 이는 순전한 내정 문제에 받아들이기 어려운 외부의 개입으로 비추어질 수 있었다. 그러나 인권의 위반은 공식적인 휴전이 체결되기 이전부터 유엔 요원의 정교한 감시로 예방할 수 있었고, 반군뿐만 아니라 정부와 군에 의한 인권의 위반도 진실 위원회를 통해 조사할 예정이었다. 가톨릭 성직자이자 대통령 후보였던 아리스티드의 암살 계획을 승인한 전 대통령 뒤발리에의 공식 승인문서를 포함하여 매우 논쟁의 여지가 있는 사실의 발견도 과거를 정리하는 데 도움이 되었다.

유엔 엘살바도르 옵서버 임무단의 요원들은 반군 세력의 무기를 수집하여 파괴하였고 새로운 육군대학의 창설을 지원하였다. 여기에는 엘살바도르 정부군으로 임관하기 위해 신입생은 물론 이전의 반군에서 활동했던 인원도 선발하였다. 초기 유엔의 개입은 휴전이 서명되기 이전부터 시작되었고 이로 인해 옵서버 요원들은 일부 위험을 감수해야 하였다.

(2) 평화유지로부터 강제행위로

페르시아만에서의 활동은 침략에 대한 유엔의 대응과 관련한 일종의 전환점이 되었으며 변화하는 국제정치는 집단안보의 새로운 가능성을 제기하였다. 외교관과 학자들은 1990년부터 시작된 국제적 차원의 강제행위(Enforcement Actions)에 관한 중대성을 심각하게 고민하였다. 강제행위는 국가 주권의 본성에 대한 불확실성을 암시하였고 유엔의 정치적, 군사적 그리고 인도주의적 구조 안에서 실질적인 문제가 되었다.

국제기구의 포괄적인 비전과 장기 계획은 출발부터 가치를 제한하였다. 이로 인해 유엔과 구체적으로는 유엔의 사무국이 국제사회에서 이루어지는 정치 행위에 어떻게 창의적으로 대응할 것인가 하는 문제가 더욱 중요하게 되었다. 예를 들면, 정치적 변화와 위기가 발생하면 해당 정부와 유엔이 대응하게 된다. 따라서 지금까지 보여준 사례는 유엔과 국제사회가 어떤 것이 가능했는가, 무엇을 할 수 있었는가에 대한 경계선을 그어준 것이었다. 결과적으로 1990년 페르시아만을 두고 발생한 사건의 중요성을 고려해볼 때, 전쟁과 이에 따른 인도주의 지원 그리고 제재는 논의의 가치가 있다.

1990년 8월 2일 이라크군은 인접 국가인 쿠웨이트 국경을 신속하게 돌파하여 쿠웨이트 전역을 점령하였다. 유엔에서는 이라크의 침략 행위를 한목소리로 비난하였다. 유엔 안전보장이사회도 1950년 한국전쟁 이후 처음으로 평화의 파괴와 침략 행위에 대한 명료한 성명을 발표하였다. 안전보장이사회는 1990년 8월 초부터 연말까지 쿠웨이트로부터 이라크의 철수를 직접 요구하는 12개의 결의안을 통과시켰다. 안전보장이사회는 헌장 제7장 39조와 41조에 따라 냉전 이후 처음으로 강제행위를 위한 지침을 마련하였다. 8월 6일의 결의안 제661호와 8월 25일의 결의안 제665호는 회원국에 이라크에 대한 경제적 제재의 준비와 이를 감시하기 위해 무력 사용을 요구하였다. 11월 29일 결의안 제678호는 회원국이 쿠웨이트로부터 이라크를 추방하기 위해 '모든 필요한 수단'을 사용할 수 있도록 승인하였다. 이는 중요한 전략의 변화를 보여준 것이었다. 페르시아만 전쟁에서 유엔의 경험은 미래에 집단안보 체제가 작동해야 할 필요성에 대한 귀중한 교훈을 얻게 된 계기가 되었다.

미국은 군사력 사용의 최종 시한을 1991년 1월 15일로 정하였다. 하지만 이라크는 이 날짜가 지나도록 여전히 쿠웨이트에 남아있었다. 이틀 후 미국은 28개 동맹국과 더불어 군사작전을 시작하였다. 이라크에 대한 폭격이 시작되었고 이어 한 달 후 지상 작전이 시작되었다. 여기에는 지상군 50여만 명이 참여하였다. 동맹군의 승리는 이라크의 침략과 점령을 되돌려 놓게 되었고 유엔은 국제 안전보장의 무대 중앙에 서게 되었다.

당시 국제정치 상황은 국제사회가 평화의 파괴에 대한 비난을 가능하게 만들 뿐만 아니라 이라크의 침략 행위를 원래대로 돌려놓을 수 있을 정도로 충분히 변화하였다. 동맹국은 상대적으로 매우 소수의 사상자가 발생하였다. 그러나 이라크는 수많은 군인과 민간인의 사상자 수가 발생하였다. 이는 결국 유엔이 지원한 군사적 행동에서 비례성(Proportionality)에 관한 문제를 제기하게 되었다.[24] 안전보장이사회의 의사결정 과정과 전쟁의 수행은 후속하는 헌장 제7장의 강제행위의 선례로써 걸프전의 정확한 가치에 대한 회의적인 비판으로 이어지게 되었다. 미국이 유엔과 국제사회를 주도할 수 있었던 것은 페르시아만에서

24 Oscar Schachter, "United Nations Law in the Gulf Conflict", and Burns H. Weston, "Security Council Resolution 678 and Persian Gulf Decision Making: Precious Legitimacy" in *American Journal of International Law* 85, no 3 (July 1991).

자신의 목표를 달성하기 위한 압도적인 역량의 보유, 이라크가 유엔이 요구하는 사항에 따르지 않을 경우, 비강제적 제재를 무력으로 대치할 수 있는 능력과 이에 수반되는 광범위한 무력 행위 능력 그리고 유엔이 직접 지휘와 통제능력 결여 등과 같은 다수의 요인이 작용하였다. 이러한 비판들은 유엔이 집단안보의 기재(Instrument)로 공정하게 기능하기 위한 유엔의 능력에 관한 중요한 문제를 던져주었다.

페르시아만 전쟁에 관한 첫 번째 비판은 미국이 자신들의 의제를 위해 유엔을 너무 손쉽게 이용했다는 것이다. 이는 초강대국이었던 구 소련이 해체되고 난 이후 더욱 포괄적 차원의 미국에 대한 지정학적 비판이기도 하였다. 미국은 이라크에 대한 다양한 동맹 세력을 만들어 규합하면서 자신의 영향력을 감지된 국가이익을 위해 활용하고자 하였다. 그러한 비판의 관점에서, 동맹을 이루어나가는 일련의 과정은 유엔이 미국의 영향력에 지나치게 흔들리고 있음을 보여주었다. 유엔은 한 번도 공정한 논의의 장을 마련할 수 없었다. 유엔의 창설 초기 서구세계가 압도적으로 유엔을 지배하였으나 1960년대에 접어들면서 총회에서는 이른바 제3세계 국가가 다수로 떠올랐다. 안전보장이사회는 예외적이었지만, 제3세계의 다수 국가는 유엔을 흔들 수 있었다. 하지만 미국은 페르시아만에 관한 안건이 승인될 수 있도록 상당한 정치적, 경제적 영향력을 행사할 수 있었다. 강제행위에 대한 승인을 위해 중국과 구 소련에 정치적인 거래를 하였다. 미국은 자신을 위해 투표한 개발도상국에 재정적 지원과 청산을 약속하였고 무력사용에 반대투표를 던진 예멘에는 지원계획을 취소하였다.

이라크 병력의 철수를 보장하기 위한 폭력적 수단의 사용 또한 많은 비판에 직면하였기 때문에 강제적 제재는 3개월 후 비강제적인 제재로 대치되었다. 헌장 제42조에 따르면, 안전보장이사회는 모든 다른 수단에 의한 해결책, 특히 경제적 제재가 적절하지 못할 경우, 무력의 사용을 승인할 수 있다. 하지만 유엔 안전보장이사회는 제재가 완전한 수준에 이르러 충분한 효과가 발생하기 이전에 이미 군사력의 사용을 선택하였다. 비평가들은 남아프리카에서는 이와 대조적으로 수십 년 동안 인종차별 정책으로 인해 비난을 받아왔음에도 불구하고 군사력의 사용에 유리하도록 제재를 부분적으로라도 폐기하지 않았다고 주장하였다. 이들은 또한 이스라엘 영토의 팽창과 점령에 대해 경제적 제재나 군사적 제재가 이루어지지 않았다는 것에 주목하였다. 실제로 제재가 효과를 나타내기 위해서는 시간이 필요하며 이러한 와중에 점령지역에서 폭력이 발생하게 된다. 반면 경제적 제재가 아이티에 부과되었을 때, 일부 비평가들은 군사적 제재가 부과되었다면 오히려 고통을 덜어 줄 수 있었을 것이라고 평가하였다.

페르시아만 전쟁을 다룸에 있어 세 번째 비판은 무력사용의 제한이 설정되지 않았고 유엔은 미국의 군사작전에 대해 통제를 하지 않았다는 것이다. 헌장에 따르면 군사적 강제 작전은 유엔이 통제권을 행사할 수 있도록 군사참모위원회(Military Staff Committee)의 지시와 통제에 따라 실시되며, 군사력은 국제사회에 대한 책임 있는 행동을 할 수 있게 된다. 40년 전 한국전쟁에서 그랬던 것과 같이 페르시아만 전쟁의 지휘와 통제는 미국이 주도하는 동맹군에 의해 실시되었다. 페르시아만 전쟁에서만 유엔기가 없었고 압도적인 미국의 역할을 구체적으로 승인한 것도 없었다. 안전보장이사회는 기본적으로 방관자와 같았고 미국의 통제는 정치적 지원과 군사작전의 효과성으로 인해 필요해 보였다.

결의안 제678호는 '모든 필요로 하는 수단'을 승인하였으나, 군사력의 종류와 규모와 수량 그리고 사용기한에 관한 제한을 두지 않았다. 비평가들에 따르면 미국은 이라크를 쿠웨이트로부터 축출하는 데 필요한 백지 수표를 받은 것이나 다름없다고 평가하였다. 하지만 다른 관점에서 이와 같은 군사력의 승인은 국제기구의 기본 정신에 역행하는 것이라며 실제로 이로 인해 이라크 내에서 많은 수의 민간인이 부상하였고 피해 또한 막심하였다고 주장하였다.

페르시아만 전쟁을 다룸에 있어 이와 같은 의구심과 비판은 반드시 그러한 비판의 정확성이나 타당성 때문이라기보다 저변에 공감대가 형성되었기 때문에 미래 유엔의 안보 활동에 순기능으로 작용할 수 있었다. 페르시아만 전쟁은 탈냉전 시대에 기존의 국제사회 안전보장 장치인 유엔의 강제행위와 관련한 첫 사례를 제시한 것이었다. 비록 유엔은 쿠웨이트 영토로부터 이라크의 축출이라는 명시적인 목표를 달성하는 데 성공하였지만, 그러한 목표를 달성하려는 방법에 대해서는 외교관과 학자들에 의해 이후에도 계속하여 토론 거리가 되었다. 유엔의 계속된 의사결정은 안전보장이사회를 통해 이루어졌지만, 헌장 제43조에 따라 예견할 수 있는 유엔의 부대와 지휘구조가 이전에 합의되지 않았기 때문에 헌장 제42조 집단안보의 다양성은 불가능하였다. 미국이 주도하는 28개 회원국을 고려해볼 때, 이른바 "도급계약" 즉, 한 회원국이 지원을 필요로 하는 다른 한 회원국에 지원을 제공하는 방법 이외에는 다른 대안이 없었다. 유엔의 역량 제한의 관점에서, 주요 작전 수행을 위한 그러한 절차는 다가오는 미래에는 거의 불가피할 것으로 보인다.

유엔의 상비군 창설에 대한 권고가 꾸준하게 있었지만, 상비군은 극도로 비용이 많이 들고 안전보장이사회 상임이사국의 동의가 있는 한 부대를 전투에 투입하기 이전에 병력 공여 국가(Troop Contributing

Countries)로부터 허락도 필요로 하지 않을 것이라는 이유로 유보되어왔다. 실제로 그러한 일은 발생하지 않겠지만 상비군 체제로 인해 즉각적인 병력의 활용은 가능할 수 있다 할지라도 유엔 사무총장 자신이 지적한 바와 같이, "유엔은 정교한 무기로 무장한 군대의 위협에 대응하기 함에 있어 이들보다 더 충분한 병력과 장비를 갖추는 일은 결코 없을 것이다."[25] 유엔은 페르시아만 전쟁으로 제기된 시험을 치를 준비가 아직 되어 있지 않았다. 유엔이 병력과 이에 따른 군수지원 제공에 대한 방법을 모색하고 향후 작전을 감독할 수 있는 역량을 구축하는 것이 국제사회에 대한 우선순위가 되었지만, 어느 하나도 가까운 시일 내에 달성될 수는 없었다.

(3) 냉전 이후 시대 비강제적 제재: 인도주의적 딜레마

1991년 4월 5일 유엔 안전보장이사회는 결의안 제688호를 통과시켰다. 이 결의안은 사담 후세인의 쿠르드인과 시아파 주민에 대한 억압은 국제사회의 안전과 평화를 위협하는 것이라고 선언하였다. 결의안은 또한 이라크 정부가 인도주의 단체의 접근을 허용하여 이들이 어려움에 처한 사람들을 돌볼 수 있도록 해야 한다고 주장하였다. 한편 미국, 영국 그리고 프랑스와 네덜란드로부터 파견된 정예 부대는 안전보장이사회의 분명한 승인이 없이, 이라크로 이동하였고 북위 36도 이북

---

25 Boutros Boutros-Ghali, *An Agenda for Peace: Preventive Diplomacy, peacemaking and Peacekeeping* (New York: UN, 1992), para. 43.

에서 유엔의 구호 활동을 보장할 수 있는 안전한 장소를 확보하기 위한 작전을 하였다. 안전보장이사회는 로디지아와 남아프리카공화국에서 인권을 보호하기 위한 넓은 의미의 의무를 다하려 노력하였으나, 이번 이라크에 관한 결의안은 국제사회의 평화 및 안전의 문제를 인권의 문제와 직접 연결하려 하였다. 이라크에서 후세인 정부는 이라크 쿠르드인에 대한 유엔 관련 기관의 현장 활동에 합의하였지만, 여기에는 서구의 군사적 압력이 작용한 측면도 있었다.

결의안 제688호의 인도주의 지원 보장 노력과 관련하여 서구의 대다수 국가는 결의안이 인권을 강력하게 보장하고자 하는 방법의 하나로 접근하고 있다며 이를 크게 환영하였다. 하지만 이 결의안은 인권남용에 대한 대응과 관련하여 논란을 불러오게 되었다. 일부 국가 특히 남반구(Global South) 국가들은 서구의 외교정책과 이익에 따라 안전보장이사회를 지배하고 있는 세력이 인도주의적인 이유로 헌장 제7장에 따라 개입하려는 시도라며 반대하였다. 이후에도 소말리아, 보스니아-헤르체고비나, 르완다 그리고 아이티에서 이루어졌던 인도주의 대응은 인권을 보호하고자 하는 국제사회의 의무와 국가의 주권 문제 사이에서 다시 논란이 되었다.

이라크 북부에서 유엔의 후원으로 이루어진 인도주의 지원 노력은 실제로 국제법을 실행하는 것은 아니었더라도 국가의 주권과 영토의 불가침성 전제가 예외적으로 적용이 되었던 경우이었다.[26] 이와 같은

---

26 Michael Reisman and Myres S. McDougal, "Humanitarian Intervention to Protect the Ibos", in Richard Lillich, ed. *Humanitarian Intervention and the United Nations* (Charlottesville: Univ. of Virginia Pres, 1973), p. 168.

상황은 일종의 이중적 기준을 제공하였다. 이라크라는 특정한 상황에서 발생한 인도주의 위기와 이에 대한 대중매체의 광범위한 보도는 이와 유사하거나 이보다 더욱 심각한 라이베리아, 앙골라 그리고 수단에서의 인도주의 위기가 오랫동안 무시되어왔던 것과는 달리, 미국과 유엔이 적극적으로 활동하도록 국내는 물론 국제정치의 분위기를 조성하였다.

국제사회에서 이론적으로 가용한 수많은 정책의 도구가 존재하며 경제적 제재는 국제적 차원의 결정사항 이행을 위한 실용적인 정책의 선택 방안이 되어왔다. 하지만 유엔의 제재는 냉전 시대 제대로 실행되지 못하였고 안전보장이사회는 1990년부터 1996년 사이 열 차례 정도 비강제적 제재를 결의하였다. 안전보장이사회는 이라크, 구 유고슬라비아, 리비아, 라이베리아, 소말리아, 아이티 그리고 르완다 등 다양한 국가를 대상으로 부분적 또는 포괄적인 제재를 하였다. 안전보장이사회는 또한 캄보디아의 크메르루주(Khmer Rouge) 앙골라 완전독립 국가연합(UNITA, National Union for the Total Independence of Angola) 등 2개의 비국가요소에 대한 제재를 가하였다. 그러나 비강제적 제재에 대한 정확한 효과와 특히 부정적인 효과나 더 나아가 제재로 인한 매우 잔혹한 인도주의 결과와 관련하여 논쟁이 되어왔다.

최근 비강제적 제재의 연구 결과에 의하면 세 가지의 도전을 제시하고 있다. 첫 번째 도전은 페르시아만 전쟁에서 보여준 현대전의 본성으로부터 기인한 것이다. 페르시아만 위기는 현대의 무력 분쟁에서 국제사회의 대응이 해당 국가의 국민에게 심각한 영향을 미칠 수 있다는 것을 극적으로 보여주었다. 안전보장이사회에 의해 정치적으로 전략이 채택되고 경제적 제재가 가해졌으며 군사력의 사용이 승인됨으로써 분쟁의 소용돌이 속에 있는 곤경은 더욱더 깊어졌고 유엔의 인도주의 기관이 지원하고자 하는 노력 또한 복잡하게 되었다. 예를 들면 1993년 아이티에서 유엔과 미주기구(OAS)의 경제적 제재는 10만 명에 이르는 주민의 삶을 더욱더 어렵게 만들었고 이들 중 대부분은 어린이였다.

안전보장이사회에 의한 결정을 대상 국가가 존중하지 않기로 한 경우, 국제사회는 제한적인 범주 내에서 제재만이 가용하다. 따라서 다른 어떠한 수단으로 제재를 대체할 수 있을 것인가에 대한 의문이 제기되었다. 이처럼 안전보장이사회가 잠재적으로 발생 가능한 중요한 인도주의 차원의 결과를 고려한 상태에서 강제행위를 결정할 경우, 사전에 인도주의 기관의 역량과 책임에 관해 사전에 논의해야 한다. 유니세프(UNICEF), 유엔난민기구(UNHCR) 그리고 세계식량계획(WFP)과 같은 국제기구는 인도주의 상황의 결과를 경고하고 예측하며 감시할 수 있는 기구이다. 만약 안전보장이사회가 계속 제재를 진행하고자 한다면, 해당 정부는 유엔이 인도주의적 차원의 결과에 대해 장기적인 차원에서 완전하게 대응할 수 있도록 협조해야 한다. 하지만 이러한 일련의 과정이 페르시아만 전쟁에서는 고려되지 않았다.

두 번째 도전은 매우 실제적인 도전으로 국제사회의 관심이 페르시아만에 모두 쏠린 가운데, 인도주의 지원이 국제사회가 주목하는 다른 명분과 충돌할 경우 어떻게 인도주의 지원 물자를 제공할 것인가의 문제였다. 결의안 제688호는 이라크가 유엔에 인도주의 지원을 위한 접근을 허용해야 한다고 적시하였다. 결국, 이 결의안이 분수령이 되었으나 이라크 정부의 행동에 대한 제재의 정확한 효과는 완전하게 이해되지 않았다. 인도주의 지원에 대한 이라크 정부의 단호한 반발이 있었고 이로 인해 유엔과 비정부기구의 인도주의 차원의 노력은 크게 제한

받게 되었다. 이라크의 자국민에 대한 인권남용과 벼랑 끝 전술은 그간 국제사회가 정치적으로 이라크를 어떻게 취급해 왔는지를 되돌아보면 이해될만 하였다. 인도주의 지원 물자는 중앙정부가 통제하고 있는 지역보다 정부에 반감을 보이고 반정부활동을 진행하고 있던 지역에 더욱더 쉽게 제공되었다. 후세인 정부는 서방 세계의 결의를 계속하여 시험하였다. 1996년에는 반정부 세력을 통제하기 위한 수단으로 쿠르드의 한 당파에 군사 무기를 제공하기도 하였다.

국제사회는 인도주의 지원에 관해 뚜렷한 방향을 설정하지 못한 채 인도주의에 관한 결정을 분리하여 상황을 더욱 악화시키게 되었다. 대부분의 회원국 정부는 결의안 제688호에 따라 이라크 국민에 대한 인도주의 지원을 위한 접근을 주장하면서도 이라크 국민에 대해 관심이 없어 보였다. 돌이켜보면 결의안 제688호는 이전의 헌장 제7장에 따라 이라크의 경제적 제재와 무기 통제 수단의 준수를 명시한 제677호[27]에 포함될 수도 있었고 이럴 경우, 동시에 인도주의 영역도 강제적인 수단으로 작용할 수도 있었을 것이다.

세 번째 도전은 경제제재와 연계한 유엔 평화유지군의 전개에 관한 시기의 결정 문제였다. 유엔 헌장에 따르면, 비강제적 제재가 먼저 이루어져야만 한다는 가정을 전제로 하며 이어 그러한 제재가 실패할 경우, 군사행동이 뒤따라야 한다는 것이다. 구 유고슬라비아와 아이티에서 고통을 받고 있던 국민을 생각해보면, 이러한 오래된 절차의 적합

---

27 결의안 제688호에 바로 앞서 1991년 4월 3일 통과된 결의안 제687호는 페르시아만 전쟁 이후 이라크와 쿠웨이트 사이 국경의 준수와 유엔의 이라크-쿠웨이트 국경 감시 임무단의 파견과 관련한 사항을 포함하였다.

성에 관해 다시 생각할 충분한 여지를 제공하게 된다. 구 유고슬라비아의 경우, 단지 크로아티아와 사라예보에 상징적인 행정적 주둔보다는 보스니아-헤르체고비나에 더욱 빨리 예방적 차원에서 적극적으로 유엔의 병력을 파견하였다면, 세르비아에 더욱 강한 압박을 가할 수도 있었고 섬뜩한 내전의 고통도 회피할 수 있었을 것이다. 한편 아이티에 전개한 유엔의 옵서버들은 1994년 9월 안전보장이사회에서 압도적인 군사력의 사용 의지가 가시화되자, 선출된 정부를 복구하기 위한 군사적 강제행동이 경제적 제재를 연장하는 것보다 아이티 국민의 고통을 경감하였는지에 대한 상당한 의구심을 제기하였다.

(4) 평화유지 활동에서 작전적 곤혹

1990년대 다수의 평화유지 활동에서 유엔은 전통적 평화유지 활동의 원칙이 부적절할 수도 있다는 작전 환경의 조건에 부딪히게 되었다. 유엔 캄보디아 잠정 통치기구(UNTAC, UN Transitional Authority in Cambodia), 유엔 앙골라 임무단(UNVEM II), 유엔 보호군(UNPROFOR), 유엔 소말리아 임무단(UNOSOM), 유엔 르완다 임무단(UNAMIR, UN Assistance Mission in Rwanda) 그리고 유엔 아이티 임무단(UNMIH) 등 당시 유엔의 주요 임무단은 전통적 평화유지 활동을 통해 형성해왔던 기존의 활동 양식에서 벗어나 새로운 방식을 모색해야만 하였다.

1990년대 임무단의 경우는 냉전 기간 국가의 지원을 받았던 유엔의 활동과는 질적, 양적으로 달랐다. 예를 들면, 평화 활동의 중요한 원칙이었던 동의의 원칙은 당연한 것으로 여겨질 수 없었고, 군사적 효과성은 유엔 평화유지군이 전통적으로 경무장한 채 활동을 해왔던 경계선을 넘어가야만 하였다. 더욱이 이러한 평화유지 활동은 위협이 유엔 평화유지군을 압도하는 상황에서 새로운 강도의 요구사항에 대응해야만 하였다. 탈냉전기 1만 명 수준의 병력과 수백만 달러 정도의 예산으로 안정적 수준을 유지해왔던 것과는 달리 이제 수적 측면에서 급증하게 되었다. 1990년대 중반, 평화유지 활동 요원은 연간 7만 명에서 8만 명에 이르게 되었다. 이를 위해 1995년 기준 40억 달러의 예산이 소요되었다. 당시 연간 누적 체납은 35억 달러에 다다랐고 이는 유엔 정규 예산의 3배에 해당하였으며 병력의 수와 예산이 2/3로 급감한 1996년에도 이 같은 상황은 계속되었다. 유엔의 예비 현금 보유량은 오직 한 달 정도의 비용만 감당할 정도로 남게 되었으며 이는 유엔 활동이 지나치게 확장되었음을 극명하게 보여주는 것이었다.

캄보디아는 1949년에 프랑스령 인도차이나로부터의 독립을 인정받아 노로돔 시아누크 국왕에 의해서 통치되고 있었지만, 국왕제에 대항하는 국내 파벌 간의 다툼으로 인해 국내에는 불안정 요소를 안고 있었다. 1960년대 중반까지 유지되어 있던 왕의 조정책은 실패로 끝나게 되었다. 한편 베트남 전쟁이 진행되는 동안 캄보디아 영역 내의 북베트남군 및 남베트남 해방민족전선의 대규모 보급 기지의 존재, 은밀한 정보 수집, 남베트남군과 미군에 의한 영공 비행이 일상화되자 캄보디아는 중립을 선언하게 되었다. 그러나 1965년 2월에 미국이 북베트남의 공습을 단행하면서, 시아누크 정부는 대미 단교를 단행하였고, 남베트남 해방민족전선의 거점이 되었다.

1970년 미국의 지원을 받는 론 놀 장군이 시아누크 정부를 전복하면서 캄보디아 내전이 시작되었고, 1975년에는 중국을 등에 업은 크메르루주가 정권을 장악하게 되었다. 이어 1978년 구 소련의 지원을 받은 베트남이 캄보디아를 침공, 점령한 이후부터는 친베트남계 정부군과 반정부 게릴라군 간 내전이 계속되었다. 1989년 국제사회의 압력에 의해 베트남군이 캄보디아에서 철수하였다. 그 결과 베트남이라는 배경을 잃어버린 훈 센 정권은 세력이 약화하였고, 완전한 강자가 없어진 캄보디아는 국제사회에 의해 평화공존의 길을 찾게 되었다. 1990년 6월, 일본의 도쿄에서 '캄보디아 평화 도쿄 회의'가 개최되었고, 다음 해 1991년 10월, 프랑스의 파리에서 '캄보디아 평화 파리 국제회의'를 개최하였으며, 국내 4파에 의한 최종 합의문을 이끌어내어 20년에 걸친 캄보디아 내전이 끝나게 되었다. 1992년 3월, 유엔에 의한 '유엔 캄보디아 잠정 통치기구'(UNTAC)가 평화유지 활동을 시작하였다.

한편 캄보디아 잠정 통치기구의 경우 유엔은 적어도 이론적으로는 정부군은 물론 게릴라의 무장 해제와 동시 주요 민간행정 직위를 모두 도맡아야만 하였다. 유엔은 캄보디아의 역사에서 처음으로 민주적 선거를 치르기 위해 모든 국민의 등록을 지원해야만 하였다. 규모와 복잡성의 측면에서 유엔 캄보디아 잠정 통치기구는 1960년부터 1964년 콩고의 유엔 임무단에 버금가는 어려운 임무를 수행해야만 하였다. 캄보디아 잠정 통치기구의 전개는 다른 모든 유엔이 감당하는 임무단과 마찬가지로 국가의 예산 계획에 기초하였지만, 실제로 요구되는 군사적 능력과는 거리가 멀었다. 예산은 최상의 시나리오를 기준으로 하지만 당시 상황은 최악의 시나리오로 전개되었다.

캄보디아 잠정통치기구에 일본의 참여는 동의의 원칙과 관련한 일종의 축소판이었다. 일본은 미국의 지원과 압박으로 인해 대규모의 공여를 요구받게 되었다. 하지만 일본의 군대가 유엔 캄보디아 잠정 통치

기구에 참여하는 것이 일본의 평화헌법에 어긋나기 때문에 이를 타개하는 방법으로 일본 내각은 이른바 유엔 평화유지 활동을 위한 협력법을 통과시켰다. 일본의 자위대는 오로지 공정하게 활동하고, 휴전이 성사되며 성사된 휴전이 유효하고, 그러한 휴전이 해당 국가 정부는 물론 모든 분쟁의 당사자들이 합의한 경우에만 전개할 수 있도록 하였다.

캄보디아에 파견한 일본의 경무장 공병부대는 유엔 골란고원 감시단(UNDOF)과 같은 분쟁당사자의 중간 지역에 전개한 운용 방식으로 활동할 예정이었다. 하지만 캄보디아의 상황은 이전에 비교해 더욱더 복잡하고 어려운 과업이었다. 앞서 일본의 상황에 대한 가정은 10년 전 상황이라면 타당할 수도 있었지만, 1992년 상황은 현실적이지 않았다. 일본의 자위대 장병들은 헌법상이나 군사적으로 준비되지 않은 과업을 수행하도록 요구받게 되었다. 일본의 자위대는 자위대 요원에 대한 치명적인 여러 차례 공격에도 불구하고 캄보디아에서 정해놓은 선을 지켜야만 하였다.

캄보디아에서 수년 동안 이어져 온 분쟁은 사회기반시설을 황폐화하였고 사람들은 고향을 잃게 되었다. 크메르루주가 평화협정의 일부 핵심 요소를 존중하지 않았고 시아누크(Norodom Sianouk)공이 평화이행 과정과 선거는 크메르루주의 참여와 상관없이 계속되어야 한다고 주장하였기 때문에 유엔 캄보디아 잠정 통치기구의 성공과 실패를 결론짓기는 매우 어려웠다. 결국, 잠정 통치기구의 실패는 대규모의 복잡한 과업을 떠맡으려 하였던 회원국의 신념에 심각한 영향을 미칠 수 있었다.

1993년 5월 선거는 전환점이 되었다. 크메르루주는 선거 예정일 3주 전에 유엔의 연료 저장고와 탄약 저장고를 공격하였고 유엔이 얼마나 준비되지 않았는지를 극명하게 보여주었다. 캄보디아는 상황에 따라 전면

전으로 발생할 가능성마저 배제할 수 없었다. 하지만 선거가 치러졌고 시아누크 공이 이전 정부와 반대파까지 흡수하여 권력에 복귀하였고 여기서도 크메르루주는 제외하였다. 유엔의 성과는 크메르 사람들이 처음으로 비밀투표 방식을 통해 권력 경쟁에 나설 수 있는 여건을 마련하였다는 것이다. 선거가 끝나고 잠정 통치기구가 철수하기 시작하자 일각에서는 너무 이른 결정은 아닌지, 만약 내전이 발생하게 되면 어떻게 할 것인지에 대한 우려가 일었다. 이 순간 파리 평화협정의 가장 최상의 시나리오만이 해법으로 보였다.

오랫동안 지역 분쟁은 마치 개발도상국의 일로만 여겨져 왔지만, 수년이 지난 뒤 유럽의 구 유고슬라비아에서 유엔이 군사작전에 개입하게 되었다. 비록 유엔이 현장에서 작전하는 모습은 구 소련의 붕괴 이후 비현실적으로 보였지만 발칸과 구 소련의 일부 공화국에서 유엔의 안보 활동은 점차 증가할 것으로 보였다.[28]

유고슬라비아 전쟁은 유고슬라비아 연방의 영토에서 1991년부터 1999년까지 수차례에 걸쳐 일어난 전쟁을 일컫는다. 유고슬라비아 내전이라 불렀지만 1992년 연방이 해체됨에 따라 내전으로 정의할 수 없게 되었다. 처음에 슬로베니아와 크로아티아가 유고연방 이탈을 선언한 후, 이를 저지한다는 목적으로 전쟁이 시작되었지만, 점차 민족 분규의 성격이 강해졌다. 슬로보단 밀로셰비치(Slobodan Milocevic)와 프라뇨 투지만(Franjo Tudman) 두 대통령으로 대표되는 세르비아 민족주의와 크로아티아 민족주의의 대결 양상을 띠었다. 보스니아에서는 이슬람교도인

---

28 Thomas G. Weiss and Kurt M. Campbell, "The United Nations and Eastern Europe," *World Policy Journal* 7, no. 3 (Summer 1990), pp. 575-592.

보스니아인들이 이 틈새에 끼어 3파전이 되었다. 코소보와 북마케도니아에서는 슬라브계 정부와 자치 또는 독립을 추구한 알바니아계 소수주민의 인종·정치적 갈등이 전쟁으로 이어졌다. 슬로베니아, 크로아티아, 코소보에서는 세르비아의 패배로 끝났으며 보스니아와 북마케도니아에서는 국제 협상으로 끝이났다.

제1차 세계대전 이전, 유고슬라비아는 다양한 민족과 국가가 혼재하고 있었다. 이 지역에서는 19세기 말에서부터 확산한 슬라브주의 기치로 새로운 국가를 건설하려는 움직임이 있었다. 제1차 세계대전이 끝나자 이러한 민족주의 운동은 유고슬라비아 왕국의 결성을 이루게 되었다. 제2차 세계대전 이후 유고슬라비아 연방이 수립된 뒤 1980년대까지 이 지역은 다양한 인종들이 서로 공존하며 사는 지역이었다.

1980년 티토(Tito)가 사망하자 민족을 앞세우는 정치 세력들을 원만히 중재하던 정치 지도력 역시 사라지게 되었다. 유고슬라비아 연방의 새 대통령이 된 밀로셰비치는 1987년부터 공공연히 세르비아인의 우월을 강조하는 세르비아주의를 표방하였으며 유고슬라비아 전체 인구의 1/6에 해당하는 이슬람교도를 적으로 간주하였다. 밀로세비치는 제2차 세계대전 기간에 있었던 크로아티아의 학살을 교묘히 이용하여 크로아티아인을 탄압하였다. 세르비아주의의 팽배는 크로아티아인을 중심으로 한 다른 민족들의 민족주의 감정을 자극하였고 점차 상호 대립하는 양상을 보였다.

구 소련의 붕괴 이후 유고슬라비아 연방의 공화국은 큰 혼란에 빠져들었다. 1991년 6월 25일 슬로베니아와 크로아티아가 독립을 선언하면서 유고슬라비아에는 대량학살을 동반한 전쟁이 이어지기 시작하였다. 슬로베니아 국경에서 시작된 전쟁은 같은 해 보스니아 전역으로 확대되었으며 1992년 보스니아-헤르체고비나로 확산하였다. 특히 세르비아의 지도자들은 인종 분리정책을 펼치기 시작하였고 이에 따른 인종청소가 자행되었다.

유고슬라비아의 붕괴는 제2차 세계대전 이후 유럽에서 목격한 바 없는 강도의 폭력과 혼란으로 이어졌다. 유엔은 초기 크로아티아에 1만 4천 명의 평화유지군을 파견하여 일부 목표는 달성하였으나, 여기저기서 법과 인간성은 완전히 무시되었다. 유엔 평화유지군은 특히 크로아티아에 인접한 보스니아-헤르체고비나에서 발생한 인종청소, 난민, 학살, 적대행위를 예방하지 못하였다. 유럽인들과 서방의 동맹국들은 1992년 벌어진 전쟁에 서로를 잔혹하게 죽이는 전투를 중지시킬 수 없었다. 유엔은 피하고자 하였던 분쟁으로 말려들기 시작하였다. 세르비아와 세르비아 비정규군에게 포위된 회교도와 크로아티아인에게 인도주의 지원 물자의 전달을 보장하려는 것이 유엔의 마지막 노력이었다.

보스니아-헤르체고비나의 수도 사라예보에 전개한 1,500명의 유엔 평화유지 요원은 즉각 임무 수행에 적합하지 못하였다는 사실로 드러났다. 유엔 안전보장이사회는 이후 보스니아-헤르체고비나에 인도주의 지원의 호송과 억류자들을 보호하기 위해 8천 명의 추가병력 파견을 승인하였다. 유엔은 또한 나토(NATO)에 세르비아 항공기에 대한 비행금지구역 강화를 위한 지원을 요청하였다. 유엔 사이프러스 임무단(UNFICYP, UN Peacekeeping Force in Cyprus)에서 자발적인 재정지원의 사례를 들며 유엔 사무총장은 추가적인 병력 파견에 대한 비용은 유엔이 아니라 나토회원국에 의해 해결하는 것이 바람직하다고 주장하였다. 후에 미국이 고립된 회교도 지역에 식량을 공중낙하한 것은 클린턴 행정부의 상징적인 행동으로 보였지만, 미국의 지원으로 많은 사람의 생명을 구할 수 있었다. 하지만 이러한 노력만으로 세르비아인과 크로아티아인에 의한 보스니아-헤르체고비나의 유혈 상황을 중단할 수는 없었다.

전 미국 국무장관을 지낸 바 있는 밴스(Cyrus Vance) 유엔 특사, 전 영국 외교부 장관 오웬(David Owen)의 노력으로 보스니아-헤르체고비나 거주하는 10개 소수민족집단에 의한 준자치지역을 설정하는 스위스 형태의 해결방안이 마련되었고 최종적으로 이해 당사자들에 의해 합의에 이르게 되었다. 나토는 이 계획이 실현될 수 있도록 노력을 기울였지만, 일각에서는 세르비아의 침략에 대한 일종의 보상책에 불과하다며 받아들일 수 없다고 비판하였다.

구 유고슬라비아에서 유엔의 이러한 활동은 가장 위험하고 비용이 요구되는 유엔의 감당하였던 활동 중 하나가 될 듯하였다. 나토는 한때 보스니아의 비행금지구역 강화를 우선순위로 둔 가운데 병력을 5만 명에서 25만 명으로 증강하는 우발계획을 발전시켰다. 그러나 이러한 계획은 세르비아와 크로아티아군에 의한 전투가 재개되자마자 무산되었다. 1993년 밴스 특사의 후임으로 전 노르웨이 외교부 장관 스톨텐베리(Thorvald Stoltenberg)가 유엔 특사로 임명되었다. 보스니아가 분할되는 것은 이제 분명해 보였다.

크로아티아 대다수는 크로아티아가 유고슬라비아로부터 독립해 주권국이 되기를 원했으나, 세르비아 공화국의 지원을 받은 크로아티아 내 세르비아인은 유고슬라비아 탈퇴에 반대해 세르비아가 주장한 영토가 세르비아와 같은 통일된 국가에 있기를 원했다. 대부분 세르비아인은 세르비아인이 다수 거주하거나 제1 소수민족으로 사는 크로아티아 및 보스니아 헤르체고비나의 영토를 포함한 지역의 유고슬라비아 연방 내 새로운 세르비아 국가를 건국하길 원했으며, 가능한 한 크로아티아 전역을 점령하려 하였다. 1991년 6월 25일 크로아티아는 독립을 선포했고, 10월 8일 유고슬라비아와의 모든 관계를 단절했다. 세르비아와 크로아티아의 전쟁은 세르비아가 70%의 영토를 통제하고 크로아티아가 20%를 통제하는 방향으로 매듭지어졌다. 크로아티아 내 보스니아인 회교도들은 이른바 유엔 안전지대(Safe Area)에 남겨졌지만, 계속해서 공격을 받아 상황은 더욱 악화하였다.

1992년 유엔은 더 이상의 상황 악화를 예방하기 위해 1천 명의 옵서버를 전개를 시작하면서 예방적 활동을 하였지만 6개월 후에야 완전한 병력이 전개하였고 구 유고슬라비아 연방 전체는 대량학살로 얼룩졌다.

세르비아 항공기에 의한 상공통과 차단 필요성은 유엔이 안전 활동 확장의 맥락에서 추가로 승인해야 하는 사항이었다. 안전보장이사회가 상공통과를 차단하기 위한 최초 요구는 1992년 가을에 시작되었다. 그러나 1993년 가을에 가서야 미국은 동맹국과 나토가 세르비아 진지를 폭격하도록 압력을 가하였다. 이때 세르비아와 크로아티아는 이미 보스니아 영토 대부분을 점령하였다. 민간인에 대한 공격이 발생하게 되자, 1993년 내내 서부지역에서 정밀 폭격과 상징적 폭격이 시행되었다.

발칸에서의 상황은 또한 유엔이 실제로 거의 아무 일도 할 수 없는 정부가 마치 어떤 일을 하는 것처럼 정부에 대응 수단을 제공할 수 있다는 것을 보여주었다. 유엔 헌장 제6장이 제7장으로 전환되는 활동이 있었지만, 전환을 위해 필요한 정치적 의지가 결여한 상태에서 이루어졌다. 역설적이지만 결국, 보스니아에서 이루어진 조치 중 절반은 아무것도 하지 않는 것보다 더욱더 나쁜 결과를 가져오게 되었다. 전통적인 표준운용 절차와 제한사항을 고려해볼 때, 유엔의 평화유지 요원들은 세르비아를 억제할 정도로 충분한 역량을 보유하지 못하였다. 그러나 유엔 평화유지 요원들이 인도주의 지원 요원들과 더불어 취약한 표적의 대상이 되었기 때문에 제7장에 따라 국제사회가 더욱 적극적인 개입을 할 수 있는 가능성을 방해하게 되었다. 비록 난민에 대한 지원이 이들의 생명을 구할 수 있었지만, 이동을 원하지 않는 사람들을 자극하여 오히려 인종청소를 돕는 결과도 가져오게 되었다. 식량의 공중보급은 이를 기다리는 사람에게 도움이 되었지만 말할 수 없는 정도의 인권유린도 계속되었다. 부적절한 유엔의 평화유지 활동과 인도주의 지원은 궁극적으로 크나큰 변명거리가 되었다.

초기 유엔 평화유지 활동의 위약함은 점차 인력의 증강으로 인해 보강되었다. 나토 회원국으로부터 파견된 인원도 충분하게 강력하지 않았지만 1995년 여름 신속 대응 부대를 포함하여 전체 병력은 5만여 명에 이르게 되었다. 하지만 이들은 전투를 수행하는 병력처럼 행동하지 않았고 8월과 9월 크로아티아의 크라이나(Krajina)에서 세르비아를 축출하는 크로아티아-보스니아 공세에 가서야 비로소 행동하였다. 비행금지구역이 설정되었지만 완전하게 강제가 이루어지지는 않았고, 다른 형태의 위협행위, 이를테면 세르비아 기지 위에서 저고도 비행과 보복공중타격과 같은 경고는 시도되었다. 이코노미스트(Economist) 지의 지적과 같이 안전보장이사회는 '종잇조각에 불과한 결의안'[29]을 통과시켰고 프리드먼(Lawrence Freedman)은 이에 대해 "유엔이 짧은 전쟁 기간에 가용

29 "In Bosnia's Fog", *Economist*, April 23, 1994, p. 16.

한 모든 형태의 강압 행위를 동원하였다."[30]라고 언급하였다.

그러나 유엔의 주선 아래 서구사회의 형식뿐인 절반의 대책은 세르비아의 민족 통합주의를 중단시키지 못하였고 크로아티아 또는 보스니아에서 영토의 통합도 이루어내지 못하였으며 크로아티아의 초기 보스니아로의 영토확장에 대한 욕심도 예방하지 못하였다. 1991년 9월 무기 수출 금지조치는 오히려 구 유고슬라비아군의 거의 모든 무기를 통제하고 있었던 세르비아에 이익을 주었다. 당시 평화유지 요원들은 보스니아 중부지역에서 역량을 결집하였으나 이들이 활용할 수 있는 강력한 군사적 수단은 여전히 존재하지 않았다.

'안전지대'에 관한 아이디어는 유엔이 통제하는 가장 안전하지 않은 장소로 조롱의 대상이 되었다. 가장 치욕적인 상황은 1995년 여름 보스니아 동부의 2개의 안전지대가 보스니아의 세르비아인들에게 유린당하면서 시작되었다. 세르비아인들은 보스니아의 회교도들을 학살하였고 바로 직전 세르비아는 유엔 평화유지 요원을 전략적 표적으로 삼아 나토의 공중공습을 방해하였다.

크로아티아에서 유엔 평화유지 요원은 크로아티아 사람들과 크라이나 지역의 사람들로부터 협조를 구할 수 없었기 때문에 이 지역에서 위임명령을 실천할 수 없었다. 보스니아에서 유엔군은 제7장에 따라 활동하였지만, 넓은 전선에서 강제 조치를 이행할 수 있는 역량을 보유하지 못하였다. 유엔 유고슬라비아 임무단(UNPROFOR)을 이끌었던 벨기에 출신의 브리끄몽(Francis Briquemont) 중장은 1994년 1월 사임하기 직전

30 Lawrence Freedman, "Why the West Failed," *Foreign Policy* 97 (Winter 1994~1995), p. 59.

수사(Rhetoric)와 현실 사이 불일치에 대해 유감을 표하면서 다음과 같이 말하였다. "안전보장이사회의 결의안과 결의안을 이행하고자 하는 의지, 그리고 현장의 지휘관에게 가용한 수단 사이에는 환상적인 간격이 존재한다."[31]

1995년 8월까지 구 유고슬라비아에서 군사적으로 대응하기를 회피하였던 국제사회는 역설적으로 내전에서 무엇을 해야 하지 않아야 하는가에 대한 사례를 제공하였다. 구 유고슬라비아에서 유엔의 일관성 없는 소극적 활동은 지역 주민들에게 유엔에 대한 불신을 초래하는 계기가 되었고 '평화유지'라는 단어에 대한 불명예스러운 인상을 남기게 되었다. '자위권 행사를 위해서만 무력을 사용할 수 있다'라는 전통적인 교전규칙에 묶여 유엔 평화유지 요원은 인도주의 물자를 지원하는 요원들이 이동에 방해를 받게 되는 상황에서도 단 한 번의 무력 대응도 할 수 없었다. 교전규칙은 유엔 위임명령의 실행보다는 지역군의 대응을 유화하는 데 적용되었다. 유엔 헌장에서 경제적, 군사적 제재를 위한 조항은 침략 행위에 대응하기 위한 국제적 결의를 뒷받침하도록 고안되었으며 보스니아에서 상황과 같은 적대행위를 중지하기 위해 만들어졌다. 하지만 위험 상황을 풍자하듯 자그레브와 사라예보의 사람들은 유엔의 평화유지 요원을 '거세된 세력'으로 취급하였다.

이러한 가운데, 나토의 더욱더 강력한 폭격과 미국의 강제행위가 적대 세력을 제압하고 정치적으로 문제를 해결하는 데 필요하다는 논의가 제기되었다. 데이턴 평화협정(Dayton peace Agreement)은 6만 명의 나

31 "UN Bosnia Commander Wants More Troops, Fewer Resolutions," *New York Times*, December 31, 1993.

토군 전개를 위한 준비에 들어갔다. 다수의 전문가는 유엔 평화유지 요원이 지키고자 하는 평화가 존재하지 않는 곳에 열악한 장비로 무장한 채 전개하는 이유와 이미 나토의 군인들이 전개한 그곳에 왜 평화유지 요원이 전개하는지에 대해 의아해하였다. 이들은 또한 이른바 '소말리아 증후군'이 유엔을 바라보는 대중의 태도에 전환점이 되었다고 지적하였다. 그렇지만 데이턴 평화협정을 체결하는 데 결정적인 역할을 하였던 미국의 홀부르크(Richard Holbrooke) 특사는 '보스니아가 유엔에 끼친 피해는 헤아릴 수 없다'[32]라고 언급하였다.

발칸에서의 상황은 끔찍하였다. 그러나 소말리아는 유엔이 내전에 개입하는 과정에서 또 하나의 잔혹한 모델이 되었다. 중동은 분석가들에게 종파에 따라 분열되는 정치학에서 가장 최악의 용어로 묘사되는 레바논화(Lebanonization)의 공포를 제공하였다. 소말리아는 폭력적 분열의 전형적인 사례를 보여주었다. 같은 지역, 같은 종교와 역사 그리고 언어를 공유하는 하나의 집단이 중무장한 부족으로 분열되었다. 소말리아는 사실상 기능을 발휘하는 정부가 없었다. 전체 인구의 30%가 인도주의 지원의 접근이 불가능하여 기아의 위기에 직면하게 되었다. 1992년 8월 말 안전보장이사회는 유엔 소말리아 임무단(UNOSOM I)의 증원을 승인함과 동시에 헌장 제7장에 따라 추가로 3천 명에서 4천 명 사이 평화유지 요원의 파견을 승인하였다. 이들의 임무는 인도주의 지원 물자의 이동을 보호하는 것이었다.

1992년 임기 말에 있었던 미국의 부시 대통령은 미국이 주도하는

---

32 Thomas G.Weiss, "Overcoming the Somalia Syndrome-'Operation Rekindle Hope?,'" *Global Governance* 1, no. 2 (May~August 1995), pp. 171-187.

인도주의 지원을 매우 적극적으로 제안하였다. 안전보장이사회 결의안 제794호가 통과된 이후 수일 내로 미군 2만 7천 명이 소말리아 국민의 최소한의 안전을 지원하기 위해 파견되었다. 이어 22개 국가로부터 10만여 명이 이를 증원하였다. 이러한 노력은 미국에 의해 '희망회복 작전(Operation Restore Hope)'으로 명명되었으며 안전보장이사회가 인도주의 지원 물자를 보장하기 위해 군사력의 사용을 승인하였다는 것을 반영하기 위해 통합 특수임무 부대(UNITAF, Unified Task Force)라는 부대의 명칭을 사용하게 되었다. 사상자의 발생이 없이 인도주의 공간이 창출되었고 지역의 반군 세력에 대한 무장 해제가 시작되었다.

통합 특수임무 부대는 유엔 안전보장이사회 결의안 제814호에 따라 2단계 소말리아 임무단의 활동이 시작된 1993년 4월 활동을 중단하였다. 안전보장이사회는 유엔 소말리아 임무단 II(UNOSOM II)를 승인하였고, 유엔 사무총장은 처음으로 헌장 제7장에 따라 전개한 평화유지군을 직접 지휘하였다. 유엔 헌장 제7장에 따라 임무단은 항복을 거부하는 소말리아의 군벌을 무장해제시키고 고통받는 민간인에 대한 접근을 보장하기 위해 모든 가용한 수단의 사용을 승인받게 되었다. 이를 위해 32개 회원국으로부터 2만 명의 병력과 8천 명의 군수지원 요원이 전개하였다.

캄보디아에서와 마찬가지로 소말리아 정부가 사실상 부재한 상태에서 3천 명의 유엔 민간인 요원이 국가의 행정을 맡도록 파견되었다. 주목할 만한 사실은 초기 미군의 군수부대가 처음으로 유엔 임무단장의 지휘 아래 있었다는 것이었다. 당시 유엔 임무단장은 나토 회원국인 터키 출신의 장군이었다. 여기에 추가로 1,300명의 미군 특수부대가 해안에 '신속대응 부대'의 형태로 해상에 대기하였고 이들도 유엔 임무단장의 지휘를 받았다.

소말리아에서 무장세력이 유엔 평화유지 요원과 인도주의 지원 요원에 대한 공격을 가하게 되자, 1993년 6월과 7월 무장 세력들을 지원하고 있었던 주요 반란 세력의 수장 아이디드(Mohammed Aideed) 장군을 무력화하기 위해 미국의 코브라 무장 헬리콥터가 투입되었다. 하지만 미 육군의 특수부대가 투입된 이후에도 무장 세력의 공격은 계속되었고 폭력이 더욱더 악화하자 유엔은 난처한 상황에 놓이게 되었으며 외국 기자들과 인도주의 요원 그리고 미군 장병에 대한 암살 공격이 급증하였다. 급기야 1993년 10월 텔레비전 카메라 앞에 모가디슈(Mogadishu) 거리에서 전사한 미국 해병대 장병의 시신이 무장 세력의 손에 끌려다니는 끔찍한 장면이 노출되었다.

전체적인 정치적 전략이 없는 가운데 헌장 제6장에서 제7장으로, 유엔으로부터 미국 그리고 다시 유엔으로 유연하지 않은 전환과정에서 일련의 문제가 발생하게 되었다. 정치적 약속은 또 다른 문제였다. 1994년 5월 대통령 결정지침(Presidential Decision Directive) 제25호는 클린턴 행정부의 친다자주의적(Pro-multilateral) 태도의 공식적인 종결을 의미하였고 미국의 유엔으로의 종속은 껄끄러운 주제였던 만큼 11월 대통령 선거에 패배의 그림자를 드리우게 되었다. 실제로 미국의 주요 다자주의적인 군사작전의 참여 필요성을 고려해보더라도 1993년 10월, 18명의 해병대원의 비극적인 전사는 있어서는 안 될 막대한 희생과 손실로 비추어졌다. 결국, 군사적 다자주의는 중단의 갈림길에 서게 되었다. 소말리아 증후군은 베트남 증후군과 연결되었다.

전문가들은 상당한 근거를 통해 아프리카의 뿔(Horn of Africa) 지역에 군사적 개입을 비판하였다. 소말리아에서 군사 분야와 인도주의 지원

분야 사이 불균형은 심각한 상태였다. '희망 회복 작전'에만 사용된 예산은 10억 달러에 이르렀고 이는 소말리아가 독립한 이래 미국이 지원한 인도주의 지원 예산의 3배였다. 1993년 유엔 소말리아 임무단 II가 7개월 동안 사용한 예산은 15억 달러로 추정되었고 이 중에서 인도주의 지원 예산은 0.7%에 불과하였으며 가장 많았을 때 10%였다.[33] 나아가 유엔의 목표가 확장되었을 때 예산은 실질적으로 감소하였다. 1995년 소말리아로부터 유엔 평화유지군이 마지막으로 철수하였을 때, 군사 분야 예산과 인도주의 지원 예산 사이 차이는 분명하지 않았다. 3년 동안 40억 달러가 무장 세력을 무장하여 다시 내전을 시작하게 만드는 역설적인 결과를 초래하였다.

이러한 와중에 동아프리카 르완다에서 난민 이동의 규모와 속도 면에서 그리고 사상자 측면에서 새로운 기록을 남기게 된 대량학살이 발생하였다. 1994년 4월 6일 학살이 시작되기 8개월 전 수도 키갈리(Kigali)에는 유엔 르완다 임무단(UNAMIR)이 활동을 시작하여 주둔하고 있었다. 하지만 유엔 안전보장이사회는 임무단 요원을 감축하였고 50만 명이 목숨을 잃고 전체 인구 절반에 해당하는 400만 명이 실향한 이후에야 인원을 증원하였다. 200만 명은 르완다 국경 외부에서 공식적으로 난민이 되었고 나머지 200만 명은 국내 실향민(IDP, Internally Displaced Persons)[34]이 되었다. 르완다에서 2개의 별도 계획이 있었다. 프랑

33 Debarati G. Sapir and Hedwig Deconinck, "The Paradox of Humanitarian Assistance and Military Intervention in Somalia", in Thomas G. Weisss, ed., *The United Nations and Civil War* (Boulder: Lynne Rienner, 1995), p. 168.

34 IDP는 자신의 국경을 넘은 난민과는 달리 국경 내에서 내전을 피해 고향이나 거주지를 떠도는 사람을 일컫는 말로 우리나라에서는 공식적으로 정의된 용어가 없어 필자가 국내 실향민으로 사용한다.

스는 유엔 안전보장이사회 결의안 제929호에 따라 르완다 남서부 지역을 안정시키기 위해 6월부터 8월까지 2개월 동안 '청록 작전(Operation Turquoise)'을 수행하였고, 미국은 콩고민주공화국의 고마(Goma) 지역에 대한 대규모 군수지원 작전인 '희망지원 작전'을 7월과 8월에 걸쳐 실시하였다. 유엔난민기구(UNHCR)를 지원하기 위해 수많은 국가가 이 지역에 전개하였다.

역설적으로 안전한 환경을 증진하기 위한 군사적 차원의 작전은 명확한 과업에도 불구하고 목표 달성의 가능성은 크지 않았다. 혹시 발생할지 모르는 악몽과 같은 군사 상황을 우려하여 작전에 참여한 각국의 군 표준운용예규는 르완다 인구의 10%에 달하는 사람들이 살해되는 동안에도 국제사회의 대응을 마비시키는 결과를 가져왔다. 콩고민주공화국의 고마 지역에서 하룻밤 사이 100만 명의 난민이 발생한 상황에서 프랑스의 청록작전은 또 하나의 엄청난 난민 위기의 가능성을 예방하였다. 하지만 콜레라 전염병을 동반한 첫 번째 위기로 8만여 명에 이르는 사람들이 사망하였다.

분쟁지역에서 도움이 필요한 사람들에 대한 직접적인 지원에 있어, 군대는 통상적으로 민간인의 활동에 비해 성공적이었다. 대규모의 식량과 식수, 의류, 의약품 그리고 구호소 등이 전달되었다. 군대는 발전된 군수체계와 조직 그리고 자원을 활용하여 필수적인 지원 요소를 전달하였지만 안타깝게도 대량학살이 발생한 이후에야 이루어졌다. 1994년 4월 르완다 상황에 대한 적극적인 군사적 대응을 꺼렸던 각국 정부의 태도로 신속한 대응은 실현 가능성이 없었지만, 그러한 정부가 대량학살과 대규모의 국내 실향민이 발생한 이후에는 적극적인 지원에 나섰다.

국제사회의 대응을 촉구하였던 미디어의 역할도 논쟁의 여지로 남아있다. 르완다는 시기적절하고 강력한 군사적 대응이 충분하지 않았지만, 미디어가 인도주의 지원의 측면에서 더욱더 중점을 두고 다루었어야 할 필요성이 있었던 대표적인 사례였다. 섬뜩한 이미지가 대중매체를 통해 나타나게 되자, 국제사회에서 예산 감축에 관한 일상의 강박관념은 일시적으로 중단되었다. 비록 르완다 사태 초기에는 국제사회는 무관심해 보였지만, 상대적으로 부유한 서구사회는 엄청난 비극적인 사태에 본능적으로 또한 도덕적으로 등을 돌릴 수 없었다. 하지만, 르완다는 정부가 부대를 파견하지 않기로 결정할 경우, 미디어가 갑작스럽고 대규모의 대량학살을 다루는 기사를 올리더라도 정부의 관점을 변화시킬 수 없다는 것을 보여주었다. 인접 국가인 부룬디에서 1993년 1월부터 시작된 학살이 3년 동안 15만 명에 이르게 되었을 때 국제사회의 실제적인 대응의 변화가 그들이 던지는 수사에 비교해 한참 뒤처져 있다는 사실을 보여주었다. 사상자 발생의 가능성을 동반한 초기 예방 행동이나 잠재적으로 장기적인 내전에 개입하는 것과 비교해 비용이 필요한 인도주의 지원은 정치적 위험이 훨씬 적었다.

한편 카리브해의 아이티에서는 처음으로 민주적인 선거가 치러졌고 유엔은 이를 감시하였다. 아이티는 내전으로 인해 대규모 실향의 사태와 인권의 남용 등 폭력과 분쟁으로 발생할 수 있는 모든 고통의 특성과 조건이 고스란히 존재하였다. 아이티는 또한 선거를 통해 합법적으로 성립된 아리스티드(Jean-Bertrand Aristide) 정부를 군사 쿠데타를 통해 전복한 새로운 정부에 대해 유엔은 헌장 제7장에 따라 비강제적 및 강제적 제재를 부과하였다. 유엔의 개입 명분 또한 민주적으로 선출된 정부의 회복이었다.

1994년 아리스티드 전 대통령의 복귀로 끝나게 된 혼란스러운 과정에서 군사력의 역할은 갈등 해결에 있어 필수적인 요소였다. 1994년 9월 유엔의 승인과 더불어 미국이 주도하는 다국적군이 유엔 안전보장이사회 결의안 제940호에 따라 아이티에 상륙하였다. 미국 국방부는 이를 '민주주의 유지 작전(Operation Uphold Democracy)'이라고 이름을 붙이고 병력을 2만 1천 명으로 신속하게 확대하였다. 29개국으로부터 파견된 1천 여 명의 군인과 경찰을 제외하고 대부분 미국으로부터 파견된 인원이었다. 이들은 불법적인 군사 정권의 퇴출과 합법적으로 선출된 정부를 다시 복구하였다.

이러한 분석에서 가장 중요한 것은, 다국적군이 압도적인 군사력을 활용하였다는 것이다. 이 작전에서 전사자는 1명 발생하였고, 대부분 지역 주민은 다국적군 작전을 지원하였다. 이들이 추구한 2개의 중요한 목표 중 첫 번째 목표는 지역 경제의 파탄을 가져오게 된 경제제재를 끝내는 것이었으며 두 번째 목표는 안전한 환경의 조성과 37만 명의 난민을 고향으로 복귀시키고 인권남용을 즉각적으로 방지하는 것이었다.

미국 주도의 다국적군이 이 두 가지 목표를 달성하게 되자 1995년 3월말 유엔 아이티 임무단(UNMIH II)으로 이양되었다. 10여 개 국가로부터 파견된 6천 명의 장병이 임무를 수행하고 되었고 이들을 위한 연간 예산은 3.5억 달러였다. 미국은 2,500명의 특수전 부대를 유지하였고 유엔의 평화유지 활동을 지원하기 위한 약속은 1996년 2월 말까지 지켜졌다. 유엔 아이티 임무단은 기존 1/2 병력의 수준으로 4개월 추가적인 위임명령이 연장되었다. 이는 미군이 제외된다는 것을 의미하였고 7월에는 보다 소규모 임무단인 유엔 아이티 지원 임무단(UNSMIH, UN

Support Mission in Haiti)으로 변경될 예정이었다.

아이티에 대한 국제사회의 최소한의 개입으로 경찰이나 사법체계 분야에서 실질적으로 개선을 가져온 것은 없었고 더욱이 기본적인 경제 관계를 변경시키기 위한 노력은 전혀 이루어지지 않았다. 하지만 아이티의 상황은 상대적으로 긍정적인 결과로 끝나게 되었다. 소수의 엘리트와 다수의 국민 사이 부와 권력 분배의 불균형은 아이티를 전 세계에서 가장 극단적으로 양극화된 국가로 만들었다. 이러한 불평등은 아리스티드 대통령의 등장과 몰락을 가져오게 되었다. 지역 경제의 황폐화로 발생한 아이티의 인도주의 상황에 가장 영향을 미친 헌장 제7장에 따른 군사적 개입은 역설적으로 헌장 제7장의 경제제재를 끝내게 되었다.

다른 군사적 개입에서와 마찬가지로, 핵심국가의 이익이 위협받고 있다는 인식은 지도부가 위험을 감수하는 결정에 이르도록 자극하게 된다. 아이티의 지정학적 위기 상황은 미국뿐만 아니라 캐나다와 다른 중남미 국가들에게도 두드러진 관심으로 나타나게 되었다. 사실 미 의회나 국방부는 초기에 군사작전의 성공에 크게 확신하지 못하였다. 하지만 헌장 제7장에 따른 군사적 행동이 복잡한 위기상황에 대응하는 것이 아니라 민주주의를 복구시키는 것이어서 다국적군에 의한 안전보장 기능의 성공은 극적이었다. 효과적인 군사력의 사용과 이로 인한 인도주의 활동의 긍정적 영향은 강제적인 군사행동 이전에 비강제적인 경제제재를 요구하는 유엔 헌장의 순차적 논리에 대한 의구심을 자아내게 되었다.

다국적군의 신속한 군사적 개입은 의심의 여지 없이 인도주의 지원 상황을 개선하게 되었고 경제제재는 이를 강화하였다. 군사적 개입은 또한 경제제재로 인한 대규모의 고통과 혼란을 피하면서 쿠데타로 정권을 잡은 세력을 축출하여 헌정질서를 회복할 수 있었다. 부트로스-갈리 유엔 사무총장은 "일반적으로 인식되고 있는 것과 같이, 제재란 무딘 도구일 뿐이다"라면서, "제재는 대상으로 한 국가의 취약한 계층에게 고통을 초래하는 결과에 대한 윤리적 질문을 던져보아야 한다. 대상 국가의 정치지도자는 그러한 곤경에 영향을 받지 않는다."라고 기록하였다.[35]

(5) 냉전 이후 평화유지 활동의 평가

베를린 장벽이 무너지고 난 후 초기 5년 동안 82차례의 무장 충돌이 발생하였고 이 중 79차례의 무장 충돌은 내전이었다. 이 기간 국제사회의 대응의 가장 중요한 모습의 변화는 전쟁으로 갈라진 국가의 국경 안에서 발생한 근원적인 문제에 적극적인 해결을 위해 뛰어들었다는 것이다.

법률가의 견해는 유엔 헌장 제2장 7조가 변함없이 남아있다고 지적하였다. 그러나 정부, 정부 간 기구 그리고 비정부기구는 이를 두고 소말리아와 같이 정부가 실패하거나 붕괴하여 주권이 존재하지 않거나, 이라크 북부 쿠르드족의 경우와 같이 주권이 유린당하였을 때는 '상

35 Boutros Boutros-Ghali, Supplement to *An Agenda for Peace*, document A/50/60S/1995, January, 1995, para. 70, reprinted in *An Agenda for Peace* (New York: United Nations, 1995).

황에 따라 국가의 내부 문제와 관련하여 개입할 수 있다'라고 재정의하였다.[36]

일각에서는 현재의 국제 질서가 새로운 것인가 아니면 낡은 것인가에 관한 토론이 계속되었다. 그러나 냉전 기간 국제정치의 2개의 특별한 규범 즉, 이른바 국경선은 불가침의 영역이며 분리는 생각할 수 없는 것이라는 사실은 심지어 국가들 사이에서도 더는 논란의 여지가 되지 못하였다. 이와 동시에 국제문제에서 불개입에 대한 존중은 주권을 대표하는 국가의 억압적인 정부가 개인의 인권을 유린할 경우 어느 선까지 개입이 가능할 것인가에 대한 논의는 계속되었다.

1990년대 중반 유엔은 변화를 맞이하게 되었다. 부트로스-갈리 유엔 사무총장이 '평화를 위한 의제의 보충(Supplement to An Agenda for Peace)'을 쓰지 않을 수 없을 정도로 유엔을 둘러싼 분위기는 변화하였다. 1995년 1월 위 보고서에서 '유엔 활동의 본성은 변화되지 않은 채 남아 있을지라도 증가한 활동은 조직을 긴장시킬 것이다.'라고 기록하였다.

걸프전의 수행과 쿠르드족을 위해 안전한 지대를 만든 것은 유엔이 군사적으로 달성한 명백한 성과였다. 하지만 1994년 중반 러시아의 조지아 침공, 프랑스의 르완다 개입, 미국의 아이티 침략은 주요 세력의 전통적 이익과 관련한 지역에서 점증하는 군사적 개입의 적절성에 관한 논의로 이어지게 되었다. 이러한 개입의 결과는 아프리카 국가 경제공동체(ECOWAS, Economic Community of West Africa States)의 라이베리아 개입과 더불어 대부분 긍정적으로 평가되었다. 그러나 유엔의 능력과 요구

---

36 Gene M. Lyons and Michael Mastanduno, eds., *Beyond Westphalia? National Sovereignty and Intervention* (Baltimore: Johns Hopkins University Press, 1995).

되는 지원 수요 사이의 명백한 격차는 지역 기구 심지어 패권 국가에 의해 채워질 수 있었다. 따라서 안전보장이사회를 통한 대규모 국가에 의해 수행된 작전에서 적어도 과거와 같은 일방적인 개입 세력보다는 국제적으로 책임 있는 지역 기구가 적합할 수 있다는 주장이 제기되었다.

1993년 초반까지 분쟁에서 유엔의 개입과 관련한 인식은 대체로 긍정적이었다. 쿠웨이트를 침공한 이라크를 몰아내고 국경선을 다시 회복한 미국 주도의 군사적 개입과 소말리아의 초기 개입은 기대를 높이게 되었다. 보스니아에서 분쟁 해결에 관한 강렬한 의지의 부족에도 불구하고 정부와 반군의 국민을 대상으로 한 권력의 남용은 더는 용납하지 않겠다는 희망의 메시지를 던지기도 하였다. 그러나 국제사회는 여전히 개입에 대한 우려를 완전히 떨쳐버리지 못하는 듯하였다.[37]

복잡한 안보 환경의 위기는 감소할 것으로 보이지 않았으나, 군사적 개입은 종족 간 폭력을 중지시키고 인도주의 공간을 창출하며 기본적인 인권을 보호하는 데 결정적 역할을 할 것으로 보였다. 그러나 한 국가에서 소수가 완전하게 굴복되거나 전멸되지 않는 한, 분열된 사회에 외부의 군사적 개입을 국가가 공개적으로 받아들이지 않으려 할 경우, 개입은 선택의 한 방안이 될 수 있을지라도 동의를 강요할 수는 없는 일이었다.

만약 다자주의적 군사개입에 대한 악의적 반발을 극복할 수 있다면, 강제적인 군사개입은 헌장 제7장에 따라 국가의 동의가 없다 하더라도 필요로 할 수 있다. 개입은 분쟁의 당사자들로부터 '동의'를 요구

---

37 Stephen John Stedman, "The New Interventionists", *Foreign Affairs* 72, no. 1 (1993), pp. 1-16.

하지 않지만, 평화유지 병력제공 국가와 이를 통해 영향을 받게 되는 국민으로부터 국내의 헌법에 따라 동의해야 한다.

따라서 이러한 교훈은 다음과 같은 3단계에 걸친 개입의 과정으로 귀결된다. 첫째, 개입은 적대적인 환경에 평화유지 요원을 파견하게 되며, 그래서 파견 이전에 대중의 동의해야 하고 계속 유지되어야 한다. 예를 들면, 미국인들은 정부가 쿠웨이트와 이라크의 지상 전투에 개입하기 이전에 사상자의 발생 가능성에 대해 준비되어 있었다. 그러나 소말리아 사례에서는 동의에 대한 노력도 준비도 되어있지 않았다. 둘째, 동의의 정의는 헌장 제7장을 위해 지역의 적대 세력에게서 나오는 것은 아니다. 동의는 해당 국가의 국민에게서 나와야 한다. 다시 소말리아의 사례와 같이 반란 세력이 '개입을 위해 파견된 사람들은 국민의 고통을 가중할 것'이라는 조작을 매우 쉽게 할 수도 있다는 사실을 유엔과 미국은 묵과하였다. 셋째, 합법적인 절차를 통해 정당하게 파견된 장병이 죽음을 맞이하였을 때도 신속하게 안전한 환경을 확보하기 위해서는 그러한 강건한 군사적 노력에 타협하지 않아야 한다.

만약 앞서 3단계의 과정을 모두 충족할 수 없다면 개입이 있어서는 안 된다. 개입의 '번잡함'은 첫 번째 과정에서 나타난 합법성과 효과성의 결여로부터 발생한다. 개입은 병력제공 국가와 분쟁지역에서 동의에 관한 노력이 모인 이후에 가서야 정교한 계획과 체계적인 대응이 필요하다. 추가로 병력이 파견되거나 새로운 전략이 발전되더라도 신속한 안전의 확보가 필요하다. 이는 시간이 지남에 따라 서서히 발전하게 되는 분쟁 해결을 위한 정치적 의지나 의미 있는 전략의 출현 과정과는 반대의 과정이라 할 수 있다. 만약 임무의 명확성의 없거나 유엔이 책임 있는 행동으로 대응하지 못할 경우, 유엔과 더 나아가 국제사회는

군사적 대응의 목소리를 낮추고 국가의 전략적 계산에 간섭하지 말아야 한다.[38]

유엔이 독립변수로 작용할 수도 있다. 냉전 기간의 교훈은 유엔이 전투 작전을 위해 지휘와 통제를 할 수 있는 능력이 부족함을 드러내었다. 더욱이 냉전 시대와 비교해 냉전 이후 평화유지 활동, 특히 평화 강제에서 계획을 수립하고 지원하며 지휘할 상황은 더욱 확장하고 있으며 향후 이러한 추세는 변화가 없을 것으로 보인다. 따라서 인적 구성과 운용의 측면에서 반 독립적인 조직의 모색도 필요하다.

회원국은 유엔 사무국의 부족한 군사 전문가와 정보능력 향상에 발전한 모습을 보여주었다. 예를 들면 24시간 상황실이 설치되었고 위성 전화가 개통되었다. 1996년 유엔 안전보장이사회의 결정에 따라 수시간 내로 현장 지휘팀을 운영할 수 있는 기동군사령부(Mobile Military Command) 편성에 관한 '신속 대응을 위한 우군(A friend of Rapid Reaction)' 계획이 제안되었고 이에 따라 캐나다와 덴마크를 포함한 22개국이 참여하게 되었다. 오스트리아, 캐나다, 덴마크, 스웨덴 등 7개 국가는 유엔 상비 고속대기여단(Standby High Readiness Brigade) 편성을 위해 4천 명의 장병을 파견하겠다는 공약에 서명하였다. 여단은 상황이 급박할 경우 평화유지 또는 예방 활동을 위해 안전보장이사회가 운영할 수 있도록 하였다. 이와 같은 상비군 체제의 존재만으로도 반군 세력에게 억제 효과를 달성할 수 있었지만, 문제는 회원국이 안전보장이사회가 요구하는 과업을 달성할 수 있을 정도의 충분한 전력을 조기에 파견하는 데는 주

---

38 John Gerard Ruggie, *The United Nations and the Collective Use of Force: Wither-or Whether?* (New York: United Nations Association of the USA, 1996), p. 1.

저하였다. 회원국이 유엔에 힘을 실어주지 않는 한, 유엔은 단독으로 군사작전을 수행할 수 있는 능력이 없다.

유엔이 강제행위를 실제로 행사하는 것으로부터 거리를 두어야 하는 두 가지 이유가 있다. 첫째, 회원국은 사무총장이 헌장 제7장을 위해 필요로 하는 수단의 제공을 주저한다. 부대편성과 예산, 독립적인 정보역량 그리고 전문성을 보유한 군의 요원과 더불어 이에 부합하는 지휘 및 통제 체계는 단순하게 달성될 수 있는 것은 아니다. 둘째, 어쩌면 첫 번째 이유보다 중요한 것으로 유엔 사무총장의 권위는 관련된 이익 관계로부터 자유로운 공정성(Impartiality)에 기초한다. 이와 관련하여 유엔 사무차관보를 역임한 피코(Giandomenico Picco)는 '사무총장과 관련한 조직은 특히 어려운 상황에 직면할 수도 있는 군사력의 운용을 위해, 마치 국가와 같은 조직으로 변화시킬 필요가 있다'라며 '안보 상황이 어느 정도 안정되었을 때, 사무총장은 붕괴한 국가 행정체계의 복구를 촉진할 수 있는 준비를 해야만 한다. 그러나 이러한 준비는 분쟁의 당사자들이 활동하는 영역에서 어느 정도 정리가 되고 인도주의적 개입이 이루어지고 난 이후라야 한다'[39]라고 설득력 있는 주장을 하였다. 궁극적으로 폭력의 악순환을 단절하고 과도정부로의 복귀를 위한 전제조건을 설정하기 위해서는 민간행정으로부터 군사적 개입이 분리될 필요가 있다. 더욱이 제3자로서 신뢰성을 유지하기 위해 유엔은 회원국과 거리를 두고 어느 한쪽에 서면 안 된다. 햄슨(Fen Hampson)은 종족 집단과 유엔의 협상에 관련한 그의 논문에서 '유엔 안전보장이사회가 여전히 선별적

---

39 Giadomenico Picco, "The UN and the Use of Force," *Foreign Affairs* 73, no. 5 (Sep tember~October 1994), p. 15.

경우에 강제를 승인해야 하지만 강제는 지역 기구 또는 참여 의지를 지닌 동맹 세력 등에 맡겨야 한다'[40]라고 결론지었다.

유엔이 전통적 평화유지 활동, 나아가 강력한 평화유지 활동 또는 강제행위에서 관리할 수 있는 군사작전 사이의 구분에 실패하였을 경우 혼란한 상황을 초래하게 된다. 특히 강제행위의 경우는 직면한 상황을 고려하였을 때, 더욱 큰 문제가 될 가능성이 있다. 해당국 정부가 주어진 기회를 활용할 수 있는 역량이 없거나 그러한 의지가 결여한 경우에는 유엔을 마치 희생양으로 취급할 수도 있다. 여기서 '해당국 정부가 해결할 수 없는 문제를 유엔이 해결하지 못하였다는 비난을 받는 것은 놀라운 일이 아니다.'라고 언급한 제3대 유엔 사무총장 우탄트(U Thant)의 주장을 되돌아볼 필요가 있다.

---

40 Fen Osler Hampson, *Nurturing Peace: Why Peace Settlements Succeed or Fail* (Washington, DC, Institute of Peace Press, 1996), p. 226.

4. 국제 안보 환경 변화와 유엔 평화유지 활동

국제사회의 정치적 역동성은 유엔의 안전보장 활동을 가속화 하였다. 1990년대 미국과 서구 동맹국은 냉전 시대 동서 간 대결로 인해 여느 때와 다른 지도력의 위치에 놓이게 되었다. 즉, 이론적으로는 유엔에 대한 동의와 정치적 지원은 유엔이 국제사회의 평화와 안전을 위해 더 많은 역할을 할 수 있게 하였다. 이른바 제3세계로 불리는 개발도상국은 서구의 발전국가가 단순히 자신들과 다른 편에 있다는 이유로 국제적 노력을 봉쇄할 수 없게 되었다.

동서 간 대결의 종식은 또한 억제라는 제어 수단을 제거함으로써 폭력과 내전이 급증하게 되었다. 국가는 여전히 국제정치를 움직이는 주된 요소였지만, 비국가 요소로부터 점증적으로 압박을 받게 되었다. 국제사회는 안보 문제를 보다 포괄적으로 보기 시작하였다. 따라서 안보 문제를 단순하게 군의 영역으로만 보는 것이 아니라 인권과 지속 가능한 발전(Sustainable Development)의 관점을 포함하여 고려하게 되었다. 자신의 국경 밖에서 발생하는 도덕적 의무감에 관한 막연한 인식은 항상 인도주의자들을 자극하였다. 기술의 발전은 다른 곳에서 발생하는 곤경을 즉각적이고 구체적으로 인식할 수 있게 하였다. 기술의 혁신과 경제적 연관성으로부터 발생한 상호의존성 그리고 환경의 파괴는 국가가 자신의 경제와 문화 그리고 정치구조에 행할 수 있는 통제력을 감소시키게 되었다.

이러한 환경에 변화 속에서 유엔이 지난 40년 동안과 같이 제한적인 활동에 그칠 것인가, 평화의 조율자로서 더욱더 적극적인 역할을 할 수 있을 것인가, 아니면 어떤 새로운 제한에 다시 부딪힐 것인가에 대한 해답은 복잡하였다. 결국, 능력에 비해 우려스러울 정도로 과도하게 확장된 유엔은 다음 세대의 필요에 적응하기 위해 유엔의 평화와 안보의 메커니즘은 개혁이 요구되었다.

앞서 1980년대 후반과 1990년대 초기 유엔 평화유지 활동의 재탄생과 환멸로 끝나게 되는 과정을 논의하였다. 냉전 시대의 종식에 대한 경솔한 도취감은 그리 오래가지 못하였다. 정가와 학계는 이제 국제사회의 평화와 안전에 관한 문제를 보다 객관적으로 바라보게 되었다.

6대 유엔 사무총장 부트로스-갈리가 작성한 2개의 문건은 이와 같은 변화된 국제정치를 반영한 것으로 다음 사무총장인 코피 아난(Koffi Anan)에 의해 주도하게 될 유엔의 방향을 제시해 주었다.[41] 1992년 1월 안전보장이사회는 새롭게 선출된 부트로스-갈리 사무총장에게 변화된 세계에 유엔의 약속을 재평가하도록 요구하였다. 이에 따라 6개월 후인 1992년 6월 유엔 사무총장은 '평화를 위한 의제'를 발간하였다. 이 문서는 현재에 이르기까지 학자들뿐만 아니라 평화 활동과 관련한 사람들 사이에서 가장 많은 논의가 이루어지고 있는 문서 중 하나이다. 사무총

41 Boutros Boutros-Ghali, *An Agenda for Peace 1995* (New York: United Nations, 1995)는 표제 끝에 'Supplement' 명칭이 추가되어 1992년 그가 작성한 같은 이름의 문서를 보충하는 성격의 문서이었다.

장의 문서는 또한 흥미를 자아내는 내용을 담고 있었으며 특히 다자주의적 분쟁 관리에 관한 유엔의 잠재력을 적극적으로 강조하였다.

보스니아, 소말리아 그리고 르완다의 문제가 새롭게 등장한 이후, 부트로스-갈리 사무총장은 그의 제안이 얼마나 회원국 정부의 기대를 넘어선 것이었으며, 유엔의 능력을 벗어난 것이었는지를 인정하게 되었다. 1995년 1월 유엔 창설 50주년을 기념하여 발간된 진행 경과에 관한 그의 보고서 '평화를 위한 의제 부록(Agenda for Peace Supplement)'에서 사무총장은 그의 생각을 다시 다듬었다. 사무총장은 앞서 보지 못하였던 새로운 상황에 직면하여 그가 주장해왔던 적극적인 자세로부터 물러나 조심스러운 태도를 나타내었다. 그것은 분쟁의 강도와 추악함 그리고 다면적 활동을 전개하기 위한 유엔의 노력에 있어 질적, 양적인 변화 등 두 가지의 중요한 요소였다. 그의 새로운 보고서는 유엔의 활동에 대한 기대를 낮추어 달라는 것이었다. 1996년 12월 코피 아난은 사무총장 수락 연설에서 이러한 유엔의 입장을 재확인하였다.

부트로스-갈리 사무총장의 1992년 보고서 '평화를 위한 의제'는 예방 외교, 평화구축 그리고 평화유지에 관한 내용을 담고 있었다. 앞의 각 분야에서 사무총장은 유엔이 전통적인 활동에서 보여주었던 역량을 더욱 개선하고 위험을 기꺼이 감수하기를 요구하는 새롭고 이전까지 시도해보지 않은 활동을 위한 제안을 하였다.

유엔은 그간 군사력의 운용을 통해 긍정적인 효과를 달성하였던 분야, 예를 들면 군축과 관련 있는 신뢰 구축(Confidence Building)의 감독, 긴장이 고조된 지역에서 실제 조사 활동, 조기경보와 위기 예방센터 운영을 위한 정보의 교류 그리고 회원국이 유엔에 제공하는 참모 요원의 활용, 마지막으로 국가 간 전쟁이나 내전과 같은 상황에서 당사자의 동의 아래 반란 세력 중간에서의 완충 활동 등 다양한 분야에서 역할을 확대하였다.

그와 같은 활동에서 사무총장의 보고서는 위임명령의 시행, 인력 및 군수, 정보의 개선 그리고 실행 가능한 예산의 확보와 같은 구체적인 제안을 포함하였다. 비록 이에 부합하는 실천 계획으로 가기까지는 어려웠지만, 일부 조치는 회원국으로부터 충분하게 이해되었다. 다수의 회원국은 유엔의 이 같은 변화 노력에 동참하려는 의지를 표명하였다.

군사참모위원회(Military Staff Committee)의 부활과 상비군 창설을 둘러싼 의견에는 상당한 차이를 보였다. 군사참모위원회는 안전보장이사회의 강제행위를 지원할 의도로 만들어졌지만, 의견 차이로 인해 1947년 이래 역할을 하지 못하여 소멸한 조직과 같았으며 만약 재편성하더라도, 5개 상임이사국과 다른 병력공여국 사이 정확한 역할이 불분명해 보였다. 헌장 제43조에 대한 논의는 회원국의 교전에 관한 의사 결정권 문제 제기와 미국을 비롯한 몇몇 국가에서 점증하는 국내의 법적 문제로 인해 논란이 되었다. 나토의 경우 작전을 위한 절차와 더불어 군사적 전문성을 통해 회원국의 신뢰를 받았다. 이와는 대조적으로 유엔은 지휘와 통제에서 많은 문제가 제기되었고 소말리아의 작전을 통해 첫 번째 노력은 무산되었고 향후 발전할 기회도 없어 보였다.

국제정치는 점차 민족주의자에 의한 투쟁과 이에 따른 폭력의 수준으로 특징되었다. 종족을 중심으로 한 자국 중심주의가 국제사회는 물론 지역의 의제가 되었고 이전의 탈식민지화나 독립의 추구 상황에 비교해 문제의 해결이 쉬워 보이지 않았다. 소비에트 연방과 유고슬라비아 연방은 해체되어 거의 20여 개의 새로운 국가들이 탄생하게 되었다. 소말리아와 아이티는 1993년 포화가 멈추었지만, 거버넌스(Governance)를 감당할 어떠한 조직도 없었고 이른바 '실패 국가(Failed State)'로 불리게 되었다.

이와 같은 새로운 국제적 무질서의 상황에서 주요 무력 분쟁에 개입한 유엔의 활동은 당사국 정부가 없거나 금방 붕괴하는 까닭으로 동의가 없는 상황에서 이루어졌고, 전통적으로 경무장한 유엔 평화유지군의 능력을 초과하는 군사적 필요성이 요구되었다. 결국, 유엔의 개입은 정치적, 군사적 딜레마를 초래하게 되었다.

예를 들면, 유엔 평화유지군의 예방 전개는 분쟁을 미리 예방하기 위한 핵심이었다. 분쟁에서 오직 정부 또는 하나의 당사자만이 이를 요청할 경우, 유엔은 한쪽 편을 들게 되는 분쟁의 직접 당사자가 될 수도 있었다. 따라서 중재를 위해 요구되는 공정성(Impartiality)의 평판에 손상될 우려가 제기되었다. 비록 분쟁의 당사자들이 예방 차원의 완충지대 마련에 동의하였더라도, 나중에 당사자 중 한 측이 태도를 바꿀 수도 있었고 유엔이 떠날 것을 요구할 수도 있었다. 1967년 이집트의 요청에 따라 유엔 긴급군 I(UNEF I)이 떠나자마자 전쟁으로 이르게 되었다. 유엔 긴급군의 철수는 불가피하게 중동의 재앙에 일정 부분 원인이 되었지만, 분쟁의 당사자들이 자신의 태도를 바꾸거나 다시 무력 분쟁으로 돌아가려 할 경우, 유엔이 현장에 남아있도록 압력이 행사되기도 하였다. 하지만 유엔 평화유지군이 남아있으면, 상황을 압도해야 하는 전투부대가 되어야 했다.

유엔 평화유지군이 분쟁을 방지하기 위해 조기에 전개하는 것은 가능하였다. 1992년 12월 구 유고슬라비아 연방의 마케도니아(Macedonia)에서 시작된 작전에서 보여준 바와 같이 예방적 전개는 이러한 상황에서 여전히 바람직해 보였다. 하지만 당사자의 동의와 사상자 발생이 아주 낮거나 아예 없을 것이라는 가능성 아래 병력을 파견한 정부는 변화된 조건에 계속하여 부대가 활동하기를 희망하지 않을 수도 있었다. 이에 따라 예방 활동을 위한 부대가 전개되었을 때, 다양한 형태로 발생하는 우발 상황에 대해서도 반드시 사전에 동의가 필요하였다. 이러한 상황으로 인해 병력 공여 국가의 대응을 주저하게 하였다.

유엔의 행정 및 인도주의 요원의 보호는 평화를 위한 의제에서 강조된 점증하는 도전이었다. 유엔 평화유지군의 힘은 다른 어떠한 군사적 능력보다 국제사회의 도덕적 지지로부터 나오는 것이다. 이라크에서 유엔 경계부대는 청색 베레모에 권총만으로 무장하고 있었던 소수의 안전 장교들로 구성되었지만 그들의 군사적 능력 때문이 아니라 유엔 평화유지군이라는 사실로 인하여 도움이 되었다. 특히 유엔 평화유지군이 동맹군에 의해 폭격을 당하고 있는 현지에 있었다는 사실과 이라크가 이들 평화유지 요원에 비교적 거부감이 적었다는 사실, 그리고 그들이 물리적으로 주둔하고 있던 지역에 대해서는 이라크의 적대행위에 대해 일종의 보험으로 간주하였다는 사실 등으로 인해 성공적인 임무 수행을 할 수 있었다.

부트로스-갈리 사무총장의 '평화를 위한 의제' 보고서에서 가장 놀랍고 혼란스러운 중대한 출발점은 이른바 평화조성(Peacemaking)에 관한 문구였다. 평화조성에 관한 일반적 관념은 헌장 제6장에 따라 중재와 같은 평화로운 방법을 통해 분쟁을 해결하는 노력으로 해석될 수 있다. 하지만 평화를 위한 의제 보고서에서 평화조성은 경제적, 군사적 제재와 같은 헌장 제7장의 행동까지도 포함하여 정책결정자를 혼란스럽게 하였다. 비록 평화조성의 개념이 완전하게 형성되지는 않았지만, 이는 매우 핵심적인 아이디어였다. 이러한 맥락에서 분쟁의 당사자가 더는 협상에 의한 휴전을 존중하지 않고 살인행위를 계속할 경우, 유엔의 평화유지군에 의해 휴전이 지켜지고 보장받을 수 있도록 하는 일종의 '평화강제 부대(Peace Enforcement Units)'의 창설이 논의되었다. 사무총장은 그러한 평화강제 부대는 평화유지군에 비교해 무장을 강화할 필요가 있고 또한 사전에 광범위한 범주에서 사전 훈련이 필요하다고 인식하였다. 이와 더불어 평화강제 부대가 수행하는 과업은 평화유지군이 이바지하고자 하는 기대를 초과하는 임무가 될 것으로 보았다.[42]

평화를 위한 의제에서 제시하였던 몇 가지 개념의 문제는 논쟁의 여지를 남겨두었다. 첫째, 어떠한 상황에서 국가의 주권을 고려할 것인가의 문제이었다. 부트로스-갈리 사무총장은 주권에 대한 전통적 인식의 중요성을 여러 차례 확인하였다. 이러한 인식은 또한 국제 세미나와 토론회에서 거듭되어 다루어졌다. 이와 동시에 부트로스-갈리 사무총장은 주권의 침해에 관한 논쟁도 제기하였다. 그의 전임자 케이야르 사무총장이 임기 말에 즈음하여 국제평화와 안전을 위해 주권을 제한하는 방향으로 나아갔던 것과는 달리, 부트로스-갈리 사무총장은 인도주의 위기나 인권의 위반 상황이 주권보다 선행될 경우, 강제행위에 대해 주저하는 것으로 보였다.

서구의 국가뿐만 아니라 이른바 제3세계 다수의 국가는 주권에 관한 자신들의 입장을 재고하였다. 1993년 소말리아와 유고슬라비아와 같은 국가에서 국가 주권에 관한 전통적 인식은 크게 인식되지 못하였다. 소말리아의 경우, 무정부 상태로 주권 자체가 없었던 형편이었고, 유고슬라비아에서 발생한 대량학살 행위는 주권이 무책임하거나 아예

42 Boutros-Ghali, *An Agenda for Peace*, para. 44.

없는 것과 같은 상태에서 남용되었다는 것으로 풀이되었다. 유엔 사무총장은 이 문제를 심각하게 생각하면서 특히 제3세계 국가들이 '국가주권'은 신성불가침의 것으로 의문의 여지가 없음을 계속 확인해 왔던 것과 같이 이를 더욱 분명히 하고자 하였다.[43]

둘째, 새로운 안보 환경에서 등장한 비국가 요소(Non-state Actor)에 관한 평가와 관심의 문제이었다. 비국가 요소는 각각의 문제에 관련하여 각자의 이익을 달리하기 때문에 이들의 역동성은 필연적으로 평화로운 관계에 영향을 미치게 된다. '평화를 위한 의제'에서는 배타적으로 정치적 실체, 즉 국가 간의 관계에 중심을 두었다.

그런데, 분쟁의 원인은 정부나 무장 세력이 희망하는 권력의 장악보다 더욱더 깊은 뿌리를 두고 있다. 무력 충돌의 근본적인 원인뿐만 아니라 무력 충돌을 감소시키고 관리하기 위해서는 부족 공동체와 같은 비정부 요소를 포용하고 이와 더불어 유엔과 별도로 국제적십자위원회(ICRC)와 같은 국제비정부기구(INGO)의 참여와 협력을 포함한 포괄적 접근이 필요하다. 궁극적으로 사람들이 전쟁을 일으키고 사람들이 평화를 만든다. 예를 들면 국제정부기구(IGO)로서 유엔이 비정규전 부대나 반란 세력을 다루는 데 있어 어려움이 있다는 것을 수단에서의 경험이 보여주었다.[44] 더욱이 인도주의 지원 단체들이 전쟁 지역에 인도주의 물자를 운반하고 지원하는 것이 국제정부기구보다 더욱 효율적일 수도 있다는 것을 보여주었다. 내전에서 비국가 요소는 탈 냉전 시대에

---

43 Jara Chopra and Thomas G. Weiss, "Sovereignty is No Longer Sacrosanct," *Ethics and International Affairs 6* (1992), pp. 95-118.

44 Larry Minear, et al., *Humanitarianism Under Siege: A Critical Review of Operation Lifeline Sudan* (Trenton: Red Sea Press, 1991).

더욱 적극적인 활동을 전개하였다. 비정부기구와 비정부 요소는 안보의 분야보다는 인권이나 지속적인 발전 분야에서 더욱 중요하다. 따라서 유엔은 국제 안보체계에서 이들의 활동에 주목해야 할 필요가 있었다.

마지막으로 개념의 측면에서 유엔의 직접적인 군사 활동에 관해 명확하게 해야 할 필요성이 있었다. 유엔은 상당히 위험한 작전 환경에서 분쟁당사자의 동의 없이 군사적 능력에 의존하여 활동해야만 하는 상황에 직면하게 되었고, 이러한 변화하는 특성에 대해 맥킨레이와 초프라는 '2세대 다국적 작전'[45]이라고 칭하였다. 이는 과거에는 찾아볼 수 없었던 새로운 변화였다.

앞서 기술한 유엔의 직접적인 군사 활동은 단순한 전통적인 군사 작전의 확장이라기보다는 기존의 헌장 제6장의 평화유지 활동으로부터 헌장 제7장의 평화 강제에 이르는 스펙트럼을 포괄하는 것이었다. 따라서 '평화를 위한 의제'에서는 양극단의 스펙트럼 사이에 예방 전개, 민간정부에 대한 군사지원, 인도주의 지원 노력의 보호, 통항의 권한 보장 그리고 휴전의 강제 등을 두었다.

따라서 이전의 유엔 평화유지 활동에서 일상적으로 찾아볼 수 없는 군사적 전문성과 높은 수준의 군기가 필요하게 되었고, 과업을 달성하기 위해서는 냉전 시대 유엔 평화유지 활동을 위해 병력을 공여하였던 회원국의 기대와 역량을 넘어 작전을 수행해야만 하였다. 같은 맥락에서 이러한 제안은 '헌장 제6장과 1/3 또는 1/2' 활동으로 해석되었다. 맥킨레이와 초프라는 이에 대해, "중재자로서 유엔은 역량을 초과하였

45 John Mackinlay and Jarat Chopra, "Second Generation Multinational Operations," *Washington Quarterly* 15, no. 3 (Summer 1992), pp. 113-114.

으며 효과적인 군사적 대응을 위해서는 유엔의 2세대 활동에 맞는 과업에 대한 새로운 정의가 필요하다. 평화유지 활동이 변화된 과업을 수행하기 위해서는 실질적인 도구가 필요하다."[46]라고 주장하였다.

부트로스-갈리 사무총장은 사무국과 회원국이 국제기구로서 더욱 전문적인 군사력을 활용하는 방향으로 나아갈 것을 제안하는 새롭고 위험스러운 도전을 하였다. 하지만 유엔 사무국은 이 분야에서 상당한 수준의 역량 확대에 관해 주저하는 것처럼 보였다. 평화를 표방한 국제기구가 무력을 사용하는 것에 그리 달갑지 않게 생각하기 때문이었다.

문자 그대로 유엔군이라는 이름은 위험스럽고 부자연스럽다. 외교가와 유엔 직원들은 분쟁당사자들이 휴전에 합의하거나 적어도 한 측에서 휴전을 요청하였을 경우, 중립적인 군사력을 중간에 배치하는 이른바 구식의 '평화유지'를 부트로스-갈리 사무총장이 제시한 새로운 개념과 구분해야 하는 고민에 빠지게 되었다. 해당 국가의 동의가 없거나 문제가 될 수 있는 다양한 상황과 군사적 역량이 도덕적 권위를 앞서는 상황에서 비록 '광범위한'이라는 또는 '포괄적'이라는 형용사가 평화유지 앞에 붙여지긴 하였지만 결국, 평화유지를 위한 활동은 같은 용어로 사용되었다. 소말리아나 르완다와 같이 헌장 제6장이 제7장으로 전환되는 경우 또는 유고슬라비아와 같이 2개의 장이 모두가 적용되는 경우에 혼란은 더욱 컸다.

유엔은 지난 수십 년 동안 완벽하지는 않았지만, 헌장 제7장에 따른 군사작전을 관리할 수 있는 모습을 부분적으로나마 보여주었다. 함마르셸드 전 유엔 사무총장이 평화유지 활동을 이른바 '제6.5장'이라고

46 Mackinlay and Chopra, "Second Generation Multinational Operations," p. 113.

명명한 것은 유엔 헌장을 만든 사람들이 유엔의 군사적 수단을 통한 강제 개입 가능성을 예견하지 못하였던 것에 대한 그만의 독특한 해석이라고 할 수 있다. 그의 해석에 따르면 강제는 실제로 제7장이라기보다는 제6장의 연장이었다. 하지만, 평화유지 활동은 여전히 역량과 자원이 부족한 가운데 최상의 시나리오에 바탕을 둔 임시방편의 수단으로 활동하였다.

유엔 헌장 제7장과 관련하여, 부트로스-갈리 유엔 사무총장은 1995년 '평화를 위한 의제 부록'에서 '현재 유엔 안전보장이사회나 사무총장은 이와 같은 목적을 위한 활동을 전개하고 지시하며 지휘와 통제할 수 있는 역량을 가지고 있지 않다.'라며 유엔의 한계를 인정하였다.[47] 하지만 여전히 전체적인 또는 선별적인 강제에 대한 희망은 버려지지 못하였다. 그런데도 이는 부분적인 변화를 통해서는 극복될 수도 없는 문제이었고 더구나 동의보다는 강제가 일종의 규범인 심각한 전투 상황에서 유엔의 외교적, 관료적 구조는 군사적 노력을 준비하고 감독할 수 있는 준비가 되어있지 않았다.

강제와 관련한 일부 문제는 유엔이 새롭게 변화하는 국제사회의 환경에 대응하려는 노력보다는 과거의 활동 경험에 지나치게 의존한다는 데 있었다. 평화유지는 해당 국가의 동의가 있고 군사적 전문가보다는 정치적 전문가를 필요로 하는 상황에서 분쟁을 관리할 수 있는 도구이지 모든 분쟁을 해결할 수 있는 만병통치약은 아니었다. 1999년대 국제사회의 정치적 변화와 유엔 사무총장의 평화유지 문제와 전망에 관한 언급으로부터 이후의 평화유지에 관한 다음 세 가지의 개념적

---

47 Boutros-Ghali, *Supplement*, para. 77.

도전 즉, 주권의 본성, 안전보장이사회의 개혁과 국제기구의 역할 확대 그리고 유엔의 역량 부족에 관한 문제가 본격적으로 제기되었고, 더 나아가 현재에 이르러서도 완전하게 해결하기 어려운 과제가 될 것으로 보인다.

(1) 새로운 분쟁과 주권의 본성

앞서 논의한 바와 같이 분쟁의 특성은 변화하고 있으며, 유엔은 유엔 헌장이 채택될 당시 상상하지도 못하였던 무력 분쟁을 다루어야 한다. 유엔과 회원국은 페르시아만 전쟁과 같이 집단적 대응을 가져왔던 고전적인 국가 간 전쟁을 종종 보게 될 것이나, 국가 상비군이 국경선 넘어 다른 국가의 영토를 복속하고자 하는 목적으로 공격하는 사례는 점차 줄어들고 있다. 국가 간 전쟁을 대치한 독특한 새로운 현상으로서 국가 내의 내전은 국제평화와 안전을 위협하고 있다. 지리적으로 한 국가의 내부에서 종족적, 경제적 그리고 민족주의적 열망으로 일정한 경계를 따라 자치를 요구하는 내전이 일종의 가장 보편적 무력 분쟁으로 떠오르고 있다. 반란 세력은 기존의 정부 또는 종종 다른 반란 세력과 영토의 통제 또는 분리를 목적으로 전투를 벌인다.

유엔의 안보체제는 앞서 말한 성격의 폭력이나 전쟁을 다루기 위해 만들어진 것은 아니었다. 따라서 유엔 평화유지 요원도 내전을 진압하려는 과정에서 가장 심각한 문제에 직면하게 되었다. 1948년부터 1996년까지 유엔 평화유지 요원 1,400명이 평화 활동 중 순직하였고 마지막 4년 동안 전체 인원의 절반 이상이 순직하였다. 비록 집단안보의 이상이 내전 활동에 적용할 수는 없었지만, 유엔 헌장은 한 국가가 다른 국가를 침략하는 형태의 전쟁으로 특징되는 제2차 세계대전의 재발을 방지하기 위해 마련되었다. 유엔은 국제적으로 인정된 국경선 내에서 존재하는 갈등을 다룰 수 있는 준비가 되어있지 않았다. 이 영역에서 역량의 개선을 위해서는 국제평화와 안전에 관련한 주권에 관한 접근의 변화와 국제적 차원의 군사력 편성에 관한 문제가 요구되었다.

국가 주권의 원칙이 국제체제의 기초가 되어왔다고 하는 한계는 이제 분명하게 설명되어야 하였다. 국가 주권 우선에 대한 수많은 도전에도 불구하고, 국제사회는 유엔이 기능하기 위해 주권을 양보해야 한다는 문제에 관하여 기꺼이 나서려 하지 않았다. 하지만, 지난 반세기 동안 국제정치에서 변화는 서서히 주권에 관한 기초를 흔들어 놓게 되었고 1980년대 중반 이후 변화는 다자주의 행동을 위한 새로운 가능성을 열어 놓게 되었다.[48] 물론 주권은 한 번도 고정된 규범은 아니었다. 국가이익과 군사력을 무정부주의적 국제체제에 대한 유일한 답이라고 생각하는 사람들은 물론 냉전의 종식과 이후 독립으로 더욱더 심오한 정치적 변화 속에서 국가의 권위와 국제사회의 권위 사이 균형이 전환되는 경험을 하게 되었다.

유엔은 변화하는 시대에 적응하기 위해 제도적 구조의 변화를 추구하였다. 부트로스-갈리 사무총장은 "절대적이며 배타적인 주권의 시대는 지나갔다. 그러한 이론은 이제 현실에 맞지 않는다. 이를 이해하고 국내 거버넌스의 필요와 상호의존적인 국제사회의 요구 사이 균형을

48 James Rosenau, *The United Nations in a Turbulent World* (Boulder: Lynne Rienner, 1992).

찾는 것은 현대의 국가 지도자의 과업이다."[49]라고 주장하였다.

냉전 이후 시대에 유엔의 효과적인 안보 활동은 국가 주권과 새로운 균형을 유지하면서 개념과 운영의 면에서 도약이 이루어져야만 하였다. 베스트팔렌 시대의 어휘는 소말리아, 르완다, 라이베리아, 부룬디 그리고 유고슬라비아의 상황에 소용이 없었다. 첫 번째 단계는 주권이 존재하지 않거나 주권의 행동이 부끄러운 방법으로 이용되거나, 또는 대량학살을 일종의 정책으로 삼는 경우 "동의"의 의미를 어떻게 해석할 것인가의 문제였다. 만약 국제사회가 안전보장이사회를 통해 말보다는 무력을 기꺼이 사용하고자 할 때, 동의는 필요하지 않았다. 만약 그렇지 못할 경우, 강력한 지역 행위자의 동의는 성공적인 유엔의 활동을 위해 필수불가결하였다.

유엔의 군사 활동에 대한 개념과 실행의 변경은 주권의 영역에서 발생한 변화와 같은 방향으로 지향되어야 하였다. 전통적 의미의 전쟁에서보다 분쟁당사자의 동의가 어려운 내전의 경우, 또는 분쟁당사자가 전투의 중단에 합의한 이후 동의가 의미 없게 되었지만 이후 이어지는 선거나 다른 중대한 약속이 이행되지 않을 경우, 유엔은 어떻게 효과적으로 활동할 수 있을 것인가? 유엔은 능동적이고 위험이 충만한 반대 세력과 마주칠 경우, 강력한 군사력이 필요하게 된다. 미래 유엔의 안보 활동은 전문 직업군과 같이 무기 및 장비를 포함한 모든 면에서 잘 갖추어져야만 한다. 그러나 정치적 의지가 없으면, 강력한 분쟁당사자와 협상이 필요하다. 그렇지 않으면 안전보장이사회는 신뢰성을 잃게 된다.

---

49 Boutros-Ghali, *An Agenda for Peace*, para. 17.

특히 2개 형태의 군사 활동은 더욱더 일상적으로 이루어질 것이다. 첫째, 인도주의 활동을 지원하기 위한 군사 활동은 명백하게 증가할 것이다. 보스니아 헤르체고비나, 소말리아, 그리고 이라크 북부에서 유엔의 노력에도 불구하고 유엔 사무총장의 2건의 보고서는 정부나 반군세력이 민간인에 대해 저지르는 불편한 행동을 더는 인내하지 않겠다는 언급을 공개적으로 하지는 않았다. 그러한 행동은 이른바 주권에 대한 '개입'으로 간주할 수 있었기 때문에, 유엔 사무총장은 이러한 문제에 대해 옆으로 한걸음 물러섰다. 이는 개발도상국이 국내적으로 자신의 합법성에 관해 논쟁을 겪고 있는 상황에서 외부로부터 개입이 민감한 사안이 될 수 있었기 때문이었다.

전통적 평화유지 활동으로부터 평화 강제의 전환은 많은 문제점을 제기하였다. 예를 들면 사실 조사나 예방 외교와 같은 다른 다수의 제안과는 달리 평화강제는 그 자체가 논란이 되었고 또 우려마저 되었다. 평화강제가 본격적으로 논의가 될 경우, 회원국 정부가 유엔에 제공하는 군사력의 성격은 분명해질 것이다. 즉, 언제 어디서 어떠한 상황에 회원국은 어떠한 기준에 따라 병력을 제공할 것인가, 안전보장이사회가 무력 이외에 예비로 가용한 수단은 무엇인가, 안전보장이사회 상임이사국과 주요 강대국은 어떻게 참여할 것인가, 누가 휴전에 합의할 필요가 있는가, 모든 분쟁당사자인가, 일부인가, 아니면 안전보장이사회인가? 그리고 안전보장이사회는 휴전의 결렬이 발생하고 난 이후 강제하는가, 아니면 새로운 위기가 등장하였을 때 강제하는가 등에 관한 대답이 평화강제의 성격을 정확하게 규정하기 위해 던져진 질문들이었다.

유엔이 군사적 역량을 효과적으로 향상하기 위한 다수의 제안이 사무총장은 물론 학자들에 의해 제기되어 왔다. 평화강제 부대의 창설 주장과 더불어 유엔 사무총장은 1940년대 이후 진전이 없이 폐기되다시피 한 병력을 공여하는 국가의 정부와 헌장 제43조와 관련한 논쟁에 결론을 짓기를 희망하였다. 평화강제를 위한 상비부대는 막대한 예산이 들 것으로 보였다. 하지만, 상비부대가 유엔을 위한 부대이지만 임무가 부여될 때까지 해당 국가 정부와 합의에 따라 본국에서 임무 대기하는 일종의 예비 또는 상시 대기 부대의 형태가 더 실행 가능성이 커 보였다.

만약 이 계획이 실행될 경우, 유엔은 즉각적으로 전개가 가능한 훈련된 부대를 보유할 수 있고, 상비부대의 존재는 분쟁이 임박한 장소에 예방적 차원의 평화유지 활동을 할 수 있다는 것을 의미하였다. 예방적 전개는 분쟁이 발생한 국가 사이에서 양국의 합의에 따라 적대행위를 중단시키고자 하는 의도로 요청하였을 때나 군사적 공격의 위협에 직면한 1개 국가가 요청하였을 때 시작될 수 있었다. 유엔 사무총장의 주장에 따르면 헌장 제43조의 틀 밖에 있는 평화강제 부대는 아마도 강력한 힘을 가진 국가로부터 침략 행위는 예방 또는 대응할 수 없을 것이나, 이보다는 약한 군사적 위협에는 유용하게 활용될 수도 있다는 것이다.[50] 더욱이 그러한 부대는 헌장 제7장에 기초하여 '국제사회의 결의에 따라 어느 한 국가가 침략할 가능성이 발생할 경우, 이를 억제하기 위한 행동'으로 전환할 수 있는 일종의 인계철선의 역할도 가능하였다.

비록 냉전 시대로 인해 군사참모위원회(Military Staff Committee)가 강제활동을 실행하기 위한 작전의 본체가 되지는 못하였지만, 유엔 안전보장이사회 상임이사국의 상시적인 협력을 통해 이를 활용할 가능성은 여전히 남아있었다. 물론 군사참모위원회의 지휘 아래 강제활동이 이

---

50 Boutros-Ghali, *An Agenda for Peace*, para. 43.

루어질 가능성은 거의 없었지만, 이 회의체는 사무총장과 유엔 고위 관료에게 조언을 제공할 수 있는 군사 전문가 집단으로서 비공식적으로 활용될 수 있었다. 만약 회의체가 가동될 경우, 유엔 안전보장이사회는 안건에 따라 중앙 차원에서 어떤 형태의 지휘와 관리가 필요하게 될 것인지를 계속하여 결정해야 하였다.

유엔은 미래의 요구에 맞도록 군사적 역량을 개선하고 이를 위한 재정을 확보하는 방법을 모색하여야만 한다. 평화유지 활동을 위한 예산은 요구에 한참 미치지 못하였다. 부트로스-갈리 사무총장은 전임자와 같이 솔직하였다. 그는 '신뢰를 바탕으로 조직에 부여한 과업과 제공되어야 할 재정적 수단 사이에는 상당한 차이가 있다. 문제의 진실은 유엔 예산이 근시안적으로 남아있는 한, 우리의 비전을 확장할 수 없다'[51] 라고 일갈하였다. 유엔에 대한 칭송과 증가하는 요구에도 불구하고, 유엔 평화유지 활동이 노벨 평화상을 받은 이래 더디게 성장하고 있었다.

역량 강화를 위해 가장 우선이 되어야 할 것은 현재 진행되고 있고 앞으로 진행될 유엔의 군사작전에 대한 견고한 예산의 편성이었다. 회원국이 분담하는 예산의 규모는 전 세계에서 소모되는 방위 예산과 대조를 이루었다. 국제사회의 연간 방위 비용은 1조 달러였으나, 유엔의 평화유지를 위한 예산은 10억 달러에 불과하였다. 만약 모든 국가가 방위예산의 1%를 유엔의 군사작전을 위해 내게 된다면 10억 달러가 가용하게 될 수 있었다. 비록 정치적으로는 무리가 있을 수 있지만, 무기 판매 비용이나 선박의 자유 통항 보장을 위해 유엔이 제공하는 용역과 같은 분야에서 추가 비용을 창출한다면 유엔의 예산은 추가로 충당될 수

51 Boutros-Ghali, *An Agenda for Peace*, para. 69.

있었다. 국제조약을 존중하는 차원에서 회원국 정부가 의무 사항으로 유엔의 안보 활동을 위해 지급하는 방식 이외에 뚜렷한 대안은 사실상 존재하지 않았다.

(2) 안전보장이사회의 개혁과 국제기구의 역할 확대

냉전 이후 안전보장이사회는 국제평화와 안전을 보장하기 위한 임무를 본격화하기 시작하였다. 안전보장이사회는 절차상의 이견을 피하고자 더욱더 협력적인 방법을 통해 대응하기 시작하였고 보다 중요한 문제에 초점을 맞추었다. 1990년 5월부터 3년 동안 거부권 행사를 유보하기로 선언하였다. 하지만 국제사회의 분위기 변화는 안전보장이사회가 국제평화와 안전을 위한 노력에 발목을 잡았다. 산업화를 통해 발전한 북반구와 발전을 이룩하지 못한 남반부 사이의 경제적 격차는 냉전 시대를 재현하게 되었다. 안보 문제가 주로 서구 세력에 의해 지배되는 상황으로 인해 안전보장이사회는 안전 문제를 결정짓는 사회적 가치의 감각을 더욱 폭넓게 공유하기를 요구하였다. 그러한 요구는 안전보장이사회에서 미국의 영향으로 나타나게 되었다. 각국은 이러한 문제해결을 위한 방법을 찾아야만 하였다. 두 가지 가능성은 안전보장이사회의 개혁과 지역 기구의 활용이었다.

구 소련의 붕괴는 안전보장이사회가 서구의 이익에 동조하는 분위기로 만들게 되었다.[52] 구 소련이 미국에 대응한 균형을 이루지 못하게

---

52 Ernest B. Haas, "Collective Conflict management: Evidence for a New World Order?"

되자, 인도, 브라질, 나이지리아, 그리고 이집트와 같은 국가는 안전보장이사회에서 그들의 목소리가 더욱 무게감을 가져야 한다고 믿었다. 1945년 이후 국제사회에서의 영향력이 급속하게 축소되었지만, 여전히 상임이사국의 지위를 지키고 있었던 영국과 프랑스는 단지 유엔에 대한 재정적 지원을 통해서만 영향력을 발휘할 수밖에 없었던 일본과 독일을 공격하였다. 유엔에 계속하여 병력을 공여해왔던 캐나다와 같은 국가는 장병들에게 영향을 미칠 수 있는 의사결정에서 배제되는 것에 대해 불만을 나타내었다.

유엔 안전보장이사회 상임이사국의 개혁과 관련한 논의는 내부적으로는 물론 국제 포럼에서 점차 주요 주제가 되기 시작하였다. 장기적 개혁은 안전보장이사회 상임이사국의 변화가 포함되었고 단기적 개혁은 일본, 독일, 나이지리아, 인도, 이집트 그리고 브라질과 같은 영향력 있는 국가가 장기적인 차원에서 빈도 높게 안전보장이사회에 포함되는 것이었다.

미국으로부터 명료한 수사적 지원과 다수의 정부가 안전보장이사회의 변화에 찬성한다고 선언했음에도 불구하고, 주요 구조적 변화는 종종 판도라의 상자와도 같았다. 즉, 개발도상국 중에서 어느 국가가 추가되어야 할 것인가? 힘이 강력하고 인구가 많은 국가가 되어야 하는 이유는 무엇인가? 내전 이후, 분리된 국가는 각각의 의석으로 분할되어야 하는가? 경제력이 막강하지만, 해외에 전력의 투사를 헌법으로 금지하고 있는 국가도 의석이 부여되어야 하는가? 3개의 의석을 유럽 대륙

---

in Thomas G. Weiss, ed., *Collective Security in a Changing World* (Boulder: Lynne Rienner, 1993), pp. 63-117.

이 보유해야만 하는가? 어느 국가가 거부권을 휘두를 것인가? 등의 의문에 답을 내야만 하였다.

냉전 시대 주기적으로 교착상태에 빠져버릴 수밖에 없었던 안전보장이사회의 의사결정 과정의 변화도 필요하였다. 북반구와 남반구 사이 이념적, 정치적, 경제적 긴장 관계가 계속된다고 가정할 때, 빈부의 격차는 더욱더 커질 것이며 그러할 경우, 안전보장이사회의 의사결정은 과거와 같이 마비될 가능성이 충분하다. 자동적인 거부권 대신에 의견을 달리하는 국가나 결정 과정 자체를 지연시키는 국가가 등장할 가능성도 있고 이는 궁극적으로 안전보장이사회를 위협할 수 있다.

이러한 환경에서 안전보장이사회의 의사결정 체계를 강화하기 위해 거부권의 개혁 논의가 있었으나 연기되었다. 거부권은 어느 한 회원국의 이익이나 감정에 의해 국제사회가 행동하고자 하는 바를 효과적으로 하지 못하도록 방해하는 요인이 되어 논쟁의 거리가 되어왔다. 비록 거부권이 완전하게 제거될 가능성은 없었지만, 거부권 행사로 인한 영향을 줄여보자는 제안은 계속되었다. 이를테면 거부권이 행사될 수 있는 특정 영역을 지정한다든지, 어떠한 특정 문제가 이사국의 가장 중요한 국익을 저해할 수 있는 때에만 행사하는 방안도 제시되었다.

비록 의사결정 과정이 신속하지 않거나 효과적이지 못하더라도 위기가 발생할 경우, 안전보장이사회가 적어도 문제에 대한 논의를 할 수 있도록 보장하기 위한 장치의 마련도 제기되었다. 안전보장이사회에서는 일부 회원국이 어떠한 특정 문제와 관련하여 그 문제가 국제사회의 평화와 안전에 영향을 미치지 않을 것으로 생각하는 경우, 문제 자체를 다루지 말자고 하는 예도 있었고, 안전보장이사회가 다루기에 민감한 문제도 의제로 상정된 일도 있었다. 앞서 제안되었던 해결방안들은 특정한 사안을 다룸에 있어 정치 색깔을 빼내고 문제에 접근하여 원칙적으로 일관성을 유지하도록 하는 일종의 장치였다. 또 다른 문제인 유엔헌장에 따라 침략 행위에 대응하는 기준을 발전하는 것은 어려운 일이었다. 그러나 이와 같은 문제는 회원국의 주관적인 자유 의지보다는 위기의 본성에 기초를 둔 자동적인 국제적 행동을 촉진하는 경향이 있었다. 물론 이 과정에서 회원국의 변화 하고자 하는 노력은 크게 이루어지지 않았다.[53]

평화를 위협하는 환경 또는 인구의 증가와 같은 문제가 안보의 정의에 확장하여 포함되자, 안전보장이사회는 다루어야 할 과업의 범주가 넓어지게 되었다. 1992년 1월 최초로 국가 정상들이 안전보장 정상회의에 참석하여 회의가 개최되었을 때, 이를 비군사적 위협으로 규정하고 중요하게 고려하기 시작하였다. 표면적으로는 산림의 황폐화, 지구온난화, 인구의 폭발적인 증가, 천연자원의 감소 등과 같은 문제는 여전히 환경을 무시한 지역적 문제로 간주하고 있었지만 엄청난 의미를 함축하고 있었다. 예를 들면 미국의 중부지역에서 발생한 오염이 캐나다나 스칸디나비아반도에 산성비를 초래할 수도 있었다. 그러한 오염이 국경을 넘어서는 국제문제라는 것은 명백하였다. 이제 군사적 안보란 다양한 환경의 문제를 포함하여 수많은 사례를 포함할 수도 있었다. 인구가 폭발적으로 증가하게 되면 이로 인해 국경을 넘어 이주가 발생하게 되고 궁극적으로 폭력이 발생하게 된다면 인구의 증가나 대규모 이주를 예방하기 위한 대책이 마련되어야 하였다. 따라서 이러

---

53 Bruce Russet, Barry O'Neill, and James Sutterlin, "Breaking the Security Council Restructuring Logjam," *Global Governance* 2, no. 1 (january~April 1996), pp. 65-80.

한 문제들은 국제사회 의사결정자들이 국제평화와 안전에 대한 정의를 광범위하게 확장하여야 한다는 의견으로 귀결되었다. '포괄적 안보(Comprehensive Security)'는 원래 구 소련에 의해 만들어진 단어였다. 이와 같은 전체적 차원의 안보 개념화는 빈곤, 인권남용, 환경 문제와 같은 관련된 요인을 모두 포괄하였다. 처음에 이 같은 사고는 공산주의 세력의 책략이라고 규정한 서구에 의해 배제되었지만, 구 소련의 몰락 계기로 재평가하게 되면서 수용한 것이었다.

유엔의 집단안보 체제를 보완하기 위한 수단으로 지역 기구의 활용 문제도 자주 논의되었다. 부트로스-갈리 유엔 사무총장은 '분권화의 문제로 지역 기구의 지역 문제에 대한 적극적 대응과 유엔의 노력에 대한 지역 기구의 협조는 국제문제에 대한 안전보장이사회의 짐을 덜어줄 뿐만 아니라, 더욱더 깊은 참여 의식, 그리고 의견의 합치와 민주화에 이바지할 것'이라며 지역 기구의 역할 확대를 제안하였다. 그러나 앞서 논의한 바와 같이 고도로 발전된 지역 기구라고 할지라도 역량의 측면에서 유엔의 군사작전을 대치할 정도의 대안은 되지 못하였다.

따라서 역량이 부족한 지역 기구의 역할은 분쟁이 극적으로 촉발한 국가에서 사회적 의사결정이 가능한 정도로 분쟁국을 견제하는 데 그치게 되었다. 구 유고슬라비아 문제가 발생하였을 당시 유럽 국가의 우유부단한 대처는 아무리 잘 조직된 지역 기구라 할지라도 지역의 분쟁에 대해 효과적으로 대응할 수 있는 능력이 부족함을 보여준 사례였다. 분쟁의 대응 과정에서 정치적 의지의 결핍도 나타나게 되자, 일부 전문가들은 다시 유엔이 필수 불가결한 조직임을 확인하였다. 나토와 유럽안보협력기구(CSCE, Conference on Security and Cooperation in Europe)는 구 유고슬라비아에 대한 인도주의 지원을 논의하였지만, 정치적 고려사항으로 인해 효과적으로 대응할 수 없었다. 결국, 페르시아만과 소말리아에서 동맹군이 안전보장이사회의 승인을 통해 전개하였던 것과 같이, 나토군이 유엔의 깃발 아래 1992년부터 1995년까지 보스니아-헤르체고비나에 전개하였다.

비록 유엔이 미래 국제적 차원의 군사작전을 주관하는 기관으로 가장 이치에 맞으며 중요한 조직이라 하더라도 강압적 수단의 활용은 국제기구로서도 수용하기 어려운 문제였다.[54] 따라서 강압이 이루어지게 된다면, 유엔의 군사적 개입의 부적절성을 상쇄할 수 있는 대책의 마련이 필요하였다. 유엔이 군사적 개입을 결정할 경우, 기꺼이 행동하고자 하는 주요 국가의 동맹에 의존하게 된다는 것이 경험을 통해 나타났다. 서아프리카에서 나이지리아와 구 소련의 연방국 안에서 러시아와 같이 지역의 강대국은 대규모의 지역적 동맹 또는 국제적 차원의 동맹을 주도할 수 있었다. 지역의 강대국이 주도할 수 없을 때만 르완다에서 프랑스, 소말리아에서 미국과 같은 그야말로 강대국에 의해서만 동맹이 주도할 수 있을 것으로 기대되었다. 하지만 1994년 소말리아와 르완다의 경우처럼 인도주의 개입에 대해 어느 국가는 기꺼이 참여하려 하고 다른 국가가 참여를 꺼리는 경우는 예외적인 상황이었다.

강압의 다자적 역량이 임시적인 동맹, 지역의 강국 그리고 심지어 패권 국가에 의존한다는 것은 의심의 여지가 없다. 소로스(George Soros)의 말을 그대로 빌자면 "미국은 과업을 수행할 수 있는 역량이 없는 유엔이나 실행하고자 하는 의지가 부족한 회원국에 다양한 과업을 주어

---

54 John J. Mearsheimer, "The False Promise of International Institutions," *International Security* 19, no. 3 (Winter, 1994~1995), pp. 5-49.

서는 안 된다. 이는 당한 정도의 위협이 실존하는 현실에서 안전보장이사회의 승인으로 임시 동맹국에 의해 수행되어야 하는 헌장 제7장의 평화강제를 수행할 때 더욱 그러하다."[55]

마인즈(Bill Maynes)는 유엔의 주도 아래 영향력의 확장을 회복하는 '온화한 현실정치(Benign Rrealpolitik)'를 주장하였다.[56] 안전보장이사회는 일종의 강대국 정치의 형태를 시험하고 하였는데, 이는 유엔이 창설 당시 끝내고자 하였던 정치의 모습이었다. 그러나 본래부터 다자주의 차원의 동원과 군사력의 관리가 지극히 어려운 상황에서 이러한 모습은 점점 그럴듯해 보였다.

부트로스-갈리 사무총장은 이와 같은 현실적 문제를 인정하면서, 안전보장이사회가 채택한 입장에 따라 지역 기구가 주로 부담을 지면서 유엔은 소규모로 지원하는 유엔과 지역 기구 사이 이른바 부담의 새로운 분할을 요청하였다. 한편 부트로스-갈리 사무총장은 러시아의 타지키스탄에 대한 감시는 물론 나이지리아에 대한 유엔의 감시 임무, 라이베리아에 대한 서아프리카경제공동체(ECOWAS)의 감시 임무를 정당화하면서 '유엔과 지역 기구 사이 부담을 적정하게 나누기는 쉽지 않다. 그러나 그러한 협력이 합법성을 보장하게 되며 국제적 노력은 환영받을 수 있다. 이는 또한 유엔의 물질적, 재정적 부담도 덜어준다. 따라서 상대적인 이점이 있다.'라고 역설하였다.

이와 같은 부트로스-갈리 유엔 사무총장의 주장에 대해 그가 새롭

---

55 Soros, *American National Interest*, p. 9.

56 Charles William Maynes, "A Workable Clinton Doctrine", *Foreign Policy* 93 (Winter, 1993~1994), pp. 3-44.

게 합리화하고자 하는 것은 무엇인지, 1990년대의 함포 외교를 정당화하려는 방법을 찾으려고 하는 것인지, 그리고 이것이 단순한 현실정치는 아니라는 반론이 제기되었다. 그러나 부트로스-갈리 사무총장도 유엔을 대리하여 지역 기구가 활동할 수 있도록 승인하는 것은 특정한 국가의 영향력을 확장하는 결과를 초래할 것이라는 위험을 이미 인식하고 있었다.

결국, 인식의 차이는 주요 강대국이나 그들의 동맹은 자신들을 대표하여 행동하는 것인지, 아니면 합법적으로 유엔을 대신하여 행동한다는 것인지 그렇지 않다면 둘 다 동시에 해당하는지에 대한 문제이었다. 강대국은 자신들의 이익에 위협을 인식하게 되는 순간 행동으로 옮기지만, 반드시 그들의 행동을 국제법의 준수에 대해 사전에 반드시 합의하는 것은 아니다. 유엔의 역량 부족을 고려해볼 때, 현실적으로 책임성을 가진 지역 기구를 활용하는 방법 이외에는 대안이 없다. 따라서 유엔의 승인 아래 활동하는 회원국의 책임감 있는 행동을 기대할 수밖에 없다는 결론에 이르게 된다.

(3) 유엔의 역량 강화

페르시아만 전쟁은 냉전 이후 시대에 첫 번째 군사적인 강제행동이었다. 그러나 유엔 사무총장과 사무국은 전쟁이 진행되는 과정에서 실제로 외부자였다. 비록 최초 안전보장이사회의 승인이 정치적으로 필요하였지만, 동맹군은 유엔에 대한 책임이 없었다. 따라서 강제행위를 감시하기 위한 사무국과 안전보장이사회의 역량을 확대해야 한다는 논의가 시작되었다. 소말리아에서 유엔 사무총장의 지휘와 통제 아래 헌장 제7장에 따라 유엔군의 전개를 둘러싼 문제는 이와 같은 문제가 얼마나 중요한 성격을 지닌 것인지를 보여주었다.

안전보장이사회의 강제행위에 관한 의사결정과 이에 따른 유엔군 전개에 대한 권한에 대비해 유엔 사무총장의 권한을 확대하기 위한 여러 가지 제안이 있었다. 헌장 제99조는 이미 사무총장에게 '국제평화와 안전의 유지를 위협한다고 그 자신이 인정하는 어떠한 사항에도 안전보장이사회의 주의를 환기할 수 있도록' 권한을 부여하였다. 이 조항을 확대 적용하여 민감한 문제로 인해 회피될 수 있는 경우를 제외하고 사무총장이 특정 의제를 안전보장이사회에 올릴 수 있도록 하고 있다. 만약 특정한 강대국이 유엔 사무총장을 무시하려고 하여도 더욱 일관성 있는 고려사항을 통해 권한을 적절하게 행사할 수 있게 된다면, 안전보장이사회가 과거 평화에 대한 위협에 접근하는 이중적 기준은 감소할 수 있을 것이다.

더욱이 사무총장은 위임명령과 관련, 헌장 제96조에 따라 '총회 또는 안전보장이사회는 어떠한 법적 문제에 관하여도 권고적 의견을 줄 것을 국제사법재판소에 요청할 수 있다.' 이를 통해 유엔 사무총장은 평화에 위협을 제시하는 상황에 대한 합법적 정의를 가다듬을 수 있으며 정치적, 법적으로 수용할 수 있는 구체적인 정책 방안을 제공할 수 있게 된다.

한편 유엔 안전보장이사회 결의안은 정부 간 동의를 확보하기 위해 종종 막연하게 기술된다. 예를 들면 이라크에 대한 전쟁에서 '모든 필요로 하는 수단'이라는 단어는 비례성(Proportionality)과 관련하여 수많은 의문이 제기되었다. '모든 필요로 하는 수단'이라는 말은 또한 보스니아의 회교도를 지원하기 위한 충분한 조치를 허용하지 않는 유엔의 매우 중요한 거짓말도 되었다. 국제사회의 결정 언어는 때때로 매우 에둘러 표현되어서 어떠한 구체적인 행동과 절차가 합법적인지에 대한 결정을 내리기 쉽지 않다. 총회, 안전보장이사회 그리고 다른 유엔의 기관은 물론 사무총장도 국제사법재판소에 권고적 의견을 요청할 수 있도록 해서 안전보장이사회가 자신들의 원칙에 따라 선별적 결정을 내린 사안에 대한 비판이 감소할 수 있도록 해야 한다. 비록 위기의 상황에서 국제사법재판소의 견해를 구하는 것이 해로울 수도 있지만, 미래의 우발 상황을 예측함에서는 유용할 것이다.

사무국의 실사 조사(Fact-finding) 기능도 개선되어 사무총장이 위험한 상황에 시기적절하게 편견 없이 그리고 공정한 입장에서 평가된 자료를 받아 볼 수 있어야 한다. 평화에 위협을 제기하는 정보에 대한 접근이 많아질수록, 예방적 외교를 시작하거나 더 나아가 예방 전개를 할 수 있는 사무국의 능력도 확대될 수 있을 것이다. 유엔 사무총장실은 평화를 위협하는 모든 상황에 대한 위기를 효과적으로 평가할 수 있는 참모들로 구성되어야 한다.

위기상황에 대한 조기 대응을 위해, 사무국 내부에 독립적인 정보의 출처를 마련하여 회원국으로부터 제공된 회원국의 데이터 해석을 자동으로 처리할 수 있는 일종의 회의체를 만들자는 제안도 있었다. 이러한 노력은 한동안 연구 및 정보수집사무소(ORCI, Office of Collection of Informtion)가 주도가 되어 진행되었지만 1992년 해체되었다. 그러나 정책을 입안하기 위한 정보의 필요성은 더욱 절실하게 요구될 것이다.

마지막으로 냉전의 종결은 더욱더 객관적이고 경쟁력을 보유한 국제사회의 봉사기관으로서 유엔이 원래 창설 당시 추구하고자 하였던 구시대적인 이상을 다시 끌어내는 계기를 마련하였다. 어쩌면 지리적이나 정치적인 고려사항에 부속하여 오랫동안 무시되어왔던 국제사회에 봉사라고 하는 이상이 다시 손을 보아야 할 시간이 찾아온 것이다.

냉전의 종결과 더불어 폭력이 증가하고 불안정이 확산하게 되자 이에 대처하기 위한 유엔의 기대를 한껏 올려놓았다. 회원국과 전 세계 사람들은 유엔이 국가 간 또는 내전에 다자주의적으로 적극적으로 대응하기를 희망하였다. 부트로스-갈리 사무총장이 마련한 1992년과 1995년 보고서는 안보의 도전에 대응하는 데 그가 필요할 것이라고 믿고 있는 바를 요약하여 제시한 것이었다. 이와 같은 보고서는 미래의 유엔과 국제사회 지도자들에게 어떻게 미래의 도전에 준비할 것인가에 대한 일종의 화두를 던져주었기 때문에 심도 있게 취급하였다.

집단안보는 아직도 시험받고 있다. 그러나 변화하는 국제정치는 유엔이 헌장에 제시된 국제사회의 평화와 안전을 실행할 수 있는 두 번째 기회가 부여되었다고 생각한다. 인권, 인도주의 지원, 그리고 지속가능한 발전은 군사적 안보에 비교해 비교적 중요하지 않은 역할을 해왔다. 그러나 이와 같은 유엔의 '연성' 측면의 활동은 집단안보 메커니즘이 중단되었던 냉전 시대에 비해 발전을 거듭해왔다. 국제사회의 안보 환경변화는 이러한 분야에 대해 국제적 노력이 절실하고 이를 실천하기 위한 협력 체제를 구축하는 것이 얼마나 필요한지를 보여주었다.

제6장 한국의 평화유지 활동 참여와 발전

동명부대 평화유지 요원

우리나라는 1991년 9월 UN에 가입한 이후, 세계분쟁지역에 군대를 파견하여 국제평화활동을 전개해왔다. 남북이 분단된 제한된 상황에서도 우리 군은 해외파병을 통해 재외국민과 기업을 보호해왔으며, 실전경험을 축적하여 국방태세를 강화해왔다. 이와 더불어 해외파병은 한반도 유사시 국제사회의 지원을 끌어낼 수 있는 "전략적 투자"로서 가치를 다져왔다.[1]

국제평화활동은 UN의 등장 이후 지금까지 국제사회의 평화 유지와 재건에 있어서 큰 역할을 담당해 왔다. 국제평화활동은 그 활동 주체에 따라 UN주도의 PKO활동과 국제기구 또는 주요 국가 주도의 MNF로 양분화 되어 진행되어 왔다. 물론 두 활동의 목적이 모두 국제평화의 유지를 위한 활동이라는 공통점은 있지만, 설립의 과정과 임무수행 기반, 그리고 편성에 이르기까지 많은 차이를 갖고 있다.

우선 UN 주도의 PKO활동은 UNSC(United Nations Security Council: UN안보리)가 사무총장에게 PKO의 설치에 관한 보고서를 작성하도록 요청하면서 시작된다. 사무총장의 보고서가 UNSC의 승인을 받으면 사무총장은 바로 PKO작전에 참여할 국가와 개별 교섭을 진행한다. 교섭이 종료된 후 참여하기로 한 국가들은 UN의 통제에 따라 각자 파병인원을 준비하게 된다. 동시에 UNSC는 분쟁 당사국과 PKF의 주둔군 지위협정(SOFA)을 체결하고 모든 과정이 완료된 후 파병을 하게 된다.[2] 이

1 전제국, "한국군의 해외파병과 한반도 안보: 국제평화활동(PO)의 국익증진효과," 『국가전략』 제17권 2호(2011), p. 34.

2 외교부 이슈별 자료실 내 UN자료실, http://www.mofa.go.kr/trade/un/data/pko/index.jsp?menu=m_30_60_20&tabmenu=t_2&sp=/webmodule/htsboard/template/read/korboardread.jsp%3FtypeID=6%26boardid=91%26tableName=TYPE_DATABOARD%26seqno=273359 (검색일:2018. 9. 23)

렇게 설치된 PKO는 UNSC의 결의를 기반으로 설치되고 사무총장이 임명한 지휘관을 중심으로 통제를 받으며 작전을 수행하기 때문에, 경비 역시 UN회원국들의 분담금으로 충당하게 된다. 또한 UN의 통제를 받기 때문에 UN PKO활동은 UN 헌장 상의 원칙을 준수하며 활동하여야하고, 특히 설치부터 실 작전활동 간 무력의 사용에 있어서 자위를 위한 무력 외에는 사용이 제한적이다. 설치 과정에 있어서 주둔군 지위협정을 분쟁 당사국과 체결하는 이유 역시 UN의 파병 원칙 중 당사자 동의의 원칙을 준수하기 위함이다.[3]

반면 MNF는 핵심 이해 당사국 또는 지역기구들의 협의를 통하여 설치가 된다. 통상 설치 이후 안보리 결의를 통해 승인을 받는 것이 관례적이고 대부분의 활동이 승인을 받았지만 의무적인 것은 아니다. MNF는 설치부터 활동에 이르기까지 이해 당사국이나 지역기구 중심으로 이루어지기 때문에 무력 사용도 보다 적극적이고 범위도 크다. 그리고 경비 역시 참여국들 스스로의 활동비용은 참여 국가가 부담하는 체계로 되어있다. MNF의 지휘통제는 파견 국가들 사이의 협조에 의하여 이루어진다. 하지만 MNF의 작전은 UN의 승인이 없다는 점 때문에 PKO활동보다는 정당성 확보에 불리한 측면이 있다. 이러한 불리함에도 불구하고 UN의 관여를 배제한 자율적인 군사력의 운용을 선호하는 강대국에게 있어 MNF는 매력적인 선택이 될 수 있는 것이다. 대표적인 MNF 사례로는 이라크에 파병되었던 MNF를 들 수 있다.

---

3 UN의 평화유지 활동은 동의의 원칙, 중립의 원칙, 제한된 무기사용의 원칙, 국제연합의 직접통제의 원칙 등 4대 원칙을 기본으로 한다. 강대국에 의한 무분별한 개입을 방지하고 UN 활동에 정당성을 부여하며 당사국으로 하여금 침략으로 오인하지 않도록 하기 위한 장치인 것이다.

표 6-1 UN PKO와 MNF의 차이

	UN PKO	다국적군(MNF)
설치 근거	미션의 설치를 안보리 결의로 결정	핵심이해당사국 주도 창설 결정 안보리 결의 승인관례
임무	적대행위가 종료된 지역에 정전 감시, 평화협정 이행감시, 전후 복구 등 임무 수행 * 접수국 동의 필요 * 다국적군 창설을 주도하려는 국가가 없을 경우 적대행위 위험성이 있는 경우에도 예외적으로 UN 평화유지군을 파견 하는 경우가 있음.(robust peace-keeping)	침략행위 발생 또는 평화가 교란된 지역에서 평화회복 임무 수행 (peace enforcement) * 접수국 동의 불요 * 평화가 회복된 지역이라도 뜻 있는 국가들이 평화유지활동을 위해 다국적군 파병하는 경우도 빈번
무력사용 범위	자위목적으로만 무력사용	침략격퇴, 무력진압 등을 위한 적극적 무력 사용 가능
UN 통제장치	UN사무총장이 사령관을 임명하며, 안보리의 지침을 받아 작전 지휘권 행사	- 병력 공여국들이 자체 통제 체계 수립 - 안보리는 임무범위 및 기한 재검토 기능을 통해 형식적 통제
경비부담	UN회원국들이 분담	병력 파견국 자담

출처: 진성현. "중국의 PKO파병 수준 결정에 있어 주변국 참여 수준이 미치는 영향 연구: 중국의 수단 내 PKO 활동을 중심으로," 연세대학교 대학원 석사학위 논문 (2017).

1. 국가 정책에 있어서 국제평화활동의 의의

한 국가의 대외정책은 경제적, 군사적 정책과 같은 경성권력과 문화적 정책과 같은 연성권력으로 구분할 수 있다. 각각의 정책이 추구하는 목표는 다르지만 다양한 대외정책 중 PKO는 다른 대외정책에 비하여 크게 세 가지 측면에서 더 큰 의미를 지니고 있다.

첫째, PKO활동은 국가 안보와 직결되는 직접적인 병력의 투사가 필요하다. 한 국가가 가진 군사력의 궁극적인 목적은 국가 안보의 유지이다. 아무리 한 국가가 국제사회에서 많은 이익을 창출하고 국위를 선양하면서 많은 기여를 하고 있다고 하더라도 자국의 안보가 불안정하면 모래 위의 성처럼 불안정한 상황이 지속된다. 그렇기 때문에 국가 안보의 중심축이라 할 수 있는 군사력 중 가장 직접적인 평가의 척도가 될 수 있는 병력의 차출은 국가 정책의 결정에 있어서 다른 많은 요소들보다 우선적으로 고려해야하는 사안이 될 수 있다. 이런 맥락에서 국제평화활동에 병력과 장비를 직접적으로 파병한다는 것은 두 가지 상황의 가정 하에서 가능하다. 첫 번째는 국가 안보에 대한 확신, 두 번째는 자국의 안보 취약성을 만회해 줄 국제사회에 대한 기대가 있을 때 가능한 것이다. 하지만 두 가지 상황 모두 어떤 국가도 확신하거나 자신 있게 상황적 가정이 충족되었다고 말하기 힘든 상황이다. 설사 이런 상황적 요소가 충족되었더라도 국가 내부의 여론이 상황적 가정요소와 연계하여 파병에 긍정적이어야만 파병이 가능하다. 국가 내부적으로 상황적 요소 충족에 대한 인식이 공유가 되어 있어야 국가 정책으로서 평화유지활동에 직접적인 병력 파병이 가능한 것이다. 물론 파병부대에 있어 자국의 위기상황 발생 시 즉시 복귀한다는 계획이 있어 전투력에 있어서 장기적으로는 큰 공백은 아니겠지만 단기적으로는 간과할 수 없는 비용 중 하나로 볼 수 있다.[4] 이렇듯 평화유지활동에 참여한다는 것은 국가의 존폐와 직접적으로 연결된 군사력, 구체적으로는 병력과 장비의 투사를 필요로 한다는 점에서 다른 대외정책에 비하여 더욱 신중한 논의와 결정이 필요한 것이다.

둘째, 국제평화활동은 UN 주도의 활동이든 MNF 중심의 활동이든 국가 예산의 직접적인 투자를 필요로 한다. 국가 예산은 크게 대내적 예산과 대외적 예산으로 구별된다. 대내적인 예산은 자국의 발전을 위해 국내에서 사용되는 것으로 즉각적인 효과를 목표로 하고 있다. 하지만 대외적인 예산은 국외적으로 사용되는 예산으로 타국, 또는 국제기구의 활동을 위해 사용되는 예산이다. 이는 단기간의 효과를 보장하지 못하거나 아예 효과 자체가 없을 수 있다는 위험부담이 있다. 국제평화활동을 위한 예산은 대외적인 예산이고 이런 측면에서는 효과성을 장담할 수 없는 예산이라 볼 수 있다. 그렇기 때문에 이런 불확실성을 극복하여 각 국가의 참여를 독려하기 위하여 UN에서는 2년마다 총회를 통해 PKO분담금에 대하여 각 국가별 분담 비율을 책정하고 있다.[5] 하지

---

4 전제국(2011), pp. 33-67.

5 2015년 12월 UN 총회에서 결정된 PKO분담금은 가장 상위의 상임이사국 그룹부터 최하

만 이런 PKO활동에 들어가는 분담금은 고정적인 것이 아니라 임무의 진행 상황에 따라, 또는 현지 사정에 따라 얼마든지 추가 될 수 있는 비용이라는 측면에서 각 국가의 적극적인 참여를 기대하기 어려운 측면이 있다. 결론적으로 국가의 대외적인 예산이 효과성을 장담할 수 없는 예산이고, 특히 국제평화활동에 소요되는 예산이 다른 대외적 예산보다 불확실성이 높은 예산이라는 측면에서 국가 대외정책에 있어서 국제평화활동의 참여는 그 중요성을 더욱 확고히 하고 있다고 볼 수 있다.

셋째, 국제평화활동은 앞서 살펴보았던 군사력과 경제력의 직접적인 투사뿐만 아니라 사회 치안유지를 위한 경찰력과 민간전문가들 등 국가의 제반 기능이 복합적으로 활동해야 한다는 특징이 있다. 최초 단순한 평화유지(Peace Keeping)의 활동에서 확대된 평화유지활동은 오늘날에 이르러 평화 강제에서부터 평화재건에 이르기까지 폭넓은 활동의 스펙트럼을 포함한다. 이렇게 역할이 확대되면서 효과적이고 성과 있는 평화유지활동을 위해서는 군 병력 뿐만 아니라 사회 치안유지를 위한 경찰력, 그리고 재건사업을 위한 민간 전문가의 적극적인 활동이 필요하게 되었다. 결국 국가의 대외정책에 있어서 중요한 요소인 군사력과 경제력이 직접적으로 투사된 국제평화활동의 성공을 보장하기 위해서는 군, 경, 민간 전문가를 포함한 국가의 제반 모든 역량이 투사되어 공동의 노력을 기울여야 하는 종합적인 활동이 되었다고 볼 수 있다.

결론적으로 국제평화활동은 한 국가의 대외정책 중 직접적인 안보의 핵심인 군사력의 투사를 필요로 한다는 점, 경제적으로 효과를 보

위의 극빈국까지 10개의 등급으로 나누고, 등급 별로 분담금에 차등을 두어 국제사회에서의 실질적 형평성을 도모하였다.

장할 수 없는 불확실한 대외적 예산의 가변적인 투사를 필요로 한다는 점, 마지막으로 군사력과 경제력 외에도 국가의 제반 기능이 모두 합심하여 투입되어야 한다는 점에서 쉽게 결정할 수 없는 대외정책이다. 그렇기 때문에 한 국가의 국제평화활동 참여는 쉽게 결정을 내릴 수 없고 현지의 상황과 자국의 상황, 그리고 국제사회의 요구 등 고려해야 할 요소들을 충분하게 고려해야 한다.

그렇다면 국제사회의 흐름 속에 우리 한국은 현재 어떤 환경에 처해 있으며 또한 어떤 요구를 받고 있는지 살펴볼 필요가 있다. 가장 먼저 지금의 한반도를 둘러싼 국제정세는 역사적으로 그 어느 때보다 급변하고 있다. 2018년 4월 27일 '판문점 선언'을 시작으로 한반도 내의 군사적 긴장상태를 완화하기 위한 국제사회의 움직임은 그 어느 때보다 활발하게 논의되고 있다. '판문점 선언' 이후 약 한 달이 지난 상황에서 판문점 북쪽 지역인 통일각에서 2차 남북정상회담이 성사되었고 이어 6월 12일에는 북미 정상회담이 개최되기에 이르렀다. 그리고 9월 19일에는 3차 정상회담 결과로 '평양공동선언'이 발표되었다. 이후에 북일 정상회담 역시 거론되기 시작하였고 UN 총회에서 남북 대표가 각각 연설을 통해 한반도에서의 평화조성 분위기를 전파하였고 미국 역시 지지의 목소리를 표명하였다.

이러한 일련의 환경 속에서 가장 중요하게 거론되는 것이 남북 상호간의 군사적 긴장 완화조치에 대한 순서와 수준이다. DMZ 내에서의 지뢰제거 작업, GP 철수, NLL 인근 지역의 평화 수역화 등 긴장을 완화하고자 하는 방안에 대한 협의는 이루어졌지만 북한의 전면적인 비핵화 조치가 선행되어야 한다는 미국의 입장과 남한과 미국의 위협, 특히 미국의 대북제재와 같은 위협해제가 우선시 되어야 한다는 북한의 입장이 대립하고 있는 것이다.

여기에서 「국방개혁 2.0」 한국 군사력 건설에 방향 설정에 큰 변화가 찾아왔다. 한국전쟁의 정전 선언이 있었던 1953년 이후 한국의 군사력 건설을 지향하는 방향의 기준점이었던 북한의 위협이 줄어들고 있기 때문이다. 지난 2016년까지 국방부에서 격년 단위로 발간하는 국방백서에 따르면, 한국의 군사력은 북한의 위협에 대비하는 것이 최우선 과제였다. 실제로 한반도의 군사적 긴장 완화조치에 대한 협상이 진행되기 전, 국방부가 추진하던 국방개혁 상에는 한국형 3축 체제(한국형 미사일 방어체계, 대량응징보복, 핵심위협 긴급 대응타격)에 대한 추진 방향이 제시되었다. 이는 북한의 핵미사일 위협에 대응하기 위한 체계로서 변화해 가는 북한의 위협에 대응하여 한국의 국방력 건설의 방향이 설정되고 있다는 것에 대한 증거라 할 수 있다. 또한 얼마 전 국가 내부적으로 2018년 출간 된 국방백서에서 '주적'의 개념을 어떻게 할 것인가와 북한을 적으로, 또는 주적으로 명시할 것인가에 대한 뜨거운 논쟁이 있었다. 이는 국방백서가 제시하여야 하는 군사력 건설 방향의 설정에 있어서 핵심이 되는 논쟁으로 국회뿐만 아니라 사회적으로, 그리고 국방부 장관의 임명 청문회에서도 뜨거운 논쟁을 야기하였다.

혹자는 현재의 이런 상황을 놓고 방향성을 잃은 국방개혁의 추진에 대한 우려를 표명하기도 하였다. 국가 안보를 위한 군사력의 건설이라는 것은 결국 국가 안보를 위협하는 위협에 대한 정의가 있어야 한다는 점에서 이런 우려가 전혀 근거 없는 기우라고 치부하기는 어렵다. 바꿔 말하면 이제 한국군은 미래에 예상되는 한국 안보의 위협 세력과 이에 대한 대응책에 대하여 면밀하게 고찰해야 할 필요성이 대두된 것이다.

이 모든 상황을 종합적으로 판단해 보았을 때 한국군은 향후 군사력 건설의 방향성으로 '연합작전 능력의 제고'를 설정할 수 있다. 그 이유로 한국의 안보에 가해질 위협 중 북한의 직접적인 위협을 완전히 배제할 수는 없다. 북한의 노동당 규약 상에 명시되어 있는 한반도의 완전한 공산주의[6]라는 국가의 목표가 수정되거나 삭제되지 않는 이상 북한의 국가전략은 결국 대남 적화통일임이 명확하기 때문이다. 다음으로 테러에 대한 위협 역시 염두에 두어야 한다. 이미 국제사회는 불특정 다수에 대한 무차별 테러라는 공포에 직면하여 공동의 노력을 통해 이를 해결하기 위해 노력하고 있다. 더욱이 국제사회에서 자행되는 많은 테러들이 민족, 종교, 정치적 이념 등 다양한 원인에서 발생하고 있다는 점에서, 전 세계 모든 국가가 테러의 대상국이 되고 있으며 더 이상의 테러 안전지대는 없는 실정이다. 이런 상황에서 한반도 역시 테러의 안전지역이라 자부할 수 없다. 또한 불특정 다수에 대한 무차별적 테러는 그 대응에 있어서 한 국가가 자체적으로 준비하고 대응하기 어려운 위협이다. 그렇기 때문에 우리는 향후 발생할 수 있는 최악의 위협상황을 대비하기 위해서 국제사회와의 연합전력 운용에 대한 관심을 제고하여야 할 필요가 있는 것이다. 특히 한·미연합사령관이 UN군 사령관을 겸하고 있는 한반도의 작전환경 속에서 국제사회에서의 다양한 군들과의 연합작전 능력은 한국군이 반드시 갖춰야 할 자질이라 할 수 있다. 하지만 이런 연합작전의 능력은 단순한 작전계획의 교환과 상호 이해

6 통일부 북한정보포탈, 조선노동당 규약, https://nkinfo.unikorea.go.kr/nkp/search/search.do?collection=ALL&query=%EB%85%B8%EB%8F%99%EB%8B%B9+%EA%B7%9C%EC%95%BD&detailYn=n(2021. 2. 10. 검색).

로만 달성할 수 없다. 실질적인 훈련과 작전경험을 통해 꾸준히 제한사항을 식별하고 이를 개선해 나가는 노력이 반드시 필요하다. 그리고 이런 실전적인 훈련과 작전경험을 축적하기 가장 용이한 분야로서 국제평화활동이다.

다음으로 한국의 변화된 요구를 살펴보는 데 있어 국제사회에서 한국의 위상제고를 반드시 살펴보아야 한다. 한국은 현재 세계 10위권대의 경제 및 군사 강국이며, 7번째로 '20 · 50클럽'(국민 총소득 2만 달러 / 인구 수 5천만 명 이상)에 가입한 나라이다. 또한 1988년 서울 올림픽, 2002년 월드컵, 2011년 대구 세계육상선수권 대회, 2018년 평창 동계올림픽 등 세계 3대 스포츠 행사를 모두 개최한 나라일 뿐만 아니라 범세계적인 한류 열풍을 고려한다면 객관적인 지표에서는 강대국에 진입하고 있다고 평가할 수 있다. 하지만 4대 강대국으로 둘러싸여 있는 지정학적 현실과 정전체제로 인하여 남북이 대결해야만 하는 한계 때문에 다른 나라들에 비해서 상대적으로 중견국 지위 그 이상을 기대하기 힘든 것이 사실이다.[7]

그렇다면 여기서 중견국에 대하여 세부적으로 확인하고 한국의 위상을 다시 한 번 확인해 볼 필요가 있다. 중견국에 대한 연구에 있어서 가장 대표적인 연구는 쿠퍼(Andrew F. Cooper), 히곳(Richard A. Higgott), 노잘(Kim R. Nossal)의 연구와 라븐힐(John Ravenhill)의 연구, 채프닉(Adam Chapnick)의 연구가 있다.

쿠퍼와 히곳, 노잘의 연구를 살펴보면 중견국을 위계적, 지리적, 규

---

7 김우상, 『신한국 책략 Ⅲ』(서울: 세창출판사, 2012).

범적, 행태적 측면에서 정의하였다.[8] 먼저 위계적 측면에서 중견국은 규모의 측면에서 강대국과 약소국의 사이에 위치하고 있고, 이념적 측면에서 역시 중간에 위치하고 있다고 주장하였다. 규범적으로는 국제법과 규범을 준수하여 도덕적으로 믿을만하고 강한 책임감을 가지고 있으며 대화와 타협의 자세를 바탕으로 국제사회의 안정을 유지하기 위해 노력하는 국가로 정의된다. 마지막으로 행태적 측면에서 중견국은 세계 변화에 따라 활동하는 활동적인 참가자이자 국제조직의 지지자 역할을 하는 국가로 정의된다. 이런 행태적 특징으로 중견국은 국제사회에서 특정 이슈에 대한 촉매자, 촉진자, 관리자의 역할을 수행하게 된다고 설명한다.

다음으로 라븐힐은 기존의 이론들을 정리하여 중견국의 지위에 대한 정의를 5Cs(Capacity, Concentration, Creativity, Coalition-building, Credibility)로 정리하였다.[9] 역량(Capacity)은 능력적인 측면에서 약소국에 비하여 우수한 외교적 능력을 보유하고 있는 국가로 정의한다. 집중(Concentration)은 강대국에 비하여 제한된 자원을 보유하고 있기 때문에 목표의 우선순위에 따라 특정 영역에 자원을 집중하는, 특화외교의 모습을 보이는 국가로 설명한다. 창의성(Creativity)은 중견국이 특정 영역에서 리더십을 발휘하기 위해서는 권위에 의한 것이 아니라 생각의 힘에 의한 창의성이 필요함을 주장하였다. 제휴 구축(Coalition-building)은 중견국이 국제사회

---

8 Cooper, Andrew F., Higgott, Richard A., and Nossal, Kim R., *Relocating Middle Powers: Australia and Canada in a changing World order* (Vancouver: UBC Press, 1993), pp. 14-15.

9 Ravenhill, John, "Cycles of middle power activism: Constraint and choice in Australian and Canadian foreign Policies," *Australian Journal of International Affairs* Vol. 52, No. 3 (1998), pp. 309-327.

에서 영향력을 행사하기 위하여 뜻을 같이하는(Like-minded) 국가들과 연합을 형성하여 다자주의적 접근을 지향함을 설명한다. 마지막으로 신뢰성(Credibility)은 중견국가가 강대국과 달리 그들의 이익을 추구함에 있어서 강대국과 달리 의도를 의심받지 않는, 신뢰성을 기반으로 한 외교를 실시하는 국가임을 설명한다.

마지막으로 채프닉은 중견국을 기능주의적 측면, 행태주의적 측면, 그리고 위계적 측면으로 정의하였다.[10] 그의 이론에 따르면 우선 기능주의적 측면에서 중견국은 강대국처럼 모든 영역에 있어서 영향력을 행사할 수는 없지만 특정 영역에서 영향력을 발휘할 수 있는 능력을 가진 국가로 정의한다. 이런 중견국의 특징은 중견국의 외교가 전방위 외교가 아닌 특정 영역에 집중하는 특화외교를 추구함을 잘 설명해줄 수 있다. 또한 중견국은 지역 내 강대국들 사이에서 첫 번째 지지자(First Follower) 또는 조정자로서의 역할을 하여 지역 안정을 유지하는 역할을 담당하고 있다고 설명한다. 두 번째, 행태주의적인 측면에서 중견국은 다자주의적 해결을 지향하고 선량한 국제시민으로서 국제사회에 기여하는 특징이 있다고 설명한다. 세 번째로 위계적 측면에서 중견국은 국력에 있어 강대국과 약소국 사이의 서열에 위치하고 있다고 설명한다. 국력은 영토, 인구, 경제력, 군사력 등 측정 가능한 수치를 바탕으로 계량화하여 제시하였다.

이런 기준으로 한국을 살펴보았을 때 한국은 전형적인 중견국임을 쉽게 유추할 수 있다. 위계적으로는 강대국과 약소국의 중간층에 위

10 Chapnick, Adam, "The Middle Power," *Canadian Foreign Policy* Vol. 7, No. 2 (1999), pp. 74-76.

치하면서 다자주의적 접근을 선호하고 특화된 외교의 분야를 추구하며 국제사회의 규범적 선도자가 되기 위한 다양한 활동을 하고 있다. G20이나 국제기후협약과 같은 다자주의적 회의에서 아젠다를 제시하고 이를 이끌어가는 능력을 증명하여 중견국으로서의 선도적 역할을 하고 있음을 보여주었다.

이렇게 한국은 국제사회에서 최초로 원조 수혜국에서 공여국으로의 전환이라는 역사상 전례 없는 성장을 이루어낸 국가이다. 더욱이 반기문 전 UN 사무총장의 배출과 비상임이사국으로의 꾸준한 역할은 국제사회에서 한국의 위상이 얼마나 높아졌는지 알 수 있는 대목이다. 이렇게 급성장한 한국의 국력에 대하여 국제사회는 그에 걸맞은 기여를 기대하고 있다. 단순히 분담금뿐만 아니라 실제 병력의 공여를 통하여 책임감 있는 중견국 선도국가로서의 모습을 기대하고 있는 것이다. 하지만 아직까지 한국은 이런 국제사회의 기대에 부응하지는 못하고 있는 실정이다.

그렇다면 중견국가 한국에게 국제사회에서 바라는 바람직한 국제평화활동 참여의 모습은 어떤 것일까?

앞서 살펴보았듯이 중견국가의 외교적 특징은 전 방위 모든 분야에서의 외교보다는 잘할 수 있는 특화된 영역에서의 외교를 추구한다. 국제평화활동에 있어서도 전 방위적인 병력 공여와 재정 공여를 다 하고 싶어도 실질적인 능력의 한계로 한국은 전 방위에서 국제평화활동에 폭넓게 참여하는 것이 제한된다. 그렇기 때문에 한국이 잘할 수 있는 분야에 특화된 외교의 형태로 국제평화활동에 참여하는 방안을 모색해야 할 것이다.

물론 전 방위적으로 국제평화활동 참여에 적극적으로 참여하는 국가가 전혀 없는 것은 아니다. 대표적인 예로 중국은 현재 분담금에 있어서는 일본을 제치고 미국에 이어 2위의 분담금을 부담하고 있다. 동시에 중국은 3천 명 이상의 병력을 직접 파병하여 유엔 평화유지 활동에 참여 중이며, 중국 내에도 1개 항공대대, 8백 명 이상의 경찰병력 등을 상비부대로 유지하며 훈련을 하고 있다. 이런 중국의 모습은 군사적, 경제적 강대국으로서의 바람직한 모습이라 할 수 있다. 더욱이 미국과 중국의 경쟁 구도 속에서 국제기구 내에서의 입지를 늘려 나가려는 중국에게는 정당성이 확보된 UN PKO활동에 적극 참여하는 것이 국가 이익이라 판단했기에 가능한 참여 행태라 볼 수 있다.

하지만 한국은 중국처럼 병력과 자금 모두를 적극적으로 공여하기 힘든 상황이다. 그 원인으로 첫 번째는 한국 자체의 안보상황과 능력의 부족이다. 물론 한국의 안보 환경이 많이 변화하고 있는 시점이지만 아직도 한국은 북한과 정전상황이라는 특수한 상황 하에서 대치하고 있는 중이다. 이런 상황에서 자국의 병력 파병은 분명 안보 공백으로 작용할 가능성이 크다. 그렇다고 한국의 국방력이 기본 병력 외에 잉여 병력이 남을 정도로 많은 것은 아니다. 즉, 그만큼 직접적인 병력 파병을 늘릴 여건이 안 되는 것이다. 두 번째로 한국 내 여론이 파병에 대하여 부정적인 시각을 갖고 있다는 문제가 있다. 베트남 파병을 통하여 경제성장을 이루었지만 이에 대해서 역시 젊은이들의 피로 이룬 경제성장이라는 이름표를 붙이며 자국 국민이 파병을 가서 피해를 입는 것에 대하여 상당히 부정적인 시각이 만연해 있다. 더욱이 한반도의 안보상황과 결부되어 자국군의 파병에 대한 여론은 더더욱 안 좋은 상황이다. 따라서 한국은 적정규모의 병력을 파병하지만, 국제사회에서 그 공로를 인정받고 국가 위상에 걸맞은 평화유지활동을 하고 있다는 평가를 받을 수 있는 영역을 찾아내야만 한다.

이에 대하여 한국군은 지금까지 수많은 파병에 있어서 그 어떤 군보다 '대민작전' 부문에서 우수하다는 평가를 많이 받아왔다. 비록 군이 담당해야 할 역할은 아니지만 평화재건의 과정에서 태권도와 한글을 전파하며 마을을 건설하는 활동으로 점령군보다는 지원군의 이미지를 성공적으로 만들어 왔다. 이에 한국군의 대민작전을 벤치마킹하려는 많은 국가들의 시도가 있었다. 특히 오늘날 평화유지활동은 단순한 평화재건만 이루어지는 것이 아니라 선제적인 활동부터 평화강제, 그리고 평화유지, 평화재건에 이르기까지 폭넓은 스펙트럼에서 이루어지고 있다는 현실을 고려하여 더 넓은 분야에서 한국의 장점을 살릴 수 있는 한국형 파병모델의 연구와 개발이 시급하다고 할 수 있다. 이를 통하여 국내적으로는 여론의 지지를 받고 국가적 합의를 거친 파병을, 그리고 국제적으로는 국가 위상에 걸맞은 수준으로 인정을 받을 수 있는 파병을 지향하여야 할 것이다.

2. 1991년 이후 한국의 해외파병과 성과

1973년 베트남 전쟁에서 철수한 이후 한국은 1991년까지 군대를 해외에 파병하지 않았다. 1991년 이후 현재까지 한국은 21개 부대를 해외에 파병하였으며 그 내용은 〈표 6-3〉과 같다. 국방부는 개인 단위로 UN 임무단이나 다국적군 사령부에 옵서버나 참모 등으로 파견하는 인원까지는 파병자 현황에 산입하나 개인파병이라고 불리는 개인 단위 파병은 엄밀히 말해 파병이 아닌 파견이다.[11] 따라서 개인 파견이라고 특정하지 않는 이상, 파병은 부대파병을 뜻한다. 한국의 21개 파병부대는 파병 근거를 기준으로 할 때 UN PKO 파병과 비 UN 다국적군 파병으로 나눌 수 있다.[12] 앞서 제시한 UN PKO와 MNF라는 기준을 바

---

11 개인파병은 옵서버, 참모장교, 연락장교처럼 무력 사용을 전제로 하지 않는 직위에 보직되어 임무를 수행하기 때문에 지휘관을 중심으로 인원, 무기, 장비에서 편제를 갖춰 파병되는 부대파병과는 성격이 다르다. 또한 개인파병이라 불리는 파병은 국회의 동의 없이 이루어지는 반면 부대파병은 헌법 제60조에 따라 국회의 동의가 필요하다. 이러한 성격이 반영되어 '국제연합 평화유지활동 참여에 관한 법률'(법률 제13123호, 2015. 2. 3. 일부개정) 제2조(정의) 2항은 파견부대를 정의할 때 개인 단위로 활동하는 군인들의 결합이나 연합은 제외하고 있으며, 제6조(국군부대 파견의 동의) 1항은 국군부대를 해외에 파견하고자 할 때에는 사전에 국회동의를 규정한다.

12 국방부는 UN이 직접 구성하는 임무단(United Nations Mission)에 병력을 파병은 "UN PKO 파병"으로, 반면 UN의 요청이 아닌 파병은 "다국적군 평화활동" 또는 "국방협력"으로 부르고 있다.

탕으로 한국이 1991년 이후 현재까지 실시한 21건의 해외파병을 상세히 살펴보면 다음과 같이 세 가지 유형으로 세분화할 수 있다.

첫째, 국제법상 구속력을 갖는 UN 안전보장이사회 결의(UN Security Council Resolution, 이하 안보리 결의)에 따라 UN이 창설하고 주도하는 임무단에[13] 파병하는 UN PKO 파병이다. UN 임무단에 병력을 공여하는 국가는 UN이 정하는 원칙과 목적 그리고 UN이 제공하는 예산에 따라 활동하기 때문에 파병을 두고 국내 · 외에서 나올 수 있는 비판과 재정 부담에서 상대적으로 자유로우며 국내 반대 세력과 UN을 각각 상대해서 별도의 협상을 하지 않아도 되는 장점이 있다.[14] 반면 병력 공여국은 자국의 독자적인 이익과 판단이 아닌 UN이 정한 목적에 따라야 하는 단점이 있다.[15] 한국은 1993년 소말리아에 상록수부대를 파병한 것을 시작으로, 1994년 서부사하라에 국군의료지원단, 1995년 앙골라에 공병부대, 2000년 동티모르에 상록수부대[16], 2007년 레바논에 동명부대, 2010년 아이티에 단비부대, 2013년 남수단에 한빛부대를 각각 파견하였다. 2018년 10월 현재 활동하는 동명부대와 한빛부대 또한 이 범주에

---

13 2018년 10월 현재 이러한 UN 임무단은 전 세계에 14개가 활동 중이다.

14 UN임무단에 참여할 경우 발생하는 비용은 UN이 경비를 보전하기 때문에 공여국의 재정 부담이 이론 상 전혀 없을 수 있으나 해외파병수당, UN 경비 보전 외 항목 지출 등이 발생하기 때문에 별도의 추가 비용이 발생한다.

15 UN 임무단은 형식적이라 하더라도 지휘체계가 형성되나 공여국이 명령이나 지시를 따르지 않더라도 임무단 또는 UN이 이를 제재하는 것은 사실상 불가능하다. 그러나 UN을 비롯한 관련 국가나 기관으로부터 받는 신뢰와 위신에 문제가 생기는 등의 반대급부가 따르기 때문에 UN임무단과 공여국은 이러한 상황이 발생하지 않도록 노력한다.

16 상록수부대는 처음에는 안보리 결의 제1264호에 따라 호주가 주도하는 다국적군의 일원이었으나 1999년 10월 25일 안보리 결의 제1274호에 따라 2000년 2월 28일 이후로 UN 과도행정기구(United Nations Transitional Administration in East Timor: UNTAET) 예하의 평화유지군으로 전환됨으로써 이 범주에 속하게 되었다.

속한다.

둘째, 다국적군 파병은 다음 두 가지로 보다 상세히 세분화할 수 있다. 첫째는 안보리 결의가 있으나 UN이 독자적인 임무를 창설하는 대신 특정한 국가 또는 지역안보기구에 주도권을 위임해 만들어진 다국적군(Multinational Forces: MNF) 파병이다. 이러한 형태의 파병은 안보리 결의가 국제법상 정당성과 명분을 제공하고 강대국 또는 지역안보기구는 이를 바탕으로 특정한 목적의 군사 활동을 주도한다는 특징을 가진다. UN 임무단에 참여하는 것과 비교할 때에 파병국은 파병하는 국가들 사이에 합의로 결정하는 임무, 지휘구조, 예산 부담 등을 제외하면 책임지역 내에서 독자적이고 자율적인 행동의 범위가 상대적으로 넓다는 특징이 있으며 이 때문에 파병의 목적에 맞게 국익을 극대화하는 장점을 가질 수 있다. 그러나 이러한 파병은 안보리 결의라는 명분과 기준점을 중심으로 주도하는 국가(또는 지역안보기구)와 파병범위 및 임무 등을 협상해야 하고, 다른 한편으로는 국내 정치에서 파병 지지를 이끌어내면서 이 둘 사이에서 최적의 결론을 도출해야 한다. 이 때문에 UN PKO 파병에 비해 보다 복잡한 과정을 거쳐야 하며 그에 따른 예산을 전담해야 한다. 한국은 1991년 이후 현재까지 이러한 형태의 파병으로 4개 지역에 11개 부대를 파병하였다. 가장 먼저 꼽는 것은 1991년 1월부터 4월까지 사우디아라비아와 아랍에미리트에 각각 파견된 국군의료지원단과 공군수송단이다. 이 두 부대는 1990년 11월 29일 안보리 결의 제678호를 근거로 미국이 한국에 지원을 요청하여 파병되었다. 앞서 언급한 동티모르 상록수부대는 1999년 9월 15일 안보리 결의 1264호에 따라 오스트레일리아 군이 주도하는 동티모르 다국적군(International Force in East Timor, 이하 INTERFET)에 참여한 것이다. 2001년 9월 11일, 오사마 빈 라덴의 대규모 항공기 자살 테러 이후 UN은 2001년 9월 28일에 안보리 결의 제1373호를 채택하면서 9 · 11 테러에 따른 회원국의 테러 대응 노력을 요구했고, 2001년 12월 20일에 안보리 결의 제1386호가 채택되면서 국제안보지원군(International Security Assiatance Forces, 이하 ISAF)이 창설되었다. 한국은 이를 근거로 미국이 아프가니스탄에서 주도한 '항구적 평화작전(Operation Enduring Freedom)'에 해군 해성부대(2001), 공군 청마부대(2001), 의료부대인 동의부대(2002), 공병부대인 다산부대(2003)를 각각 참여시켰다. 아프가니스탄에 파병된 동의부대와 다산부대는 2007년 샘물교회 인질 사건을 계기로 모두 철수하였으나 2009년에 정부는 안보리 결의 제1890호(2009. 10. 8.)에 따라 아프가니스탄 지방재건팀(Provincial Reconstruction Team, 이하 PRT)에 참여할 것을 결정하고, 2010년 7월부터 2014년 6월까지 지방재건팀을 아프가니스탄에서 운영하였으며 지방재건팀 경호 등의 목적으로 오쉬노부대를 함께 파병하였다. 아프가니스탄에서 국제안보지원군(International Security Assistance Force, 이하 ISAF)가 PRT를 운영하는 것은 안보리 결의 제1563호(2004)와 제1623호(2005) 등을 근거로 한 것이나, 이는 UN이 직접 지휘하거나 감독하지는 않았다. 소말리아 해역의 해적에 대응하여 파병된 청해부대(2009~현재)는 2008년 10월 5일 안보리 결의 제1838호를 근거로 2009년 1월 12일 만들어진 연합임무부대(Combined Task Force 151, 이하 CTF 151)에 파병된 것이다.

둘째, 안보리 결의와 같은 국제법상 근거가 없거나 또는 상대적으로 미약한 반면 국익에 따라 독자적으로 결정하는 다국적군 파병이다. 이라크 파병(2003~2008)이 이에 해당하는 대표적인 사례이다. 이라크파병은 2003년 3월 20일 이라크를 상대로 미국이 시작한 이라크 자유 작전(Operation Iraqi Freedom)을 지원해 달라는 미국의 요청에 따른 것으로서 이라크를 상대로 무력 사용을 승인한 안보리 결의는 없는 반면 사후적으로 다국적군의 활동 근거를 인정한 안보리 결의가 있다.[17] 이러한 파병은 국가이익 극대화를 가장 중요한 고려 요소로 삼는 독자적인 의사결정으로서 파병 이후 활동에서도 자율성을 갖는 장점이 있는 반면 파병의 명분을 둘러싸고 국내는 물론 국제사회로부터 나오는 반대에 직면할 가능성이 높다.

셋째, 파병 대상국가와 상호 합의를 근거로 하는 독자적인 파병이다. 아랍에미리트의 요청에 따라 양 국가 간 군사협력을 위해 파병된 아크부대(2011~현재)와 2013년 필리핀 태풍 피해 이후 필리핀 정부의 요청에 따라 재해 복구를 위해 파병된 아라우부대(2013~2014)가 여기에 해당한다. 이러한 파병은 국제적으로 공통된 근거는 없으나 파병국과 파병을 받아들이는 국가 사이에 상호 합의를 전제로 하기 때문에 상호 국가이익이 일치하는 경우 성사될 수 있는 반면, 파병을 하는 국가와 파병을 받는 국가 내부에서 각각 국내의 반대가 따를 수 있다. 앞의 세 유형별로 그동안 나타났던 모습을 간략하게 정리하면 〈표 6-2〉와 같다.

---

17 미국은 이라크를 상대로 2003년 3월 20일 개전하였고 5월 1일 미국 조지 부시 대통령이 군사작전 종료를 선언하였다. 이후 UN 안전보장이사회는 이라크의 재건과 치안 회복을 주 내용으로 하며 이에 대한 미국-영국 연합군의 권한과 책임을 승인하는 안보리 결의 1483호를 2003년 5월 22일에 채택하였다. 또한 이라크 정부의 요청에 따라 UNAMI(UN Assistance Mission for Iraq)를 창설하는 안보리 결의 제1500호(2003. 8. 14.)를 채택하는데 UNAMI는 인도주의와 개발계획을 직접 이행하는 것이 아니라 관련 당사자들에게 조언을 하는 역할이었다. 같은 해 10월 16일에는 다국적군의 설치를 결정하는 안보리 결의 제1511호가 채택된다. 그러나 자이툰 등의 추가 파병을 논의하는 과정에 안보리 결의 제1511호는 별달리 부각되지 못하였다. 이라크 전쟁에 관한 안보리 결의를 시간 순으로 정리한 논문으로는 金東旭, "해외파병과 점령법: 이라크 전쟁을 중심으로", 『國際法學會論叢』 제52권 3호(2007)을 참고하라.

표 6-2 파병 유형

	UN PKO	다국적군 파병		독자 파병
		안보리 결의 있음	안보리 결의 없음	
사례	- 앙골라 - 소말리아 - 레바논 - 남수단 - 아이티	- 동티모르 다국적군 - 이라크 추가 파병 - 청해부대 - 오쉬노부대	- 이라크 최초 파병	- 아크부대(UAE) - 아라우부대(필리핀)
명분	회원국으로 UN에 기여	안보리 결의 이행을 위한 파병	국익에 따른 독자 결정	상대국과 합의에 따른 파병
활동의 독자성	낮음	높음	높음	높음
국내협상 부담	낮음	상대적으로 낮음	매우 높음	경우에 따라 다름
경비 부담	낮음	높음	높음	조건에 따라 다름

〈표 6-3〉은 1991년 이후 현재까지 이루어진 파병의 근거와 부대의 성격을 정리한 것이다.

표 6-3 1991년 이후 한국의 해외파병 현황

번호	부대	파병지	기간	부대 성격	파견 근거	임무명	활동 성격
1	국군의료 지원단	사우디 아라비아	'91. 1.~4.	의무	UNSCR 678 (1990)/ 미국의 요청	사막의 폭풍	MNF
2	공군수송단	아랍에미리트	'91. 1.~4.	수송		사막의 폭풍	MNF
3	상록수부대	소말리아	'93. 6~ '94.3	공병	UNSCR 814 (1993)	UNSOM II	UN PKO
4	101야전 공병대대	앙골라	'95. 10~ '96. 12	공병	UNSCR 976 (1995)	UNAVEM III	UN PKO
5	서부사하라 의료지원단	서부사하라	'94. 8~ '06. 5	의무	UNSCR 690 (1991)	MINURSO	UN PKO

번호	부대	파병지	기간	부대 성격	파견 근거	임무명	활동 성격
6	상록수부대 (522평화유지단)	동티모르	'99. 9~ '03. 10	전투[18]	UNSCR 1264 (1999)	INTERFET → UNTAET	MNF → UN PKO
7	해성부대 (해군 수송 지원단)	디에고 가르시아	'01. 12~ '03. 09	수송	UNSCR 1373, 1386 (2001)/ 미국의 요청	항구적 자유 작전	MNF
8	청마부대 (항공 수송단)		'01. 12~ '03. 12	수송			
9	동의부대 (924의료지원단)	아프가니스탄	'02. 2~ '07. 12	의무		항구적 자유 작전	MNF
10	다산부대 (100건설공병대)		'03. 2~ '07. 12	공병			
11	서희부대 (1100건설공병지원단)	이라크	'03. 4~ '04. 5	공병	미국의 요청	이라크 자유 작전	다국적군
12	제마부대 (320의료지원단)		'03. 4~ '04. 5	의무			
13	자이툰 부대 (이라크 평화재건사단)		'04. 5~ '08. 12	재건	UNSCR 1483, 1511 (2003) 미국의 요청		
14	다이만 부대 (58항공수송단)		'04. 8~ '08. 12	재건			
15	다이만 부대 (58항공수송단)	레바논	'07. 7~ 현재	전투	UN	UNIFIL	UN PKO
16	오쉬노부대 (아프간 재건지원단)	아프가니스탄	'10. 6~ '14. 6	재건	UNSCR 1890 (2009)	파르완주 지방재건팀 (PRT)	MNF

<table>
<tr><th>번호</th><th>부대</th><th>파병지</th><th>기간</th><th>부대 성격</th><th>파견 근거</th><th>임무명</th><th>활동 성격</th></tr>
<tr><td>17</td><td>아크부대</td><td>아랍에미리트</td><td>'11. 1~
현재</td><td rowspan="2">훈련</td><td>UAE 요청</td><td>군사협력단</td><td>국방협력</td></tr>
<tr><td>18</td><td>단비부대</td><td>아이티</td><td>'10. 2~
'12. 12</td><td>UN</td><td>MINUSTAH</td><td rowspan="2">UN평화
유지</td></tr>
<tr><td>19</td><td>한빛부대
(남수단 재
건지원단)</td><td>남수단</td><td>'13. 4~
현재</td><td>공병</td><td>UN</td><td>UNMISS</td></tr>
<tr><td>20</td><td>청해부대
(소말리아 해
역 호송전대)</td><td>소말리아 해역</td><td>'09. 4~
현재</td><td>해군</td><td>UNSCR
1838
(2008)</td><td>CTF-151</td><td>다국적군</td></tr>
<tr><td></td><td>아라우부대
(필리핀 재해
복구단)</td><td>필리핀</td><td>'13. 12~
'14. 12</td><td>공병</td><td>필리핀 요청</td><td></td><td>국방협력</td></tr>
<tr><td></td><td>에볼라
긴급구호대</td><td>시에라리온</td><td>2014</td><td></td><td></td><td></td><td></td></tr>
</table>

앞서 살펴본 바와 같이 국가가 군대를 해외에 내보내는 것은 궁극적으로 국가안전보장의 사안이다. 국제 안보환경은 직접 또는 간접으로 국가의 안전보장에 우선적으로 영향을 미친다. 1973년 베트남 전쟁에서 철수한 이후 20년에 가까운 기간 동안 해외에 군대를 보내지 않던 한국이 1991년에 다시 파병을 결정하게 된 이유를 살펴보기 위해서는 1991년을 기점으로 국제 안보환경이 어떻게 변화하였는지를 살펴보는 것으로 출발해야 한다.

국제 안보환경의 변화로 가장 중요하게 꼽을 것은 냉전 질서의 붕

---

18 UN PKO에 보병부대를 파견하더라도 이를 전투부대로 분류하는 것은 UN PKO가 갖는 목적과 성격을 고려할 때 적절치 않은 용어 선택이나 한국에서는 전투병과로 분류되는 보병이 부대의 주축을 이룰 경우 이러한 점을 고려치 않은 채 전투부대로 일괄해서 부르는 경향이 있다.

괴이다.[19] 냉전 질서가 붕괴되었다는 것을 보여줌과 동시에 그에 따라 한국의 대응이 기존과 달라져야 할 필요성을 보여준 사건이 두 가지 있었는데 하나는 1991년에 한국이 해외파병을 결정한 것이고 다른 하나는 한국의 UN 가입이다. 1991년 걸프전 파병과 1993년 소말리아 파병은 이들 결정이 한국의 주도적이고 독자적인 결정이기 보다는 국제 안보정세의 변화에 따른 것임을 보여주는 구체적인 사례이다.

1990년 8월 2일 이라크의 쿠웨이트 침공으로 걸프전이 시작되자 한국은 쿠웨이트를 침공한 이라크를 격퇴하기 위해 결성된 미국 주도의 동맹군의 일원으로 1991년 1월부터 4월까지 걸프 전쟁에 참여하였다. 걸프전쟁을 주도하는 미국은 동맹인 한국에 병력을 포함한 지원을 요청하였고 이에 한국은 의료지원단과 공군수송단 그리고 자금을 지원하였다. 동맹군이 압도적인 전력으로 이라크를 쿠웨이트에서 축출하면서 전쟁이 끝났다. 걸프전은 비교 지역과 시기를 20세기 후반 중동 지역으로만 한정하더라도 기존 전쟁 또는 분쟁과 다른 양상을 보인다. 냉전의 틀 안에서 중동에서 벌어졌던 기존 전쟁(혹은 분쟁)은 냉전의 특성상 특정 국가가 상대국을 일방적으로 압도할 수 없었기 때문에 분쟁의 요소가 해소되지 않아 분쟁 재발 가능성이 상존하고 지속되는 반면 분쟁이 재발하더라도 규모와 성격이 기존의 그것을 넘어서지 않는 모습을 보였다. 그러나 미국을 상대로 양극 체제를 유지할 수 없게 된 구 소련의 상황을 인식하지 못했던 것으로 보이는 이라크가 무모하게 쿠웨

---

19 냉전 질서가 무너진 1991년 이후부터 2001년 9월 11일 미국에서 대규모 항공기 자살공격 테러가 갑자기 벌어지기까지 약 10년을 어떻게 규정할지는 아직까지 권위 있는 연구 결과는 존재하지 않는다. 이 글에서 탈냉전은 구 소련이 붕괴한 시점부터 2001년 9월 11일까지 기간을 뜻한다.

이트를 침공해 시작된 걸프전에서 이라크는 과거와 달리 UN을 포함한 국제사회는 물론 주변 아랍 국가들로부터도 침략자로 규정되면서 외부로부터 아무런 도움을 받을 수 없었다. 미국을 주축으로 하는 동맹군은 압도적인 전력으로 이라크를 쿠웨이트에서 축출했고 이는 미국과 구 소련을 각각 축으로 하는 냉전 구도가 무너졌다는 현실적인 증거가 된다.

1991년에 한국이 UN에 가입한 것 또한 냉전 체제가 무너진 것을 확인해주는 동시에 기존과 다른 대응이 필요하다는 것을 요구하는 계기였다. 한국은 1948년에 국가로서 태어나기 전부터 UN과 매우 특별한 관계를 맺었고 이를 오랫동안 유지했으나 UN 안전보장이사회에서 구 소련과 미국이 상대 진영에 대결적으로 거부권을 행사하는 냉전 구도에서는 막상 UN에 회원으로 가입할 수 없었다. 그러나 동구 공산권 국가들이 무너지면서 냉전 구도가 무너지는 와중에 한국은 1989년 2월에 헝가리와의 수교를 시작으로 동구의 공산권 국가들과 연이어 외교관계를 정상화시켰고, 마침내 1990년 9월 30일에는 공산권의 수장이라 할 수 있는 구 소련과 수교했다. 한국의 UN 가입 시도를 번번이 거부한 구 소련의 반대가 사라진 1991년 8월 8일, 한국과 북한을 모두 UN 회원국으로 받아들일 것을 UN 총회에 권고하는 안보리 결의 제702호를 표결 없이 채택하였다. 이어 1991년 9월 17일, 제47차 UN 총회에서 한국과 북한의 UN 회원가입이 승인되었다.[20] 이후 한국은 UN으로부터

---

20 1990년까지도 북한은 한국과 동시 UN 가입이 아니라 '한국과 북한이 단일 의석으로 UN에 가입'한다는 단일의석 가입을 주장했다. 그러나 한국과 구 소련이 수교하면서 UN 안전보장이사회에서도 한국과 북한의 동시 가입을 지지하는 입장이 힘을 얻게 되었다. 이에 따라 북한은 기존의 입장을 뒤집어 1991년 5월 27일 UN에 가입 신청서를 제출하였다. 한국은 북한보다 늦은 8월 5일 UN에 가입 신청서를 제출하였다.

평화유지활동(Peace keeping Operations, 이하 PKO)에 참여할 것을 요청받기 시작하였다.

당시 UN은 탈냉전에 따라 급증하는 분쟁에 대응할 목적으로 평화유지활동을 확대할 필요성을 논의하고 조직 개편을 진행하였다. UN이 만들어진 이후, 오늘날 PKO라 불리는 개념을 다루는 업무는 1992년까지 UN 특별정무사무소(UN Office of Special Political Affairs)가 담당했다. 그러나 기존과 다른 유형과 성격의 국제 또는 국내 분쟁이 세계 여러 곳에서 동시다발로 벌어지면서 이에 UN이 대응할 필요성이 높아졌다. 1992년 1월 31일 UN 안전보장이사회 회원국 국가원수들이 모인 회의는 탈냉전에 따른 국제 안보환경의 변화를 짚으면서 UN 사무총장이 1992년 7월 1일까지 예방외교, 평화조성(Peacemaking)과 평화유지를 위해 분석과 방안을 제시할 것을 요청했다.[21] 1992년 2월 21일 UN 사무총장인 부트로스 부트로스-갈리(Butros Butros-Ghali)는 이에 대한 답변으로 UN 사무국 개혁을 포함해 UN 총회에 평화유지국 등을 창설하기로 결정했다.[22] 이에 따라 UN 사무국 개혁이 함께 이루어지면서 PKO 업무를 다룰 부서로서 1992년 7월 1일에 평화유지활동국(Department of Peacekeeping Operations: DPKO)이 창설되었다.[23] PKO를 강화하는 추세에 있던 UN의 파병 요청을 받아들인 한국은 가입 후 2년 뒤인 1993년 6월

---

21 상세한 내용은 UN 문서 S/23500 NOTE BY THE PRESIDENT OF THE SECURITY COUNCIL을 참고할 것.

22 상세한 내용은 UN 문서 A/46/882을 참고할 것.

23 부트로스 갈리 사무총장은 1992년 6월 17일 평화유지활동의 시대적 필요성, 정의, 방법 등을 상세화 하는 Agenda for Peace를 제출했다. 보고서의 내용은 UN문서 A/47/277-S/24111에 나와 있다.

에 소말리아 UN 평화유지군에 공병부대를 파병하였다.[24]

1991년 냉전이 종식되면서 국제정치학자들은 미국과 구 소련을 중심으로 하던 양극 대결 구도가 끝나고 평화가 올 것이라고 예상하였으나 실제로 벌어진 결과는 전 세계적으로 극단적인 민족주의, 광신주의, 인종주의와 같은 문제들이 확산된 것이었다.[25] 1991년을 기점으로 2001년까지 이어진 탈냉전 시대는 새로운 민족주의의 시대라 할 수 있으며 종교적 광신주의와 인종주의가 뒷받침 하면서 발생하는 유혈 충돌과 분쟁으로 이어졌다. UN의 평화유지활동에 대하여 근본적인 의구심을 자아냈던 르완다 학살의 사례, 유고 내전, 코소보 사태는 이 시기에 벌어진 사건들이다.

탈냉전 이후 혼란에 어떠한 방법으로 대응할 것인지 정리가 이루어지지 않은 상황에 마침표를 찍은 것은 2001년 9월 11일 미국 워싱턴과 뉴욕에서 벌어진 항공기 자살 공격이라는 국제 테러리즘이었다. 9 · 11 테러라 불리는 이와 같은 극단적이고 광신적인 테러리즘이 국제적으로 확산되면서 촉발된, 테러와의 전쟁에 따라 국제 안보환경 또한 급격하게 바뀌었으며 이에 따라 한국에도 큰 영향을 미쳤다. 9 · 11 테

---

24 소말리아 파병 시 UN은 1992년 9월과 같은 해 12월 두 번에 걸쳐 소말리아 파병을 요청했으나 두 번 모두 직접 거절 또는 신탁기금 공여 등으로 거절하였다. UN은 1993년 1월 29일 다시 한 번 참여를 요청하는 서한을 보내왔고 이미 두 번이나 거절한 상황에서 정부는 더 이상 거절할 명분을 찾을 수 없었다. 이와 관련된 상세 내용은 국방부, 『UN평화유지활동(PKO)의 실체』, pp. 187-188을 볼 것.

25 남궁곤은 냉전 시대 핵전쟁에 대한 공포가 1990년대 들어 탈냉전으로 희석되거나 또는 실질적으로 줄어든 반면 이를 대신하는 새로운 의제들이 외교 의제로 등장하는데 이들 의제는 단순히 특정한 국가나 지역으로 한정되는 것이 아니라 전 지구적으로 등장하는 것을 "지구화"라는 용어로 설명했다. 남궁곤, "탈냉전기 한국 외교정책 연구현황과 한국 외교정책 현실평가", 『21세기 정치학회보』 제17권 1호(2007), pp. 151-152.

러 직후 미국이 주도하는 테러와의 전쟁이 시작되자 한국은 동맹인 미국의 요청을 받아들여 2001년 12월에 아프가니스탄 전쟁에 해군 수송부대와 공군 수송부대를, 2002년 초에는 의료부대와 공병부대를 아프가니스탄에 각각 파견하였다. 이어 2003년 초 미국이 이라크를 상대로 시작한 이라크 자유 작전에 한국은 4월부터 공병부대와 의료부대를 파견하였다. 이러한 움직임은 2004년 3천 명 이상으로 편성된 자이툰 사단이라는 대규모 파병으로 확대되었다.

2001년 이후 전 세계적으로 테러와의 전쟁이 지속되는 가운데 대규모 자연재해, 전염병, 난민, 해적처럼 과거에는 군사작전 영역 밖에 있다고 생각되던 사건들이 안보에 영향을 미치는 사례들이 점점 더 중요하게 부각되기 시작하였다. 이에 따라 고전적인 전쟁의 개념과는 다른 '전쟁 외의 위협'에 대응해야 하는 안보환경이 국제적으로 조성되었다. 이러한 위협이나 위기가 발생할 경우 이는 특정 국가의 영역을 넘어 지역 또는 국제적 위기로까지 번져가는 특성을 보인다. 상상을 초월하는 규모로 발생하는 비군사적 위협 또는 위기에 국제사회가 힘을 합쳐 예방하거나 대응하는 전쟁 이외의 군사작전(Military Operations Other Than War: MOOTW)은 어느 때보다 더 많이 필요하다.

한국의 해외 파병은 이러한 안보 환경 변화에 대응하여 발전해 왔다. 해상 수송로를 보호하기 위해 2009년부터 소말리아 해역에 파견한 해군 호송전대, 아이티에서 발생한 대규모 지진의 피해를 복구하기 위해 2010년에 UN임무단인 MINUSTAH에 파병한 단비부대, 태풍 피해를 입은 필리핀의 요청에 따라 구호와 복구를 목적으로 2013년 파병한 아라우부대는 이러한 사례이다. 국방부와 외교부를 비롯한 정부 부처들이 합동으로 시에라리온의 에볼라 바이러스 확산에 대응하기 위해

2014년에 국방부와 외교부 등이 합동으로 파견한 에볼라 긴급구호대는 파병은 아니지만 이러한 사례 중 하나로 포함될 수 있다.

앞에서 살펴본 요인들이 외부 요인으로서 한국의 파병 결정에 영향을 끼친 요인인 반면, 한국이 파병을 추진하고 결정하게 만든 요인도 있었다. 국가 안전보장이라는 명분은 역설적이게도 파병 찬성과 파병 반대의 두 가지 논리를 모두 뒷받침한다. 한국 방위의 근간을 이루는 한미상호방위조약은 통합형 양자 방위체제로서 군사동맹인 한미연합방위체제에서 한국은 미국의 안보상황에 따라 파병을 결정해야 할 가능성을 배태하고 있다. 즉 미국에 비해 상대적으로 약소국인 한국은 동맹의 딜레마에 빠질 가능성을 가지고 있다.[26] 미국의 요청을 받아들여 파병하는 것은 동맹의 일원으로서 한미동맹을 강화하는 행동으로서 한국의 국가 안전보장에 긍정적인 도움이 된다.[27] 반면 일각에서는 미국의 요청을 받아들인 파병은 한국의 자율성을 훼손하고, 원치 않는 국제 분쟁에 휘말리게 되며, 대북 대비태세에 문제를 가져오기 때문에 안전보장에 부정적이라고 주장한다.[28] 이 두 주장들 사이의 대결은 한미동맹

---

26 3대 딜레마란 자율성-안보 교환(autonomy-security trade-off) 딜레마, 후견-피후견(patron-client) 국가 관계의 딜레마, 방기 및 연루(abandonment and entrapment) 딜레마이다.

27 1991년 걸프전에 의료지원단 파병을 결정할 당시 정부는 대외적으로 공표되는 '미국과 우호관계를 증진'이라는 명분 외에도 미국과의 관계에서는 통상마찰 해소와 방위분담금 마찰 해소와 같은 실리적인 고려가 함께 이루어졌다. 조성주, 『국군 걸프전쟁 파병사: 국군의료지원단과 공군수송단』(서울: 국방부 군사편찬연구소, 2013), pp. 47-48.

28 파병으로 전투력이 감소하여 대북 대비태세가 약화된다는 주장에 대해 한국이 미국과 협력하여 적극적으로 군사행동을 하는 모습이 공개적으로 드러나기 때문에 오히려 북한의 도발 내지는 전쟁 의지를 억제할 수 있다는 반론도 있다.

이 존속하는 한 지속될 사안일 것이다.[29] 이러한 대결이 공개적으로 격렬하게 표출된 대표적인 사례는 이라크 파병이었다.

국제사회에서는 어느 국가든 자국의 위상과 입지를 강화시키려 노력한다. 국가의 경제력과 군사력이 강해지면서 결과적으로 위상과 입지가 강화되는 것이 일반적이며, 위상과 입지가 강화된 데에 따라서 국제사회는 이러한 국가에 기존과 달리 특정한 행동을 신규 또는 추가로 요구하는 경향이 있다. 한국은 지난 30여 년 사이에 지속적으로 중견국의 위상과 입지가 강화된 나라이다. 앞에서 제시한 바와 같이 1991년 UN 가입은 당시 정부가 가장 중요한 외교 목표로까지 설정해 추진했을 만큼 국가의 위상을 강화하는 중요한 사건이었으며, 이미 스스로 또는 국제사회로부터 중견국으로 정의되며 특히 지난 20여 년 사이에 중견국 위상과 입지는 UN을 포함한 여러 국제기구는 물론 국가 대 국가 관계에서도 계속해서 강화되고 있다.[30] 따라서 한국은 UN을 포함한 국

---

29 전 세계에서 미국의 동맹은 나토를 중심으로 한 집단 방위체제, 주일 미군처럼 자위대 사령부와 별도로 존재하며 서로 협력하는 병렬형 방위체제, 그리고 한미연합군사령부라는 통합형 방위체제로 구분할 수 있다. 미국과 동맹 관계에 있는 나라는 미국이 주도한 전쟁에 파병 요청을 받고 파병한 사례가 많이 있다. 그러나 미국과 군사동맹 관계에 있지 않은 나라라 하더라도 미국의 요청에 따라 파병을 결정한 사례가 다수 있기 때문에 한미동맹을 유지하는 이상 미국으로부터 파병 요청을 받을 수밖에 없다는 설명은 정확하지 않다.

30 2014년 청와대 국가안보실은 『희망의 새 시대: 국가안보전략』을 발간하면서 중견국 외교를 언급하고 있다. 한국은 UN PKO 재정 기여 또한 지속 상향하고 있다. 2014년 1.994%를 분담하였으나 2018년에는 2.039%로 증가하였다. 한국은 지난 10년 이상 UN PKO 재정에 핵심 분담국 지위를 유지하고 있으며 분담 순위로는 상위 12위이다. 10위에 해당하는 스페인이 2.443%이고 11위인 호주가 2.337%를 분담하는 것을 볼 때 한국의 비중을 짐작할 수 있다. 2009년 11월 25일 경제협력개발기구(OECD)의 개발원조위원회(Development Assistance Committee: DAC)에 24번째 회원으로 가입했는데 1961년 DAC가 만들어진 이후 수혜국에서 공여국으로 바뀐 유일한 사례이며 아시아 국가로 회원국은 일본과 한국 둘뿐이다. 원조 수혜국에서 원조 공여국으로 바뀐 데에 따라 1966년 문을 열었던 UN개발계획(UNDP) 한국 사무소는 2009년 폐쇄되었다. 2017년에는 20-50클럽(1인당 국민소득 2만

제사회로부터 더 다양하고 많은 활동을 계속해서 요구받고 있다. 해외파병은 이러한 요구 중 대표적인 것이라 할 수 있다.[31]

해외파병은 6 · 25전쟁 당시 UN을 비롯한 국제사회의 도움을 받아 국가를 지키고 성장할 수 있었던 한국이 그러한 도움을 기억하고 은혜를 갚는 상징적인 활동으로서 국제사회에서 국가 위상을 높이고 국제사회를 대상으로 발언권을 강화하는 기회인 것은 물론, 중견국으로서 위상을 강화하는 데에도 직접 또는 간접으로 기여하였다. 이는 만일 한국이 위기에 빠졌을 때에 국제사회로부터 협조와 지원을 기대할 수 있도록 평시에 준비하는 것이며, 장기적으로는 한미동맹 강화라는 핵심 요소 외에 안전보장에 기여하는 요소이기도 하다.[32]

국내적으로 국가 위상 강화와 한미동맹을 통한 국가안전보장이라는 목표를 달성하기 위해 가장 중요한 것은 정부의 역할이라 할 것이다. 특히 파병은 국군 통수권자이자 동시에 국가의 최고위 공무원인 대통령을 중심으로 국가안보, 국내외 정치관계 등과 같은 제반 요소를 종합적으로 고려하여 결정하는 "고도의 정치적 결단"이며 정부가 주도하는 정책 결정의 결과이다.[33] UN을 포함한 국제사회나 동맹국 또는 동맹

달러 이상과 인구 5천만 명 이상이 되는 나라들을 부르는 명칭)에 세계에서 일곱 번째로 가입했다.

31 중견국으로서 국가 위상의 강화의 필요성을 강조하고 방안을 제시하는 논문으로는 김우상, "한국의 중견국 공공외교", 『정치 · 정보연구』 제16권 1호(2013년 6월), pp. 331-350; 최윤미, "한국 평화유지활동의 신 패러다임: 스마트파워 강화를 위한 국방 · 외교 전략", 『국제문제연구』 제15권 제1호(2015년 봄), pp. 141-172를 참고할 것.

32 냉전 이후 최초의 해외파병이라 할 수 있는 걸프전 파병 시 정부는 국가안보와 국가위상을 모두 고려한 결정을 내렸으며 이 내용은 조성주(2013), pp. 39-71을 볼 것.

33 해외파병과 관련하여 구속력이 있는 대표적 결론은 2004년 4월 29일 헌법재판소가 '일반사병이라크파병 위헌확인'(전원재판부 2003헌마814)에 대해 파병을 "고도의 정치적 결단"으

수준의 협력을 원하는 외국이 한국에 파병을 요청하는 것은 가능하지만 이를 검토하고 파병 여부를 결정하는 것은 바로 대통령을 중심으로 하는 정부이다. 파병 여부를 두고서 국회, 정당, 시민단체를 포함한 국내 정치의 다양한 행위자들과 요소들이 다양한 의견을 제시하며 정부는 이들 사이에서 공통점을 최대화하여 최적의 결정을 내리고 파병을 성사시키는 것이다.[34]

한국이 실시한 21개 부대파병 중 서부사하라 의료지원단이나 단비부대처럼 국내에서 별다른 반대가 없었던 경우도 있으나 동티모르 파병, 이라크 파병, 아랍에미리트 파병은 다른 파병과 비교할 때 논란이 많았던 경우이다. 이들 세 파병 사례는 정부의 정책 기조가 파병 결정에 얼마나 큰 영향을 미치는지를 구체적으로 보여준 대표적인 사례이다.

동티모르 파병과 이라크 파병은 정부, 그중에서도 대통령의 의지가 파병에 얼마나 지대한 영향을 끼치는지 보여준 대표적인 사례이다.[35]

로 정의하면서 해당 사안을 각하한 사례이다. 또한 현행 법령 상 국군을 해외에 파병하기 위해서는 국방부와 외교부의 검토를 거쳐 계획을 수립하고 국가안전보장회의, 당정협의, 국무회의를 거쳐 대통령의 재가를 받아야 하며 해당 파병에 대해 국회가 동의해야 한다. 상세 절차에 대한 설명은 국군의 해외파병업무 훈령(국방부 훈령 제2125호 2018년 1월 24일) 제4조를 참조할 것.

34 파병 반대 명분을 종합한 책자로는 공식 발간된 서적은 아니나 2013년 '반전평화연대'라는 곳에서 발간한 『한국정부의 파병상황과 문제점』(ifis.or.kr/2013/04/16/troopspaper/에서 내려받기 가능)은 동명부대, 소말리아 청해부대, UAE 아크부대, 아이티 단비부대, 오쉬노부대 등 5개 부대에 대한 반대 논리를 모아 놓았다.

35 동티모르 파병 결정에 대한 김대중 대통령의 비중을 보여주는 연구로는 정도생, "한국의 해외파병정책 결정과정에 대한 연구: 소말리아, 앙골라, 동티모르 PKO 사례를 중심으로," 단국대학교 대학원 박사학위 논문(2009) 중 제5장 동티모르 PKO 파병결정을, 이라크 파병결정에 대한 노무현 대통령의 영향력을 분석한 연구로는 김장흠, "한국군 해외파병 정책 결정에 관한 연구: 통합적 모형의 개발 및 적용을 중심으로," 한성대학교 대학원 박사학위 논문(2010) 중 제4장 이라크 전 해외파병 결정을 참고할 것.

동티모르 파병은 김대중 대통령이 국제적으로 보여준 주도권을 토대로 성사된 파병으로 평가할 수 있다. 1999년 9월 12일부터 13일까지 뉴질랜드 오클랜드에서 열린 제7차 아시아-태평양 경제협력체(Asia-Pacific Economic Cooperation: 이하 APEC) 정상회의에서 김대중 대통령은 참가국 정상들과 가진 양자회담 등을 통해 당시 국제적으로 주목을 받는 동티모르에서 인권을 개선하고 치안을 유지할 필요성을 수차례 공식 제기하였으며, 특히 하비비 인도네시아 대통령 대신 참석한 인도네시아 재무장관에게 평화유지군 파병을 수용하도록 촉구하였다.[36] 인도네시아가 평화유지군을 받아들이기로 천명하면서 김대중 대통령은 9월 14일의 기자 간담회에서 "아시아에서 인권 국가라고 자타가 인정하는 우리가 거기에 대해서 참여 안 할 수 없습니다."라고 언급하며 한국의 평화유지군 참여를 공식화하였다. 다국적군 창설을 승인하는 안보리 결의 제1264호가 9월 15일에 접수된 이후 한국은 9월 21일 국무회의 의결을 통해 파병을 결정하고 9월 28일 국회 동의를 거쳐 10월부터 파병이 이루어졌다.[37]

이라크 파병 또한 정부의 수반으로서 대통령의 역할이 갖는 비중을 보여준다. 이라크에 대한 무력 사용을 승인하는 안보리 결의가 없는 상태에서 미국이 주도하는 이라크 전쟁에 파병하는 것에 대해 국내에서는 "미국의 강요에 의한 굴종적인 파병"이라는 부정적인 여론이 부각되었다. 이 상황에서 이라크 파병이 최종 확정되기 위해서는 국회의 동

---

36 같은 날 저녁, 하비비 인도네시아 대통령은 UN사무총장에게 다국적 평화유지군을 파병을 요청하였다.

37 파병 결정 과정에 대해서는 최용호, 『한국군 동티모르 파병과 띠모르레스테 탄생』, 국방부 군사편찬연구소, pp. 102-105를 참고할 것.

의가 핵심적이고 파병 동의안 통과에 가장 크게 영향을 미친 것은 파병 동의안의 국회 표결일인 2003년 4월 2일 노무현 대통령이 국회에서 한 국정연설이었다. 노 대통령은 연설의 시작 부분부터 자신은 파병 반대 여론이 많다는 것을 인지하고 있으며 명분의 중요성을 누구보다 잘 안다고 강조하면서도 한미관계의 중요성이라는 현실을 제시하면서 파병 동의안 통과를 호소하였다.[38] 노 대통령의 국회연설은 다른 대통령들의 국회연설의 횟수와 경우에 비추어 볼 때 이라크 파병을 성사시키겠다는 대통령의 의지가 분명히 드러난 또 다른 사례라고 할 수 있다.[39]

---

38 국회사무처, 제238회 국회(임시회) 국회본회의회의록 제1호(2003년 4월 2일), pp. 1－3. 이날 표결에서 파병 동의안은 찬성 179, 반대 68, 기권 9로 가결되었다.

39 1987년 이후 대통령들의 국회 연설이 많을 경우 4회, 적을 경우 1회에 불과하다. 이중 국회가 개원할 때 실시하는 정례연설을 제외하면 대통령이 사안을 가지고서 국회에서 연설하는 것은 매우 이례적이다. 역대 대통령들은 아래 표에서 보듯 통일방안, 국가운영방안, 국가안전보장 사안 등을 주제로 국회에 설명하거나 동의를 구할 때 특별연설을 실시했다.

표 6-4 1987년 이후 역대 대통령의 국회 연설 사례

대통령	노태우	김영삼	김대중	노무현	이명박	박근혜
횟수	4회	3회	1회	4회	3회	4회
정례	2회 -13대 국회 -14대 국회	1회 -15대 국회	1회 -16대 국회	1회 -17대 국회	2회 -18대 국회 -19대 국회	0회
시정	1회	0회	0회	1회	1회	3회
특별	1회 한민족공동체 통일방안발표 (1998. 9. 11.)	2회 "변화와 개혁, 그리고 전진" (1993. 9. 21.) APEC회의 및 한미정상회담 관련 연설 (1993. 11. 29.)	0회	이라크파견 동의안 처리 요청 (2003. 4. 2.) 취임2주년연설: 선거제도 개혁 등 (2005. 2. 25.)	0회	4차 북한 핵실험에 따른 협력요청 (2016. 2. 16.)

아랍에미리트에 아크부대를 파병하는 결정 또한 정부의 정책 기조가 갖는 비중이 크다는 것을 보여준다.[40] 이명박 정부는 역대 어느 정부보다도 국제사회에서 한국의 역할과 몫을 가장 적극적으로 강조한 정부라 할 수 있다. 2008년 2월에 취임한 이명박 대통령은 국정 지표 중 하나를 '성숙한 세계국가'로 설정하면서 이에 따른 영어 표현을 'Global Korea'로 제시하였고 핵심가치로서 '세계주의'를, 실천원칙으로서 '국제협력'을, 전략 및 중점과제로 '포괄적 실리외교'와 '에너지 협력 외교 강화' 등을 제시하였다.[41] 이에 따라 한국의 해외파병은 제도적으로 그리고 실질적으로 중요한 변화를 맞이한다.

첫째, UN PKO에 참여하는 것을 원활하게 하는 법률이 이 시기에 마련되었다. 이전부터 논의와 입법 시도는 많았으나 입법까지 이르지 못했던 '국제연합 평화유지활동 참여에 관한 법률'은 2010년 1월 25일에 법률 제9939호로 제정되었다. 이는 한국과 비교하여 UN PKO에 병력 공여 정도가 한참 뒤지는 일본이 1992년에 유사한 법률을 제정한 것과 비교할 때 시기적으로 늦었으나 해외파병, 특히 UN 평화유지활동을 적극적이고 발전적으로 수용하기 위해 필요한 입법이었다. 둘째, 이 시기 해외파병은 기존과 달리 수가 증가하고 종류가 다양해지면

---

40 아크부대파병과 관련하여 이명박 대통령은 기존 김대중 대통령과 노무현 대통령처럼 파병의 필요성을 공개적으로 천명하지는 않았다. 그러나 2009년 12월 아랍에미리트가 한국이 개발하고 건설하는 원자력발전소를 구매하기로 결정하고 그에 따라 양국 관계를 전략적 동반자 관계로 격상하는 과정에서 나타난 모습은 국가 정책을 추진하는 과정에서 이명박 대통령이 보여준 역할과 비중을 간접적으로 보여준다고 할 수 있다.

41 청와대, 『이명박 정부 외교안보의 비전과 전략: 성숙한 세계국가』(2009), p.11를 전재성 등 5명, 『이명박 정부 외교정책의 세부 실천방안(2): 포괄적 실리외교』(서울: 통일연구원, 2010), pp. 6-19에서 재인용.

서 질적인 변화가 나타났다. 2006년 이후 소말리아 해역에서 해적 행위가 국제적인 문제로 떠오르고 한국 선적의 선박 또는 한국인 탑승한 선박의 피랍 상황이 계속되자 2009년 4월부터 소말리아 해역에 다국적군 소속으로 활동할 청해부대를 파병한 사례와 아프가니스탄 정부의 요청과 UN 안보리 결의에 따라 PRT를 경계하는 목적으로 2010년 6월부터 다국적군(ISAF) 소속으로 오쉬노부대를 파병한 사례는 주도권을 가지고 추진한 대표적인 것이라 할 것이다. 아이티 지진 피해 복구 지원을 위해 안보리 결의 제1908호에 따라 2010년 2월부터 단비부대를 파병한 점과 비록 파병 시점은 2013년 4월이나 한빛부대파병을 주도한 점은 정부의 정책 기조가 해외파병을 결정하는 데서 갖는 비중을 보여주는 사례라 할 것이다.

정부의 정책 기조는 파병을 결정하는 것뿐만 아니라 어떤 성격의 부대를 얼마만큼 파병할 것인지를 결정하는 데에도 영향을 끼친다. 정부가 파병을 결정하고 주도할 수 있었던 이유 중 하나는 국민 여론이 파병을 지지했기 때문이다. 특정 파병 사안을 주제로 방송사 등이 여론조사를 실시한 사례는 여러 차례 있으나 파병을 주제로 매년 정기적으로 전국 단위로 광범위하게 이루어지는 조사로는 국방대학교 국가안전보장문제연구소가 매년 실시하는 범국민 안보의식 조사에 포함된 '국제평화유지활동에 대한 인식'이 유일하다.[42] 〈표 6-5〉에서 보는 것처럼 조사가 시작된 2003년 이후 일반 국민은 평화유지활동에 한국이 참

---

42 의식조사에서는 2003년처럼 이라크 파병이나 2005년 이라크 파병 연장여부처럼 구체적인 사안을 가지고 질문한 사례도 있으나 전반적으로는 국제평화유지활동(PKO)를 중심으로 질문하고 있다. PKO는 해외파병의 한 종류이기 때문에 질문을 달리할 경우 해외파병과 관련되어서는 다른 결과가 나올 수도 있다.

표 6-5 국제평화유지활동 찬성비율

(단위: %)

연도	평화유지활동 찬성	찬성 이유			평화유지활동 참여확대 찬성
		국가위상 강화	국가이익 창출	한미동맹 강화	
2003	76.8				자료 없음
2004	자료 없음				자료 없음
2005	65.9				79.5
2006	70.3				82.7
2007	58				53.2
2008	68.7	62.9	–[43]	52.5	38.4
2009	76.7	69.7	61.0	48.4	43.4
2010	61.8	62.6	53.8	45.1	33.7
2011	62.3	67.8	59.1	51.8	39.9
2012	61.4	62.2	55.0	47.5	44.7
2013	61	64.6	56.5	53.2	39.4
2014	66.6	71.4	56.8	51.2	39.3
2015	60.1	65.5	57.4	50.9	33.5
2016	63.9	68.0	61.3	51.4	35.2
2017	68.8	65.5	57.8	54.3	36.3

출처: 범국민 안보의식 여론조사 중 해당 설문 내용을 정리

여하는 데 반대보다는 찬성 입장을 계속해서 높게 보여주고 있다. 그러나 평화유지활동에 참여하는 것을 확대하는 것을 두고는 찬성보다는 현 수준 유지와 같은 유보적인 입장을 지속적으로 보여주고 있다.

---

43 2008년 설문 시 해당 문항(15-2)의 질문은 "강대국과 원만한 협력관계를 유지"라는 문구였으며 2009년부터 표와 같이 유형화되었다.

흥미로운 점은 국제평화활동을 국가위상 증진, 국가이익 창출 기반, 한미동맹 강화를 위해 해외파병이 필요하다는 데에 찬성하는 국민의 비율이 반대하는 국민의 비율보다 높다는 것이다. 이는 국민이 해외파병을 국가 정책을 실현하는 긍정적으로 수단으로 인식하고 있음을 보여준다. 다만 해외파병을 통한 한미동맹 강화는 다른 두 항목에 비해 상대적으로 찬성 비율이 낮은 모습을 보이고 있다. 정부가 파병 의사를 강하게 표출하고 국회를 포함한 정치권과 국민들이 이를 지지하더라도 군이 이를 뒷받침할 능력이 없다면 파병은 실제 가능하지 않다.[44] '군이 목표한 수준만큼 해외파병을 감당할 수 있는가?' 라는 질문은 1991년 걸프전 파병을 결정하는 과정에서부터 제기되던 문제이다. 이 점은 정부의 의지와는 상관없이 파병부대의 성격과 규모를 결정 또는 제한하는 요소로 작용한다.[45] 1991년 이후 해외파병 부대는 충분한 장비를 보유하지 않은데서 오는 문제점 혹은 제한사항으로 인해 파병이 결정되고도 상대적으로 준비 시간이 오래 걸리거나, 또는 파병의 규모나 성격이 제한적일 수밖에 없었던 모습을 보였다. 그러나 이러한 문제는 2000년 이후 장비의 품질이 개선되고 수량이 늘어나면서 자연스럽게 개선되는 방향성을 보이고 있다.

1991년 걸프전 당시 정부는 비전투요원을 파견하기로 결정한 상

---

44 예를 들어 캄보디아의 경우 UN PKO에 병력 공여 규모를 확대할 의지를 가지고 있으나 파병 규모 확대에 필요한 장비(지뢰탐지장비, 차량 등)이 충분치 않기 때문에 의지대로 실행하지 못하는 상황이다.

45 파병을 다룬 기존 보고서나 연구들은 군의 능력이 파병부대의 성격과 규모를 결정 또는 제한하는 데 영향을 미친 점을 크게 부각하지 않았는데 이는 시간이 지나면서 군의 가용 자산과 장비가 개선 또는 발전하거나 또는 수량이 증가하면서 자연스럽게 해소된 데에 따른 것으로 보인다.

태에서 국방부 정책기획관실은 가용한 세부 군사지원방안을 검토하였다. 당시 국방부가 지원이 가능할 것으로 고려한 것은 이동외과병원, C-130 수송기, 구축함 및 소해정, F-4 / F-16 정비요원 등 네 가지였다. 그러나 구축함은 해군 보유 척수가 10척에 불과해 기본 임무 밖인 파병에 참여할 수량이 충분치 않았을 뿐더러, 당시 해군이 운용하던 구축함은 제2차 세계대전 당시 미군이 사용하고 한국군에게 인수한 기어링급으로, 수천 마일 이상을 항해하여 장기간 운용할 경우 정비와 보수에도 문제가 있었다. 해군이 9척만 보유한 소해정은 소형으로서 나무로 제작된 데다가 1970년대에 도입된 낡은 함정으로 중동까지 이동 자체가 불가능했다. F-4 정비요원은 일부 지원할 수 있다고 판단을 했으나 도입된 지 얼마 지나지 않아 정비요원의 수가 충분치 않던 F-16 정비요원은 지원이 불가능하다고 판단되었다. 따라서 구축함과 소해정은 국방부 검토 결과 아예 지원이 불가한 것으로 결론이 났고, 이에 따라 파병부대는 이동외과병원과 C-130 수송기 5대로 결정이 되었다.[46]

이러한 문제점은 2004년 이라크 추가 파병, 2010년 오쉬노부대 파병, 2007년 동명부대 파병 때도 유사하게 반복된다. 2004년 추가로 파병된 자이툰 사단은 파병에 필요한 방탄차량, 개인 방탄장구 등을 별도로 갖추어야 할 필요성이 드러났다. 다이만 부대는 이라크 내 적대세력의 공격에 대비하여 반드시 필요한 미사일 근접 경보장치, 전자탄 살포장치, 레이더 경고 수신기 등이 필요했으나 공군이 운용하던 C-130 항공기에는 이들 장비가 장착되어 있지 않았다. 공군은 파병 전 약 다섯 달에 걸쳐 이들 장비를 구매하여 장착하는 과정을 거쳐야 했고 파병된

46 당시 지원 가능 요소를 기록한 내용은 조성주(2013), p. 46을 참고할 것.

이후에도 안전을 위한 장치들을 지속적으로 장착 또는 관리해야 했다.[47] 2010년 오쉬노부대 파병 때는 지뢰폭발로부터 인명을 보호할 수 있는 장갑차량, 즉 MRAP(Mine Resistant Ambush Protected vehicle)이 필요했으나 한국군은 이를 보유하지 않고 있어 미국으로부터 구매해야 했다. 2007년 동명부대 파병 때는 도로 순찰을 위해 차륜형 장갑차가 필요했으나 편제 장비로서 보유하지 않았기 때문에 바라쿠다 차륜형 장갑차를 구매한 것도 이러한 사례이다. 병역의 의무를 수행하는 의무복무 인원들을 쉽게 파병하지 못하는 것을 두고서는 여러 해석이 가능하지만 이 또한 군이 가진 인적자원의 규모와 역량이 제한되기 때문이라고 해석할 수 있다.

시간이 지나면서 군이 보유한 장비의 성능이 발전하고 보유 수량이 늘어나면서 앞에서 제시한 문제점 중 상당수는 해결되는 모습을 보이고 있으며 이 때문에 파병의 규모와 성격 그리고 운용 방법을 보다 다양하게 만드는 효과로 이어지고 있다. 1988~1990년에 공군은 C-130H 12대를 도입하였고 걸프전 발발에 따라 해당 수송기 5대로 공군수송단을 편성하고 파견할 수 있었다. 기존 C-123 Provider와 비교해 C-130H는 항속거리(1,035마일 → 2,050마일)와 탑재중량(24,000파운드 → 45,000파운드)이 거의 두 배로 늘어난 데다, 신형 장비였기 때문에 장거리 비행이 가능했기 때문이다. 오늘날 해군은 독자적인 함정 건조 기술로 건조한 KDX-II 한국형 구축함을 6척 보유하고 있기 때문에 청해부대에 순환하여 파병할 수 있다.[48] 이는 우수한 성능의 구축함을 장거리 항

---

47 최윤철, 『국군 이라크 자유 작전 파병사』(서울: 국방부 군사편찬연구소, 2014), pp. 425, 461-467.

48 해군은 구축함을 총 12척 보유하고 있다. 3,800톤 규모의 KDX-1급이 3척, 4,500톤 규모의

해와 장기간 작전 목적으로 순환 배치할 수 있는 만큼 보유했기 때문에 가능한 것이다. 오쉬노부대는 파병 역사 상 최초로 UH-60 헬기로 이루어진 헬기중대를 동반하였는데 이 또한 독자적인 헬리콥터 자산을 보유했기 때문에 가능한 일이었다.[49] 아라우부대 파병 초기에 대형 상륙함 2척을 이용하여 장비와 물자를 수송한 것은 물론 지진으로 피해를 입어 정상적인 주둔지를 건설하기 어려운 여건을 극복하고 파병지에서 파병인원들의 숙식을 제공한 것 또한 군이 보유한 능력이 파병부대의 성격과 규모를 결정할 수 있게 해 준 구체적인 사례라 할 것이다.[50] 아랍에미리트가 군사훈련단을 파병해 달라고 요청한 것도 결국은 군의 인적 자원과 물적 자원이 과거에 비해 발전했기 때문에 가능한 것이다.

파병 규모를 직접 결정하는 데 영향을 끼친 요소는 아니나, 동명부대가 기존에 사용하던 바라쿠다 장갑차를 2018년 9월 이후 국산 신형 전술차량으로 대체한 것이라든지, 한빛부대와 동명부대에 부대 방호를 위해 최신형 열상감시장비를 운용하는 것이라든지, 지상 전투원이 위협에 잘 대처할 수 있도록 만들 목적으로 진행 중인 워리어 플랫폼 사업[51] 같은 사례들은 정부가 특정 시점에 급작스럽게 파병을 결정할 필요할 때에 이를 가능하도록 해 주는 제반 여건으로 작용하였다. 궁극적

KDX-2급이 6척, 그리고 이지스함인 세종대왕급 3척이다.

49 오쉬노부대의 헬기중대 또한 다이만 부대가 했던 것처럼 파병 전에 운항지역에서 안전을 보장할 목적으로 전자탄 살포장치 등을 추가로 부착하는 과정을 거쳤다.

50 동티모르 상록수부대의 재보급 당시 해군의 상륙함을 이용하여 물자를 수송한 것도 이러한 예에 속한다.

51 육군이 전투원의 화기와 장비를 개선하기 위해 추진하는 사업의 명칭이며 2018년 8월에 출국한 아크부대 14진은 워리어 플랫폼을 착용하고 파병되었다.

으로 한국의 파병은 북한과 대치하는 한반도 안보상황을[52] 중심으로 한 한미동맹과의 일원 또는 국제사회의 책임 있는 구성원으로서 역할을 하려는 정부의 정책 기조에 따라 결정되었으며[53] 그 과정에서 국민의 지지와 이를 실행할 수 있는 군의 역량이 종합된 산물이었다.

---

52 한국은 UN의 병력공여 요청에 대해 더 적극적으로 대응할 수 없는 대외적인 명분으로서 '북한의 위협'을 제시한다. 이는 일본이 국제 위상을 제고하고 정상국가로 나아가는 수단으로서 해외파병을 이용하지만, 동시에 UN 또는 동맹국으로부터 파병 요청을 받았을 때 이를 거절하는 주요 명분으로 평화헌법을 제시함으로써 선택적으로 해외파병을 실시하는 것에 비견할 수 있다.

53 그러나 2004년 이라크 추가 파병 시 창설된 자이툰 사단이 3천 명 이상이었다는 점을 고려할 때 북한과 군사적으로 대치하는 상황 때문에 병력과 장비를 현재 파병 수준(약 1,100명)보다 더 많이 파병하는 것이 제한된다는 설명은 설득력을 갖기 어려울 수도 있다.

3. 해외파병의 성과와 한계

대한민국의 해외파병은 한미동맹을 안정적으로 유지하는 데에 동맹국으로서 필요한 노력인 동시에 국제사회에서 한국의 위상을 강화하는 목적 등을 가지고서 시행되었다. 특히 초기 파병과 2000년대 초반까지 이루어진 파병은 전적으로 한미동맹을 지원하기 위한 파병이 주를 이루었던 반면, 2000년대 이후 파병은 국가위상을 제고하고 국제사회에서 입지를 강화하는 쪽에 보다 많은 비중이 실리는 경향을 보여준다. 이러한 경향을 바탕으로 해외파병의 성과를 정리하면 다음과 같다.

앞서 언급한 바와 같이 국군을 해외에 파병하는 것은 국가안전보장의 중요 사안이다. 파병을 결정하는 과정에서 대북 대비태세 약화 또는 북한의 도발 가능성을 우려하는 의견이 제시되었으나 그 사이에 상관관계는 없었다. 또한 이라크 파병처럼 미국의 요구를 수용하여 동맹의 역할을 수행한 것, 미국의 요청은 아니었지만 아프가니스탄에 PRT를 담당하는 오쉬노부대를 파병함으로써 미국이 아프가니스탄에서 이끄는 테러와의 전쟁을 지원한 것 등은 한미동맹을 강화하는 구체적인 행동들로 국가안전보장에 기여한 것으로 평가된다.

이와 함께 해외파병은 원조 수혜국에서 원조 지원국으로 전환한 한국이 중견국가로서 국제적인 위상을 확립하는 데에 기여했다. 한국은 지난 10년 이상 UN PKO 예산의 2% 이상을 분담하며 상위 12위 분담국 자리를 지켜오고 있다. UN PKO의 재정기여도는 해당 업무 담당자들과 전문가들 사이에서만 알려지는 수치로 남을 때가 대부분이다. 국제사회를 대상으로 한 책임 있는 구성원의 모습은 반드시 현장에서 실질적인 기여가 뒷받침될 때에 인정되는 것이다. 그리고 이러한 기여는 분명 국가 간 외교를 포함한 긍정적인 교류와 협력에 영향을 미치며 큰 틀에서는 조셉 나이의 주장처럼 연성권력(Soft power)로서 국가의 자산이 될 수 있다. 이와 같은 대표적인 사례는 동티모르 파병이 가져온 결과이다. 동티모르는 독립한 2002년 5월 20일 한국과 외교관계를 수립했다.[54] 동티모르는 독립 이전부터 한국으로부터 받은 여러 지원이 독립 및 독립 이후 국가 체제 강화 과정에서 중요한 역할을 했다고 인식하고 있다.[55] 파병 전에는 국내는 물론 인도네시아 교민들로부터 한-인도네시아 관계 악화 가능성을 우려하는 여론이 있었으나 상록수부대는 이를 불식시킨 것은 물론 오히려 인도네시아를 포함한 관련 국가들과 관계를 발전시키는 계기로 만들었다. 청해부대가 아덴만의 여명 작전을 통해 한국군의 작전 능력을 대외적으로 과시한 것 또한 국가 위상을 높이는 데 기여한 사례로 꼽을 수 있다.

---

54 독립이 기정사실이던 2001년 6월 25일에는 한국 대표부가 설치되었고 2002년 8월 8일에는 대표부가 대사관으로 승격된다. 다른 지역의 공관 운영 상황을 고려할 때 동티모르는 인도네시아 또는 호주에서 겸임할 수도 있으나 동티모르에는 소규모이나 특명전권대사를 포함해 대사관이 상주하는데 이는 동티모르 건국 과정에서 생긴 인연 때문으로 해석할 수 있다.

55 치안 유지, 난민 귀환과 같이 동티모르 지역 안정에 기여한 것은 물론 인도네시아와 암베노 지역에서 국경선을 획정하는 자료를 정확히 작성함으로써 국경선 협상에 결정적인 자료로 사용된 점 등은 상록수 부대가 동티모르 국가 수립에 구체적인 기여를 한 점이다. 상세한 내용은 최용호, 전게서, pp. 255-262를 참고할 것.

한빛부대나 동명부대가 보여주는 활약과 외부로부터 받는 평가 또한 마찬가지이다. 시간이 지나면서 우수한 장비를 능숙하게 사용하고 모범적인 모습을 보여주는 군대로서 국제사회에 한국군이 남기는 긍정적인 인상 또한 국가 위상을 높이는 데 크게 기여하는 요인으로 분명히 인식해야 한다.[56] 군은 해외파병 부대에 '친한화' 또는 민군작전 임무를 부여해오고 있다.[57] 이에 따라 해외파병을 실시하는 동안 임무지역에 주둔하는 한국군은 예외적인 몇 가지 경우를 제외하고는 지역 사회와 주민을 대상으로 민사작전을 실시해왔으며,[58] 한국군의 민사활동은 지역 주민과 정부 그리고 해당 지역에 주둔하는 다른 파병국가와 UN을 비롯한 국제기구 관계자들로부터 높은 평가를 받아왔다. 이는 해당 지역에서 한국의 연성권력과 위상을 강화하는 데 기여하고 있으며 이

---

56 과거와 달리 UN은 평화유지요원의 행동에 엄격한 기준을 제시하고 있다. 성매매와 성추행 같은 성 관련 문제는 매우 엄격하게 처리되며 아프리카나 아시아 국가들 중에는 파병 인원이 성매매 또는 성추행 등에 연루되어 본국으로 송환되는 사례가 종종 나오고 있다. 그러나 한국군 중에는 이런 사안으로 문제가 되어 본국으로 송환된 사례가 없다.

57 예를 들어 국방부가 작성한 아라우 부대는 '필리핀 재해복구지원단 파병계획 지시'는 피해지역 정리 밈 공공시설 위주 복구 지원, 의료지원 및 방역활동에 '친한화(親韓化) 활동'을 임무로 명시하고 있다. 동명부대의 임무 중 하나는 '민군작전: 우호적인 작전환경 조성'으로 되어 있다. 한빛부대 또한 '민군작전: 인도적 지원, 친한화 활동'을 임무로 명시하고 있다.

58 예외적인 경우에 속하는 것은 걸프전 당시 국군의료지원단과 공군수송단, 디에고 가르시아에 전개했던 해성부대와 청마부대, 이라크 전쟁의 다이만부대, 아랍에미리트에 파견된 아크부대와 소말리아 해역에 파견된 청해부대이다. 이들은 공통적으로 해군 또는 공군부대이거나 전개된 지역이 지역 주민과 접촉할 일이 없는 곳에 주둔했다는 특징을 가지고 있다. 한국의 해외파병 부대가 정식으로 조직을 편성하고 예산을 투입해 민사 활동을 실시한 것은 자이툰 사단 이후라고 할 수 있다. 앞서 언급한 것처럼 기존 파병부대들의 민사활동이란 예산이 편성되지 않은 상태에서 지역 주민 또는 관청 혹은 국제기구들과 협력을 위한 보직으로서 민사과(반)을 편제해 운영한 데에 반해 자이툰 사단은 예하 부대의 이름에 '민사'를 넣고, 민사 활동 예산을 정식으로 편성해 집행한 부대이다. 파병지역인 아르빌에서 자이툰 사단이 민사활동을 통해 지역민들로부터 높은 평가를 받은 경험이 현재 동명부대와 한빛부대로 이어지고 있다고 볼 수 있다.

는 한국이 파병한 목적을 달성하는 성과로 평가할 수 있다. 특히 오랫동안 지속된 분쟁으로 피해를 입은 현지인들의 고통을 이해하고 긍정적인 변화를 가져오려 노력하는 점은 다른 파병 국가들과 뚜렷하게 대별되는 점이며, 이는 파병이 목표로 하는 '주둔국과의 관계 증진'을 포함한 국가 위상 강화에 기여하는 요소이다.

이러한 결과는 파병에 대한 우호적인 여론을 장기간에 걸쳐 형성하고 안정적으로 유지하는 기반이 되었으며 향후 다른 임무로 해외에 파병할 때에도 국민의 지지를 이끌어내는 기반이 되기 때문에 의미가 있다.

비록 제한적인 사례로 볼 수는 있으나 파병을 통해 국민의 생명과 재산을 보호하는 구체적인 성과도 거두었다. 청해부대가 실시한 활동은 한국 국적의 상선은 물론 세계 여러 나라의 상선들이 안전하게 통항할 수 있도록 만들었으며 아덴만의 여명 작전을 통해 실제로 위험에 처한 국민의 생명과 재산을 지켜냈다는 점에서 높이 평가할 수 있다. 다만 국민의 생명과 재산을 직접 보호하는 것은 특정한 조건에서만 가능한 것이기 때문에 이를 일반적이거나 주요 성과로 평가하는 것은 적절치 않다.

파병은 군으로는 당시 보유한 능력을 바탕으로 실시하는 작전이면서 동시에 새로운 환경에서 임무를 수행하면서 경험과 교훈을 축적하고 이를 바탕으로 기존 교리를 개선하거나 신 교리를 도입하고 전투장비를 개선하는 등 전투력과 인적 자원의 역량을 강화하는 기회이기도 하다. 약 4천 명에 이르는 자이툰부대 파병을 통해 군은 그간 한국군이 한 번도 해보지 못했던 대규모 장거리 부대이동을 실전 상황으로 실시함으로써 부족한 점을 확인하고 역량과 경험을 쌓을 수 있었다. 청해부대는 장거리 항해와 연합 작전을 일상화함으로써 대양 해군으로서 활동할 수 있는 국제 역량을 키우는 기회로서 자리매김했다. 가장 많은 인원을 파병하는 육군은 장교들을 국제 환경에 노출시키고 이를 통해 한국에서는 상대적으로 제한되는 연합 및 합동작전 환경을 경험한 인적 자원과 민사활동 경험을 함께 축적하고 있다. 특히 수송, 공병, 의무처럼 오랜 기간 경험이 축적된 분야에서는 앞으로도 활용 방안을 확대할 수 있는 경험을 쌓은 것이 주목할 만한 점이라 할 수 있다.

이러한 파병의 성과를 바탕으로 한국은 UN PKO 활동에 대한 병력공여에서는 UN 회원국 중 38위를 기록하고 있어 중상위권 국가로 평가할 수 있으며 재정 공여로는 12위에 해당되어 높은 위치에 있다는 것을 알 수 있다. 그러나 스웨덴의 사례에서 볼 수 있는 것과 달리 전략 · 기획공여 부분에서 한국의 기여는 뚜렷하게 눈에 띄지 않아 상대적으로 약한 부분으로 지적할 수 있다.

지금까지 해외파병을 통해 이룩한 성과와 더불어 분명한 한계도 있었다. 우선 해외파병의 분야가 공병, 수송, 의무분야로 다소 국한되기도 하였고, 지나치게 국민의 반응 등을 우려하여 안전 위주로만 임무지역을 선정한 문제를 노정하였다. 특히 이 점은 새로운 임무가 출범하거나 이에 참여를 요청받더라도 적시에 참여하지 못해 주요 지역을 선점하지 못하는 상황과 맞물려서 파병 활동의 효과를 상대적으로 반감시킬 가능성이 있다고 평가할 수 있다. 예를 들어 레바논에 파병된 동명부대는 기존에 다른 UN 회원국들이 선점한 지역에 후발주자로 참여한 데다 이스라엘-레바논 사이의 국경인 블루 라인(Blue line)에 배치되지 않았을 뿐더러 최초에 UN과 한국이 파병 조건으로 합의한 임무 외 다른 임무를 수행하지 않는다는 제한조건(National caveat) 때문에 유엔 레바논 임무단(UNIFIL) 입장에서는 예비대 또는 필요 임무에의 활용이 사실상 불가능한 부대로 평가될 수 있다. 이는 UN은 물론 다른 회원국들 사이에서 한국의 UN PKO 활동이 생색내기용인 것처럼 비칠 수 있다.[59]

한국은 건국과 건국 직후 전쟁이라는 위기를 극복하는 데 UN을 포함한 국제사회로부터 많은 도움을 받은 국가이다. UN에 가입한 이상 회원국으로서 책임은 물론 과거의 도움을 기억하고 되갚는 국가라는 국제적인 위상을 쌓아 나가는 점에서 이러한 제한적인 기여의 모습이 계속되는 것은 국가의 위상 등에 부정적인 영향을 미칠 가능성이 있다. 중견국으로서 국제적인 지지와 도움을 더 많이 확보하려 한다면 힘들고 어려운 상황을 감수하면서도 기여하는 국가라는 모습을 만들 수 있도록 국민의 인식과 지지를 얻는 노력을 함께해 나갈 필요가 있다.

현재 UN PKO 또는 다국적군에 참여하는 해외파병은 일반적으로 군이 운영하는 수직 계열화된 엄격한 지휘체계가 아닌 매우 느슨한 지휘통제 구조로 이루어져있다. 특히 전투를 주 임무로 부여받지 않는, 전쟁 외에 군사작전이 주가 되는 상황에서는 이러한 경향이 훨씬 강하게 나타난다. 그러나 아무리 지휘통제가 느슨하더라도 파병부대는 해당 임무를 위해 구성된 사령부에 소속되어 보편적으로 군에 기대되는 행동을 하고 부여되는 일정한 임무를 수행할 책임이 있다. 반면 국가는 파병을 통해 국가 이익과 위상을 추구한다는 점에서 파병된 부대는 파병지역으로 한정되는 공간 안에서 주둔하는 기간 동안 이를 극대화하려는 노력을 하게 마련이다. 따라서 독자성과 자율성을 추구하려하는 부대들과 임무를 기초로 지시를 부여하는 사령부 또는 지휘통제조직

59 반면 한국군은 서부여단 책임지역에서 가장 많은 민사활동을 벌이는 대조적인 모습을 보이고 있다.

사이에서는 일정한 수준의 긴장이 존재하게 마련이다.

앞서 말한 제시한 주요 성과 중 한 가지는 민사활동을 통한 국가 위상의 고양이었다. 한국군 파병부대는 편제 여부와 상관없이 주둔국 현지 주민과 접촉하는 곳에서는 자체적으로 또는 정책적 지시에 따라 민사활동을 실시했다. 소말리아에 파병된 상록수부대는 민사활동을 위한 조직이 없었으나 자체적으로 주민 지원활동(경찰서 보수, 학교 운영, 기술학교 운영 등)을 실시하고 지역 주민들로부터 좋은 평가를 받았다.[60] 동티모르 상록수부대는 편제 조직으로 민사과를 가지고 있었으며 그들이 실시한 민사활동 또한 높은 평가를 받았다.[61] 이라크에 파병된 서희부대는 민사를 전담하는 조직을 편제하지 않았으나 민사관련 업무를 실시하였다.[62] 대표적인 것은 2004년 이라크 추가 파병으로 창설된 자이툰 사단이다. 자이툰 사단은 예하에 민사여단을 편제함으로써 사단의 임무와 성격을 대외적으로 분명하게 규정하였고 자체 조직과 예산을 바탕으로 민사활동을 실시하였다.[63] 아프가니스탄 PRT는 파견 목적 자체가 지

---

60 상세 내용은 곽병철, 『상록수부대 파병사: 소말리아 PKO 활동의 교과서』(국방부 군사편찬연구소, 2012), pp. 122-131을 볼 것.

61 동티모르 상록수부대의 민사활동에 대해서는 최용호, 『한국군 동티모르 파병과 띠모르레스떼 탄생』 제4장 제3절 민사활동을 참고할 것.

62 서희부대는 민사 조직이 편제되지 않고 민사활동을 위한 예산도 편성되지 않았으나 1진이 기술학교와 태권도 교실 등을 독자적으로 운영하는 식으로 민사활동을 실시하였다. 그러나 2003년 11월 12일 나시리아 시내에서 발생한 대규모 자살폭탄 공격으로 합동참모본부에서 대외활동을 전면 금지시키면서 외부 활동이 중단되었고 그에 따라 현지인들의 불만 또는 실망이 커져다. 서희부대 2진은 한국 NGO의 기부물품 지원, KOICA의 지원 사업, 삼성전자 암만 법인의 기증 등으로 확보된 물자를 현지 기관 또는 학교 등을 중심으로 기증하는 방식으로 대 이라크 민간 접촉을 이어갔으나 이는 민사활동으로 평가하기는 어렵다.

63 자이툰 사단의 민사 활동을 설명한 것으로는 『국군 이라크 자유 작전 파병사: 서희 · 제마 · 자이툰 · 다이만부대』를 참고할 것.

방 단위의 재건 또는 개발 사업을 전문 인력과 예산으로 한국이 주도하는 것이었기 때문에 오쉬노부대가 직접 민사활동을 하지는 않았다. 현재 UN 임무단에 파병되어 활동하고 있는 레바논의 동명부대와 남수단의 한빛부대 또한 민사반을 보유하고 매년 일정액의 민사활동 예산을 편성해 집행하고 있다. 한빛부대는 직업학교(제빵 등)와 농장 등을 운영하며 동명부대는 주민숙원사업(시설 개선 또는 보수)과 정부 역량 강화 지원사업, 물자 공여 등을 실시하고 있다. 두 부대 모두 현지인을 대상으로 한국어 교실, 태권도 교실, 의료지원 등을 운영하며 지역의 우수 인력에 대해서는 방한 연수를 실시한다. 한국어 교실, 태권도 교실, 의료지원은 파병 지역과 부대를 가리지 않고 공통적으로 실시하고 있으며 방한 연수는 자이툰 사단에서 시작되어 현재 다른 파병부대로까지 확대된 경우이다. 아라우부대처럼 단기간만 주둔한 부대도 직업학교, 의료지원, 무료급식 등을 실시하였다.[64]

이처럼 한국군 부대는 다른 파병국들과 비교할 때에 실시하는 민사활동의 종류가 많고 활동 폭이 넓은 모습을 보인다.[65] 아주 대조적인 모습으로 꼽을 수 있는 사례는 남수단에 파병한 영국군 공병대대이다. 영국군 공병대대는 민사과를 편제하지 않고 있으며 민사관련 활동이

---

64 직업학교는 필리핀 노동부 차관이 방문하고 국제기구들도 재해복구의 성공적인 모델로 칭찬하였다. 아라우부대 2진 파병성과 · 교훈집(2014. 7. 1.~2014. 12. 19.), p. 311.

65 예를 들어 레바논 UNIFIL 서부여단 책임 지역에 주둔하는 6개 국가 5개 부대(한국, 말레이시아, 이탈리아, 가나, 아일랜드-핀란드 연합 부대)가 실시하는 민사작전의 수를 비교할 경우 한국은 재봉교실, 태권도교실, 한국어교실과 의료진료 5개를 포함해 총 8개를 실시한 반면, 말레이시아는 의료진료 4개, 이탈리아는 의료진료 2개, 가나는 의료진료 3개, 아일랜드-핀란드 부대는 기초 의료교육과 영어교육 등 2개로서 한국군이 실시하는 민사 활동이 종류와 수에서 두드러진다. 『동명부대 19진 파병성과 · 교훈집 2017. 4. 10.~2017. 12. 11.』, p. 95.

라고 꼽을 수 있는 것은 영국군 기념일에 현지 고용인들과 함께 식사를 하거나 크리스마스를 앞두고 간단한 장난감 정도를 모아서 현지 아이들에게 나누어주는 활동 정도로 국한된다.[66]

민사 활동은 꼭 필요한 활동이지만 어떤 임무를 수행하는지 그리고 어떠한 목적으로 파병되었는지에 따라 활동의 폭과 내용을 달리해야 한다. 예를 들어 독자성이 강하게 인정될 수 있었던 PRT나 자이툰 사단의 경우에는 다국적군의 일원으로서 해당되는 내용 외에는 책임지역 내에서 독자적인 활동이 가능하다. 반면 UN 임무단의 일원으로 해당 임무단의 지휘체계에 속해 있는 한빛부대나 동명부대는 임무단이 지시하는 것 이외로 사전에 조율되지 않은 활동은 'UN 차원'에서 실시하는 민사 활동과 중복됨으로써 자원을 낭비하거나, 불필요한 오해를 부르는 문제를 야기할 수 있다. 앞 문장에서 작은따옴표로 묶은 UN 차원이라는 표현에 주목할 필요가 있다. UN이라는 명칭은 단일한 개념처럼 보이지만 실제로는 이질적인 요소들을 느슨하게 포괄하는 개념일 때가 많다. UN Country Team으로 통칭되는 UNDP, WFP 같은 조직은 UN이라는 명칭을 공유하지만 UN 임무단(UNMISS 또는 UNIFIL)이 이들을 직접 지휘하거나 감독하는 것은 아니다. UN 내부에서도 이러한 복잡한 연결 관계에서 오는 혼란을 감소시킬 목적으로 OCHA(Office of Coordination of Humanitarian Assistance)를 출범시켰으나 OCHA는 이 또한

---

66 2018년 9월 19일 영국군 공병 Hislop 중령이 국방대학교 국제평화활동센터를 방문하여 가진 특강에서 설명한 내용으로 영국군은 장난감을 나누어주는 것이 문제가 없는지를 사전에 UNMISS에 확인하고 시행했다고 한다. 민사활동은 아니지만 특정한 현지인이 영국 공병대대에 장기간 고용되어 생길 수 있는 불만 등을 예방할 목적으로 고용 가능 기간을 설정해 최대한 많은 현지인들에게 고용의 기회를 주고 있는 점은 지역 주민에게 매우 조심스럽게 접근하고 있다는 점을 보여준다.

지휘나 통제를 하는 장치가 아니라 느슨한 협의체라는 한계를 가지고 있다. 반면 임무단의 지휘체계에 속하는 파병국 부대들과 임무단 예하의 조직들은 자국에서만큼은 아니나 엄연히 지휘체계를 따르도록 되어 있다.[67]

UN 평화유지국(United Nations Department of Peacekeeping Operations: 이하 DPKO)의 Policy and Best Practices Service가 2012년에 발간한 『UN DPKO/DFS 민사 핸드북』(*UN DPKO/DFS Civil Affairs Handbook*)에 따르면 PKO특별위원회(Special Committee on Peace keeping Operations)는[68] 2011년에 발간한 보고서(A/65/19) 제96조에서 민사(civil affairs) 기능을 "지역 수준에서 모니터링과 촉진, 신뢰 구축 지원, 분쟁 관리와 화해, 그리고 국가 권력의 회복과 확대 지원"하는 것이라고 공식적으로 인정하였다.[69] 아울

---

67 예를 들어 한빛부대는 UNMISS 임무지원국이 내리는 임무명령(Task Order)가 지시하는 공병지원 임무를 수행하도록 되어 있다. 한빛부대의 최우선 과업은 이 임무명령을 수행하는 것이다. 이를 수행하는 과정에서 필요한 자재 등은 임무지원센터(Mission Support Cell)과 협조하도록 되어 있다. 또한 공병 외 작전 분야에서는 UNMISS 사령관의 위임을 받은 동부지역사령관의 통제를 받도록 되어 있다. 동명부대 또한 UNIFIL 예하의 군사참부의 지휘를 받으며 서부여단 예하에 소속되어 있다.

68 PKO의 환경과 전반적인 정책 요소를 정하는 보고서를 협상하기 위해 매년 2월에 개최되며 최초에 34개 회원국이 모여 개최되어 현재까지도 C34라는 별칭으로 불린다.

69 UN DPKO/DFS, *Civil Affairs Handbook* (New York: United Nations, 2012. 2), p. 12. 책자는 www.un.org/en/peacekeeping/issues/civil에서 내려 받을 수 있다. 책자의 원문은 General Assembly Official Records, Sixty-fifth Session Supplement No. 19 (A/65/19), "Report of the Speical Committee on Peacekeeping Operations, 2011 substantive session (New York, 22 February-18 March and 9 May 2011)" 19쪽에 나온 내용은 다음과 같다. "96. The Special Committee recognizes the important role of civil affairs officers in United Nations peacekeeping operations, including through cross-mission representation monitoring and facilitation at the local level, support to confidence building, conflict management and reconciliation and support to restoration and extension of State authority...."

러 PKO 특별위원회 보고서 제92조는 평화유지활동이 분쟁 후 단계에서 일자리를 만드는 것을 돕는 등 효과적이고 가시적인 사업을 이행하는 방식으로 생활환경을 개선하는 활동들로 보완되어야 하며 이러한 활동이 평화유지군을 수용하는 당사국의 책임이라는 점을 분명하게 밝혔다. 특히 당사국 정부의 역량을 약화시키지 않도록 주의해야 한다는 점도 덧붙였다.[70] 제93조는 재건이나 빈곤 퇴치는 물론 즉각 필요를 충족하는 사업을 할 때에 UN이나 국제사회, 특히 공여국이 당사국 정부와 협력해야 하는 점을 강조한다.[71]

한국의 해외파병부대들이 파병지에서 폭넓은 민사활동을 통해 지역 사회와 주둔국 정부는 물론 국제기구들로부터 전반적으로 높은 평가를 받고 긍정적인 결과를[72] 만들어내고 있는 반면, 여기에는 부정적

---

70 해당 내용의 원문은 다음과 같다. "92. The Special Committee stresses that peacekeeping operations need to be complemented with activities aimed at effectively improving the living conditions of the affected populations, including quick implementation of highly effective and visible projects that help to create jobs and deliver basic social services in the post-conflict phase. Such activities need to be carried out in full acknowledgement of the primary responsibility of the Governments of the host countries to provide for their citizens, and must take care not to undermine efforts aimed at building the capacity of host Government to fulfill this role."

71 해당 내용의 원문은 다음과 같다. "93. The Speical Committee stresses that the United Nations system and the international community, in particular donor countries, in cooperation with national authorities, should develop and engage in appropriate coordination mechanisms that focus on immediate needs as well as long-term reconstruction and poverty reduction."

72 한빛부대 3진부터 시작해 다른 기구들과 협력해 성과를 거두면서 남수단과 UNMISS로부터 주목을 받는 한빛농장은 성공적인 사례로 꼽을 수 있다. 이 농장은 한빛부대, 종글리주, UNHCR, FAO, WFP, ICRC 등이 협조해서 운영하고 있으나 앞서 지적한 바와 같이 UNHCR, FAO, WFP 등은 UNMISS의 직접 통제를 받지 않고 독자적으로 활동하는 UN 산하 기관으로서 실질적으로 UNMISS와 조율 또는 협조가 이루어진다고 보기는 어렵다.

인 측면과 제한사항도 함께 따른다. 앞서 언급한 바와 같이 UN 임무단 본연의 임무에 투입하는 것에는 제한을 걸거나 교전 가능성이 있는 임무는 회피하는 반면, 지역 내에서 민사 활동에 인력과 예산을 집중 투자하여 활발하게 활동하는 모습이 길어지면 길어질수록 불필요한 오해를 낳을 가능성이 있다. 또한 민사활동의 범위가 지나치게 넓거나 군 본연의 임무로 보기에 어려운 활동까지를 민사활동에 포함시킴으로써 지휘체계 상에서 불필요한 마찰을 빚을 부작용을 우려할 수 있다.[73] *Civil Affairs Handbook*과 2011년 특별위원회 보고서에서 원칙으로 지적한 바와 같이 한국군 파병부대가 선의를 가지고서 실시하는 활동 중 상당수는 주둔국 정부가 시행해야 하는 것이거나 또는 주둔국 정부의 역할을 약화시킬 수 있는 것들이며 심지어 지역 주민들의 의존성을 높일 수 있는 것들이다.[74] 군은 해당 지역에 장기간 주둔하는 것이 아니라 일정 주기마다 순환하기 때문에 해당 사업을 안정적으로 추진하거나 신

---

73 이에 대한 구체적인 사례로는 2018년 7월 19일 김종민 소령(UNMISS 말라칼에서 공병참모 임무 수행)의 귀국보고서 발표회에서 찾을 수 있다. 김종민 소령은 한빛부대 8진의 경우 다른 회원국 공병부대와 비교해 과업 수행량의 절대치가 결코 적거나 임무 수행에 소홀한 것은 아니었으나 민사활동에 치중함으로써 현지인에게는 좋은 반응을 이끌어내지만 Bor 지역 UNMISS 실무자들에게는 한빛부대가 업무를 소홀히 한다는 인상을 주었으며 수차례에 걸쳐 오해와 마찰이 반복되면서 문제가 불거진 사례가 있다고 증언했다. 보다 구체적으로 2018년 1월 주바에서 열린 UNMISS 공병부 회의에서 Bor 지역 Field Engineer(파키스탄 출신 Asim Khan, P3)는 한빛부대를 부정적으로 평가하는 발언을 공개적으로 했고 UNMISS의 Chief Engineer(호주 출신 Scott Hackney, P5)는 규정을 제시하면서 이에 동조하는 발언을 하였다. 이에 따라 2018년 3월 교대한 한빛부대 9진은 기존과 비교하여 눈에 띄는 활동을 대폭 축소하고 UNMISS와 원만한 관계를 재구축하는 데에 노력하고 있다.

74 『동명부대 18진 파병성과 · 교훈집』 132-133쪽에는 민군작전의 교훈을 정리하면서 "주민 삶에 영향을 미치는 정도가 너무 클 경우 주민의 의존도만 높아져 자생력 배양 부분에 반감 효과를 가져오기도 한다. … 한계점을 두고 영향을 미칠 수 있도록 해 주어야 한다."라고 문제점이 있는 부분을 지적하고 있다.

규 사업을 추진하기 위한 계획수립, 예산 확보 등에서 문제점을 노출할 수 있다. 현지에 필요한 사업을 주둔하는 파병부대가 발굴 또는 식별하고 시작할 수 있으나 개입 정도를 적절히 조절해야 하며 장기적으로는 KOICA나 한국의 ODA관련 기관이 이를 담당하게 하는 것이 필요하다. 이는 파병이 국가위상을 강화하는 차원에서 추진한다는 점을 감안할 때 군이 아닌 정부 차원의 개선점으로 짚고 넘어가야 할 부분이다.

파병을 목적으로 매번 별도의 부대가 창설되고 해당 파병 임무가 끝나면 이 부대를 해체하는 것은 파병의 성과를 부정하는 문제점으로 지적할 수 있다.[75] 베트남 파병과 비교할 때 1991년 이후 해외파병은 파병 인원의 구성에서 큰 차이점을 보인다. 베트남 파병은 기존에 편제되어 활동하는 부대를 선정하여 파병하였다.[76] 반면 1991년 이후 현재까지 파병된 부대들은 기존부터 존재하고 운영되는 부대들 중에서 선정한 것이 아니라 매번 별도의 부대를 새로 창설하여 운영했다는 특징이 있다.[77] 국방부 파병 인원을 별도로 선발하는 이유를 구체적으로 설명한 바는 없으나 파병사에 따르면 "선발된 인원의 임무수행 정도가 파병

75 이 문제는 군에서 공론화되지 않고 있으나 사회적으로 군에 관심을 가진 사람들이 문제를 제기하는 사례가 있다. 구체적인 문제 제기 사례로는 남도현 기자, "이라크 파병됐던 자이툰 부대는 어디로 사라졌나", 중앙일보(2017. 10. 13.), https://news.joins.com/article/22010051.

76 파병부대로 지정된 제9보병사단이나 수도기계화사단은 파병 인원을 정예화 할 목적으로 인원을 차출하거나 제외하였으나 이는 어디까지다 해당 사단의 인사권 안에서 이루어진 것이다.

77 파병 시 근간을 이룰 부대를 특수전사령부 예하 공수특전여단이나 공병대대 등에서 모체부대라는 개념으로 지정하고 여기에 육군본부 등이 선발한 인원을 일부 충원해 배치하는 방식을 쓰기도 하였으나 현재까지도 군은 파병인원은 선발을 원칙으로 한다. 파병인원 선발을 상세히 설명한 것으로는 『국군 이라크 자유작전 파병사』, pp. 228-234를 참고할 것.

의 성패를 좌우하기 때문"이라고 설명하고 있다.[78] 이러한 설명은 군이 국내외서 수행하는 임무의 중요성과 해외파병 임무의 중요성을 이중잣대로 차등한다는 인식을 은연중에 확산시킨다는 문제점이 있다. 해외파병을 통해 군이 직접 얻을 수 있는 주요 성과 중 하나는 전투에 준하는 또는 특정 영역에서 군이 담당하는 역할을 실제 이행하는 과정에서 해당 경험을 축적할 수 있다는 것이며, 더 크게는 이러한 경험이 부대라는 편제 안에서 축적되고 전수됨으로써 전투력 강화라는 차원에 기여한다는 것이다. 이를 위해서는 이미 편성되어 임무를 수행하는 부대를 파병하는 원칙을 적용해야 하나 1991년 이후 한국의 파병부대 중 함정이 지정되어 파병되는 청해부대 정도를 제외하고는 이러한 원칙이 적용되는 사례는 흔치 않다. 이는 군이 전투력을 양성, 유지, 운용하는 기본 원칙에 위배되는 것이다. 파병과 관련하여 인원을 매번 새로 선발해 부대를 구성하고, 교육하고, 조직력을 갖추는 과정에 들어가는 시간과 비용을 고려할 때 이는 비경제적이기까지 하다.[79] 파병 임무 종료 후 부대가 해체됨에 따라 편제 조직 안에서 보존 및 전수되어야 할 경험이 사라진다는 것은 돈으로 환산할 수 없는 무형의 문제이다.

전반적으로 해외파병에 대해 국민들이 우호적인 반응을 유지하도

---

78 상게서, p. 231.

79 육군은 최근까지 병을 대상으로 해외파병 지원을 받을 때에 보호자의 동의서를 첨부하도록 했다. 이는 법률 상 아무런 근거도 없을뿐더러 오히려 군의 근본적인 성격과 스스로의 권위를 부정하는 행동인 반면 불필요한 행정만 증가시키는 행동이다. 그러나 병 파병자 선발에 보호자의 동의서를 받는 관행이 10년 이상 지속된 것은 이는 해외파병과 관련된 문제점이기 보다는 병역의무에 따라 의무복무하는 병에 대해 군이 느끼는 부담과 개인의 자율성과 독립성이 다른 사회에 비해 상대적으로 늦고 낮게 발현되는 것을 당연시하는 한국 사회의 특성 사이에서 나온 미봉책이었다고 평가할 수 있다.

록 한 성과 속에서도 한계로 꼽을 수 있는 것은 이라크 파병을 결정하는 과정에서 한국 사회가 다국적군 파병을 기본적으로 부정적인 시각에서 바라보는 경향을 갖게 되었다는 점이다. 국가의 가장 중요한 특징이자 사명 중 하나는 군대라는, 통제된 폭력을 독점하고 관리 및 사용할 수 있다는 것이며 이러한 군대는 국가이익에 필요한 경우 임무를 수행하도록 늘 준비되는 것이다. 물론 신자유주의적 제도주의가 주장하는 국제기구, 국제법, 국제 레짐(Regime) 등의 영향력이 확대됨에 따라 국가의 무력 사용이 제한을 받는 부분이 과거에 비해 확대된 것은 사실이다. 그러나 "안보리 결의가 없는 파병은 무조건 악"이라는 도식은 냉엄한 국제관계 상황에서 국가이익에 도움이 되기보다는 오히려 한국의 활동 범위를 스스로 지나치게 축소하는 부작용을 만들 수 있다.[80] 청해부대의 파병 결정 과정은 이러한 경향을 보여주는 사례이다. 한국도 가입하고 비준한 UN해양법협약(1982) 등 국제법에 따라 안보리 결의가 없더라도 어느 국가든 해적을 상대로 '보편적 관할권'을 행사해 진압할 수 있다. 그러나 국회 등의 파병 검토과정에 이러한 근거는 고려되지 않았으며 안보리 결의 4개(1373, 1838, 1846, 1851)만이 근거로 논의 되었다.[81]

---

80 중견국을 표방하는 한국 입장에서 쿠퍼(Cooper), 히곳(Higgott) 그리고 노잘(Nossal)의 주장에 따르면 국제법과 국제규범을 근거로 하는 외교는 원칙 상 필요한 것이라 할 수 있으나 동시에 한미동맹과 같은 안보 분야에서는 일관된 입장과 행동을 유지함으로써 중견국 외교가 추구하는 책임감 있는 국가 그리고 국제사회의 안정을 위해 노력하는 국가로 비출 수 있다는 점도 고려할 수 있다.

81 보편적 관할권은 박영길, "UN해양법협약 상 해적의 개념과 보편적 관할권", 『서울국제법연구』 제18권 1호(2011), pp. 47-80을 볼 것. 국회의 검토 과정은 국방위원회 수석전문위원 권기율, "국군부대의 소말리아 해역 파견 동의안 검토보고서"(2009. 2.), pp. 1, 5-6을 볼 것.

4. 평화유지활동의 새로운 전환기와 방향 모색

국제체제에서 2017년은 미국의 새로운 대통령의 취임과 신임 UN 사무총장의 선출을 포함하여 일종의 중요한 전환점이 되었다. 미국의 트럼프 행정부가 미국 중심의 접근으로 선회한 가운데 UN 평화유지활동에도 적지 않은 영향을 미치고 있으며, 반면 국제사회의 한축을 이루고 있으며 안전보장이사회 상임이사국인 중국의 지도부는 지속적으로 국제적 영향력을 확대하기 위한 노력을 경주하고 있다. 한편 구테흐스 신임 UN 사무총장은 취임하자마자 UN의 전반적인 개혁을 추진할 것을 천명하면서 특히 분쟁의 예방에 모든 노력을 기울일 것을 천명한 바 있다.

국제사회에서의 분쟁이 현격하게 감소된 것은 아니지만 UN 평화유지활동은 최근 점차적으로 축소되어 왔으며, 이러한 추세는 특히 2017년과 2018년을 기점으로 가속화 되었다. 2017년 여름 코트디부아르 임무단(UNOCI), 그리고 10월에 아이티 임무단(MINUSTAH)이 임무를 종결하였고, 2018년 4월 라이베리아 임무단(UNMIL)이 성공적으로 종료되었다. 이들 임무단은 2003년과 2004년에 설치되었으며, 1999년부터 2015년 사이에 UN 안전보장이사회가 설치한 임무단 중 비교적 성공적으로 임무를 수행한 임무단으로 평가되고 있다. 현재 14개 임무단

중에서 다르푸르 임무단(UNMID)과 수단의 아비예이(Abyei, UNSFA), 그리고 콩고민주공화국 임무단(MONUSCO)은 점차적인 감축 계획을 진행 중에 있다. 이에 따라 UN 평화유지요원은 2018년 3월 기준 약 9만 1천 명 수준이 될 것이며(그림 6-1) 2013년 9만 500명, 2015년 10만 7천 명에 비해 상당한 수준으로 축소된 수준이다.

이와 같은 평화유지활동의 감소 추세는 군 및 경찰 인력, 민간 인력, 그리고 UN 평화유지국(DPKO)이 주도한 평화유지활동 전반에서의 예산 축소를 반영한 것이다. 2017~2018년 평화유지활동 예산 편성 결과를 보면 10년 연속으로 축소되었고 이러한 추세는 2014~2015년 정점을 이루었던 시기를 지나 일부 회원국은 긍정적인 반응을 보였다.

하지만 〈그림 6-1〉에서 나타난 바와 같이 안전보장이사회의 2017년 인가 인력 축소로 인해 다르푸르 임무단과 콩고민주공화국 임무단에서는 실제 전개한 인력과 오랫동안 차이를 보이고 있다. 인가 인력과 실제 전개 인력 사이에서 이와 같은 편차는 한때 상당한 수준의 인력

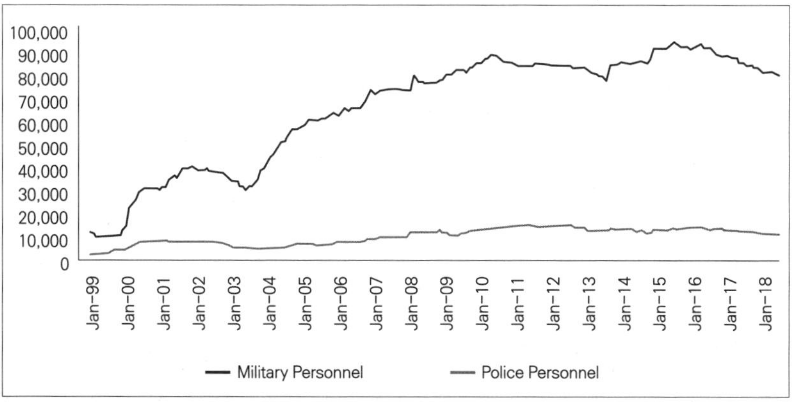

그림 6-1 평화유지요원 현황, 1999-2018

출처: United Nations, Center on International Cooperation

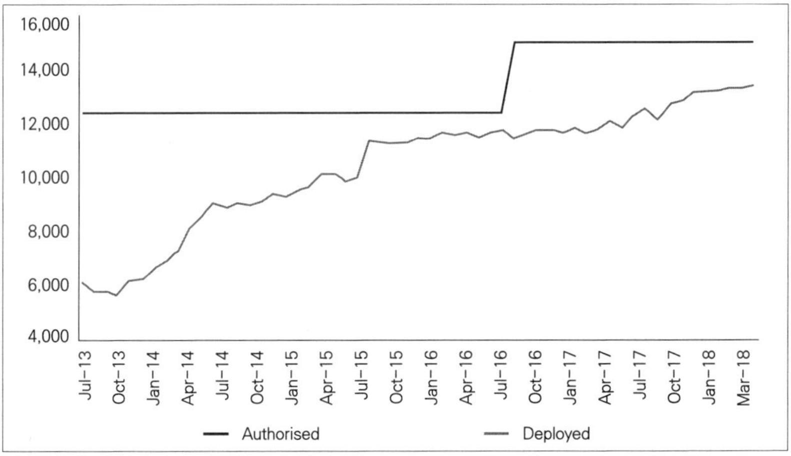

그림 6-2 UN 말리 임무단(MINUSMA)의 병력 전개 편차

출처: United Nations, Center on International Cooperation

증강을 추진했던 남수단 임무단(UNMISS)과 말리 임무단(MINUSMA)에서도 동일한 현상을 나타내고 있다.

다차원 임무단에서의 군과 경찰의 인력 편차는 2015년 약 1천 명 수준에서 2017년에는 1,500명 수준으로 증가하였다. 결국 안전보장이사회는 평화유지활동의 축소에 지속적인 압박을 가하는 가운데에서도 우선순위를 두고 있는 임무단에 회원 국가들이 충분한 인력을 전개할 수 있도록 설득하지 못하고 있는 형편이다.

고완(Richard Gowan)은 그의 논문에서 급변하는 안보환경에서 전통적인 병력공여국들이 평화유지활동에 기여하기를 주저하는 이유에 대해 우선적으로 재정적인 이유를 들었다. 2014년 장기간 동안 병력공여에 대한 상환 비율이 지속적으로 증가되어왔음에도 불구하고 2017년 현장지원국(DFS)의 조사에 따르면 UN으로부터 지급받은 상환 비용이 병력공여국에 충분하게 지원되지 못하였고 이로 인해 추가적인 병력의

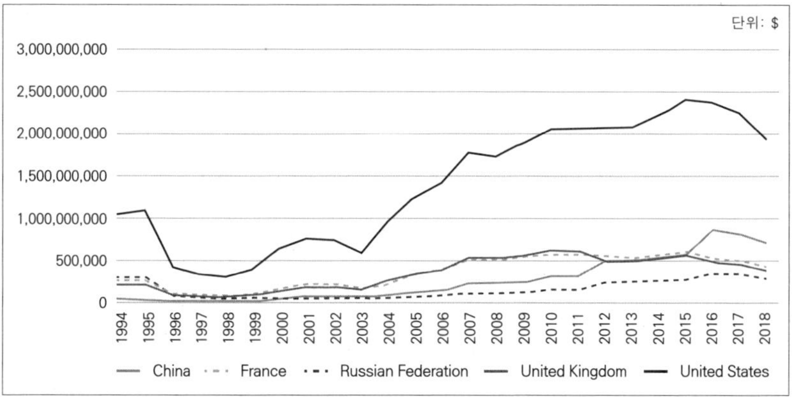

그림 6-3 안보리 상임이사국 재정공여 현황, 1994-2017

출처: United Nations, Center on International Cooperation

전개에 대해 회의적인 태도를 취하게 되는 원인이 되었다. 미국이 여전히 UN 예산에 가장 많은 예산을 공여하고 있는 가운데, 미국과 중국의 평화유지활동에서의 역할에도 변화가 보이고 있다. 중국은 2015년 UN에 가장 대규모의 공여를 할 것이라고 약속하였다.[82]

한편 2017년 기준 중국은 평화유지활동 예산 8억 달러의 10.25%에 해당하는 8,200만 달러를 지불하였고, 정규 예산 4억 2,800만 달러 중 7.92%를 감당하였다. 비록 미국 재정공여의 절반에도 미치지 못하지만 이러한 숫자는 지난 10년 동안 급격한 상승곡선을 그려왔다. 한편 미국은 2018~2019년 UN 정규예산에서 2억 8,500만 달러의 삭감을 발표하였고, 이는 2016~2017년 12억 달러로부터 23%가 삭감된 것이

82 "China Likely To Surpass Japan As Second-Largest Contributor To U.N. Budget In 2019," *The Japan Times*, August 5, 2017, https://www.japantimes.co.jp/news/2017/08/05national/china-likely-surfacejapan-second-largest-contributor-u-n-budget-2019/#.WqAoB5Pwai4.

다.[83] 2017년 UN 총회에서 6억 달러의 평화유지활동이 승인되었으나 UN평화유지활동예산에서 3%를 추가적으로 삭감할 것이라고 발표하였다.

중국은 재정의 기여와 더불어 평화유지활동 인력을 지속적으로 증가시켜 왔다. 현재 대부분의 평화유지활동 인력이 아프리카와 남아시아로부터 충원되고 있는 가운데 중국은 2017년 말까지 약 2,500명 선까지 확대하였다. 이는 중국을 제외한 4개 안전보장이사회 상임이사국의 병력 공여를 모두 합한 인력의 2배에 달하는 수준이다. 2017년 9월, 중국은 8천 명 수준까지 군과 경찰 인력을 확대할 의지를 표명하고 UN의 가용병력 등록 절차를 이미 완료하였다.[84] 만약 중국이 추가적으로 8천 명을 파견하게 되면, 중국은 병력공여국 중 세 번째 순위 내로 접근하게 되어 평화유지활동의 모습을 바꿀 수도 있는 상황이 될 것이다.

이와 같은 중국의 적극적인 참여 의지에도 불구하고 장애물 또한 존재한다. 2016년 남수단의 주바(Juba)에서 발생한 정부군과 반군 사이에 충돌이 발생했을 당시, 중국군 대대가 진지를 버리고 도주한 사태가 발생하였다. 이러한 가운데 2017년에 접어들면서 말리 임무단의 성공적인 임무수행으로 부정적 이미지를 어느 정도 회복하게 되었다. 하지

---

83 5Alexi Lardieri, "United States Announces $285M Cut In U.N. 2018 Operating Budget." *US News & World Report*: December 26, 2017, https://www.usnews.com/news/politics/articles/2017-12-26/united-states-announces-285m-cut-in-un-2018-operating-budget.

84 Sarah Zheng, "China Registers 8,000 Troops for UN Peacekeeping Missions," *South China Morning Post*, September 29, 2017, http://www.scmp.com/news/china/diplomacy-defense/article/2113436/china-completes-registration-8000-strong-un; and Zhang Zhihao, "UN Affirms Peacekeeping Force," *China Daily*, September 29, 2017, http://usa.chinadaily.com.cn/epaper/2017-09/29/content_32645232.htm.

만 중국의 평화유지활동 참여 경험은 상대적으로 일천하였고 그러한 위험한 상황에 평화유지활동 요원을 파견함에 있어 다소 주저하고 있는 것도 사실이다.

이와 같은 변화하는 국제 안보환경에서 우리의 UN 평화유지활동의 참여는 실질적인 군사력의 투사를 필요로 하고 경제적인 효과성을 보장할 수 없는 불확실한 대외적 예산의 가변적인 투자가 필요하며, 군사력과 경제력 이외에도 범정부 차원의 노력과 국민의 적극적인 지지가 더욱 요구된다. 또한 주둔국가(Host Nation)의 현지 상황과 자국의 상황, 그리고 국제사회에서의 요구가 종합적으로 고려되기 때문에 평화유지활동 참여를 통한 긍정적인 효과에도 불구하고 파병의 결정을 위해서는 신중해야 하며 우리의 장점을 극대화하기 위한 노력을 필요로 한다.

이러한 맥락에서 지난 25년의 한국군 평화유지활동을 뒤돌아보면 한국은 1993년 UN 안보리 결의안 제814호에 따라 설치된 소말리아 임무단(UNOSOM II)에 공병부대를 파병한 이래 국제사회로부터 우수한 평가를 받아왔다. 특히 최근 파병하여 활동 중인 동명부대와 한빛부대의 성과와 더불어 우리는 평화유지활동을 통해 주둔 국가의 안정과 재건 등 국제평화와 안보에 기여하면서도 한국의 위상을 한층 드높여왔으며 낯선 환경을 극복하며 새로운 도전과 임무의 수행을 통해 한국군의 역량을 발전시켜왔고 국제평화와 안전에 대한 새로운 시각과 자신감으로 무장한 인적 자원을 확보할 수 있었다. 하지만 한국의 특수한 안보환경을 고려한 해외파병에 대한 국민적 이견이 노정되어 왔기도 했으며, 파병의 규모와 빈도가 활발했음에도 불구하고 특정 지역과 기능즉, 공병, 의료, 수송 등에 한정되는 한계도 있었다. 따라서 파병 25주년을 뒤돌아보고 그간의 성과를 바탕으로 앞으로 25년의 한국형 파병모델을 도출하기 위해 한국군 파병을 SWOT 기법을 통해 분석하였고 그 결과는 다음과 같다.

표 6-5 SWOT 기법에 의한 한국군 파병 분석

강점(Strength)	약점(Weakness)
• 우수한 역량과 자질의 인적 · 물적 자원보유 • 민사작전의 경험 및 Know-how축적 • 전쟁피해에 대한 공감능력	• 제한된 가용병력 및 임무에 따라 특정기능에 편중 • 전투병 파병에 대한 부정적 여론
기회(Opportunity)	**위협(Threat)**
• 국제 PKO환경 변화에 따라 한국에 대한 기대 및 새로운 기여 창출의 여지 증대 • 남북관계 진전에 따른 군사력 운용의 유연성 점증	• 북한의 위협 상존 • 파병자 및 현지 국민보호의 한계 • 불필요한 분쟁의 연루 위험

위 분석을 기초로 특정기능에 편중된 약점을 극복하고 남북관계 진전에 따른 군사력 운용의 유연성으로 향후 평화유지활동의 확대를 위해서는 기존의 가능자(Enabler) 역할을 보다 정교화하고 아프리카 대륙의 중앙아프리카공화국, 콩고민주공화국 그리고 말리 등 가장 위험한 임무단에서 필요한 실행자(Doer)로서의 역할을 담당하는 한편, 여단급 제대 이상 지휘관 및 참모, 군 사령부 및 임무단 본부(Force Command and Mission Headquarters)에서 기획자(Planner)로서의 역할을 점진적으로 확대해 나아가야 하며, 특히 우리에게는 그간 생소하게 여겨져 왔던 선거지원(Electoral Assistance), 거버넌스 및 법치 지원 등 정치적 임무단(SPM, Special Political Mission)의 진출을 모색하는 방향으로 우리의 평화유지활동에 대한 노력선(Line of Efforts)을 조정할 필요가 있다.

우선 정치적 임무단의 참여 확대이다. 정치적 임무단은 평화유지 활동에서 비교적 후발주자인 우리에게 상대적으로 정확하게 인식되지 못하여 왔다. 모든 평화유지 활동[85]은 넓은 의미로 보면 내재적으로 정치적이며 군사적 차원의 평화유지 활동은 일종의 정치적 도구라고 할 수 있다. 정치적 임무단은 매우 소규모의 인원으로부터 국제사회와 해당 국가나 지역에서 선발된 수백 명에 이르는 규모로 소말리아에서 장기적으로 중재의 과정(Mediation Process)임무와 같이 명쾌한 위임명령을 수행하거나 거버넌스, 정의 또는 안보분야 개혁(Security Sector Reform)과 같은 안정적이고 지속발전 가능한 정치에 기여하기 위해 간접적으로 임무를 수행하기도 한다.[86]

또한 평화유지 활동 임무단의 활동과 정치적 임무단의 활동이 다른 점은 정치적 임무단이 중재자(Good Offices) 형태나 정치적 이행과정의 촉진(Facilitation)과 같은 정치적 개입을 한다는 것이다. 대부분의 정치적 임무단은 아프가니스탄과 이라크에서의 UN 임무단의 사례와 같이 이러한 일을 수행하도록 위임명령을 받게 된다. 2011년 1월 임무단의 역할이 종결된 네팔 임무단(UN Mission in Nepal)과 중앙아시아 예방외교를 위한 UN 지역센터(UN Regional Center for Preventive Diplomacy for Central Asia)는 위임명령에 명확하게 표현하지 않았지만, 사무총장 특별대표가 중재자로서 개입할 수 있는 권한을 부여받은 것으로 폭넓게 해석되었다.

---

85 평화활동(Peace Operations)은 평화조성(Peace making), 평화유지(Peace keeping), 평화구축(Peace building) 등 제반 활동을 아우르는 용어이며 UN에서는 최근 DDR, SSR 그리고 민간인 보호 등 위임명령이 다양화됨에 따라 평화 및 안보활동(Peace and Security Activities)라는 용어를 보다 빈번하게 사용하고 있음. 원문의 작전(Operations)이라는 용어 대신 활동이라는 용어를 채택한 것은 국방부의 공식적인 용어의 정의에 따른 것임.

86 Gowan, *Review of Political Missions 2010*, p. 128.

정치적 이행 과정을 이끌기 위한 중재자로서의 역할과 더불어 임무단의 정치적 개입의 범위는 국가의 분쟁 주기의 단계에 따라 결정된다. 분쟁이 발생하지 않는 국가에서 폭력적 분쟁을 예방하기 위해 예방적 역할을 수행한 임무단의 사례는 거의 없다. 그러한 이유 중 하나는 분쟁의 당사자들이 분쟁이 국제화되어 UN이 개입하거나 국제적 차원의 제재 조치가 부여되는 데 매우 예민하기 때문이다. 그러나 일단 분쟁이 발생하게 되면, 정치적 임무단은 강건한 외교 및 중재 노력을 통해 분쟁 해결을 지원하기 위한 기재(Instrument)가 될 수 있다. 분쟁이 당사자들이 합의를 통해 분쟁 해결이 결심되면 국가적 지역적 차원의 분쟁 역량의 구축을 통해 단기 또는 장기적 차원에서 분쟁의 재발이나 악화를 제어하기 위한 역할을 수행하게 된다.

정치적 임무단은 공통적인 특성을 나타내는데, 임무단은 대부분 또는 완전하게 민간인으로 구성되며 여기에 국제기구로부터 관료나 전문가가 포함된다. 임무단은 주로 인도주의 또는 개발의 문제에 개입하지만, 이들의 중요한 목적은 국가 내 또는 국가 간 '지속발전 가능한 정치적 안정'이다. 평화유지활동이 군과 경찰 병력에 의존한다면, 정치적 임무단은 중재, 설득 또는 헌법의 마련 등과 같은 임무에 의존하는 경향이 있다.

이러한 활동의 범주는 협의의 예방 외교와 분쟁의 예방에 기여하기 위한 제반 활동을 모두 포함한다. 예를 들면 임무단은 외교활동보다는 법의 범위 내에서 보호를 제공하기 위해 법적 문제 및 인권문제와 관련된 다수의 인원을 포함한다. 임무단이 주로 기술적인 부분의 위임명령을 부여받았더라도 비공식적으로 정치적 과정을 촉진하기 위해 활동하기도 한다.

임무단의 외교적, 자문적 과업은 또한 국내의 행위자들과 더불어 평화협정의 조건, 인권 등을 이행하는 책임과 연계되기도 한다. 일부 임무단의 경우 상당한 규모의 감시 임무를 수행하는 경우도 있으며 이러한 경우에는 군 인원을 포함할 수 있으나, 평화유지 활동에서의 군 옵서버와는 달리 민간인 복장으로 무기를 보유하지 않으며 민간인 통제 아래 임무를 수행한다.

예를 들면 이라크 임무지원단(UNAMI, The UN Assistance Mission in Iraq)의 경우, 인도주의 지원을 위한 협조 임무를 수행하는 역할이었으나, 이라크 정부 및 중앙 선거관리위원회에 기술적 지원을 하였고 인권감시 임무를 수행하였다. 이와 더불어 키르쿠크(Kirkuk)지역에서 논란이 되었던 인접 국가와의 국경선 문제에 대한 심도 있는 연구를 하였다.

네팔 임무단(UN Mission in Nepal)은 정부군과 마오쩌둥 주의자(Maoist) 반군 세력의 주둔지를 감시하였고 10년 동안의 분쟁을 종식하기 위한 선거를 지원하였다. 그러나 이라크 임무단과 네팔 임무단은 모두 상당한 규모의 임무단으로 보통의 정치적 임무단이 20명에서 명 선인 데 비해 이라크 임무단은 2010년 기준 1천 명으로 편성되었다.

정치적 임무단과 외교관단 사이에서 명확하게 중첩되는 부분도 있다. UN이나 지역기구가 현저하게 활동하는 지역에서 대사는 정치적 임무단장을 자신에 속한 것으로 생각하는 경우가 있으나, 정치적 임무단은 특정한 외부세력의 이익을 대표하지 않기 때문에 키르쿠크의 국경 분쟁 조정에서와같이 보다 중립적인 입장에서 조언을 할 수 있는 자유로움의 폭이 넓다. 또한 정치적 임무단에 전개한 관료들은 통상적으로 외교관보다는 광범위한 중재의 경험이나 특정한 전문분야의 기술을 보유하고 있다. 가장 이상적인 모습은 정치적 임무단과 외교관단 사이에서 상대방이 부족한 역량을 상호 보완해 주는 경우이다. 중동에서 정치적 임무단 경험을 지닌 셀우드(Elizabeth Sellwood)는 '권위 있는 정보와 분석의 제공은 분쟁을 예방하고 평화 이행과정을 위한 조건을 설정하는 UN 업무의 또 다른 중요한 요소'라고 주장하였다.[87]

연약한 국가에서 전면적인 분쟁 상황으로 발전하기 이전에 예방외교에 있어 정치적 임무단의 역할을 추적해 보면 주도적인 역할보다는 지원역할을 수행해왔다. 분쟁 주기의 모든 단계에서 임무단은 정치적 과정을 촉진할 수 있지만, 만약 당사자들이 원하지 않으면 지원할 수 없다. 분쟁에 개입하여 성공적인 임무를 수행한 임무단의 특징은 국제적, 지역적 차원의 행위자들과 긴밀한 협력을 실시했다는 것이다. 이러한 관점에서 정치적 임무단은 다음과 같은 특정한 이점을 지니게 된다.

- 전문성(Expertise). 정치적 임무단은 잠재적 또는 위험이 근접한 분쟁을 피하기 위해 헌법 및 법률적 문제에 대한 전문가 조언을 제공하고 부족한 자원과 같은 분쟁을 이끄는 요인에 대한 조언을 정부에 제공한다. 긴장이 고조되는 지역에서는 안보분야 개혁에 초점을 두고 조언한다.
- 즉각적인 가용성과 지속적인 중재. 분쟁이 고조되는 곳에 정치적 임무단장은 지리적 근접성과 정치적 연계성으로 즉각적인 중재를 제공하며 정치적 과정을 이끌어 내기 위해 중재를 계속한다.
- 협조. 정치적 임무단이 예방외교를 작동하기 위해서는 다른 외교적 행위자의 지원을 필요로 하지만, 임무단은 관련 행위자들의 협조 역할을 할 수 있다. 위기를 다루기 위해 다수의 특사를 보낼 경우, 정치적 임무단은 일

87 Elizabeth Sellwood, *The Roll of the United Nations in Middle East Conflict Preven tion* (New York: Center on International Cooperation, 2009).

종의 문지기(Gatekeeper)역할을 수행할 수 있다.

- 비용. 비록 비용의 문제는 매우 민감하지만, 정치적 임무단은 상대적으로 저렴하다. 가장 예산이 많이 소요된 사례는 2010년 이라크이며 연간 2억 5천만 달러가 소요되었다.[88] 그렇다고 해서 이처럼 작은 예산이 문제가 되지 않는 것은 아니다. 2010년 안전보장이사회의 유럽 국가 회원국은 아프리카에서 UN 지역사무소의 운용을 예산상의 이유로 불과 수개월 동안만 승인하였으나, 실제로 연약한 국가에서 이러한 활동은 비용 대 효과 면에서 지속적인 개입을 필요로 한다.

이와 반면, 정치적 임무단이 직면하고 있는 문제로 첫째, 인력의 확보이다. 통상적으로 고위 임무단 관료는 정치적 임무단의 빈자리를 채울 만한 자격을 갖춘 적임자가 없다는 불만을 토로하였다. 특히 UN이 특정 분야에 대한 역량을 갖춘 민간인 전문가 대신에 평화유지활동에 참여 경험이 있는 인원으로 충원하는 경우가 있어 왔다. 둘째, 정치적 임무단의 예산은 평화유지활동 예산에 비해 융통성이 적다. 이로 인해 새로운 임무단을 창설하거나 기존의 임무단을 조정하는 데 어려움을 겪고 있다.

대부분의 UN 정치적 임무단은 주요 의사결정 및 실행기관인 안전보장이사회에 의해 위임명령이 결정된다. 예외적으로 총회에서 결정될 수도 있고 중앙아시아 UN 지역 사무소와 같이 사무총장과 안정보장이사회 의장과의 각서 교환에 따라 결정되는 경우도 있다. 임무단에 위임명령을 부여하기 위해 통상적으로 사무총장은 일반적인 임무단의 구조

---

88 Gowan, *Review of Political Missions 2010*, p. 187.

및 편성, 소요 예산 등을 포함한 전략평가서를 제출한다. 상황이 허락할 경우, 사무총장은 또한 분쟁의 당사자들과 접촉하여 상호 수용할 수 있고 강제할 수 있는 위임명령을 준비할 수 있으며 이는 안전보장이사회의 승인을 받게 된다.

분쟁의 개입 과정에서 안전보장이사회의 승인이 제공하는 국제적인 합법성은 정치적 임무단을 위한 지렛대의 주요 출처를 제공한다. 따라서 중요한 분쟁의 당사자, 주둔 국가의 정부, 또는 일부의 경우 영향을 미치는 지역의 행위자들은 임무에 동의하고 기꺼이 협력한다. 이러한 의미에서 지역적 구조에 기초한 임무단은 국가에 초점을 둔 임무단에 비해 보다 유리점을 보유한다. 왜냐하면 회원국은 어떠한 특정국가에 초점을 두기보다는 광범위한 지역적 위임명령을 보다 쉽게 받아들이는 경향이 있기 때문이다. 하지만 어느 경우가 되었든 핵심 행위자들 사이에서 의견의 일치에 이르는 것은 위임명령에 관한 제한된 범주에 이르기도 한다. 예를 들면 네팔 임무단의 경우, 인도가 지나친 정치적 역할을 반대했기 때문에 위임명령은 상당히 제한적인 모습으로 결정되었다.

임무단은 통상적으로 6개월 주기로 승인되며, 지속 여부나 종결 또는 임무단 조정은 1년에 2회에 걸쳐 결정된다. 의사결정과정은 사무총장의 정기적인 상황평가 보고서에 기초하며 보고서를 통해 사무총장은 임무의 지속이나 변경 사항을 안전보장이사회에 보고한다. 이와 더불어 안전보장이사회는 각 임무단의 지휘부로부터 정기적인 보고를 받는다. 안전보장이사회는 임무단의 성공에 대한 후속조치 및 검토에서 적극적인 역할을 수행한다. 하지만 정치적 진전은 측정하기 어렵고 특히 정해진 시간대에서는 더욱 어렵기 때문에 임무단의 종결을 결정짓는 것과 언제 임무단의 목표가 달성될 수 있을 것인가를 결정짓는 것은 매우 복잡한 문제이다. 그러나 정치적 임무단은 출구전략을 수립하여 효과적으로 기여할 수 있는 기회의 창을 넘어가지 않도록 해야 한다.

불안정한 상황에서 효과적인 정치적 개입은 예산, 인력, 그리고 군수지원과 같은 기능 발휘를 가능하게 하는 적절한 자원의 할당이 요구된다. 이를 지원하는 부서가 운영지원국(DOS, Department of Operational Support)이다. 주요 정치적 임무단에 대한 전반적인 감독, 정책적 지침 및 지원은 UN 정무 및 평화구축국(DPPA, Department of Political and Peacebuilding Affairs)의 소관이다. 이 중에서 UN 아프가니스탄 정치적 임무단(UNAMA)만이 평화활동국(DPO)의 소관이다.

정치적 개입은 특정한 국가를 배경으로 이에 관련되는 과업을 정치적 임무단에 맞추어 수행하도록 하는 광범위한 정의이다. 이러한 정치적 임무단의 형태는 다음과 같이 네 가지의 형태로 분류될 수 있다.

- 거버넌스 지원 임무. 안전(Security), 거버넌스, 경제적 발전 그리고 지역적 협력 등을 포함하여 핵심적인 분야를 개선하기 위해 거버넌스 주체(Governance Entities)들과 더불어 밀접한 협력을 통해 선명한 입장을 가지고 임무를 수행하는 것을 말한다. 이 범주에 속하는 2010년 아프가니스탄의 UN 임무단(UNAMA)은 성공적인 선거과정을 지원하고 정부와 기타 행위자 사이에서 정치적 대화를 촉진시키는 중대한 역할을 했다. 대부분 대규모로 편성된다.
- 평화 이행과정(Peace Process)에서의 지원 임무. 중간 또는 소규모의 임무단으로 평화 이행과정의 실행에 있어 주둔 국가를 지원하고 평화와 안전에 관한 전반적인 차원에서의 증진을 위해 노력한다. 이러한 임무단에는 중동의 평화 이행과정에서 UN 특별조정관사무소(Special Coordinator Office), 소말리아의 정치적 화해과정을 지원하기 위한 UN 소말리아 정치사무

소(UN Political Office for Somalia) 등이 있으며, 이 경우 대화 중재자(Credible Interlocutors) 역할을 수행한다.

- 평화구축 사무소(Peace building Office). 평화를 위해 특정 국가에 전개한 임무단은 평화협정이 체결됨에 따라 분쟁이후의 단계(Post-conflict phase)로 접어들게 된다. 이러한 임무단은 정부의 평화구축 노력을 지원하며 종종 UN 및 개발과 관련한 행위자와 더불어 전략과 계획을 협조한다. 시에라리온(Sierra Leone) 평화구축사무소(Peace building Office), 기니-비사우(Guinea-Bissau)는 UN 개발 및 인도주의 지원 단체에서 필요로 하는 것들에 대한 주둔국 정부의 부담을 경감시키기 위한 목적으로 평화구축위원회를 통해 노력을 협조한 사례이다.
- 지역 사무소(Regional Office). 마약 거래나 조직적 범죄행위와 같은 국경선의 안전에 대한 도전 문제뿐만 아니라 내부적으로 또는 국경선을 연하여 분쟁을 확산시킬 개연성이 있는 국가에서 정치적 해결책을 모색하기 위해 노력한다. 예를 들면 서아프리카 UN 사무소(The UN Office for West Africa)는 서아프리카 국가 경제공동체(Economic Community of West African States)와 더불어 기니(Guinea)가 국내 상황이 더 악화하지 않도록 예방 활동을 전개하는 가운데 2010년 최초로 대통령 선거를 통한 민주주의로의 이행과정을 적극적으로 지원한 그러한 노력을 추진하는 대표적인 사례이다. 이와 유사하게 키르기스스탄(Kyrgyzstan)에서 발생한 폭력 사태로 말미암아 인도주의 위기 상황이 발생하자 중앙아시아 UN 지역센터(The UN Regional Center for Central Asia)는 지역기구 및 인도주의 지원 단체들과 협력을 통해 대화를 촉진시키고 인도주의 위기를 극복하는 데 결정적 역할을 수행했다.

정치적 임무단은 새로운 것은 아니며 이미 1990년대부터 전개되었다. 또한 정치적 임무단은 UN의 독특한 체계도 아니다. 유럽연합

(EU), 유럽안보협력기구(OSCE), 아프리카 연합(AU), 서아프리카 경제공동체(ECOWAS), 그리고 미주기구(OAS) 등과 같은 다국적 조직 또한 실제로 현장에 배치되었고 특별대표는 중재자로서의 역할에 초점을 두었다. 2010년 유럽연합과 유럽안보협력기구는 발칸반도와 중앙아시아 지역에 22개 임무단을 파견하여 분쟁의 예방, 조기 경고, 중재 및 분쟁 이후 평화를 위한 노력 지원 등의 임무를 수행했다.

정치적 임무단과 관련한 유익한 사례는 리비아이다. 2011년 초 나토(NATO)가 리비아에 개입한 이후, 카다피가 권좌로부터 추방되었고, 이어 6개월 동안의 군사작전을 실시한 이후 투입된 부대는 철수하였다. 이에 따라 UN 안전보장이사회 결의안 제2009호에 따라 UN 리비아 지원 임무단(UNSMIL, UN Support Mission in Lybia)이 9월 16일 설치되었다. 임무단의 주요 목표는 민주적이고 포괄적인 정부를 수립하는 것이었다.[89] 2011년 11월 UN 리비아 지원 임무단의 첫 번째 보고서가 UN 사무총장에게 제출되었다. 리비아 정부의 관료들은 UN의 지원을 환영했지만, 자결에 관한 그들의 권리에 대해서는 완고했다. UN의 지원에는 몇 가지 우선순위가 설정되었으며, 그중 하나는 3개월 이내에 민주적인 방법에 의한 선거의 과정을 마련하는 것이었다. UN은 또한 선거구의 획정과 의석의 수, 무소속 후보와 정당 후보의 선거, 유권자와 후보자의 자격, 소수자와 여성의 대표성, 그리고 신뢰성 있는 선거관리본부를 설치하는 등 정치적 합의를 증진하기 위해 노력을 기울이기로 하였다.[90] UN 사무총장은 이와 같은 포괄적이고 대표성을 지닌 정부의 설립에

89 United Nations, 2011, S/RES/2009, p. 3.

90 United Nations, 2011, S/2011/727, p. 3.

관한 낙관적 견해를 공유하였고 새로운 지도자가 인권에 기초한 리비아 정부를 건설할 수 있을 것이라고 믿었다.

2012년 3월 1일, UN 리비아 지원 임무단이 3개월 연장되었고 UN 개발계획(UN Development Program)은 선거와 민주주의 그리고 거버넌스를 교육할 30명의 교육자를 포함하여 선거를 치르기 위한 계획을 주도해 나갔다. 하지만 2주 후인 3월 14일, UN 리비아 지원 임무단은 다시 12개월 연장되었고 UN 안전보장이사회는 여성에 대한 성적 폭력과 사법 체계에서 결함에 대해 깊은 우려를 표명하였다. 2개월 뒤, 리비아의 상황은 다시 악화하였다. 무장 단체 사이에서 충돌이 잇따라 발생하였고 이로 인해 새로운 정부가 국가를 안정시키기에는 역부족이었다. 안전보장이사회는 복잡하고 불안정한 상황이 리비아 국민의 높은 기대감을 충족시키지 못할 것이라고 판단하였고 이에 개입하기로 결정하였다.

2012년 7월 7일 리비아에서 첫 번째 선거가 치러졌다. 8월 8일 국가 임시 위원회(National Transitional Council)는 새로운 정부에 권력을 이양했다. 권한이 이양되는 동안 UN 개발계획은 기술적 차원에서 지원하였다. 11월 8일 UN 리비아 지원 임무단장 미트리(Tarek Mitri)는 UN 안전보장이사회에 임무단이 리비아의 민주주의 발전을 지속적으로 지원하고 있음을 보고하였다. 임무단은 리비아 국회의 헌법 위원회에 헌법의 초안 마련 등에 관한 법적, 기술적 지원을 제안하였다. 하지만 임무단의 인력 대부분은 벵가지(Benghazi)와 바니 왈리드(Bani Waldi) 등 폭력이 발생한 지역의 주요 도시에서 충돌로 인한 피해를 복구하고 민간인을 보호하기 위해 분산되어 있었다. 이로 인해 UN 리비아 지원 임무단은 국회의 내부 편성 등에 관한 지원만을 실시하였다.

이러한 노력에도 불구하고 리비아 국내 상황은 개선되지 않았다. 충돌이 빈번하게 발생하였고 불법 무기가 유입되었다. 이에 따라 임무단은 다시 1년 연장되었고 임무단은 정치적 임무단으로서 지원을 실시하되 국가의 운영에 관한 책임은 전적으로 리비아에 달려있다고 명시하면서 UN 리비아 임무단은 리비아의 결정에 따른다는 기본 원칙을 천명하였다. UN 안전보장이사회에서 임무단장은 정부와 혁명세력 사이에서 전투가 종결되지 않을 것으로 보이며, 특히 남부지역에서 정부의 영향력이 미치지 못하고 있음을 보고하였다. 이에 따라 UN 리비아 지원 임무단은 리비아 정부에 주민들을 위한 기본적인 안전 조치를 강화하도록 조언하였다.[91]

2014년에 접어들면서 정치적 혼란은 지속되었다. 특히 리비아 국민은 국회의 해산을 요구하였다. 정부와 국회 사이에서 선거 정책과 권력의 배분 수준에 대한 합의가 이루어지지 않게 되자 상황은 다시 교착상태에 빠졌고 그런데도 UN 임무단은 중립을 고수할 수밖에 없었다. 그리고 새로운 선거가 가까워지자, UN 임무단은 UN 개발계획(UNDP), 국제이주기구(IOM) 등과 더불어 투표용지와 기타 선거관련 물자 지원을 포함하여 선거 과정에 기술적 지원을 제공하겠다고 약속하였다.

정부에 대한 불신은 물론 정치적 과정에 대한 회의가 리비아 전체로 확산하였다. UN은 내부적으로 리비아 국민의 불만을 가장 우려하였고 이로 인해 전체적인 지역의 불안정이 확산할 수 있다는 가능성도 제기되었다. 3월 14일, UN 안전보장이사회는 신뢰성 있는 선거 과정과 헌법 초안 작성의 마련, 그리고 국민 참여의 중요성을 강조한 결의

---

91 United Nations, 2013, S/PV.7075, p. 3.

안 제2144호를 결의하였다. 안전보장이사회는 또한 UN 임무단의 중요성을 재차 확인하면서 임무단이 국가의 정치적 대화 및 정부의 역량을 구축하고 국제적 차원의 협력을 주도해야 할 것이라고 강조하였다. 이에 따라 임무단은 다시 12개월 연장되었다. 한편 9월에 이르러 미트리 임무단장에 이어 리온(Bernardino Leon)이 새로운 임무단장으로 임명되었고, UN 안전보장이사회의 첫 보고에서 리온 신임 단장은 리비아 정부가 선거 운영 부분에 대한 지원을 요청하였고, 이를 위해 UN 리비아 임무단의 요원들이 리비아 정부 관료들과 더불어 선거 역량 구축 및 해당 인원들에 대한 훈련을 실시했다고 전하였다.

평화유지활동에서의 군사적 요소의 부재와 같은 명백한 차이에도 불구하고 리비아에서 정치적 임무단이 지향하는 바는 동일하였다. 리비아에서 공명하고 자유로운 선거를 촉진하고 지원하는 것이 가장 중요한 우선순위였다. 여기서 흥미로운 문제 중 하나는 왜 리비아에서 평화유지군의 파견이 결정되지 않았는가 하는 점이다. 이에 나토 사무총장 라스무센(Anders Fogh Rasmussen)은 평화유지군을 파견하기 위해서는 리비아 정부의 동의가 필요하다는 점을 주장하였다.[92]

한편 UN 안전보장이사회 러시아 대표인 추르킨(Vitaly Churkin)은 '리비아에는 휴전 또는 2개의 분쟁 당사자가 없기 때문에 당연히 평화유지활동도 없을 것'이라고 주장하였다.[93] 주둔 국가의 동의(Consent)는 실제로 UN 평화유지활동의 핵심적인 원칙이다. 그러나 나토가 UN 안전보장이사회의 승인 아래 일종의 UN을 대신하여 리비아 문제에 개

---

92 Interfax, Military News Agency, 9/5/2011.

93 Interfax, Military News Agency, 9/12/2011.

입하였기 때문에 이에 대해 논란이 제기될 수 있다. 더욱이 만약 UN이 원칙에 일관성을 유지하고자 한다면, UN 리비아 임무단의 위임명령은 그러한 동의를 제공할 수 있는 합법적인 정부나 기능이 발휘되는 정부가 없었기 때문에 중지되어야만 했다.

추르킨의 주장은 또한 아프리카 말리(Mali)에서 다수의 무장 세력이 협상에 포함되었지만 서로 다른 당사자 또는 집단을 협상의 테이블에 데려오고자 하는 어떠한 노력도 희망이 없음을 암시하는 것이었다. 더욱 중요한 점은 2014년 이후 결의된 결의안으로부터 2016년 3월의 결의안 제2278호에서 UN 안전보장이사회는 리비아의 위기가 국제평화와 안전에 대한 위협을 제기하고 있다며 UN 헌장에 따라 개입한 의지를 열어 놓았다.[94]

하지만 평화유지 위임명령 또는 다른 어떠한 근거에 의해서도 개입을 위한 계획은 표면화되지 않았다. 국경선 경계와 무기의 확산에 관한 심각한 문제를 고려해 보아도, 중동에서의 근접성과 더불어 리비아의 위기는 국경선 외부로 문제를 만들지 않았다. 한편 말리의 주요 문제도 내부적인 차원에 머물러 있었고 지리적으로 국경선 내부에 국한되었다. 따라서 UN이 스스로 평화를 위한 국제군(Global Force)이라고 일컫는다 할지라도 리비아에서 평화유지활동 임무단을 발족시킬 수 있는 동기를 보유하고 있는가에 대해서는 논쟁의 여지가 있다. 물론 동의가 없는 개입이 신식민지주의로 추론될 수 있기 때문에 광범위한 비판이 존재할 수도 있다.

---

94 Amstutz, "International Ethics: Concepts, theories and cases in global politics," (2008), p. 152.

UN 안전보장이사회가 2011년 어떠한 출구전략이나 안전을 지탱하기 위한 광범위한 무력의 현시(Presence)를 제시하지 않은 채, 개입을 선택하는 결정을 내림으로써 합법적인 정부가 없이 국가를 버려두는 상황으로 발전하거나 무장세력 사이에서 정권을 장악하기 위한 치열한 싸움으로 발전할 수 있는 가능성도 남아있었다.

서로 다른 다양한 배경을 지닌 국가의 맥락을 볼 때, 정치적 임무단은 복합적인 성향을 띤다. 즉, 정치적 임무단은 특정한 측면에서 보면 매우 큰 성과를 달성하였다고 볼 수 있지만, 다른 측면에서 보면 다른 과업을 수행하는 데 소홀한 것으로 평가될 수도 있다. 다시 말하면 정치적 임무단은 불확실한 정치적 환경과 주의가 요망되는 안보 상황에서 개입과 효과성을 저해하는 방향에서 작용하였다. 2010년대 중반, 중동의 평화 이행과정에서의 특별협력 사무소는 가자(Gaza) 지구에 대한 인도적, 물질적 차원의 접근을 개선하기 위한 협상의 돌파구를 마련하였으나, 그런데도 분쟁의 당사자들에게 조언자로서의 역할은 정치적 이행과정 및 분쟁의 평화로운 방향으로의 해결을 위해서는 성공적이지 못하였다.

모든 범주에서 정치적 임무단은 그들이 중립적으로 인식되었을 때 가장 바람직한 결과를 성취해냈고, 상응하는 정치적 행위자들과도 긴밀한 관계를 유지했다. 중앙아시아 UN 지역센터가 그 대표적인 예로, 임무단 지휘부는 회원국의 정치 지도자 및 국가에 신뢰성 있는 동반자로 부상하여 공통의 이해관계에 관한 상호 대화가 전혀 없었던 국가들 사이에서 중재자로서 충분한 역할을 할 수 있었다. 이와 동시에 이라크에서의 정치적 임무단은 국가의 정치적 과정, 특히 아랍과 쿠르드 관계에 지대하게 공헌했다. 한편 2009년 부룬디(Burundi)에서 부룬디 정부는 임무단이 지나치게 권위적이라며 임무단 지휘부의 교체와 더불어 임무단 규모의 축소를 요청했다. 이로 인해 임무단은 정부 사이에서의 기능이 제대로 발휘되지 못했다.

이상적으로 좋은 관계를 유지하기 위해서는 임무단의 뒤에서 국제사회의 일부로서 단합된 입장을 통해 전환 과정을 인도하는 강력한 정치적 계획의 지원이 있어야 한다. 시에라리온에서 정부와 임무단은 변화를 위한 의제에 대해 정부와 임무단이 공유하고 긴밀하게 협력하였다. 상대적으로 안정적인 평화의 강화 과정을 성공적으로 지원했다. 임무단은 비록 임무단의 역량을 강화하고 개입을 강화하기 위한 재정적 지원을 획득하지는 못했지만 국제사회의 폭넓은 지지를 받았다.

정치적 임무단이 당면한 과제는 예산과 인력획득의 문제이다. 평화유지 활동에 자체적인 예산을 확보하여 운용되는 것에 반하여, 정치적 임무단의 예산은 정규예산으로부터 편성된다. 2년 주기의 UN 예산 편성에 비추어 볼 때, 정치적 임무단은 예산에 관한 융통성과 적시성이 결여되며, 따라서 급변하는 환경에 대한 대응에 제한된다. 따라서 이러한 경우, 예산을 위해 추가적인 수단으로 사무총장에 대한 기금 조성에 의존하게 된다.

인력획득의 문제에서 다양한 기술과 능력을 보유한 인재를 발굴함에 있어 제한이 된다. 특히 다양하고 독특한 분야에 전문 인력이 요구될 경우 그러하다. 이로 인해 통상적으로 공석의 비율이 40%를 웃도는 경우가 많았으며 부여된 과업을 수행함에 있어 제한이 되었다. 고위직의 경우에도 아프가니스탄 임무단의 경우에는 약 6개월 동안 사무총장 특별대표(SRSG)의 직위가 공석이 된 바 있다. 정치적 임무단 10개 국가 중에서 선진국에서 영국과 미국이 두 자리를 차지하고 있으며 아프리카는 케냐가 유일하다. 따라서 아프리카와 같은 경우는 물론 정치적 임무단은 해당국가의 특정한 지역적 지식을 지닌 인력이 더욱 요구된다. 특히 2010년에는 언어와 문화를 공유한 브라질 출신의 민간 인력이 진출하였고 중국도 진출하였다. 정치적 임무단에 대한 강력한 역할을 수행할 국가가 필요하다. 특히 정치적 임무단의 경우 비정부기구나 개별국가가 양자적 관계에서 분쟁에 개입하는 것보다 공정성과 합법성이라는 지렛대를 통해 접근하여 분쟁을 해결할 수 있는 여지가 많다.

한편 UN 내부에서 정치적 임무단은 비용 대 효과 면에서 평화유지활동에 대한 대안으로 제기되기도 한다. 실제로 무장 감시 · 감독 임무를 부여받은 네팔 임무단과 OSCE로부터 감사 임무를 부여받은 나고르노 카라바크(Nagorno-Karabakh) 분쟁의 경우가 대표적 사례이다. 이 두 경우는 본질적으로 군사적인 성격의 평화유지 활동이었다. 어느 경우가 되었든, 정치적 임무단은 평화유지 활동과 더불어 활동하거나 일정 수준의 안정을 가져온 이후 군사적 활동을 대신(Substitute)하는 것보다는 부차적(Adjunct)인 기재로 활동을 통해 궁극적으로 대치(Replace)될 수 있다. 예를 들면 아프리카의 경우, 분쟁이 어느 수준에서 안정을 찾게 되면 정치적 임무단이 보다 중요한 역할을 수행할 수 있을 것으로 보인다.

정치적 임무단 활동의 확대와 관련하여 한국은 최근 평화구축위원회(PBC) 의장직을 수행하면서 분쟁예방, 평화구축 등과 같은 평화 및 안보분야에서도 그 역할이 새롭게 조명되는 성과를 거두고 있다. 하지만 UN 사무총장과 집행이사회의 진출을 통해 외적으로는 우리의 위상을 강화하여 왔으나, 실질적인 활동에 있어 여전히 미약하다고 평가할 수 있다.

이를 위해 우선 UN의 평화활동 분야에 진출하여 외연을 보다 확장하기 위해서는 기존의 평화유지활동과 같은 현장에서 직접 임무를 수행하는 행위자(Doer)로서의 역할을 보다 정교화하여 성과를 극대화하고 정책적, 전략적 차원의 중재자 또는 계획자(Planner) 역할을 점진적으로 확대하는 균형과 조화를 유지할 필요가 있다. 특히 우리에게는 여전히 생소하게 인식되는 정치적 임무단 진출과 같은 장기적이고 전략적인 방향성을 통해 노력이 이루어져야 한다.

그간 평화유지활동 분야에서 고위직 진출은 2007년 11월 코트디부아르(UNOCI, United Nations Operation in Cote d'lvoire) 임무단 사무총장 특별대표(SRSG)로 최영진 대사가 임명된 바 있으며, 주 UN 인도 · 파키스탄 정전감시단(UNMOGIP, United Nations Military Observer Group in india and Pakistan) 감시단장, UN 사이프러스 평화유지군(UNFICYP, United Nations Peacekeeping Force in Cyprus) 사령관 등을 배출하였으나, 그 밖의 여단급 이상 지휘관은 진출된 바 없으며 특히 정치적 임무단의 경우, 임무에 부합되는 전문 인력이 부족할 뿐 아니라 이러한 인력에 대한 교육기관의 부재, 그리고 정치적 임무단의 중요성에 대한 인식이 부족하여 사실상 진출이 제한되어 왔다.

다음 〈그림 6-4〉와 〈표 6-6〉은 정치적 임무단 현황 및 주요직위자 현황을 제시한 것이다. 〈표 6-6〉에 나타난 바와 같이 임무단장의 국적을 보면, UN 안전보장이사회 회원국인 미국, 영국, 프랑스를 비롯하여, 유럽과 남미 국가가 6개국, 아프리카 7개국, 중동 1개국 그리고 일본이 포함되어 있다. 이는 전 대륙이 임무단장을 배출하고 있다는 것을 의미하며, 비록 임무단장에는 임명되지 못하였으나, 중국의 경우 임무단장을 비롯한 고위직 진출을 도모하고 있다.

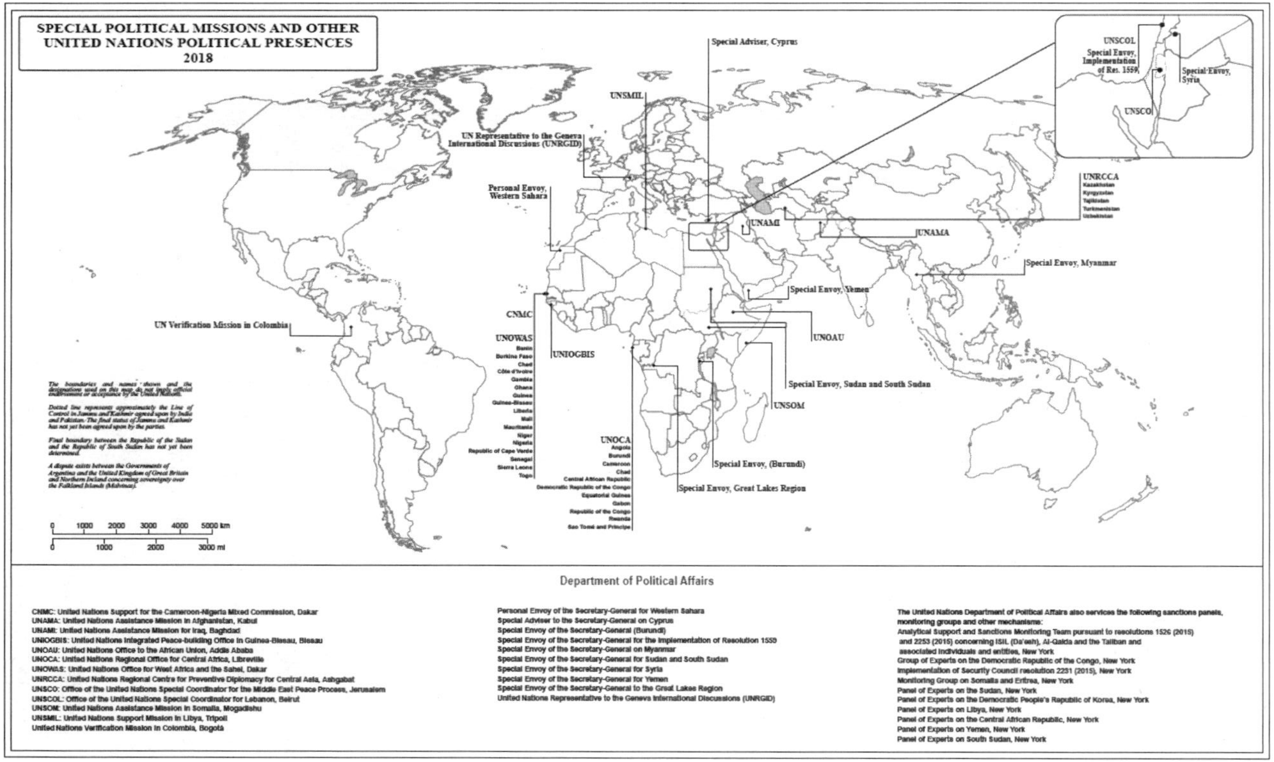

그림 6-4 정치적 임무단 현황

출처: UN 공식 홈페이지(검색일: 2018.8.17.)

표 6-6 임무단 별 임무단장 국적 현황

임 무 단	사무총장 특별대표(또는 특사)	특별대표 국적
아프가니스탄	야마모토	일본
아프리카 연합	지우드(Zewde)	에티오피아
부룬디	카팡도(Kafando)	부르키나파소
중앙아프리카	폴(Fall)	기니
중앙아시아	게르만(Gherman)	몰도바
콜롬비아	아놀(Arnault)	프랑스
사이프러스	공석	
구 유고연방 마케도니아-그리스	니미츠(Nimetz)	미국
대 호수지역 (The Great Lakes Region)	지니(Djinnit)	알제리
기니비사우	필호(Filho)	브라질
이라크	쿠비스(Kubis)	슬로바키아
레바논	카라엘(Karael)	덴마크
리비아	살라메(Salame)	레바논
중동	믈라데노프(Mladenov)	불가리아
미얀마	부르게너(Burgener)	스위스
소말리아	키팅(Keating)	영국
수단 및 남수단	헤이슨(Hayson)	남아프리카
시리아	미스투라(Mistura)	스웨덴
서아프리카 및 사헬	참바스(Chambas)	가나
예멘	그리피스(Griffiths)	영국

출처: UN 공식 홈페이지(검색일: 2020.8.17.)

정치적 임무단의 경우, 전통적 의미의 평화유지 활동과는 다른 주둔 국가의 거버넌스(Governance) 지원, 선거 지원, 무장해제 · 동원해제 · 재통합(DDR, Disarmament, Demo-bilization, Reintegration), 안보분야 개혁(SSR, Security Sector Reform) 등의 위임명령을 수행하기 때문에 전문적 지식이 필수적으로 요구된다. 이는 평화유지 활동의 참여뿐만 아니라 장기적 차원에서 북한과의 점진적 통일을 고려해 볼 때, 유사한 맥락에서 동일한 과업을 수행할 개연성이 매우 높기 때문에 정치적 임무단의 적극적인 참여를 통해 경험을 축적할 필요가 있다.

정치적 임무단의 진출, 특히 고위직 진출을 위해서는 정부 차원에서의 노력이 필요하다. 평화구축위원회는 물론 평화유지 활동과 관련한 다양한 국제회의 및 협의체에서 우리의 적극적인 진출 의사 표명이 필요하다. 여기서 한국이 재정 및 병력공여 차원에서 상당한 수준으로 기여하고 있음을 각인시킬 필요가 있다. 인도 및 파키스탄과 같은 상당한 수준의 병력공여국과 스웨덴과 같은 역사적으로 오랫동안 평화유지 활동에 적극 참여해 왔던 국가의 경우, 고위직에 진출하기 위한 노력에 지대한 노력을 기울이고 있다는 사실을 주지해야 한다.

한편 고위직이 아닌 현장에서 업무를 수행하게 되는 인원에 대한 교육도 필요하다. 스웨덴 국제센터를 비롯한 노르딕 국가 및 케냐 PKO센터 등에서 거버넌스의 지원이나 DDR 또는 사회분야 개혁에 관한 교육과정을 개소하여 전문 인력을 양성하고 있다. 예를 들면 스웨덴 평화유지활동 센터(SWEDINT, Swedish Armed Forces International Centre)의 경우, 무장해제 · 동원해제 · 재통합 계획수립 과정(DDR Planning Course), 민군관계 과정(Civil Military Relation Course)을, 핀란드 국방군 국제센터(FINCENT, Finnish Defense Forces International Centre)는 안보분야 개혁 과정(Core

Course on Security Sector Reform)을 개설하고 있으며, 노르웨이는 노르웨이 국방 국제센터(Defense International Centre)에 UN 휴전 중재 과정(UN Ceasefire Mediation Course)을 개설하고 있고, 노르웨이 분쟁해결센터(Centre for Conflict Resolution)에서는 석사과정으로 평화이행 과정에서의 중재(Mediation in Peace Process)를 개설하여 UN의 다양한 분야에 진출할 수 있는 기본 여건을 마련하고 있다.

하지만 우리의 문제는 현재 이와 관련한 교육을 실시하는 군 및 민간 교육기관이 없다는 것이다. 따라서 국방대학교 국제평화활동센터에서 우선적으로 이와 같은 과정을 개설하여 군 인력부터 전문성 함양을 위한 교육을 실시하여 기반을 구축한 이후, 이를 민간에 개방하여 교육의 기회를 제공해야 한다. 교육과정 개설을 위해서 교수요원 확보는 스웨덴과 같이 이 분야에서 이미 과정을 개설하고 있는 국가에 연수를 보내 교관화 교육(Training of Trainer)을 실시해야 한다. 민간 인력의 수탁교육의 경우, 과정을 이수하게 되면 자격증을 부여하고 민간대학 재학생의 경우에는 학점 인정 등의 장려책이 수반되어야 한다.

한편 UN외교 독립패널이 발간한 '한국 UN외교의 비전과 미래 전략'(외교부 국제기구국, 2018. 7.)에 따르면 과거와 달리 한국의 국제적 위상과 기여 수준에 맞추어 이제 많은 국민이 UN 등 국제기구에 진출해 활발하게 활동하고 있으나, 아직 전체적인 진출 규모가 여타 주요국가에 비해 적고, 특히 국제기구 내부의 정책을 결정하는 고위직 진출은 매우 미미한 편이라며, 국제기구 진출 지원을 위한 외교부 내 별도 전담조직의 신설을 제안하였다. 따라서 국제기구 진출을 위한 노력을 강화해 나가면서 역량을 개발하기 위한 국제평화활동센터의 새로운 과정 개설과 같은 노력이 병행되어야 할 것이다.

UN 평화유지사무국 예하의 통합훈련처(ITS, International Training Service)는 연간 평화유지활동과 관련된 세미나, 연습 및 훈련을 계획하는 주무부서이다. 월 평균 10여 차례의 행사가 마련되며 연간 계획표에 따라 시행된다. 그런데 대부분의 행사는 UN본부가 위치하고 있는 뉴욕에서보다는 회원국에서 개최한다. 그 이유는 첫째, UN본부 내에서 이들 행사를 개최하기에는 인력과 예산, 그리고 이에 따르는 부대시설이 부족하기 때문이다. 둘째, 행사에 참여하는 회원국 참여자에 대한 배려이다. 행사의 주제와 이동의 적합성, 교육시설과 같은 부대시설 등 여러 가지 차원을 고려하여 행사를 개최하는 국가가 결정된다. 셋째, 대륙 간 비교적 순환 개최를 통해 대륙에 대한 문화탐방 등 지리적 친숙화(Geographical Familiarization)의 계기를 마련할 수 있기 때문이다. 이를 위해 통합훈련처가 사전에 개최 의사를 타진하는 경우도 있고, 회원국이 적극적으로 나서 이를 유치하는 경우도 있다. 후자의 경우를 통상 통합훈련처 지원 하에 회원국 계획(Member states initiatives supported by UN ITS)이라고 불리며, 통합훈련처에서 사전에 계획되지 않은 세미나를 선정하여 이를 제안하는 경우도 종종 있다. 이와 동시에 행사를 개최하는 회원국이 얻을 수 있는 효과도 크다. 일부 회원국의 경우, 교육과정이나 훈련장의 UN 인증(Training Recognition) 획득에 노력하는 것은 이러한 맥락이다.

매년 실시 예정인 각 과정은 UN 통합훈련처 홈페이지를 통해 공개되며 이때 개최 장소도 결정되어 제공된다. 2018년의 경우, 이미 모든 과정이 결정되었으며 대표적인 예로 어린이 보호를 위한 훈련자 과정(Training of Trainers on Child Protection), 민간인원 사전 전개훈련(Civilian Pre-deployment Training), 고위 임무단 지도자 과정(Senior Mission Leaders Course) 등이 계획되어 있다. 이중 고위 임무단 지도자 과정은 임무단에 파견되거나 파견 예정인 여단급 이상 지휘관 및 민간 지도부에 대한 교육으로 캐나다의 수도 오타와(Ottawa)에서 2018년 6월 개최된 바 있으며, 우리나라의 경우 국방부 주관 '해외파병부대 운용지원 TF 추진평가회의'에서 처음으로 이러한 회의 개최의 중요성이 대두되어 주 UN 대표부에 본 과정의 개최 의사를 타진하였고 이를 통합훈련처에서 수락하여 2019년 후반기에 개최하였다.

이러한 맥락에서 보면 방글라데시 평화지원활동 훈련센터(BIPSOT)의 연합 및 합동 훈련 개최는 눈 여겨 볼만한 사례이다. 방글라데시는 1974년 9월, 136번째 국가로 UN 회원국이 되었다. 방글라데시의 평화유지활동은 최초 1992년 UN 이란-이라크 정전감시단(UNIMOG, UN Iraq-Iran Military Observer Group)에 15명의 군 옵서버를 파견하면서 시작되었으며, 같은 해 캄보디아 과도기 권한이행 임무단(UN Transitional Authority in Cambodia)에 부대단위 파견을 실시하였다. 1993년에는 UN 이라크-쿠웨이트 정전감시단(UNIKOM, UN Iraq-Kuwait Observation Mission)에 대대급 규모의 병력을 파견하였다. 이후 방글라데시는 평화유지활동에 적극적으로 참여하여 40여개 국가에서 54개 임무단에 132,618명이 참여하였으며 순직자만 115명에 달하고 있다.

방글라데시의 평화유지활동 참여는 활동 초기 미미한 수준에서 시작하였으나, 현재 전체 회원국 중 병력공여국(TCC) 2위로 기록될 만큼 엄청난 증가를 보여 왔고, 최근에는 일종의 국가 시책의 차원에서 UN 평화유지활동 관련 국제세미나 및 훈련 유치, 각종 교육과정의 확대 등 다양한 분야에서 적극적인 활동을 전개하고 있다. 특히 주목할 만한 사항은 2000년부터 다국적 차원의 세미나 및 회의를 개최하였는데, 대표적 사례로 남아시아 평화유지활동 게이밍 세미나(2000), 인도주의 지원 및 재난 구조 작전(2002), 비 치명성 무기(Non-lethal weapons) 세미나(2003), 훈련센터와 국제적십자 위원회(ICRC) 공동 세미나(2014), 아시아 지역 UN 평화유지활동 고위급 독립위원회 회의(2015)를 개최한 바 있으며, 미 태평양사령부의 GPOI(Global Peace Operations Initiative) 지원 아래 '샨티 두트'(Shanti Doot, 평화의 대사라는 의미) 연합연습 및 훈련을 2002, 2008, 2012년에 이어 2018년 훈련을 유치하였다.

샨티 두트 훈련은 장성급 현역 및 고위 정부 관료가 참여하는 전략적 수준의 세미나(Strategic Level Seminar)를 비롯하여 작전적 수준에서는 계획수립절차를 연습하고, 전술적 수준에서는 인도네시아, 말레이시아, 몽고, 네팔, 필리핀, 스리랑카, 미국, 호주, 영국, 르완다 등 다양한 국가들이 중대 또는 소대단위로 실제 현장훈련(FTX)에 참여한다. 실제로 2018년 '샨티 두트 4' 훈련에 참여한 경험에 의하면 세미나 및 연합훈련을 통한 전문성 고양은 물론 각국 간의 교류와 협력의 장이 되고 있다. 방글라데시 정부는 국방부는 물론 외교부 차원에서 고위급 인사가 기조연설에 연사로 나서는 등 범국가적 차원에서 이를 지원하고 있다.

앞서 기술한 각종 교육 및 훈련 이외에 공식적인 국제회의의 참여는 참여 그 자체 이상으로 국제협력을 강화시킬 수 있는 좋은 기회가 된다. 이와 관련하여 2016년부터 국방대학교 국제평화활동센터는 국제 평화유지활동 센터 협의회 회의(IAPTC)와 아시아 평화유지활동 센터 협의회 회의(AAPTC)에 적극적으로 참여하여 한국의 평화유지활동을 홍보하고 국제협력을 강화한 바 있다. 특히 2017년 국제 평화유지활동 협의회 회의는 이집트의 카이로에서 개최되었으며 55개 국가가 본 회의에 참여하여 전체 토의 및 분임별 특정 주제에 대한 토의로 진행되었다. 또한 각국의 센터는 별도로 마련된 홍보시간을 통하여 자국의 활동상과 관련한 홍보활동을 전개하였다. 흥미로운 사실은 본 회의에 대부분의 예산 지원을 일본 정부에서 실시하였고, 이집트 정부에서는 국방차관, 외교 차관이 참여하여 이집트 주재 무관단 대부분이 개회식에 참석하는 모습을 보이기도 하였다. 국방대학교 국제평화활동센터는 2018년 5월, 서울에서 최초로 아시아 평화유지활동 센터 전체 회의를 개최하여 국제 협력 등 지대한 성과를 거두기도 하였다.

한편 평화유지활동 임무단에 고위 지휘관 직책을 확보하거나 주요 참모부서의 장으로 파견하기 위해서는 임무단 창설 단계로부터 적극적인 참여가 필요하다. 분쟁지역에서 분쟁이 일단락되고 평화협정이 체결되면 안정적인 평화를 설정하고 새로운 평화유지활동의 신뢰성을 증진할 수 있는 결정적인 시기가 된다. 이에 따라 UN 총회는 UN 안전보장이사회의 승인 아래 전통적(Traditional) 평화유지활동 임무단은 30일 이내에, 다차원(Multi-dimensional) 평화유지활동 임무단은 90일 이내에 설치될 수 있도록 하는 요구사항을 확인하였다. 그러나 현실적으로 UN 평화유지활동을 설치하는 것은 일련의 정해진 계획에 따라 실행되는 것은 아니다. 즉, 특정한 임무단에 대한 병력공여국의 참여 의지, 예산 및 기타 자원의 가용성 등 여러 가지 요인에 따라 전개를 위해 요구되는 선도 시간(Lead Time)은 달라진다. 복합적인 위임명령과 임무 환경, 군수지원의 어려움 등으로 인해 초기에 전개하는 평화유지활동 인원은 상당한 수준의 위협에 직면하게 되고, 필요한 구성요소가 완결되기 위해서는 수주 또는 수개월이 소요된다. 따라서 다차원 평화유지활동에서 최초 구성요소가 전개하는 90일이라는 시간은 일종의 관념적인 목

표가 된다.[95]

임무의 시작(Mission start-up)은 현장에서 초기에 가장 신속하게 임무단을 설치하는 단계를 일컬으며, 이 단계에서 주요 우선순위는 임무단 책임지역 내에서 위임명령을 수행할 수 있는 초기 작전운용 역량의 수준(Initial Level of Operating Capability)에 부합하는 임무의 처리절차 및 편성을 완료하는 것이다. 통상 임무의 시작 단계는 사전전개, 신속전개, 임무단 본부 설치, 기능요소 및 현장사무소 설치 등 4단계로 분류되나, 이는 추상적인 구분이며 단계가 중첩되기도 한다. 사전전개(Pre-deployment) 단계는 사령부 책임에 관한 사항으로 UN 예산사용 처리절차, 전개준비 상태를 평가하기 위한 병력공여국 방문, 주둔국 임무협정 및 지위협정(SOMA/SOFA) 체결, 임무단에 대한 군수계약 체결 등과 같은 사항이 포함된다. 신속전개(Rapid deployment) 단계는 임무단 시설 및 기타 사전에 요구되는 기반시설 구축과 행정적 체계를 가동할 수 있도록 소규모 선발대가 파견되는 단계이며 이를 통해 대규모 후속 병력에 대한 수용(Reception)이 시작된다. 임무단 본부 설치(Mission headquarters start-up) 단계는 임무단 지휘부가 도착하고 지휘 및 통제체계가 설정되며 초기 작전운용 역량의 수준을 달성하기 위해 실질적인 인원과 군수지원 장비 및 시설이 도착하는 단계이다. 마지막으로 기능 요소 및 현장사무소 설치(Functional component and field office statr-up) 단계는 임무단 사령부의 완전한 편성과 군, 경찰, 민간 요소 등 다양한 협조체제가 확립되는 단계이며 특히 이 단계에서 지역사령부(Sector Command Headquarters)와 현장사무소가

---

95 UN DPKO and DFS, *United Nations Peace keeping Operations Principles and Guidelines*(New York: UN, 2018), pp. 62-66.

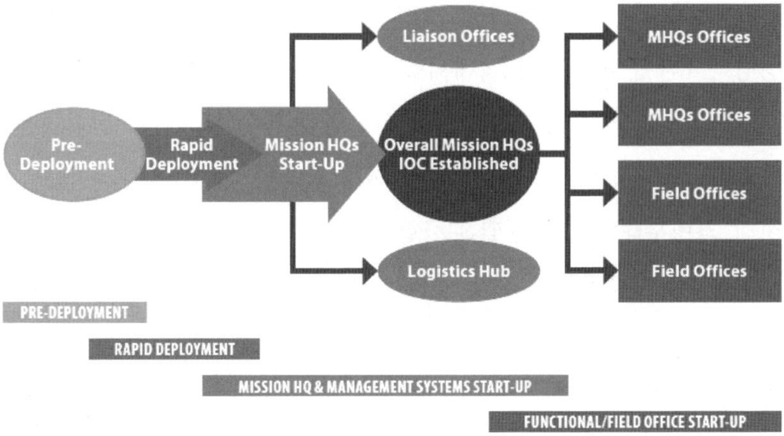

그림 6-5 UN의 임무단 전개절차

출처: UN 기본교리, UN 평화유지활동 원칙과 지침, 2018.

설치된다.

한편 우리나라가 병력공여를 결정하게 되면 합참의 해외파병 업무규정에 따라 국제연합, 지역안보기구 또는 특정국으로부터의 파병 요청에 대하여 국방부로부터 검토지시가 있을 경우, 합참은 관련 군 · 부서와 협조하여 국내 군사 대비태세에 미치는 영향 등에 대한 합참의 의견을 제시한다. 이때 합참이 파병검토 시 고려하여야 할 주요 사항으로 파병이 국내 군사대비태세에 미치는 영향, 부대전개능력 및 군수지원능력 보유 여부, 파병임무에 대한 UN 안보리 결의안과 임무 내용의 명확성 및 교전규칙의 적절성 등을 검토하게 된다. 합참은 파병부대의 편성 및 운용개념을 검토하여 국방부에 보고한다.

검토가 완료되면 현지 조사 단계에서는 합참 및 관련기관(부서)이 정부의 파병관련 정책결정을 위한 국방부, 외교부 등 관계부처의 정부합동실사단(또는 현지조사단)활동에 참여할 수 있다. 현지조사를 실시하는 동안에는 기후, 사회기반 시설, 문화, 종교, 분쟁의 정도 및 치안상태, 분쟁당사국의 군사력 현황, 적대세력의 활동현황 및 전망, 정당현황 및 활동, 한국군 파병에 대한 분쟁당사국의 반응 등을 파악하게 된다. 한편 UN(또는 특정 국제기구, 특정 국가)에 대해 파병 요망시기, 파병부대의 규모 및 형태, 파병부대의 임무와 같은 사항을 요청한다.

평화유지활동 구성요소 중에서 군 요소가 차지하는 비중은 지대하다. 평화유지활동의 기원이 되었던 초창기의 전통적 평화유지활동은 평화를 유지하기 위한 일종의 잠정적 수단(Interim Measures)으로 직접적인 정치적 노력은 기울이지 않았고, 휴전 이후의 정전감시와 같은 비교적 군사적 특성에 부합하는 과업을 수행해왔다. 하지만 냉전 이후 안보환경이 급격하게 변화하면서 평화유지군은 내전 상태의 국가에 파견되어 경찰, 민간요소 등 다양한 행위자들과 더불어 주둔국가의 거버넌스 지원, 안보, 인권 등 다양한 과업을 수행하는 다차원 평화유지활동으로 변모되었다. 이는 보다 복잡하고 위험한 환경으로 평화유지군이 전개된다는 것을 의미하게 되었으며, 매우 높은 수준의 위협에 직면할 가능성이 높아졌기 때문에 대부분의 회원 국가들은 군 병력의 평화유지활동과 파병결정에 매우 신중한 태도를 보여 왔다. 특히 선진국일수록 이러한 경향은 두드러졌다.

하지만 상황이 변했다고 해서 평화유지활동의 본질이 변하는 것은 아니며 국제사회의 일원으로서 평화유지활동의 참여는 지속되어야 한다. 다만 앞서 기술된 바와 같이 우리나라의 경우 안보환경, 국민의 여론 등 다양한 가변요소가 평화유지활동의 참여에 제한이 되었기 때문에 국제사회의 기여와 국가적 차원의 공감대 마련과 같은 지금과는 다른 접근이 필요한 시점이다. 이를 위해 우선, 평화유지활동에 파견되는 부대가 '전투부대'라는 인식을 불식시켜야만 한다. 평화유지군은 말 그대로 평화를 유지하기 위해 파견되는 부대이며 전투병과인 보병이 파견된다고 해서 전투부대라고 칭하지는 않는다. UN 레바논 평화유지임무단 보병의 경우, 기본적인 정전감시, 정찰 임무를 포함하여 최근에는 민간인 보호, 인도주의적 지원 요인에 대한 보호 등 다양한 임무를 수행하지만, 평화유지활동이 공격이나 방어행위와 같은 일반적인 전투수행과 같이 함부로 무력이 사용되지는 않는다. UN 평화유지활동의 3개 원칙 중 하나인 '자위를 제외하고 무력의 사용을 엄격하게 금한다.'(Non-use of force except in self-defense and defense mandate)는 원칙이 이를 의미한다.

아마도 평화유지군이 전투부대라고 인식하게 된 계기는 우리나라가 2003년 이라크 전쟁에 다국적군의 일원으로 부대를 파견하게 되면서 다소의 개념적 혼란이 발생한 것으로 보인다. 당시 미국은 UN 안전보장이사회의 결의안이 부재한 상태에서 이라크를 공격하였고 주요 동맹국에게 참여를 요청하였으며 이에 우리나라는 여론을 고려하여 비교적 안전한 지역에 자이툰 부대를 파견한 바 있다. 이는 UN 결의안에 따른 파병이 아니며 일반적으로 다국적 작전(Multi-National Operations)이라고 불린다. 물론 다국적 작전의 경우에도 국제사회의 평화와 안전을 위해 안전보장이사회 결의안에 따라 지역기구인 나토나 특정 국가가 주도하여 전쟁을 수행하는 경우도 있다. 그러나 이 경우에도 평화유지활동이라고 칭하지는 않는다. 따라서 UN 평화유지활동은 '전투를 위해 파병하는 것이 아니라 평화를 지키기 위해 파병하는 것'이라는 인식을 홍보할 필요가 있다.

평화유지활동에 부대를 파병하는 것은 UN 회원국의 일원으로서 그 책임을 다하는 것뿐만 아니라 연합 및 합동작전의 환경에서 다른 국가들과 다양한 경험을 축적할 수 있는 계기가 된다. 우리나라의 경우 한미연합군사령부가 존재하고 전략적, 작전적 수준에서 연합연습 및 훈련에 상당한 경험을 축적해왔다. 한미상호방위조약은 물론 이러한 연합군사령부의 역할은 한미동맹을 강화시켜온 주춧돌이 되어왔고 양자동맹 국가 중 가장 모범적 사례로 뽑히는 것도 사실이다. 하지만, 국제적인 안보환경과 더불어 한반도의 안보상황도 변화되고 있고, 더욱이 이러한 변화된 안보상황은 단순한 전통적 의미의 전투수행을 뛰어넘어 민사작전, 민간인 보호, 무장해제 및 동원해제 등과 같은 새로운 분야에서의 역량 구축을 요구하고 있다. 이와 더불어 유사시 UN 결의안에 따라 UN군 사령부(United Nations Command)가 확대될 경우, UN 회원국을 중심으로 한반도에 전개될 것이고 이에 따라 유럽이나 아프리카 국가 등에서 병력을 파견할 수 있다. 이때 평화유지활동을 통해 형성한 유대감이나 연합작전의 경험은 상당한 승수효과를 발휘할 수 있을 것으로 판단된다.

따라서 대대급 단위의 소규모 연합부대 편성으로 위험 분담 및 경험을 공유하고 합동성과 임무완전성을 고려한 파병부대 편성으로 접근해야 할 것이다. 대대급 단위의 소규모 연합부대 편성의 경우를 예로 들면, UN 레바논 임무단에서는 문화적 배경이나 지리적으로 근접한 국가가 중대를 편조하여 대대급 임무단 파견부대를 구성한 바 있는데, 핀란드가 프랑스 및 아일랜드와, 말레이시아와 브루나이, 스페인과 엘살바도르가 각각 대대급 파견부대를 편성하여 운영하였고, 2018년 후반기에는 인도와 카자흐스탄이 실시할 예정이다. 이처럼 연합부대를 편성할 경우, 국가별 파견부대(National Contingent)가 일정한 책임지역에서 작전을 수행하는 것보다 UN 평화유지활동에 관한 노하우를 상호 전파하여 역량을 강화시킬 수 있을 뿐 아니라, 연합작전 능력도 배양할 수 있다. 또한 보다 적은 노력으로 평화유지활동에 기여할 수 있고 부수적으로 병력과 예산의 절감효과도 창출할 수 있을 것이다. 이를 보다 확대한다면 특정한 지역에 편중되어 파견하는 것보다 다양한 임무단에 소규모로 파견할 수 있는 여건도 마련할 수 있다.

한편 임무단 고위직 진출과 군사령부급 참모장교 진출과 관련하여 보다 많은 관심을 기울여야 한다. 앞서 〈표 6-6〉에 나타난 바와 같이 레바논 임무단의 경우, 정보처, 의전처 등 참모장교가 파견되어 우리나라의 위상을 높이고 있으나, 그 이외의 임무단에서 군사령부급 또는 지역사령부급에 파견되는 경우는 거의 없다. 초기 임무단을 창설할 당시, UN 평화활동국(DPO)의 군사실(Office of Military Affairs) 예하 전력발전처(Force Generation) 및 계획처(Military Planning)에서 병력 및 재정기여도 등 여러 가지 고려요소를 통해 일정한 직책에 대해 회원국으로부터 추천을 받거나 파견의사를 타진하는 경우도 있다. 우리나라의 경우, 이전에 몇 차례 기존 임무단에서 공석이 발생함에 따라 장성급 장교나 영관급 장교의 추천을 받은 바 있으나, 다소 소극적 대응을 하여 진출하지 못한 경우도 있었다.

따라서 우선 새로운 임무단이 창설되거나 기존의 임무단에서 공석이 발생될 경우, UN 대표부에서는 이에 대한 정보를 사전에 수집하여 우리나라 장교가 진출할 수 있는 기회를 적극적으로 마련해야 한다. 그런데 문제는 실제 UN 평화유지활동에 관한 경험과 지식, 직책을 문제없이 수행할 정도의 어학능력을 갖춘 장교를 찾기가 쉽지 않다는 것이다. 설사 그러한 역량과 자질을 보유한 장교가 있다 하더라도 이미 군에서 특정 직책을 수행하고 있는 경우, 본인이나 본인이 속한 조직에서 파견 결정을 주저할 수도 있다. 하지만 추천을 의뢰받았음에도 불구하고 소극적으로 대응하게 되면, 관례적으로 차후에 다시 우리나라에 요청하는 경우는 없다고 보아야 한다.

이를 개선하기 위해 평화유지활동에 참여한 바 있는 인력 풀을 지속적으로 파악하여 유지하고, 적어도 2회 이상의 평화유지활동의 참여를 보장하여 UN에서 요구하는 조건에 부합하도록 전문 인력 육성에 대한 관심이 요구된다. 특히 장성급 장교의 고위직 진출은 회원국가에 대한 정치적 고려사항이 전제되기는 하지만, 현재의 유엔 임무단 규모와 수에 대비, 한국군의 진출을 고려해 볼 때 더욱 적극적인 노력이 요구된다.

2020년은 UN 창설 75주년이 되는 해이다. 유엔의 평화유지활동 또한 70녕이 넘었다. 한국의 평화유지 활동은 남다른 의미가 있다. 1950년에 6 · 25전쟁이 발발하자 UN 안전보장이사회는 자유와 평화를 수호하기 위해 한국에 대한 군사원조 결의를 의결했다. 이에 따라 60개국의 회원국들이 우리를 지원했다. 미국, 영국, 캐나다 등 16개국이 병력지원을, 노르웨이, 덴마크, 스웨덴 등 5개국이 의료지원을, 스위스, 오스트리아, 칠레 등 39개국이 물자 및 재정을 지원한 바 있다.

국제사회의 도움으로 국가를 지켜낸 한국인들은 경제성장과 자유민주주의를 동시에 실현해나가고 있다. 세계 10위권의 경제대국, 스포츠 및 문화강국으로 성장했으며, 국제외교에서도 역할을 담당하고 있다. 한국은 이러한 눈부신 성장을 가능케 한 국제사회의 도움을 잊지 않고 "도움을 받던 나라"에서 "도움을 주는 나라"로 변화하고 있다.

도움을 주는 나라로 전환한 유일한 사례인 한국은 비교적 짧은 기간 동안 평화유지 활동을 통해 국제사회의 책임 있는 성원으로서 국가의 위상을 제고하고, 한미동맹을 강화하였으며, 자국민의 생명과 재산을 보호하는 성과를 거두었다. 이와 더불어 우리군은 낯선 환경의 도전을 극복하면서 임무를 완수해왔으며, 그동안 쌓아온 역량을 시험하고 새로운 능력을 축적하였다. 우리는 이러한 성과를 극대화하고 국제적 기대에 부응하기 위해 평화유지 활동의 새로운 방향을 모색할 필요가 있다. 이는 기존 성과는 극대화하되 새로운 방향을 모색함으로써 국민적 지지를 획득하고 전략적 이익을 극대화해야 한다는 것을 의미한다.

참고문헌

국내문헌

곽병철, 『상록수부대 파병사: 소말리아 PKO 활동의 교과서』, 서울: 국방부 군사편찬연구소, 2012.

김우상, 『신한국 책략 Ⅲ』, 서울: 세창출판사, 2012.

박영길, "UN해양법협약 상 해적의 개념과 보편적 관할권", 『서울국제법연구』 제18권 1호, 2011.

외교부 이슈별 자료실 내 UN자료실.

조성주, 『국군 걸프전쟁 파병사: 국군의료지원단과 공군수송단』, 서울: 국방부 군사편찬연구소, 2013.

청와대, 『이명박 정부 외교안보의 비전과 전략: 성숙한 세계국가』, 2009.

최윤철, 『국군 이라크 자유 작전 파병사』, 서울: 국방부 군사편찬연구소, 2014.

국외문헌

Andrew F., Cooper, Higgott, Richard A., and Nossal, Kim R., *Relocating Middle Powers: Australia and Canada in a changing World order*, Vancouver: UBC Press, 1993.

Ayoob, Mohammed, "The Third World in the System of States: Acute Schizophrenia or Growing Pains?," *International Studies Quarterly* 33, no. 1, March 1989.

Boutros Boutros-Ghali, "Empowering the United Nations," *Foreign Affairs* 72, no. 5, Winter 1992-1993.

_______, *An Agenda for Peace: Preventive Diplomacy, Peacemaking and Peace-keeping*, New York: UN, 1992.

Bull, Hedley, *The Anarchy Society*, New York: Oxford Univ. press, 1977.

Charles, ed., Tilly, *The Formation of National States in Western Europe: Studies in Political Development*, Princeton: Princeton University Press, 1975.

Chopra, Jara and Weiss, Thomas G., "Sovereignty is No Longer Sacrosanct," *Ethics and International Affairs* 6, 1992.

Cohen, Sheldon and Tyrrell, David A. J., and Smith, Andrew P., *Psychological Stress and Susceptibility to the Common Cold*, Harvard University, 1991.

Doyle, Michael W., "Liberalism and World Politics," *The American Political Science Review*, 80(4), 1986.

Economist, "In Bosnia's Fog," April 23, 1994.

Farer, ed., Tom J., *Beyond Sovereignty: Collectively Defending Democracy in the Americas*, Baltimore: Johns Hopkins Univ. Press, 1996.

Forsythe, David P., *Humanitarian Politics: The International Committee of Red Cross*, Baltimore: Johns Hopkins Univ. Press, 1977.

_______, *The Politics of International law: US Foreign Policy Reconsidered*, Boulder: Lynne Rienner, 1990.

Freedman, Lawrence, "Why the West Failed," *Foreign Policy* 97, Winter 1994-1995.

Gaddis, John Lewis, *The Long Peace: Inquiries into the History of the Cold War*, New York: Oxford University Press, 1987.

Gamba, Virginia, *The Falklands/Malvinas War*, Boston: Allen & Unwin, 1987.

Goulding, Marrack, "The Changing Role of the United Nations in Conflict Resolution and peace-keeping," *International Peace Academy, Peacekeeper's Handbook*, New York: Pergamon, 1984.

Gregg, Robert, *About Face? The United States and the United Nations*, Boulder: Lynne Rienner, 1993.

Grove, Eric, "UN Armed Forces and Military Staff Committee: A Look Back," *International Security* 17, no. 4, Spring 1993.

Haas, Ernst B., "Types of Collective Security: An Examination of Operational Concepts," *American Political Science Review* 49, no. 1, 1995.

________, "Collective Conflict management: Evidence for a New World Order?," in Thomas G. Weiss, ed., *Collective Security in a Changing World*, Boulder: Lynne Rienner, 1993.

Hambleben, S. J., *Plans for World Peace Through Six Centries*, Chicago: Univ. of Chicago Press, 1943.

Hampson, Fen Osler, *Nurturing Peace: Why Peace Settlements Succeed or Fail*, Washington, DC: Institute of Peace Press, 1996.

Harrelson, Max, *Fires All Around the Horizon: The UN's Uphill battle to Preserve the Peace*, New York: Praeger, 1989.

Hinsley, F. H., *Power and the Pursuit of Peace*, Cambridge: Cambridge University Press, 1963.

Horowitz, Donald L., *Ethnic Groups in Conflict*, University of California Press, 1985.

Jervis, Robert, *Rational Deterrence: Theory and Evidence*, Cambridge University Press, 2011.

Levy, Jack S. and Thompson, William R., *Causes of War*, Chichester, England: Malden, Mass: Wiley-Blackwell, 2010.

Lloyd, Ambrosius E., *Woodraw Wilson and the American Diplomatic Tradition: The Treaty Fight in Perspective*, New York:Cambridge University Press, 1987.

Lyons, Gene M. and Mastanduno, eds., Michael, *Beyond Westphalia? National Sove reignty and Intervention*, Baltimore: Johns Hopkins University Press, 1995.

MacFarlane, S. Neil, *Super Power Rivalry and Third World Radicalism*, Baltimore: Johns Hopkins Univ. Press, 1985.

Maynes, Charles W., "Containing Ethic Conflict," *Foreign Policy*, no. 90, Spring 1993.

Mearsheimer, John J., "The False Promise of International Institutions," *International Security* 19, no. 3, Winter 1994~1995.

Mearsheimer, John and Walt, Stephen, *The Israel Lobby and U.S. Foreign Policy*, Havard University, 2007.

Mingst and Karns, *The United Nations in the Post-Cold War Era.*

Minear et al., Larry, *Humanitarianism Under Siege: A Critical Review of Operation Lifeline,* Sudan, Trenton: Red Sea Press, 1991.

New York Times, "UN Bosnia Commander Wants More Troops, Fewer Resolutions," December 31, 1993.

Nye, Jr., Joseph P., *Bound to Lead: The Changing nature of American Power*, New York: Basic Books, 1990.

Picco, Giadomenico, "The UN and the Use of Force," *Foreign Affairs* 73, no. 5, September~October 1994.

Pillar, Paul R., *Negotiating Peace: War Termination as a Bargainning Process,* Princeton University Press, 1983.

Ravenhill, John, "Cycles of middle power activism: Constraint and choice in Australian and Canadian foreign Policies," *Australian Journal of International Affairs* vol. 52, no. 3, 1998.

Reisman, Michael and McDougal, Myres S., "Humanitarian Intervention to Protect the Ibos," in Richard Lillich, ed., *Humanitarian Intervention and the United Nations*, Charlottesville: Univ. of Virginia Pres, 1973.

Russet, Bruce, O' Neill, Barry and Sutterlin, James, "Breaking the Security Council Restructuring Logjam," *Global Governance* 2, no. 1, January~April 1996.

Ruggie, John Gerard, *The United Nations and the Collective Use of Force: Wither-or Whether?*, New York: United Nations Association of the USA, 1996.

Sapir, Debarati G. and Deconinck, Hedwig,"The Paradox of Humanitarian Assistance and Military Intervention in Somalia," in Thomas G. Weisss, ed., *The United Nations and Civil War*, Boulder: Lynne Rienner, 1995.

Schachter, Oscar, "United Nations Law in the Gulf Conflict," and Burns H. Weston, "Security Council Resolution 678 and Persian Gulf Decision Making: Precious Legitimacy" in *American Journal of International Law* 85, no 3, July 1991.

Singer, J. David and Small, Melvin, *The Wages of War, 1816-1965: A Statistical Handbook*, New York: John Wiley and Sons, 1972.

Stedman, Stephen John, "The New Interventionists," *Foreign Affairs* 72, no. 1, 1993.

Summers, Harry, G., *On Strategy: Critical Analysis of the Vietnam War*, Dell, 1984.

The Stockholm Initiative on Global Security and Governance, *Stockholm Prime Ministers' Office*, 1991.

Vasquez, John A., *The War Puzzle*, Cambridge: Cambridge University Press, 1993.

Weiss, Thomas G. and Campbel, Kurt M. I, "The United Nations and Eastern Europe," *World Policy Journal* 7, no. 3, Summer 1990.

_______, "Overcoming the Somalia Syndrome-Operation Rekindle Hope?," *Global Governance* 1, no. 2, May~August 1995.